KB081084

미육군 서바이벌 가이드

United States Army, Survival Guide

U.S ARMY Survival Guide
미육군 서바이벌 가이드

2024년 7월 30일 초판 4쇄 발행

번 역 홍희범
표 지 심형훈
편 집 정경찬, 김일철, 정성학, 박관형
발행인 원종우
발 행 ㈜블루픽
주소 [13814] 경기도 과천시 뒷골로 26, 2층
전화 02-6447-9000 팩스 02-6447-9009
메일 edit@bluepic.kr 웹 bluepic.kr
책 값 20,000원
ISBN 979-11-6085-259-2 03590

By Order of the Secretary of the Army:
ERIC K. SHINSEKI, General, United States Army Chief of Staff
DISTRIBUTION:
Active Army, Army National Guard, and US Army Reserve: To be distributed in accordance with the initial distribution number 110175, requirements for FM 3-05.70.

본서의 한국어판(번역본)의 저작권은 ㈜블루픽에 있습니다.
저작권법이 한국 내에서 보호하는 저작물이므로 무단 전재와 무단 복제를 금합니다.

미육군

서바이벌 가이드

길찾기

Index

제1장 들어가며 ··· **010**

제2장 생존의 심리상태 ··· **016**

제3장 생존 계획 및 생존 키트 ··· **025**

계획의 중요성 ··· 026
생존 키트 ··· 026

제4장 기본 생존 의료 ··· **029**

건강을 유지하기 위한 요구조건 ··· 029
의학적 응급 상황 ··· 035
인명 구조 단계 ··· 036
뼈 및 관절 부상 ··· 042
물린 상처와 독침 ··· 045
상처 ··· 049
피부병 및 기타 피부질환 ··· 051
환경적 부상 ··· 053

제5장 피난처 ··· **057**

기본 피난처- 전투복 ··· 057
피난처 선정 ··· 057
피난처의 종류 ··· 059

제6장 식수 확보 ··· **074**

증류기 제작 ··· 078
물의 정화 ··· 082
물의 여과방법 ··· 083

제7장 불을 피우는 법 ··· **085**

땔감의 선정 ··· 088
모닥불의 여러 형태 ··· 090

제8장 식량 조달 094
식량으로 쓸 수 있는 동물 094
덫과 올가미 101
살상용 도구 112
어류와 사냥감을 요리하고 보존하기 118

제9장 식물 활용 123
식물의 가식성 123
국제표준 가식성 테스트 127
약용 식물 130

제10장 유독식물 135
식물에 의한 중독 135

제11장 위험한 동물 139

제12장 야외 응급 도구 및 무기, 장비 148

제13장 사막에서의 생존 161
지형 요소 161
환경적 요소 163
물의 중요성 166
열 장애 168
예방법 169

제14장 열대지역 생존 171
열대 기후 171
정글에서의 이동 175
즉각적인 고려사항 176
식물에서 식수를 얻는 법 178
식량 179
독성 식물 179

제15장 한랭지 생존 180
한랭지 생존의 기본 원칙 181
위생 183
의료적 측면 184
한랭 장애 185
불 192
식수 195
식량 196
이동 199

기후 변화의 징후 200

제16장 해상에서 살아남기 202
대양 202
식량 조달 219
해상 생존과 관련된 의학적 문제 221
해안 상륙 이후의 생존 229

제17장 위기 상황에서 강 건너기 233
급류 234
뗏목 236
다양한 부구(浮具) 240
기타 수성(水性) 장애물 241
수생식물의 장애 242

제18장 야외에서의 방위 확인 243
태양과 그림자의 활용 243
달 이용법 246
별 이용법 246
급조 나침반 제작법 248
방위를 확인하는 다른 방법 249

제19장 신호 기술 250
신호 기술 적용 250
신호 수단 251
청각적 신호 258
기호 및 신호 259
항공기 유도 순서 263

제20장 적대지역에서 살아남기 265
계획 단계 265
실행 268
아군 지역으로 복귀 272

제21장 위장 275

제22장 현지인과 접촉하기 282
현지인과 접촉할 때 282
생존 행동 283
정치적 동맹의 변화 284

제23장 인공적 위험요소 속에서 생존하기 285
핵 환경 285
식량 조달 295
생물학적 환경 297
화학전 상황 302

부록 A 생존 키트 305

부록 B 식용 및 의료용 식물 309

부록 C 독성식물 365

부록 D 위험한 곤충과 절지동물 373

부록 E 독사와 독 도마뱀 377
뱀에게 물리는 상황을 방지하는 법 377
독사에 대한 설명 379
코브라과 382
큰바다뱀속 및 바다뱀아과 383
뱀과 384
도마뱀 384

부록 F 위험한 어류와 연체동물 408
공격당할 경우 408
독을 포함한 어류 415

부록 G 밧줄과 매듭 416
용어 416

부록 H 기상 예측 425

참고자료 430

서문

당신이 병사라면 세계 어느 곳이든 파병될 수 있다. 파병지는 열대, 온대, 극지대, 한랭지대, 어느 곳이 될지 모른다. 당신은 모든 개인장비를 휴대하고 부대원들과 함께 파병될 것이다. 하지만 반드시 그렇다는 보장은 없다. 격오지 –때로는 적진– 에서 최소한의 장비만을 가진 채, 혹은 그조차도 없이 고립될지도 모른다. 이 교범은 그런 상황에서 살아 돌아오기 위한 정보와 기초 기술을 서술하고 있다. 당신이 교관이라면 이 정보를 생존훈련의 기초로 삼기 바란다. 귀관은 소속대가 어디로 파병될지, 어떤 교통수단으로 어느 지역을 통과할지 알 수 있을 것이다. 이 교범이 귀관의 파병지역에 대해 어떻게 서술하는지 확인하고 해당지역에 대한 모든 것을 파악하여 당신의 소속부대원들이 직면할 상황에 맞는 생존 훈련 프로그램을 짜기 바란다. 이것이 생과 사의 갈림길이 될 수도 있다.

이 교범의 저작권자는 미 육군 존 F. 케네디 특수전 센터 및 학교(USAJFKSWCS)이다. 의견 및 수정 요청은 포트 브래그의 USAJFKSWCS장에게 보내기 바란다.

제1장 들어가며

이 교범은 철저하게 표제어인 SURVIVAL(생존)을 기준으로 만들어졌다. 이 단어의 각 글자는 어떤 상황에서도 귀관의 행동에 지침이 될 것이다. 각 글자가 무엇을 뜻하는지 배우고 이것이 알려주는 가이드라인을 생존 훈련에 적용하기 바란다. SURVIVAL이라는 단어를 꼭 기억해야 한다.

생존 SURVIVAL 행동

1-1 이하의 문단들은 SURVIVAL, 즉 생존이라는 단어의 각 문자별로 함축된 의미를 설명하고 있다. 각 문자가 지닌 뜻을 숙지하기 바란다. 이 문자들이 당신의 생존에 도움이 될지도 모른다.

S - SIZE UP THE SITUATION 상황 파악

1-2 만약 전투 중이라면 적으로부터 은폐할 수 있는 장소를 찾아라. 무엇보다 안전이 중요하다. 청각, 후각, 시각을 동원해 전장을 위한 감각을 획득하라. 적이 공격 중인지, 철수 중인지, 방어 중인지 파악하라. 당신은 생존계획을 수립하기에 앞서 전장 상황을 파악해야 한다.

Size Up Your Surroundings 환경 여건 파악

1-3 주변의 반복되는 형태를 파악하라. 주변의 상황을 인식해야 한다. 숲에도, 정글에도, 사막에도, 모든 주변환경에는 리듬이나 반복되는 형태가 있다. 여기에는 동물의 소음 및 움직임, 곤충의 소리, 적군이나 민간인의 이동도 포함된다.

Size Up Your Physical Condition 신체 상태 파악

1-4 전장의 압박감, 혹은 생존의 위기에 직면했을 때 발생하는 심리적 외상(트라우마)은 실제로 입은 부상조차 느끼지 못하게 한다. 부상을 확인하고 응급처치를 실시하여 추가적인 신체 손상을 막을 필요가 있다. 기후에 관계없이 탈수를 막기 위해 충분한 물을 마시고, 한랭지나 습지에서 저체온증을 막기 위해 옷을 더 입는다.

Size Up Your Equipment 장비 파악

1-5 전투 중에 일부 장비가 손상되었거나 소실되었을 가능성이 있다. 자신이 어떤 장비를 가지고 있는지, 어떤 상태인지 파악해야 한다.

1-6 이제 상황 및 주변여건, 신체 상태, 장비를 파악했다면 생존계획을 수립할 수 있을 것이다. 이때 생필품을 반드시 고려해야 한다- 물, 식량, 그리고 피난처다.

U - USE YOUR ALL SENSES, UNDUE HASTE MAKES WASTE 감각을 사용하라, 지나친 서두름은 낭비를 유발한다.

1-7 생각하지 않거나 계획하지 않고 서두르면 잘못된 행동을 하게 된다. 잘못된 행동은 당신의 생포 혹은 사망으로 이어질 것이다. 그저 움직이기만 해서는 안 된다. 무언가를 결정하고 움직이기 전에 모든 여건을 고려하라. 섣불리 행동한다면 장비의 일부를 잊거나 잃어버릴 수 있다. 또 위치감각을 상실하고 어디로 가야 할지 알 수 없게 될 수도 있다. 행동 계획을 수립하라. 적이 근접할 경우 위험에 빠지지 않도록 신속하게 움직일 수 있도록 준비하라. 상황을 판단하기 위해 모든 감각을 동원해야 한다. 소리와 냄새에 주의를 기울여라. 온도의 변화에도 민감해야 한다. 언제나 경계를 늦추지 않는 것이 중요하다.

R - REMEMBER WHERE YOU ARE 위치를 기억하라.

1-8 항상 지도로 위치를 파악하고 주변 지형과 대조한다. 이 원칙은 언제나 지켜야 한다. 만약 동료가 있다면 그들도 항상 위치를 파악할 수 있게 하라. 당신이 속한 집단, 혹은 자동차, 항공기의 누가 나침반과 지도를 가지고 있는지 파악해야 한다. 만약 그 소유자가 죽는다면 반드시 지도와 나침반을 가져가야 한다. 당신이 어디에 있는지, 어디로 가는지 늘 신경을 곤두세워라. 자신이 정해진 경로상에 있는지 확인하는

행동을 동료에 의존해서는 안 된다. 늘 자신의 위치를 스스로 파악해야 한다. 적어도 자신이 다음 지점들과 어느 정도 거리에 있는지 항상 가늠해둘 필요가 있다.

- 적 부대 및 적 점령지역
- 아군 부대 및 아군 점령지역
- 인근의 수원지 (특히 사막에서 중요하다)
- 은/엄폐를 제공하는 장소

1-9 이 정보는 당신의 생존-탈출 상황에서 현명한 판단에 도움이 될 것이다.

V - VANQUISH FEAR AND PANIC 공포와 혼란을 극복하라

1-10 전투 시 생존 및 탈출 상황에서 최대의 적은 공포와 혼란이다. 이 요소들을 통제하지 못하면 현명한 판단을 내릴 능력을 잃게 된다. 공포와 혼란은 주변 상황이 아닌, 상상과 감정에 따라 행동하거나 체력을 소진시키고 부정적 감상에 빠지게 한다. 사전에 생존 및 탈출 훈련을 받으면 자신감이 공포와 혼란을 이겨낼 수 있다.

I - IMPROIVSE 임기응변 능력을 갖춰라

1-11 미국에서는 필요한 모든 것을 구할 수 있다. 이런 물품 중 상당수는 망가져도 쉽게 교체할 수 있을 정도로 저렴하다. 이처럼 쉽게 사고, 버리며, 바꾸는 문화는 임기응변을 불필요하게 만든다. '안 되면 되게 하는' 상황에 대한 경험 부재는 위기상황에서 악재로 작용할 수 있다. 임기응변을 익혀라. 특정한 목적을 위해 만들어진 도구가 다른 목적에도 얼마나 잘 활용되는지 파악하라.

1-12 다양한 상황에서 주변 자연물들의 용법을 배워야 한다. 망치 대신 돌을 사용하는 경우가 대표적이다. 당신이 완벽한 생존 키트를 보유했더라도 소모되는데 걸리는 시간은 그리 길지 않다. 생존 키트가 소모되면 당신의 상상력으로 대신해야 한다.

V - VALUE LIVING 삶을 소중히 여겨라.

1-13 우리 모두는 삶을 위해 싸우도록 태어났으나 살아가면서 안락한 생활에 익숙

해지고 편리함을 쫓는 존재가 되었다. 우리는 불편함과 불쾌함을 싫어한다. 만약 우리가 불쾌하고 불편하며 스트레스로 가득 찬 상황에 직면한다면? 이때야말로 -삶에 가치를 두는- 살아남으려는 의지가 중요해진다. 육군에서 훈련과 생활을 통해 얻은 지식과 경험이 삶을 위한 의지에 방향을 제시할 것이다. 눈앞의 문제와 장애물에 좌절하지 않는 완고함이 고난을 견딜 정신적-육체적 힘을 줄 것이다.

A - ACT LIKE THE NATIVES 현지인처럼 행동하라.

1-14 현지인과 해당 지역의 동물은 주변 환경에 적응했다. 주변에 대한 감각을 익히려면 현지인들이 일상생활을 어떻게 보내는지 관찰하라. 언제, 무엇을 먹는가? 언제, 어디서, 어떻게 식량을 구하는가? 언제, 어디서 식수를 구하는가? 언제 취침하고 언제 기상하는가? 이런 행동을 통해 탈출에 필요한 정보를 얻을 수 있다.

1-15 해당 지역의 동물들 역시 생존의 실마리를 제공해 준다. 동물들 역시 식량, 식수, 은신처를 필요로 한다. 동물을 관찰하면 식량 및 식수원을 찾을 수 있다.

동물이 식량과 식수 습득의 절대적인 지침이 될 수는 없다. 많은 동물들은 인간에게는 독이 되는 식물을 먹는다.

1-16 동물의 행동이 당신의 존재를 적에게 알릴 수 있다는 사실을 상기하라.

1-17 아군 지역에 있는 동안 현지인들과 신뢰를 쌓는 방법은 그들의 도구에 흥미를 보이고 그들이 어떻게 식량과 식수를 얻는지 관심을 가지는 것이다. 현지인에 대한 학습을 통해 당신은 현지인들을 존경하는 방법을 배우며 귀중한 친구를 얻을 뿐 아니라 무엇보다 현지 환경에 적응하여 생존할 확률을 높이게 된다.

L - LIVE BY YOUR WITS, BUT FOR NOW, LEARN BASIC SKILLS 당신의 지혜를 통해 생존하라. (하지만 지금은) 기초부터 배워라.

1-18 생존과 탈출에 필요한 기술을 기초부터 훈련하지 않았다면, 전투 과정에서 생존하거나 탈출에 성공할 확률이 매우 낮다.

1-19 즉시, 기초적인 기술부터 배워야 한다- 전선으로 향하거나 전투를 치르고 있다면 배우기에 너무 늦은 시기다. 파병 이전의 준비 여부가 당신의 생존여부를 결정한다. 당신은 파견될 곳의 환경을 알아야 하며 그 환경에 맞는 기초 기술을 연마할 필요가 있다. 예를 들자면 사막에 파병될 경우 식수를 조달할 방법을 알아야 한다.

1-20 모든 훈련 계획 및 실제 훈련 과정에서 기초 생존 기술을 연마한다. 생존 훈련은 미지에 대한 공포를 줄이며 자신감을 북돋운다. 훈련은 당신 자신의 지혜를 이용해 살아남을 수 있도록 돕는다.

생존 패턴

1-21 생존을 방해하는 적으로부터 승리하기 위한 생존 패턴을 개발하라. 이 생존 패턴은 중요도 순으로 식량, 식수, 은신처, 불, 응급처치, 신호를 모두 포함해야 한다. 예를 들어 한랭지에서는 체온 유지를 위해 불이 필요하다. 또 추위와 눈, 비, 바람으로부터 몸을 보호할 은신처도 필요하다. 덫이나 올가미로 식량을 구해야 하며, 아군 항공기에 대해 신호를 보낼 방법도 강구해야 한다. 또, 건강을 유지하기 위한 응급처치 수단도 필수적이다. 만약 부상을 당했다면 응급처치는 기후와 무관하게 가장 우선시되어야 한다.

1-22 생존 패턴은 환경 변화에 따른 육체적 요구의 변화에 따라 즉각적으로 수정해야 한다. 이 교범을 읽는 동안 표제어 SURVIVAL(생존)을 늘 떠올리고 각 글자가 무엇을 의미하는지 상기하며 생존 양식의 필요성을 기억해야 한다.

S	**Size Up the Situation** 상황을 파악하라 (환경 여건 파악, 신체 상태 파악, 장비 파악)
U	**Use All Your Sense** 모든 감각을 사용하라
R	**Remember Where You Are** 위치를 기억하라
V	**Vanquish Fear And Panic** 공포와 혼란을 극복하라
I	**IMPROVSE** 임기응변 능력을 갖춰라
V	**Value Living** 삶을 소중히 하라
A	**Act Like The Natives** 현지인과 같이 행동하라
L	**Live By Your Wits, But For Now, Learn Basic Skills** 지혜를 통해 생존하라. 하지만 지금은 기초부터 배워라

제2장 생존의 심리상태

서바이벌 환경에서 살아남으려면, 은신처를 만들고 식량을 구하며 불을 피우고 항법도구 없이 이동하는 방법에 대한 지식 이상의 무언가가 필요하다. 어떤 사람들은 최소한의 생존훈련만으로, 혹은 아무 훈련 없이도 생명의 위기에서 살아남는다. 반대로 훈련을 받았음에도 지식을 사용하지 못하고 죽는 사람도 있다. 생존자의 심리적 자세는 모든 상황에서 극히 중요하다. 생존의지는 생존기술보다 중요하다. 생존 의지 없이는 어떤 풍부한 지식도 무가치하다. 목숨이 걸린 상황에서는 심리에 영향을 끼치는 많은 스트레스 요소를 접하게 되는데, 이런 스트레스 요소에 대처하지 못하면, 잘 훈련된 병사도 목숨을 부지할지 의심스러운 우유부단하고 무능한 인물로 전락하기도 한다. 따라서 당신은 목숨이 오가는 극한 상황에서 직면할 각종 스트레스 요인에 미리 대비하고, 적절히 대응할 수 있어야 한다. 이 장은 스트레스의 본질, 주요 스트레스 요인, 그리고 실제 생존 환경에서 스트레스 요인에 직면했을 때 경험할 현상들을 설명한다. 이 장과 이 교범의 다른 장에서 습득할 지식은 당신이 살아서 겪을 가장 힘든 시간을 위한 것이다.

스트레스란 무엇인가

2-1 서바이벌 환경 하에서 심리적 반응을 알아보기 전에 스트레스와 그 영향에 대해 약간 배워두는 편이 도움이 될 것이다. 스트레스는 치료와 제거가 가능한 질병이 아니다. 이는 누구나 경험적으로 인지하게 되는 전제다. 스트레스는 압박에 대한 우리의 반응으로 요약할 수 있다. 스트레스는 생활 속의 긴장상태에 대한 우리의 심정적, 정서적, 정신적인 대응에 붙여진 이름이다.

스트레스의 필요성

2-2 우리는 스트레스를 필요로 한다. 스트레스는 우리에게 도전과 자신의 가치와 능력을 배울 기회를 제공하고, 우리가 좌절하지 않고 압박상태를 다룰 수 있음을 보여준다. 스트레스는 우리의 유연성과 융통성을 시험하며, 우리가 최선을 다하도록 자극한다. 중요하지 않은 일에는 스트레스를 받지 않는 만큼, 스트레스는 상황이 얼마나 중요한지 가늠하는 척도가 된다- 즉 스트레스는 무엇이 중요한지 강조해 준다.

2-3 우리의 삶에는 스트레스가 필요하지만, 무엇이든 심하면 좋지 않다. 우리의 목표는 스트레스를 가지되 지나치지 않게 하는 것이다. 과도한 스트레스는 조직 및 그 구성원에게 피해를 입히고 고통을 유발한다. 고통은 스트레스의 원인으로부터 달아나거나 가능한 회피하도록 불쾌한 긴장을 유발한다. 이하의 목록은 지나친 스트레스에 직면했을 때 흔히 보이는 고통의 징후들이다.

- 의사 결정 장애
- 갑작스런 분노의 표출
- 건망증과 무기력
- 계속되는 걱정
- 실수의 반복
- 죽음과 자살에 대한 생각
- 타인과의 관계 형성 장애
- 집단으로부터 도피
- 책임 회피
- 부주의

2-4 이처럼 스트레스는 건설적일 수도, 파괴적일 수도 있다. 격려가 될 수도, 좌절의 원인일 수도 있으며 우리를 앞으로 나가게 할 수도, 도중에 쓰러지게 할 수도 있고 인생을 의미 있게, 혹은 무의미하게 할 수도 있다. 스트레스는 서바이벌 환경에서 성공적으로 활동하며 최고의 효율을 발휘하도록 도울 수 있다. 동시에 스트레스가 당신을 혼란에 빠트려 훈련받은 모든 것을 잊게 할 수 있다. 생존은 피할 수 없는 스트레스를 어떻게 관리하는가에 달려 있다. 살아남는 자는 스트레스에게 지배당하는 자가 아니라 스트레스를 관리할 수 있는 자다.

생존 스트레스 요인

2-5 모든 사건은 스트레스로 연결될 수 있으며, 사건은 언제나 한 번에 하나씩 터지지 않는다. 이런 사건들은 스트레스가 아니라 스트레스를 유발하는 요소로, '스트레스 요인'라 불린다. 스트레스 요인은 원인이며 스트레스는 이에 대한 반응을 뜻한다. 일단 신체가 스트레스 요인를 인식하면 자신을 지키기 위해 대응하기 시작한다.

2-6 스트레스 요인에 대응하기 위해 신체는 '싸우거나 도망치는' 두 상황 모두를 준비한다. 이 준비과정에는 몸 전체로 퍼지는 SOS 신호도 포함되어 있다. 몸이 이 신호에 반응하면 다음과 같은 행동이 나타난다.

- 신체는 비축된 연료(당분과 지방)를 방출하여 신속한 에너지 발생을 유도한다.
- 혈액에 보다 많은 산소를 공급하기 위해 호흡이 빨라진다.
- 신체적 대응을 위해 근육의 긴장이 높아진다.
- 부상으로부터 출혈을 줄이기 위해 혈액 응고 체계가 작동한다.
- 주변 환경에 보다 민감해지기 위해 감각이 날카로워진다.(청각이 보다 민감해지고 동공이 확장되며 후각도 예리해진다)
- 근육에 보다 많은 혈액을 제공하기 위해 심장 박동 수와 혈압이 높아진다.

이런 자기방어적 반응은 잠재적 위협에 대처하는 데 도움이 된다. 그러나 경계태세를 영원히 유지할 수는 없다.

2-7 스트레스 요인은 예고없이 찾아온다. 새로운 스트레스 요인과 접촉해도 이전의 요인이 사라진다는 보장은 없다. 스트레스 인자는 누적될 수 있다. 작은 스트레스 인자들이라도 짧은 간격으로 누적되면 심각한 고통을 야기한다. 스트레스에 대한 신체의 저항이 점점 무뎌지는 와중에 스트레스의 원천이 유지되면(혹은 늘어나면) 기진맥진한 상태에 도달한다. 이 시점에서 스트레스에 저항하는 능력, 혹은 스트레스를 긍정적으로 활용하려는 능력은 사라지고 고통의 징후만 남는다. 스트레스 인자를 사전에 예상하는 것, 그리고 여기에 대항하는 것은 스트레스를 효과적으로 관리하는 두 가지 핵심 요소다. 따라서 직면할 스트레스 인자를 사전에 파악하는 과정이 필수적이다. 다음 내용은 주요 스트레스 인자들 중 일부에 대한 설명이다.

부상, 질병, 죽음

2-8 부상, 질병, 죽음은 실제로 직면할 수 있는 가능성들이다. 아마도 당신이 사고나 적의 공격, 혹은 위험한 음식을 섭취해 죽을 수 있는 환경에 고립된 것만큼 스트레스를 주는 상황도 없을 것이다. 질병과 부상 역시 이동과 식량 및 식수 섭취, 은신처 확보, 자기방어능력을 제한하는 만큼 스트레스를 더하게 된다. 질병과 부상은 목숨을 빼앗을 정도로 심각하지 않더라도 고통과 불편함을 통해 스트레스를 더하게 된다. 생존 임무에 뒤따르는 위험부담을 감수할 용기를 얻으려면 부상과 질병, 죽음에 노

출되며 발생하는 스트레스를 통제해야만 한다.

불확실성과 통제 부족

2-9 몇몇 사람은 모든 것이 확실하지 않은 상태에서 활동하는데 곤란을 겪는다. 서바이벌 환경에서 유일하게 확실한 것은 모든 것이 불확실하다는 사실 뿐이다. 당신이 주변 환경에 제한적인 통제만 가능한 상황에서 제한적인 정보만으로 움직이는 것은 지극히 스트레스가 쌓이는 일이다. 이 불확실성과 통제 부족은 질병, 부상, 사망의 스트레스에 더해지게 된다.

환경

2-10 가장 이상적인 상황에서조차 자연은 골치 아픈 상대다. 생존을 우선시해야 하는 상황에서는 기상, 지형, 그리고 주변의 다양한 생물들과 타협해야만 한다. 더위, 추위, 비, 바람, 산악지형, 늪지대, 사막, 곤충, 위험한 파충류, 기타 다른 동물들은 서바이벌 환경에서 직면할 문제들 중 일부에 불과하다. 환경적인 스트레스 다루는 방법에 따라 주변환경은 식량과 안전의 원천이 될 수도, 부상과 질병, 죽음을 유발하는 지극히 불쾌한 존재가 될 수도 있다.

기아와 갈증

2-11 인간은 식량과 식수가 없으면 체력이 고갈되다 사망한다. 따라서 식량과 식수의 조달과 보존은 살아남는 시간이 길수록 중요하다. 일반적인 식량과 식수 공급급에 익숙한 사람이라면 식량 채집 역시 스트레스의 원인이 된다.

피로

2-12 피곤해질수록 생명의 위기를 견디기 어려워진다. 피로가 축적되면 깨어있는 상태 그 자체도 스트레스의 원인이 될 수 있다.

고립

2-13 적대적 상황에 함께 대처하는 동료는 많은 장점을 제공한다. 병사로서 당신은 개인 기술과 함께 팀으로 행동하는 훈련을 받는다. 우리는 상부에 대해 불평하지만 동시에 상부가 제공하는 정보와 지침에 익숙하며, 혼란 속에서는 특히 그런 요소를 원하게 된다. 동료의 존재는 큰 안도감을 제공한다. 가장 중대한 스트레스 요인 중 하나가 자신이 가진 자원에만 의존하는 상황이기 때문이다.

2-14 여기서 언급할 생존 스트레스 요인은 절대로 당신이 직면할 유일한 스트레스 인자가 아니다. 기억하라. 누군가에게 스트레스가 되는 일이 다른 이에게는 스트레스가 되지 않을 수 있다. 당신의 경험과 훈련, 개인적인 인생관, 육체 및 정신적 상황, 자신감의 수준은 서바이벌 환경에서 스트레스를 유발하는 원인을 좌우하는 중요한 요소다. 서바이벌 환경에서 가장 큰 목표는 스트레스를 피하는 것이 아니라 생존을 위해 스트레스 인자를 관리하고 이를 유리하게 활용하는 것이다.

2-15 우리는 이제 스트레스에 대한 일반 상식과 생존에서 흔히 직면하는 스트레스 인자에 대해 배웠다. 이제 당면한 스트레스 인자에 어떻게 반응하는지 알아보자.

자연스러운 반응

2-16 인간은 여러 세기에 걸친 잦은 주변 환경의 변화에도 살아남았다.

변화하는 환경에 육체적-정신적으로 적응하는 능력은 다른 많은 종이 서서히 멸종하는 동안 인간을 살아남게 했다. 우리 조상들을 살아남게 한 생존 본능은 여전히 남아 있고, 이 본능은 우리도 살아남게 할 수 있다! 하지만 생존 본능을 제대로 이해하거나 예상하지 못하면 적으로 돌변한다.

2-17 서바이벌 환경에서 사람들이 특정한 심리적 반응을 보이는 것은 놀랄 일이 아니다. 다음에 언급할 내용은 당신, 혹은 다른 사람들이 앞서 언급한 생존 스트레스 인자에 직면했을 때 보일 내부적 반응들 가운데 일부에 대한 설명이다.

공포

2-18 공포는 죽음, 부상, 질병과 직결되는 위험한 환경에 대한 감정적 대응이다. 이런 위험은 물리적 피해에 국한되지 않으며, 감정적, 심리적 안정에 대한 위협도 공포를 낳는다. 만약 생존을 위해 노력하는 상황이라면 공포는 부주의로 부상을 당할지도 모를 상황에 대한 주의를 환기시킨다. 불행히도 공포는 당신을 마비시키거나 생존에 필수적인 행동조차 불가능할 정도로 심각해질 수도 있다. 대다수의 사람은 가혹하고 낯선 환경에 직면하면 어느 정도 공포를 느낄 것이다. 부끄러워할 이유는 없다! 공포를 극복하도록 훈련받아야 한다. 평소부터 현실에 가까운 훈련을 통해 지식과 기술을 습득하고 자신감을 향상시켜 공포를 통제하는 방식이 가장 이상적이다.

불안감

2-19 불안감과 공포는 연결되어 있다. 두려움이 자연스러운 만큼 불안감도 자연스러운 감각이다. 불안감은 위험한(신체적, 심리적, 감정적으로) 상황에 직면할 때 겪는 불편함이나 걱정의 감정일 수 있다. 건전한 방향으로 사용한다면 불안감은 당신의 생존을 위협하는 위험을 끝내거나 최소한 지배할 수 있도록 동기를 제공한다. 인간은 불안을 느끼지 않는다면 인생을 변화시킬 동기를 거의 얻을 수 없다. 서바이벌 환경에서 당신은 살아남고 위험에서 탈출하기 위한 행동을 통해 불안감을 줄일 수 있다. 불안감을 줄이는 과정을 통해 당신은 불안감의 근원, 즉 공포를 통제할 수 있다. 이런 상황에서 불안감은 긍정적으로 작용한다. 하지만 불안감은 심각한 피해를 입힐 수도 있다. 지나친 불안감은 판단력을 압도해 사람을 쉽게 혼란에 빠트리고 정상적인 사고를 방해한다. 생존을 위해서는 불안감을 진정시키고 자신을 돕는 방향으로 작용하도록 유도해야 하며, 악영향을 끼치도록 방치해서는 안 된다.

분노와 당혹

2-20 당혹감은 목표를 달성하려는 노력이 좌절될 때 일어난다. 생존의 목표는 당신이 구조될 때까지, 혹은 당신이 안전지대에 도달할 때까지 살아남는 것이다. 이 목표를 달성하려면 당신은 몇 가지 목표를 최소한의 자원만으로 달성해야 하며, 이 과정에서 무언가 문제가 발생하는 것은 필연적인 현상이다. 그리고 목숨이 걸린 상황에서는 모든 실수가 치명적이며, 따라서 당신의 계획 중 몇 가지가 잘못되면 당혹감에 빠지게 마련이다. 이런 당혹감의 부산물 중 하나가 분노다. 서바이벌 환경에서는 당신을 당황하게 하거나 분노하게 할 많은 사건들이 발생한다. 장비의 파손이나 망실, 적대적인 환경, 적의 순찰, 육체적 한계, 이동로 착오 등은 분노와 당혹감의 원인들 중 일부에 불과하다. 당혹감과 분노는 충동적이고 비이성적 행동, 경솔한 판단, 그리고 상황을 포기해버리는 자포자기성 태도(인간은 종종 지배할 수 없는 상황은 피하려 한다)로 이어진다. 만약 분노와 당혹감이 유발하는 감정적 긴장상태를 올바르게 제어할 수 있다면 생존에 필요한 도전에 생산적으로 대처할 수 있을 것이다. 반대로 분노의 초점을 제대로 맞출 수 없다면 당신, 혹은 당신의 동료가 생존하는데 아무 도움도 되지 않는 곳에 많은 에너지를 낭비하게 될 것이다.

우울

2-21 생존의 위험에 직면할 때 순간적이나마 서글퍼지지 않는 사람은 드물다. 슬픔이 깊어지면 '우울'이 된다. 우울은 분노나 당혹감과 깊이 연관되어 있다. 목표 달성

에 실패하면 당혹감은 분노가 된다. 만약 분노도 성공에 도움이 되지 않는다면 당혹감은 더 커진다. 분노와 당혹감의 악순환이 육체적으로, 감정적으로, 정신적으로 완전히 소모될 때까지 몰아간다. 이 단계에 돌입하면 상황을 포기하기 시작하며, 사고의 초점 역시 '내가 할 수 있는 것'에서 '내가 할 수 없는 것'으로 옮겨간다. 우울함은 희망을 잃은 무기력한 감정의 표현이다. 당신의 사랑하는 이들이나 '문명' 혹은 '사회' 시절을 떠올리며 잠시 서글퍼지는 것은 결코 잘못된 반응이 아니다. 이런 생각들은 더욱 노력해 하루라도 더 살아남으려는 욕망을 제공한다. 다만 자신을 우울한 상황에 빠져들도록 버려둔다면 당신의 모든 에너지는 물론 가장 중요한 생존 욕구마저 소모한다. 우울한 감정이 당신을 집어삼키지 않도록 저항해야만 한다.

고독과 지루함

2-22 인간은 사회적 동물로, 타인과의 협동을 즐겨왔다. 언제나 고독하기를 원하는 인간은 드물다! 그리고 서바이벌 환경에서는 고립될 가능성이 높다. 고립은 나쁜 것이 아니다. 고독과 지루함은 당신이 그동안 타인에게만 있다고 생각했던 능력을 부각시킬 수 있다. 당신은 자신의 창의력과 상상력에 놀라고, 숨겨진 재능과 능력을 발견할 것이다. 무엇보다도 당신은 내면에 저장된 힘과 강인함의 원천을 발굴할 수 있다. 동시에 고독함과 지루함은 우울함의 또 다른 원인이 되기도 한다. 당신이 혼자서, 혹은 타인과 함께 생존해야 하는 상황에 처한다면 당신의 마음을 늘 창의적이고 분주한 상태로 유지해야만 한다. 여기에 더해 당신은 어느 정도의 자기 만족감도 개발해야 한다. 당신은 '혼자 살아갈' 수 있는 자신의 능력에 자신감을 가져야 한다.

죄책감

2-23 당신을 생명의 위기로 끌어들인 주변 여건은 비극적이면서도 극적이다. 아마도 인명피해를 동반하는 사고나 군사작전이 원인일 가능성이 높다. 당신은 유일한 생존자거나 소수의 생존자 중 하나일 것이다. 이런 상황에서는 자연스럽게 살아남았다는 사실에 안도하면서도, 동시에 당신보다 불운했던 이들의 죽음을 슬퍼하게 된다. 다른 이들이 목숨을 잃는 동안 자신은 살아남은 생존자들이 죄책감을 느끼는 현상은 결코 드물지 않다. 이런 감각은 긍정적으로 작용하면 생존자들이 삶의 보다 높은 목표를 위해 생존을 허락받았다는 믿음을 가지고 보다 적극적으로 생존경쟁에 나서게 한다. 때로 생존자들은 희생자들이 완수하지 못한 임무를 수행하기 위해 살아남으려 노력한다. 무슨 이유에서도 죄책감이 삶을 포기하게 해서는 안 된다. 생존의 기회를 포기한 생존자는 아무것도 이룰 수 없다. 그것이야말로 최대의 비극이다.

만약에 대비하라

2-24 서바이벌 환경에서 당신의 임무는 살아남는 것이다. 생명의 위기 속에서 떠오르는 생각과 감정들은 당신에게 긍정적으로 작용할 수도, 당신을 무너뜨릴 수도 있다. 공포, 불안감, 분노, 당혹감, 죄책감, 우울함 그리고 고독감은 모두 위험 속에서 직면하는 스트레스 인자에 대한 보편적인 반응이다. 이 반응들은 건강한 방향으로 통제되면 생존 확률을 높여준다. 그리고 당신이 훈련에 더 집중하게 하고, 공포에 빠졌을 때 반격하도록 도와주며, 안전과 식량의 확보를 돕고, 동료들에게 신뢰를 품게 하고, 궁극적으로 거대한 곤란을 극복하게 한다. 만약 이런 반응들을 건강하게 통제할 수 없다면 당신은 벼랑 끝에 몰리고, 잠재된 능력을 끌어내는 대신 내재된 공포에 귀를 기울일 것이다. 이 공포들은 당신이 체력적으로 한계에 봉착하기 전부터 정신적으로 몰락시킬 것이다. 기억하라. 생존은 누구나 당연시하지만, 생존을 위해 삶과 죽음의 싸움에 내몰리는 상황은 그렇지 않다. '부자연스러운 상황에 대한 자연스러운 반응'을 겁낼 필요는 없다. 이런 반응들을 지배해 최종 목표, 즉 명예와 품위를 지키며 살아남는 데 도움이 되도록 대비하라.

2-25 서바이벌 환경에서 자신이 파괴적인 반응보다는 생산적인 반응을 보인다는 사실을 미리 알아두는 것도 대비의 범주에 포함된다. 생존을 위한 도전은 그동안 수많은 영웅담, 용기, 자기희생의 본보기를 남겼다. 적절히 준비했다면 생명의 위기가 이끌어낼 잠재력이 분명 존재할 것이다. 아래로 열거되는 요소들은 당신의 생존을 위해 정신적으로 대비하는 데 도움이 될 조언들이다. 이 교범을 연구하고 생존 훈련에 참가하는 것으로 당신은 '생존 자세'를 개발할 수 있다.

너 자신을 알라

2-26 당신은 훈련과 가족, 그리고 친구들을 통해 내면의 당신이 어떤 존재인지 알아내고, 당신의 강점을 강화하고 생존을 위해 필요한 영역을 개발해야 한다.

공포에 대비하라

2-27 공포가 없다고 스스로를 기만해서는 안 된다. 만약 고립된 상황에서 생존의 위기에 직면하면 무엇이 가장 두려울지 생각하라. 그리고 당신이 우려하는 분야를 훈련하라. 목표는 공포를 없애는 것이 아니라 공포를 느끼면서도 정상적으로 활동할 수 있다는 자신감을 키우는 것이다.

현실적인 자세를 취하라

2-28 상황에 대한 정직한 평가를 두려워해서는 안된다. 상황을 당신이 원하는 방향이 아닌 있는 그대로 평가하라. 희망과 기대는 상황의 평가에 국한시켜라. 비현실적인 기대를 품은 채 현실에 직면하면 심각한 실망감에 빠질 수 있다. '최선을 기대하되 최악에 대비하라'는 격언을 따르라. 예기치 못한 행운에 기뻐하는 편이 예기치 못한 고난에 분노하는 것보다 낫다.

긍정적 자세를 가져라

2-29 만물에 잠재된 긍정적인 면을 보는 법을 배워야 한다. 사기를 진작시키기 위해서가 아니라 상상력과 창의력을 높이는 데도 긍정적인 도움이 된다.

위기에 처한 것이 무엇인지 상기하라

2-30 심리적으로 서바이벌 환경에 적응하지 못하면 우울함, 경솔함, 부주의함, 자신감 상실, 오판, 자포자기 등의 반응이 나타난다. 당신과 동료들의 목숨이 위기에 처했다는 사실을 기억해야 한다.

훈련하라

2-31 군의 훈련과 삶의 경험을 통해 당장이라도 생존의 고난에 대응할 수 있도록 대비해야 한다. 훈련은 필요할 때 그 능력을 사용할 수 있도록 도와준다. 기억하라. 훈련이 현실적일수록 실제 상황에서 받게 될 스트레스는 줄어든다.

스트레스 관리 기법을 배우라

2-32 주어진 상황에 대해 훈련받지 않거나 심리적으로 준비되지 못한 사람들은 스트레스를 받으면 혼란에 빠질 우려가 있다. 당신이 직면한 생존 여건을 통제하지 못하는 경우는 종종 있지만, 이런 상황에서 자신의 반응을 통제하는 것은 전적으로 당신의 몫이다. 스트레스 관리 기법을 배워두면 당신 및 동료의 생존을 위해 일하는 동안 침착함과 집중력이 향상된다. 긴장을 푸는 기술, 시간 관리기술, 단호한 태도를 유지하는 기술, 그리고 인지 재건 기술(상황 판단을 통제하는 능력)은 사전에 개발해 두면 분명히 도움이 된다. 기억하라. '생존을 위한 의지'는 '포기에 대한 거부'가 될 수도 있다.

제3장 생존 계획 및 생존 키트

생존 계획은 세 가지 상호 연관된 요소, '계획', '준비', '실행'으로 구성된다. 생존 계획은 당신이 위급 상황에 처할 수 있다는 전제하에 생존 확률을 향상시키기 위한 준비를 뜻한다. 생명의 위기가 언제 어디서든 발생할 수 있음을 상기하라. 계획의 실패는 곧 작전의 실패다. 계획을 세울 때는 탈출 및 구조 가능성, 재보급, 비상물품의 사용 여부를 중점적으로 고려해야 한다. 아군 전선까지 도달하는데 필요한 기간, 임무가 예상보다 길어질 경우의 기상 변화를 포함한 기후와 지형도 숙지해야 한다. 작전 플랫폼의 종류(항송기, 차량, 단순한 배낭 등)도 중요하다. 경로 검토와 지도 및 나침반 망실을 대비한 주요 지형지물 암기도 병행해야 한다. 임무 자료 외에 인터넷이나 백과사전, 지리 잡지 등도 다양하게 참고한다. 위급사태에 대비한 생존 키트도 준비 과정에 포함된다. 준비 없는 계획은 단순한 서류조각에 불과하며, 그것만으로는 생존을 보장할 수 없다. 예방접종 여부와 치아의 상태도 확인한다. 비상시를 고려해서 전투복도 –적외선 탐지 회피 기능 등을 갖춘- 최신형으로 준비한다. 신호 도구나 도구 제작에 쓸 줄 등은 옷에 꿰매 둔다. 전투화를 길들이고 전투화 밑창의 상태와 방수성 여부도 파악한다. 파병지역을 연구해 기후와 지형, 그리고 현지의 식수, 식량 조달 방법을 숙지하며, 계획 수립 후에도 추가 정보가 입수되는 대로 계획을 개선해서 생존확률을 높인다. 이런 추가 개선의 전형적인 예가 비행기에 탑승하면서 비상구 위치를 알아두는 것이다. 당신이 준비한 생존 키트의 도구들로 계획 사항들을 연습하라. 점검을 통해 도구가 제대로 작동하는지, 어떻게 사용하는지 알 수 있다. 빗속에서도 불을 피워 체온을 유지할 수 있을지 확인한다. 키트의 의약품을 점검하고 사용법을 프린트해 스트레스를 받는 상태에서도 생명을 위협할만한 실수를 저지르지 않도록 예방한다.

계획의 중요성

3-1 세밀한 사전 계획은 가장 필수적인 요소다. 작전 계획 단계에서 생존에 대한 고려를 반영하면 비상사태에 처했을 때 생존 가능성이 상승한다. 예를 들어 당신이 개인 휴대품만 가지고 들어갈 수 있는 협소한 공간에서 작전해야 한다면, 배낭이나 단독군장류를 어디에 둘지 미리 계획해야 한다. 장구류는 해당 공간에서 신속하게 탈출하는 상황을 방해하지 않되, 빠르게 되찾을 수 있는 곳에 위치시켜야 한다.

3-2 사전 계획의 중요한 요소 가운데 하나는 의학적 예방이다. 치아의 이상여부나 필요한 예방접종을 받았는지 확인하는 행동은 유사시 치아 및 건강 문제를 예방할 수 있다. 일부 치아 질환은 생존을 위한 섭취를 불가능하게 하며, 예방 접종을 제대로 받지 않으면 파병 지역에 창궐한 질병에 취약해진다.

3-3 생존 키트의 준비와 휴대는 위에서 언급한 고려사항들만큼이나 중요하다. 모든 육군 항공기에는 작전 지역에 맞는 생존 키트가 탑재되어 있다. 수상, 열대지역, 한랭지역용 생존 키트들이 있다. 각각의 승무원들은 항공기 승무원용 생존 조끼를 착용한다. 비상시에 대비해 항공기의 어디에 생존 키트가 있는지, 무엇이 들어있는지 확인해 둔다. 각 병사를 위한 열대 및 온대지방용 생존 키트도 있다. 이런 키트는 값비싼 물품으로, 모든 병사에게 돌아가지 못할 수도 있다. 하지만 키트에 무엇이 들어있고 어떤 용도를 위해 제작되었는지 이해한다면 직접 생존 키트를, 지급품보다 좋은 키트를 제작할 수도 있다.

3-4 적절히 준비되었다면 가장 작은 생존 키트라도 비상시에 큰 도움이 된다. 하지만 생존 키트를 제작하기 전에 부대의 임무 및 작전 환경, 부대에 배치된 장비 및 차량이 무엇인지 고려해야 한다.

생존 키트

3-5 환경은 생존 키트의 내용을 결정하는 핵심적 요소다. 키트에 포함시킬 장비의 양은 운반수단에 달려있다. 직접 휴대 키트는 차량 적재 키트보다 작아야 한다. 언제나 생존 키트를 여러 단계로 구분한다. 몸에 지니는 것, 조끼나 단독 군장에 휴대하는 것, 플랫폼(배낭이나 차량, 항공기)에 탑재하는 것으로 말이다. 가장 중요한 것은 항상

몸에 지닌다. 지도와 나침반, 그리고 가장 기본적 생명유지 도구(나이프, 라이터)등이 여기에 해당한다. 중요도가 낮은 물품은 단독군장에, 부피가 큰 물품은 배낭에 넣는 방식으로 배분한다.

3-6 생존 키트를 준비할 때는 여러 용도로 쓸 수 있고, 작고 가볍고 튼튼하며 기능적인 물품을 준비한다. 보기에는 좋아도 본래의 용도대로 사용할 수 없는 물품은 제외한다. 또 각각의 물품은 계층별로 서로를 보완해야 한다. 신호용 주머니거울은 단독군장에 챙긴 펜형 신호탄, 배낭에 넣은 신호 패널의 보조수단이 된다. 전투복의 라이터는 단독 군장의 마그네슘 발화봉과 배낭의 발화기로 보완할 수 있다.

3-7 생존 키트가 정교할 필요는 없다. 필요한 물품들과 그것을 휴대할 케이스만 있으면 된다. 케이스는 붕대상자, 비누접시, 잎담배 깡통, 응급처치용품 주머니, 탄입대 등 적당한 케이스를 쓰면 된다. 다만 케이스는 다음과 같은 특징을 지녀야 한다.

- 발수성, 혹은 방수성이 있어야 한다.
- 휴대가 쉽거나 몸에 착용하기 편해야 한다.
- 다양한 크기의 구성품을 넣을 수 있어야 한다.
- 단단해야 한다.

3-8 생존 키트 구성품은 다음 카테고리에 따라 나뉜다.

- 물
- 불
- 피난처
- 식량
- 의약품
- 신호용품
- 기타

3-9 각각의 카테고리에 최소한의 생존 수요를 충족시킬 물품을 포함해야 한다. 일례로 식수확보를 위해 빗물과 수증기를 모으거나 땀을 닦아 모으는 도구를 갖춰야 한다. 또 물을 정화하거나 걸러내는 장비도 필요하다. 각 카테고리의 예는 다음과 같다.

- 물: 정수제, 윤활유가 도포되지 않은 콘돔(물 저장용), 표백제, 포비돈-아이오딘 약, 삼각붕대, 스폰지, 작은 플라스틱이나 고무호스, 접을 수 있는 수통이나 물 저장용기

- 불: 라이터, 금속 발화제, 방수 성냥, 마그네슘 발화 막대, 양초, 돋보기
- 피난처: 낙하산줄, 대형 칼, 손도끼나 정글도, 판초우의, 해먹, 방충망, 와이어톱, 알루미늄 코팅 비닐 시트
- 음식: 나이프, 덫으로 쓸 끈, 낚싯바늘, 낚싯줄(덫에도 쓰인다), 치킨스톡이나 고형 스프, 고(高)에너지 바, 알루미늄 호일, 휴대 그물, 냉동용 지퍼백
- 의약품: 옥시테트라사이클린 알약(항생제. 설사병이나 감염 치료), 외과용 칼, 상처 봉합용 반창고, 립밤, 옷핀, 봉합용 실, 설사약(이모디움), 말라리아 치료약(독시사이클린), 광범위 항생제(로세핀과 지트로맥스), 다양한 상황을 위한 안구용 국소 항생제, 곰팡이 방지제, 소염제(이부프로펜), 바셀린 거즈, 그리고 비누 등. 생존 키트의 약 50% 정도는 의약품으로 채워야 한다.
- 신호용품: 신호용 거울, 스트로브, 펜형 신호탄, 호루라기, 성조기, 조종사 스카프나 기타 밝은 오렌지색 스카프, 반사 테이프, 손전등, 레이저 포인터, 빛 반사 담요
- 기타: 손목 나침반, 실과 바늘, 돈, 예비 안경, 나이프용 숫돌, 코르크, 안면 위장용 막대, 생존 교범

3-10 무기는 상황이 요구할 경우에만 추가한다. 현지 주재 대사나 지휘관이 극단적인 상황에서조차 무기를 불허할 수도 있다. 이 교범의 생존 기술을 읽고 실천하며 기본 개념을 당신이 읽은 민간 생존 가이드에 적용해보라. 그리고 당신이 작전할 환경 및 임무를 고려하여 단단하고 다목적이며 가벼운 물품들로 생존 키트를 꾸려라. 아마도 키트에서 가장 큰 비중을 차지하는 요소는 상상력일 것이다. 그것이야말로 키트 안에 있는 많은 것들을 대체할 수 있다. 생존 의지와 결합된 생존 키트는 명예로운 귀환과 돌아오지 못하는 비극 사이의 갈림길이 될 것이다.

제4장 기본 생존 의료

생존 능력을 저하시키는 많은 문제 가운데 가장 심각한 위험은 추락이나 불시착, 혹독한 기후, 전투, 탈출, 포로 생활 중 감염된 질병 등 예기치 못한 사건으로 발생하는 부상과 질병이다. 많은 탈출자와 생존자는 훈련 및 의약품의 부족으로 부상 및 질병 치료에 곤란을 겪었다고 보고했다. 일부 생존자들은 이 문제로 인해 붙잡히거나 항복했으며, 자신을 치료할 수 없는 상황에 무력감을 느꼈다고 한다. 자신을 치료할 수 있는 능력은 사기를 높이고 생존과 아군 지역으로의 귀환을 돕는다. 충분한 의학 지식을 지닌 사람 한 명은 다른 많은 사람의 목숨을 구할 수 있다. 자격 있는 의료인이 없는 상황에서는 당신이 어떻게 해야 살아남는지 알 필요가 있다.

건강을 유지하기 위한 요구조건

4-1 살아남으려면 물과 식량이 필요하다. 그리고 청결을 유지해야 한다.

물

4-2 인체는 정상적인 신체활동 중에도 수분을 잃는다.(땀, 소변, 배변 등) 섭씨 20도의 외부 환경에서 일반적인 성인은 일상생활을 위해 매일 2~3ℓ의 수분을 섭취해야 한다. 열이나 추위 노출, 과도한 활동, 높은 고도 지역 활동, 화상, 질병 등은 더 많은 수분을 잃게 하며, 손실된 수분은 지속적으로 보충해야 한다.

4-3 탈수증세는 손실된 수분을 충분히 보충하지 못하면 발생한다. 탈수증세는 임무 효율을 저하시킬 뿐 아니라 부상을 당할 경우 심한 쇼크에 직면할 가능성을 높인다. 수분 손실은 다음과 같은 결과를 초래한다.

- 5%의 수분손실은 갈증, 짜증, 구토, 체력저하를 유발한다.
- 10%의 수분손실은 두통, 보행 불능, 수족의 따끔함, 현기증을 유발한다.
- 15%의 수분손실은 시각장애와 촉각 둔화로 이어진다.
- 15% 이상의 수분손실은 사망을 초래할 수 있다.

4-4 탈수증세의 가장 일반적인 조짐과 증상은 다음과 같다.

- 냄새가 심하고 진한 소변
- 소변량의 감소
- 어둡고 퀭해지는 눈
- 피로
- 감정적 불안정
- 피부 탄력 손실
- 손톱, 모세혈관의 혈액순환 악화
- 혀 중간에 깊게 패인 홈
- 갈증 (물을 간절히 원할 때는 이미 2%의 수분을 상실한 상태이므로 갈증을 최후순위에 둔다)

4-5 수분은 손실되는 대로 보충해야 한다. 서바이벌 환경에서 수분 손실의 보충은 결코 쉬운 일이 아니며, 이 과정에서 갈증은 몸이 얼마나 많은 물을 원하는가를 가늠할 지표가 되지 못한다.

4-6 대부분의 사람들은 한 번에 1ℓ 이상의 물을 편하게 마시지 못한다. 목이 마르지 않더라도 일정한 간격으로 소량의 물을 마셔야 탈수를 예방할 수 있다.

4-7 육체적-정신적 스트레스를 받거나 혹독한 환경에 직면했을 경우 수분 섭취를 늘린다. 24시간마다 최소한 0.5ℓ의 소변이 나올 정도의 수분을 섭취해야 한다.

4-8 식량 섭취가 부족한 상황이라면 매일 6~8ℓ의 수분을 섭취한다. 극한 환경, 특히 건조한 기후의 경우, 일반인은 '매 시간마다' 평균 2.5~3.5ℓ가량의 수분을 잃는다. 이런 상황에서는 30분마다 8~12온스(226~340g)가량의 물을 섭취해야 한다. 수분 소모량은 업무 및 휴식 주기를 이용해 조절하는 편이 좋다. 매 시간당 1.4ℓ 이상의 물을 섭취하면 수분 과잉섭취의 우려가 있다. 수분을 과잉섭취할 경우 혈장 내 염분 농도 저하로 뇌 및 폐부종이 발생하며, 심하면 이로 인해 사망할 수도 있다.

4-9 수분이 손실되면 전해질도 사라진다. 일반적으로 영양 섭취가 전해질의 손실을 보충해주지만 극한 상황이나 질병을 앓는 경우라면 추가 보충이 필요하다. 탄수화물

및 기타 필수 전해질 보충을 계속해야 한다.

4-10 서바이벌 환경에서 직면하는 육체적 문제들 가운데 수분 손실은 가장 예방이 쉬운 편이다. 아래는 탈수증세 예방을 위한 기본 지침이다.

- 식사 중 반드시 물을 마셔라. 소화과정의 수분 소모도 탈수증세를 유발할 수 있다.
- 적응하라. 신체는 극한 조건에 적응하여 보다 효율적으로 작동할 수 있다.
- 물을 통제하라. 적절한 공급원을 찾을 때까지는 물의 공급이 아니라 땀을 통제한다. 활동을 제한해 체온의 상승이나 하락을 막는다.

4-11 수분 손실은 몇 가지 방법으로 추정할 수 있다. 압박붕대 하나는 0.25ℓ(수통 1/4)의 수분을 머금는다. 젖은 T셔츠는 0.5ℓ에서 0.75ℓ의 수분을 머금는다.

4-12 맥박 및 호흡으로도 수분 손실을 측정할 수 있다. 아래의 지침을 따른다.

- 0.75ℓ 이하의 수분을 잃으면 맥박은 분당 100회 이하, 호흡은 분당 12~20회가 된다.
- 0.75ℓ에서 1.5ℓ의 수분을 잃으면 맥박은 분당 100~120회로, 호흡은 분당 20~30회로 늘어난다.
- 1.5ℓ에서 2ℓ의 수분을 잃으면 맥박은 분당 120~140회, 호흡은 분당 30~40회로 크게 늘어난다. 그 이상으로 호흡과 맥박이 상승한다면 전문적인 의료조치가 필요하다.

식량

4-13 식량 없이도 몇 주일을 생존할 수 있으나 건강을 유지하려면 적정 수준의 식량을 섭취해야 한다. 식량 섭취가 없다면 정신적-육체적 능력이 빠르게 약해진다. 식량은 에너지를 제공하며 소모한 양분을 보충하고, 비타민, 미네랄, 소금, 기타 건강 유지를 위해 필요한 양분을 제공한다. 그리고 보다 중요한 요소로 사기를 올려준다.

4-14 식량의 3대 원천은 식물, 동물(어패류 포함), 그리고 지급 식량이다. 정도의 차이는 있으나 모두 칼로리, 탄수화물, 지방, 단백질 등 일상생활을 위한 신체 기능을 유지하는데 필요한 영양을 공급한다. 지급되는 식량으로 식물 및 동물 섭취를 보충해야 균형 잡힌 영양섭취를 유지할 수 있다.

4-15 칼로리(열량)는 열과 잠재적 에너지를 측정하는 단위다. 일반 성인은 최소한의 신체기능을 위해 매일 2천 칼로리를 섭취해야 한다. 적절한 양의 탄수화물, 지방, 단백질을 섭취해도 적절한 양의 칼로리 섭취가 수반되지 않으면 허기를 유발하며, 지속될 경우 신체가 스스로 세포를 소모해 에너지를 얻는다.

식물

4-16 식물에서 얻은 식량은 에너지의 주 공급원인 탄수화물을 제공한다. 많은 식물들이 신체의 평균 효율을 유지하기에 충분한 단백질을 제공한다. 비록 식물은 균형 잡힌 영양을 제공하지는 못하지만 육류 섭취를 통한 열 발생이 요구되는 극지대에서도 생존을 가능하게 한다. 견과류 등 많은 식물은 정상적인 신체 기능 유지가 가능한 양의 단백질과 식물성 지방을 지니고 있다. 뿌리, 녹색 채소, 그리고 당분을 함유한 식물들은 신체에 자연적 에너지를 제공하는 칼로리와 탄수화물을 제공한다.

4-17 식량으로서 식물의 가치는 도피중이거나 동물이 드문 곳에서 극대화된다.

- 식물을 바람, 공기, 햇빛, 혹은 불을 이용해 말리면 부패가 지연되면서, 보관했다 필요할 때 섭취하는 저장식품처럼 활용할 수 있게 된다.
- 육류에 비해 식물을 보다 쉽게, 그리고 조용히 채집할 수 있다. 이는 특히 적이 주변에 있을 때 중요하다.

동물

4-18 육류는 식물보다 영양이 많고, 지역에 따라서는 식물보다 입수가 쉽다. 그러나 육류를 입수하려면 다양한 야생동물의 습성과 포획법을 알아야 한다.

4-19 당장의 식량 수요를 만족시키려면 먼저 수가 많고 쉽게 잡을 수 있는 동물을 찾아야 한다. 곤충, 어류, 파충류, 갑각류, 연체동물 등이 여기에 해당한다.

개인위생

4-20 청결 유지는 모든 상황에서 감염과 질병을 막아준다. 서바이벌 환경에서는 청결이 더욱 중요하다. 위생 상태가 나쁘면 생존 확률도 떨어진다.

4-21 매일같이 뜨거운 물과 비누로 샤워하는 편이 좋지만, 여건이 갖춰지지 않아도

청결을 유지할 수 있다. 천과 비눗물로 몸을 닦되, 세균 서식 및 감염원인 발, 겨드랑이, 사타구니, 손, 머리를 특히 주의한다. 물이 부족하면 '공기'욕을 한다. 옷을 최대한 벗고, 한 시간 이상 몸을 햇빛과 대기에 노출시킨다. 단 일광 화상에 주의해야 한다.

4-22 비누가 없다면 상황이 허락할 경우 재나 모래를 사용하거나 나무 재와 동물 지방을 이용해 비누를 만든다. 비누 제조법은 다음과 같다.

- 동물 지방을 작은 조각으로 자른 뒤 끓여 기름을 추출한다.
- 끓이는 동안 충분한 물을 부어 지방이 응고되지 않게 한다.
- 지방을 천천히 끓이며 자주 저어준다.
- 지방이 다 녹으면 기름을 굳힐 용기에 부어준다.
- 재를 아래쪽에 주둥이가 있는 용기에 붓는다.
- 재 위에 물을 붓고, 주둥이로 나오는 물을 다른 용기에 담는다. 이것이 잿물이다.

4-23 잿물을 얻는 또 다른 방법은 물과 재를 섞은 덩어리를 천으로 거르는 것이다.

- 냄비에 기름을 2, 잿물을 1 비율로 붓는다.
- 이 혼합물을 불에 얹어 되직해질 때까지 끓인다.

비누가 식으면 반 액체 상태로 사용하거나, 그릇에 굳힌 후 잘라 쓰면 된다.

손을 청결하게 유지할 것

4-24 손에 서식하는 세균은 음식과 상처를 통한 감염의 원인이다. 대소변을 보거나 환자를 운반하는 등 세균이 묻을 행동을 한 뒤에는 식량 및 식기를 만지거나 물을 마시기 전에 반드시 손을 씻는다. 손톱은 늘 깨끗하게 유지하며, 입에 대지 않는다.

두발 청결을 유지할 것

4-25 두발은 박테리아나 이, 벼룩, 기타 기생충의 온상이 될 수 있다. 두발을 깨끗하게 유지하고 빗질하며 모발의 길이를 짧게 유지하면 이런 위험을 피할 수 있다.

피복 청결을 유지할 것

4-26 피복과 침구를 최대한 청결하게 유지해야 피부 감염과 기생충 창궐의 가능성

을 줄일 수 있다. 흙이 묻은 겉옷은 반드시 세탁한다. 매일 깨끗한 속옷과 양말을 착용한다. 물이 귀한 상황이면 피복을 흔들어 대기 중에 노출한 뒤 2시간가량 햇빛에 말린다. 침낭을 사용한다면 매번 쓴 뒤 뒤집어 털고 공기가 통하게 한다.

치아 청결을 유지할 것

4-27 입과 치아는 최소한 1일 1회 이상 칫솔로 닦는다. 칫솔이 없다면 츄잉 스틱(Chewing stick: 씹는 막대)을 만든다. 길이 20㎝, 폭 1㎝가량의 나뭇가지를 찾아 끝을 씹어 섬유질을 갈라놓는다. 그리고 이것으로 이빨을 잘 닦는다. 또 다른 방법은 손가락 끝에 깨끗한 천을 감아 음식 찌꺼기를 닦아내는 것이다. 약간의 모래와 조리용 소다(베이킹파우더), 소금, 비누 등으로도 이빨을 닦을 수 있다. 또한 실이나 식물섬유 등으로 이빨 틈새를 닦는 방법도 구강 청결에 도움이 된다.

4-28 충치로 이빨에 함몰된 곳이 있다면 담배, 촛농 등으로 응급 땜질을 할 수 있다. 땜질하기 전에 파인 곳에서 찌꺼기를 빼내거나 물로 헹구도록 한다.

발을 관리할 것

4-29 발에 심각한 문제가 발생하는 상황을 예방하기 위해 임무에 투입되기 전에는 항상 신발의 길을 들인다. 임무 수행 중에도 매일같이 발을 씻고 마사지해준다. 발톱도 깔끔하게 다듬는다. 신발 안에 깔창을 넣고 마른 양말도 착용한다. 매일같이 발에 물집이 있는지 점검하고 파우더를 뿌려준다.

4-30 작은 물집은 터뜨리지 않는다. 터지지 않은 물집은 감염 우려가 없으니 물집 주변에 충격과 마찰을 줄일 수 있는 소재를 대어 보호한다. 만약 물집이 터진다면 다른 상처들과 동일한 방법으로 취급한다. 매일같이 청결을 유지하고 붕대를 감아주며 환부 주변을 보호한다. 큰 물집도 터지지 않게 놔둔다. 물집이 압박을 받아 터지거나 찢어져 통증을 유발하고 욕창으로 악화되지 않게 하려면 아래 지침을 따른다.

- 재봉용 바늘과 깨끗한, 소독된 실을 구한다.
- 물집을 닦은 뒤 물집에 실에 꿴 바늘을 찔러 통과시킨다.
- 바늘을 제거하고 실을 물집에 꿴 채 둔다. 실이 물집 안의 진물을 흡수한다. 이렇게 하면 구멍의 크기를 줄이고 구멍이 닫히지 않게 유지할 수 있다.
- 물집을 덮어 보호한다.

충분한 휴식을 취할 것

4-31 계속 이동하려면 일정한 휴식이 필요하다. 일상생활 중에는 최소한 매 시간당 10분씩 휴식을 취한다. 정상적이지 않은 상황에서도 휴식을 취할 수 있도록 한다. 완전히 긴장을 풀 수 없는 상황이라면 정신적 활동에서 육체적 활동으로 전환하거나 그 반대로 전환하는 것도 기분전환이 된다.

숙영지 청결의 유지

4-32 숙영지 내에서 소변이나 대변을 보고 흙을 덮어서는 안된다. 가능하면 별도로 준비된 화장실을 사용한다. 화장실이 없다면 구멍을 판 뒤 볼일을 보고 배설물을 파묻어야 한다. 식수는 숙영지보다 상류로 올라가서 구해야 하며, 모든 물은 정수한다.

의학적 응급 상황

4-33 일반적으로 생존의 위기에서 직면할 수 있는 의학적 문제와 응급 상황으로는 호흡곤란, 출혈과다, 쇼크 등이 있다. 다음 절은 각각의 응급 사례가 어떤 위험을 수반하는가에 대한 설명이다.

호흡곤란

4-34 아래 요인들은 모두 호흡 장애를 일으키거나, 호흡 정지의 원인이 될 수 있다.

- 입이나 목에 낀 외부 물질의 기도 방해
- 안면 혹은 목 부상
- 연기나 불꽃, 자극성 기체 흡입, 혹은 알레르기 반응으로 입과 목에서 염증이나 부기가 발생하는 경우
- 목의 비틀림(목이 지나치게 앞으로 굽어져 턱이 가슴에 눌릴 때)
- 의식 불명 상태에서 혀가 공기 흡입을 방해할 경우(의식불명시 목이 앞으로 숙여지고 아래턱과 혀 근육의 긴장이 풀리며 아래턱이 처지면 혀가 기도를 막게 된다)

출혈과다

4-35 주요 혈관에서 심한 출혈이 생기면 극히 위험하다. 1ℓ의 혈액이 누출되면 가벼운 쇼크상태에 빠진다. 2ℓ의 출혈은 심각한 쇼크상태를 유발하며, 신체가 심각한 위험에 빠진다. 3ℓ의 출혈은 대개 사망으로 이어진다.

쇼크

4-36 쇼크(급성 스트레스 반응) 그 자체는 질병이 아니다. 쇼크는 심장이 동맥에 충분한 양과 압력의 혈액을 공급하지 못해 장기와 세포에 대한 혈액 공급에 차질이 빚어졌을 때 발생하는 증상에 대한 의학적 상황을 뜻한다.

인명 구조 단계

4-37 먼저 당신과 부상자 모두의 혼란을 진정시킨다. 부상자를 최대한 안정시킨 후, 재빨리 부상자의 외부 상태를 점검한다. 먼저 부상 원인을 파악하고 기초적인 응급처치를 실시한다. 기도 확보와 호흡 유지가 우선이지만, 몇몇 환자는 기도 장애보다 동맥 출혈로 먼저 사망하므로 주의해야 한다. 아래 사항들은 기도 확보 및 출혈 대처, 응급 상황의 쇼크에 대처하는 방법이다.

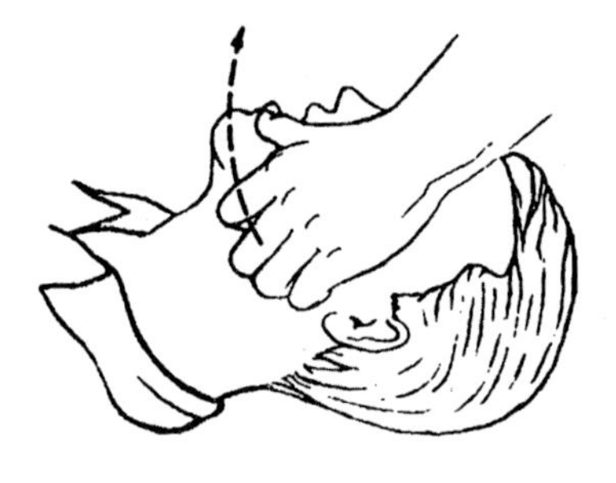

① 양 손으로 아래 턱을 잡고 위로 끌어올린다

② 환자의 입술이 닫혀있으면 엄지손가락으로 아랫 입술을 열어준다

4-1 하악거상법

기도 개통과 확보

4-38 아래 단계를 따르면 기도를 개통하고 확보할 수 있다.

- 1단계: 부상자의 기도가 완전히, 혹은 부분적으로 막혀있는지 파악한다. 기침이나 대화가 가능하면 스스로 이물질을 제거하도록 한다. 부상자를 안심시킨 뒤 기도 개통을 준비하고 부상자가 의식을 잃으면 구강 대 구강 인공호흡을 실시한다. 기도가 완전히 막혔다면 이물질이 사라질 때까지 배를 누른다.
- 2단계: 손가락을 부상자의 입 안에 넣어서 호흡을 방해할 수 있는 이물질, 부러진 이빨, 모래 등을 제거한다.
- 3단계: 하악거상법을 이용해, 부상자의 아래턱을 양손으로 잡고 턱을 앞으로

움직인다. 안정을 위해 팔꿈치는 부상자가 누워있는 표면에 의지한다. 부상자의 입술이 닫혀있다면 엄지손가락으로 아랫입술을 부드럽게 열어준다.

- 4단계: 부상자의 기도가 열리면 엄지와 검지로 코를 잡고 콧구멍으로 부상자의 폐에 두 번 강하게 숨을 불어 넣는다. 두 번째 숨을 불어넣은 후, 폐가 공기를 배출하도록 잠시 틈을 두고 다음 처치를 실시한다. 먼저 부상자의 가슴이 오르내리는지 살펴본다. 부상자가 숨을 내쉴 때 공기가 나가는지 귀로 듣고 뺨으로 공기의 흐름을 느낀다.
- 5단계: 인공호흡이 부상자의 호흡을 유도하지 못한다면 구강 대 구강 호흡법으로 인공호흡을 실시해 부상자의 호흡을 유지한다.
- 6단계: 구강대구강 호흡 중 부상자가 구토할수 있다. 입을 주기적으로 살펴 구토여부를 확인하고, 구토했다면 토사물을 제거한다.

기도 확보 이후 심폐소생술(CPR)을 실시해야 할 수도 있으나, 심폐소생술은 출혈이 억제된 뒤에만 시행이 가능하다. 야전교범 21-20 '체력 단련 훈련' 미국 심장협회의 교범, 적십자 교범, 기타 다른 응급처치 서적을 통해 보다 자세한 CPR지침을 알아둘 것.

지혈

4-39 심각한 출혈이 발생할 경우 즉각 출혈을 막아야 한다. 수혈이 불가능한 상황이 대부분이고, 부상자가 몇 분 안에 사망할 수 있기 때문이다. 외부 출혈은 출혈 부위에 따라 다음과 같이 분류한다.

- 동맥출혈: 동맥은 피를 심장에서 몸 전체로 내보낸다. 동맥이 절단되면 상처에서 밝은 적색 혈액이 심장 박동에 맞춰 분출되거나 뿜어져 나온다. 동맥 내 혈압이 높은 만큼, 손상이 크면 부상자는 단시간에 대량의 혈액을 잃게 된다. 따라서 동맥출혈은 가장 심각한 출혈이다. 제대로 지혈되지 않으면 치명적이다.
- 정맥출혈: 정맥혈은 정맥을 통해 심장으로 흘러 들어가는 혈액이다. 따라서 진한 적색, 자주색, 혹은 푸른빛이 도는 혈액이 계속 흘러나오는 것이 정맥 출혈의 특징이다. 동맥 출혈보다는 정맥 출혈의 지혈이 상대적으로 쉽다.
- 모세혈관의 출혈: 모세혈관은 매우 가느다란 혈관들로 동맥과 정맥을 연결한다. 작은 찰과상이나 절창(베인 상처)에서 발생하는 출혈이 대개 모세혈관으로부터 발생한 출혈이다. 이런 종류의 출혈은 지혈이 어렵지 않다.

4-40 외부 출혈은 직접 압박법, 간접 압박법(지혈점압박), 환부 거상법, 손가락에 의한 지혈, 지혈대 등으로 지혈한다.

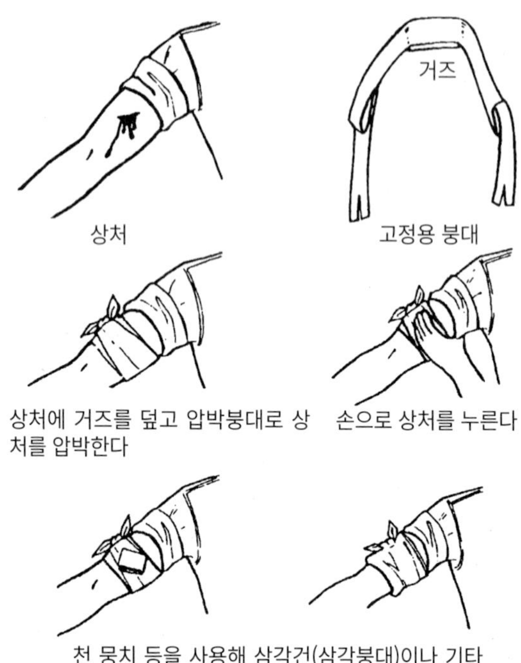

4-2. 압박붕대사용법

직접압박법

4-41 출혈을 지혈하는 가장 효과적인 방법은 출혈 부위에 대한 직접적인 압박이다. 출혈 부위에 대한 압박은 출혈을 멈출 정도로 강하고, 상처가 봉합되기에 충분한 시간동안 유지되야 한다.

4-42 30분간 직접 압박을 가해도 출혈이 멎지 않는다면 압박붕대를 사용한다. 두터운 거즈나 기타 적절한 재질을 환부 위에 직접 얹은 뒤, 붕대로 단단히 감는 방식으로 처치한다.(4-2) 일반 붕대에 비해 단단히 감아야 하나 혈액 순환을 방해할 정도로 강해서는 안된다. 일단 붕대를 감고 나면 설령 피에 젖어도 제거하지 않는다.

4-43 압박붕대를 1~2일간 그대로 놔둔 뒤, 보다 작은 붕대로 교체한다. 장기간의 생존 환경에서는 매일같이 깨끗한 붕대로 교체하며 감염 여부를 확인한다.

거상법

4-44 부상자의 손발을 심장보다 위로 최대한 높게 들어 올리면 혈액이 심장으로 돌아가는 속도가 늦어지고 환부 혈압이 낮아져 출혈을 줄일 수 있다. 하지만 거상법만으로 출혈을 완전히 막을 수는 없다. 압박붕대도 함께 사용해야 한다. 또 환부에 직접압박법을 적용한다. 독사에게 물렸을 경우, 물린 부위를 심장보다 낮춘다.

지혈점

4-45 지혈점은 환부로 향하는 동맥이 피부 근처에 있거나 동맥이 뼈가 튀어나온 부위로 직접 통과하는 곳이다.(4-3) 손으로 지혈점을 눌러 압박붕대를 댈 때까지 출혈을 늦출 수 있다. 지혈점은 직접압박법보다 지혈효과가 좋지 않다. 그리고 환부에 지혈점을 눌러 막을 수 있는 주요 동맥 하나만 혈액을 공급하는 경우는 드물다.

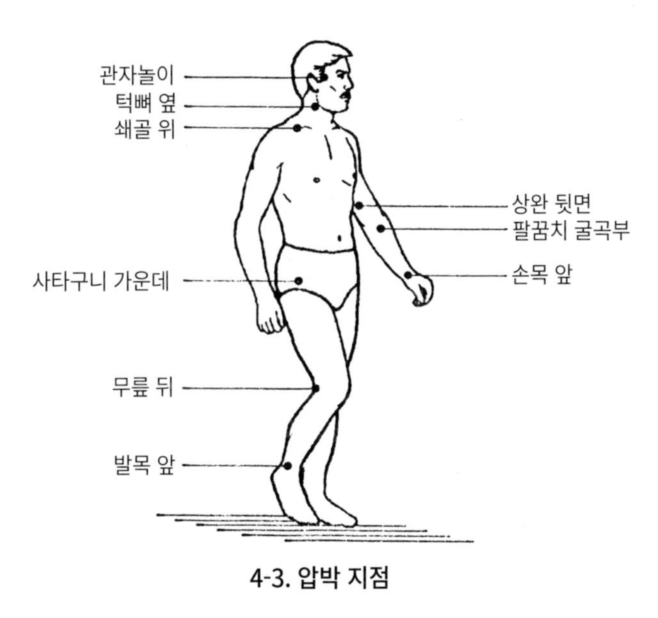

4-3. 압박 지점

4-46 만약 정확한 지혈점을 기억할 수 없다면 환부의 바로 위에 있는 관절의 끝부분에 압박을 가한다. 예를 들어 손, 발, 머리가 환부라면 손목, 발목, 목이 각각 지혈점에 해당한다.

목을 압박할 때는 주의하라. 너무 강하게 오래 압박하면 시술 대상이 의식불명에 빠지거나 호흡곤란으로 사망할 위험이 있다. 목 주변에는 지혈대를 대지 않도록 한다.

4-47 지혈점에 압박을 유지하려면 둥근 막대를 관절 뒤에 댄 뒤 관절을 굽히고 관절과 막대를 천 등으로 묶으면 된다. 이렇게 압박을 유지하면 손으로 지혈 대신 다른 일을 할 수 있다.

손가락 지혈법

4-48 손가락 한 개나 두 개로 출혈이 이뤄지는 정맥이나 동맥 끝을 눌러 출혈을 멈추거나 늦출 수 있다. 압박붕대를 대고 거상법을 실시하는 등의 추가 조치가 가능할 정도로 출혈이 멈추거나 늦춰질 때까지 압력을 유지한다.

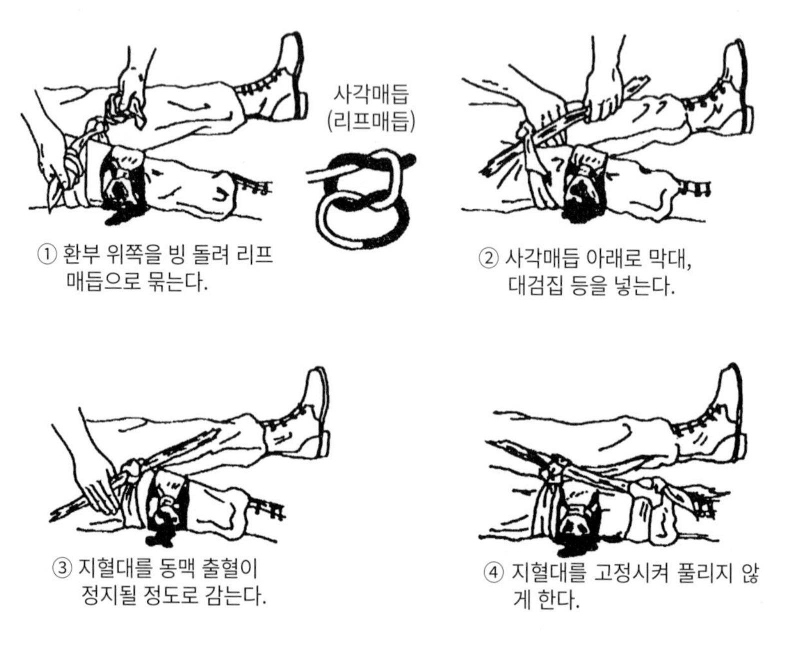

4-4 지혈대 설치

지혈대

4-49 지혈대는 출혈지점 압박을 포함한 다른 모든 방법이 실패할 경우에 한해 사용한다. 지혈대를 너무 오래 두면 괴저가 발생해 해당 부위를 절단해야 할 수 있고, 지혈대 설치에 문제가 있다면 해당 지점의 신경이나 장기에 영구 손상을 가져올 수도 있다. 지혈대를 사용해야 한다면 팔이나 다리, 환부와 심장 사이, 환부의 5~10㎝ 위쪽에 설치한다. 부상이나 골절부 바로 위에 대지 않는다.(4-4)

4-50 지혈대 설치를 마치면 환부를 청소하고 붕대를 감는다. 부상자가 홀로 남겨질 경우 절대 지혈대를 풀거나 제거해서는 안 된다. 동료가 있다면 10~15분마다 1~2분씩 지혈대를 느슨하게 해 팔다리나 손발을 잃는 사태를 예방한다.

의식이 있는 부상자

·평평한 곳에 눕힌다.
·젖은 피복을 벗긴다.
·따뜻한 음료를 제공한다.
·바닥의 냉기를 막는다.
·체온을 유지한다.
·젖은 옷을 벗긴다.
·최소 24시간 휴식한다.
·기상변화로부터 보호해준다.
·하체를 15-20cm 높인다.

의식이 없는 부상자

·구토와 출혈로 질식하는 경우를 방지하기 위해 얼굴을 옆으로 돌린다.
·사지를 높이지 않는다.
·음료를 주지 않는다.

4-5. 쇼크예방법

쇼크 예방 및 대처

4-51 모든 부상자는 쇼크 상태에 빠질 가능성이 있다. 증상에 관계없이 모든 부상자를 다음과 같이 다뤄야 한다.(4-5)

- 부상자가 의식이 있다면 평평한 곳에 눕힌 뒤 하체를 15~20㎝ 정도 올린다.
- 부상자가 의식불명이라면 옆으로 눕게 하거나 아예 엎드리게 한 뒤 머리를 옆으로 돌려 토사물이나 피, 기타 이물질에 질식하지 않게 한다.

- 적합한 자세에 대한 확신이 없다면 바르게 눕힌다. 쇼크 상태라면 움직이지 않는다.
- 부상자를 덮어주거나 필요하면 불을 피우는 등 난방을 통해 체온을 유지한다.
- 부상자가 젖었다면 젖은 옷을 최대한 빨리 벗긴 뒤 마른 옷을 입힌다.
- 부상자를 보호할 피난처를 마련한다.
- 따뜻한 음료수나 음식, 미리 덥힌 침낭, 타인의 체온, 수통에 담은 따뜻한 물, 천에 감싼 뜨거운 돌, 부상자 옆에 피운 불 등으로 온기를 유지하게 한다.
- 부상자에게 의식이 있고 소금이나 설탕을 지니고 있다면 천천히 따뜻한 소금물이나 설탕물을 마시게 한다. 다만 부상자에게 의식이 없거나 복부에 부상이 있을 경우에는 입으로 액체를 마시지 않도록 한다.
- 부상자는 최소 24시간을 쉬게 한다.
- 만약 고립된 상태라면 나무 뒤나 기타 날씨로부터 보호받을 수 있는 곳의 움푹 패인 곳에 누워 머리를 발보다 낮게 유지한다.
- 만약 동료가 있다면 부상자의 상태를 계속 확인한다.

뼈 및 관절 부상

4-52 골절, 탈구, 염좌 등의 뼈 및 관절 부상에 직면할 가능성도 높다. 각 부상에 대한 대처는 아래에 단계별로 설명한다.

골절

4-53 골절은 크게 개방골절과 폐쇄골절로 나뉜다. 개방(혹은 복합) 골절은 뼈가 피부를 찢고 돌출되어 골절과 열창이 복합된 상황을 말한다. 상처로부터 돌출된 뼈는 반드시 살균제로 닦고 습기를 유지해야 한다. 환부에는 부목을 대고 환부 주변의 출혈을 예의주시한다. 출혈이 없을 때에 한해 골절된 뼈를 이어 붙인다.

4-54 폐쇄골절은 외부에 상처가 보이지 않으므로, 환부를 고정하고 부목을 댄다.

4-55 골절의 징후 및 증세는 고통, 변색, 통증에 대한 예민함, 불규칙적인 부종, 수족의 기능 상실, 삐걱대는 소리(부러진 뼈의 양 끝이 마찰할 때 나오는 소리나 느낌) 등이다.

4-56 골절은 골절부위의 신경이나 혈관을 압박하거나 손상시킬 위험이 있다. 따라서 골절부위는 최대한 움직이지 말아야 하며 움직일 경우에 매우 조심해야 한다. 만

약 골절부위 아래가 무감각해지거나 붓고 만졌을 때 차갑거나 창백해지며 환자가 쇼크 증세를 보인다면 주요 혈관이 손상된 것이다. 이렇게 발생한 내부 출혈은 지혈해야 한다. 골절부위를 재접합하고 쇼크에 대한 처치를 한 뒤 수혈한다.

4-57 부목을 대고 치료하는 동안 견인(들어올림) 상태를 유지해야 한다. 팔이나 무릎 아래 뼈는 손으로 당길 수 있다. 손이나 발을 나무의 V형 가지에 끼운 뒤 다른 쪽 손발로 나무에 대고 눌러 견인상태를 유지한다. 그 뒤 부목을 대면 된다.

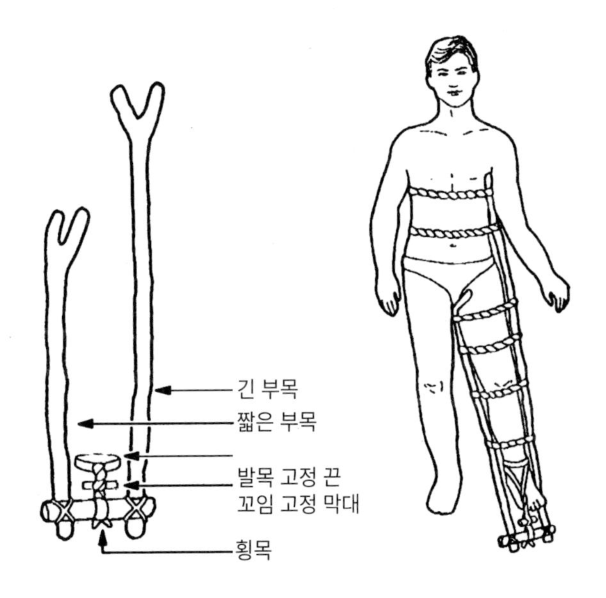

4-6. 임시 부목 사용법

4-58 골절된 대퇴골은 주변 근육이 매우 강하기 때문에 치료 중에 들어올리기 어렵다. 이때는 임시로 견인 부목을 자연 소재(4-6)로 만들 수 있다.

- 지름 5㎝ 이상, 끝이 갈라진 나무 두 개를 구한다. 하나는 팔꿈치, 다른 하나는 사타구니부터 부러지지 않은 다리의 20~30㎝ 아래까지 자른다.
- 두 부목에 거즈 등의 패드를 붙인다. 갈라지지 않은 쪽에 홈을 판 뒤, 직경 5㎝가량의 나무로 길이 20~30㎝의 지지 막대를 만들고 두 가지를 묶어 고정한다.
- 덩굴, 천, 가죽끈 등으로 부목을 상반신과 부러진 다리에 묶는다.
- 수중의 재료로, 발목 고정 끈을 만든 뒤 끈의 양 끝을 지지 막대에 묶어 고정한다.
- 길이 10㎝, 지름 2.5㎝의 막대를 발목 고정 끈과 지지 막대 사이의 끈에 꿴다. 이

막대를 돌려 꼬면 견인이 더 쉬워진다.

- 부러진 다리가 정상적 다리 길이와 같거나 약간 길어질 때까지 막대를 꼬아준다.
- 막대를 묶어 고정, 견인을 유지한다.

시간이 지나면 견인이 느슨해질 수 있으니 종종 견인상태를 점검할 것.
부목을 바꾸거나 고쳐야 한다면 손으로 견인상태를 유지한다.

탈구

4-59 탈구는 관절이 분리되어 뼈의 위치가 어긋난 상태다. 탈구는 극심한 고통을 유발하며, 탈구 부위의 신경이나 순환계통에 장애를 일으키므로 신속히 교정한다.

4-60 탈구의 징후와 증세는 관절통, 무감각, 부종, 변색, 움직임의 제약, 관절의 변형 등이 있다. 탈구는 정복, 고정, 재활을 통해 치료한다.

4-61 정복은 뼈를 원래 위치로 돌려놓는 조치다. 여러 방법이 있으나 손을 이용하거나 무게추를 이용해 뼈를 당기는 방식이 가장 안전하고 쉽다. 일단 실시하면 정복은 부상자의 통증을 줄이고 일반적인 신체기능 및 순환이 가능하게 한다. X선 촬영 없이도 탈구되지 않은 다른 관절과 비교해 형태나 감각으로 정복이 가능하다.

4-62 고정은 정복 후 탈골 부위에 부목을 대는 조치다. 부목은 고정용으로 사용 가능한 것은 무엇이든 쓸 수 있으며, 탈골 부위가 손발이라면 다른 신체부위에 고정해도 좋다. 부목 설치는 아래를 참조한다.

- 골절부나 탈골부위 아래로 댄다.
- 불쾌감을 줄이기 위해 부목에 패드를 댄다.
- 부목을 고정하면서 환부 아래의 혈액순환을 점검한다.

4-63 탈구 부상의 재활을 위해서는 부목을 7~14일 뒤에 제거한다. 완전히 치료될 때까지 부상당한 관절의 사용을 자제하고 천천히 활동을 늘린다.

염좌

4-64 갑작스럽게 인대 등의 근육이 늘어나면 염좌가 발생한다. 염좌의 징후와 증세

로는 통증, 부종, 무감각, 변색(검고 푸르게 변함)등이 있다.

4-65 염좌 치료 시에는 RICE라는 철자에 따라 절차를 기억하고 치료하면 된다.

R	**Rest injured area** 환부를 어딘가에 얹고 안정을 취한다.
I	**Ice for 24 to 48 hours** 24~48시간 동안 얼음찜질을 한다.
C	**Compression-wrap or splint to help stabilize.** 환부를 붕대로 매거나 부목을 대어 안정시킨다. 혈액순환에 방해가 되지 않는 한 염좌된 발목에 전투화를 신은 채 둔다.
E	**Elevate the affected area.** 환부를 들어 올린다.

물린 상처와 독침

4-66 해충들은 매우 위험한 존재다. 해충들은 단순히 불쾌한 수준을 넘어 심각한 알레르기 증세를 유발하는 질병의 매개체가 되곤 한다. 세계 곳곳에서 미국에는 없는 심각하고 치명적인 질병을 만날 수 있다.

- 진드기는 미국에 비교적 흔한 로키산 홍반열과 같은 질병의 매개체다.
- 모기는 말라리아, 뎅기열, 기타 다양한 질병의 매개체다.
- 파리는 질병을 전염시킬 수 있다. 수면병, 티푸스, 콜레라, 설사병 등의 매개체다.
- 벼룩은 페스트의 매개체다.
- 이는 티푸스와 회귀열의 매개체다.

4-67 곤충에 물린 상처나 독침 상처가 악화되지 않게 하려면 최신 접종을 통한 면역 유지(면역 유지를 위한 보강 접종 포함), 해충 만연지역 회피, 방충제 및 방충망 사용, 올바른 피복 착용 등이 필요하다.

4-68 곤충에 물리거나 찔렸을 때 해당 부위를 긁으면 환부가 감염될 수 있다. 적어도 매일 한 번 몸을 살펴 곤충이 붙지 않았나 확인한다. 진드기가 발견되었다면 공기를 차단할 물질(바셀린, 나무 진액, 기름 등)을 해당 부위에 바른다. 공기가 없으면 진드기는 피부를 물지 않으므로 떼어낼 수 있다. 진드기를 전부 떼어내야 한다. 제거는 가능

한 핀셋을 사용해 피부에 붙은 진드기의 입 부위를 떼어낸다. 진드기의 몸통을 잡아선 안 된다. 진드기를 만진 뒤 손을 씻고 상처는 나을 때까지 매일 씻는다.

치료

4-69 수많은 곤충에 대한 치료법을 지면에 전부 열거하거나 나열하기란 불가능하다. 하지만 가장 일반적인 치료법은 다음과 같다.

- 항생제가 있다면 파병지로 떠나기 전에 사용법을 숙지한다.
- 예방접종은 대부분의 모기 관련 질병, 그리고 몇몇 파리 관련 질병을 예방할 수 있다.
- 파리를 매개체로 하는 가장 일반적인 질병들은 페니실린이나 에리트로마이신으로 치료할 수 있다.
- 진드기, 이, 벼룩에 의해 옮는 질병은 대부분 테트라시클린으로 치료할 수 있다.
- 대부분의 항생제는 250mg이나 500mg 알약으로 나온다. 만약 각 질병에 대한 정확한 투약량을 모른다면 한 번에 두 알씩, 하루 네 번, 10~14일간 복용을 계속하면 해당 박테리아를 죽일 수 있다.

꿀벌과 말벌침

4-70 꿀벌에 쏘였다면 즉각 벌침과 독주머니를 손톱이나 칼날로 긁어 제거한다. 벌침이나 독주머니를 쥐어짜거나 잡으면 더 많은 독이 환부로 흘러들어간다. 2차 감염을 막기 위해 환부를 비눗물로 깨끗이 닦는다.

4-71 만약 곤충 독에 알레르기가 있다면 언제나 곤충 독침 치료키트를 휴대한다.

4-72 곤충에 의한 가려움과 불쾌함을 덜기 위해 아래 방법을 사용한다.

- 차가운 압박붕대를 두른다.
- 진흙이나 재를 발라 온도를 낮춘다.
- 민들레 진액을 바른다.
- 코코넛 과육을 문지른다.
- 으깬 마늘을 문지른다.
- 양파를 문지른다.

거미 및 전갈

4-73 대표적 위험종인 블랙위도우는 배의 붉은 모래시계 무늬로 구분할 수 있다. 암컷만이 사람을 물고, 신경독을 품고 있다. 초기 통증은 심하지 않으나 곧 심한 국소

적 통증이 찾아온다. 통증은 몸 전체로 퍼지며, 복부와 다리에 지속적인 심한 복통과 통증, 점차 악화되는 현기증, 구토, 발진 등이 뒤따른다. 동시에 과민증상도 일어날 가능성이 있다. 증상은 3일간 지속되며 1주일 후 점차 진정되기 시작한다. 쇼크 처치를 하고 CPR을 실시한다. 물린 곳을 청결하게 닦고 붕대를 감아 추가적인 감염 위험을 줄여야 한다. 항독 혈청이 있으므로 가능하다면 처방을 받는다.

4-74 깔때기 거미는 큰 갈색, 혹은 회색 거미로, 오스트레일리아에 서식한다. 증상과 치료 절차는 블랙위도우와 동일하다.

4-75 갈색 집거미는 등에 짙은 갈색 바이올린 무늬가 있는 작은 갈색 거미다. 물려도 통증이 없거나 매우 미미해 물렸다는 사실을 인식하기 어렵다. 몇 시간 안에 물린 부위가 붉게 물들고 가운데 청색 반점이 나타난다. 모든 경우에 괴저가 발생하는 것은 아니지만 3~4일 안에 물린 자리가 단단해지고 깊은 자주색으로 변색된다. 이 상처는 1~2주 안에 점점 어두워지고 바짝 마른 후 표피가 분리되면서 딱지가 떨어지고 궤양이 발생한다. 이 단계에서는 2차 감염과 국지적으로 부어오른 임파선을 볼 수 있다. 이 거미에 물리면 몇 주, 혹은 몇 달에 걸쳐 낫지 않는 궤양이 특징이다. 경우에 따라서는 종종 목숨을 위협하는 심각한 신체반응이 발생하는 경우도 있다. 이런 반응(발열, 오한, 관절통, 구토, 전신 발진)은 주로 어린이 및 노약자에게 발생한다.

4-76 타란툴라는 크고 털이 난 거미로, 열대지방에 주로 서식한다. 대부분은 독이 없으나 남미에 서식하는 일부 종은 독이 있다. 이 거미는 커다란 이빨이 있어, 물리면 통증과 출혈이 발생하며 감염될 수도 있다. 타란툴라에 물린 치료는 다른 외상과 같으며, 추가 감염을 막아야 한다. 독거미에 물린 것과 같은 증상이 나온다면 블랙위도우와 마찬가지 방법으로 치료한다.

4-77 전갈은 정도의 차이만 있을 뿐 모두 독이 있다. 증상은 크게 둘로 나뉜다.

- 심각한 국지 반응, 환부에 통증과 부종만 발생한다. 혀가 굳고 입안이 따끔거린다.
- 심각한 전신반응에 반해 국지적 반응은 미미하다. 국지적 통증도 있을 수 있다. 호흡곤란, 굳은 혀, 경련, 침 흘림, 소화기 팽창, 환각, 시각 마비, 무의식적 동공의 빠른 움직임, 무의식적 방뇨 및 배변, 심장마비의 가능성이 있다. 사망 가능성은 적으며 주로 어린이나 질병, 혹은 고혈압 증세가 있는 성인에 사망 위험이 있다.

4-78 전갈에게 공격당할 경우에도 블랙위도우와 마찬가지 요령으로 치료한다.

뱀

4-79 뱀에 대한 지식이 있다면 야생의 뱀에 물릴 가능성은 거의 없지만, 대비는 해야 한다. 뱀에 물려 죽는 경우는 드물다. 독사가 사람을 물 확률은 1/2 미만이고, 1/4만이 심각한 전신반응을 일으킨다. 하지만 뱀에 물리면 사기가 저하되고, 뱀에게 물리지 않았다면 피할 수 있을 비극에 직면할 수도 있다.

4-80 뱀에 물리면 물린 부위 주변의 괴사를 최저한으로 막는 조치가 필요하다.

4-81 불특정 동물에게 깨물려 발생한 환부는 박테리아 감염 우려가 있다. 이런 상처를 통한 국지적 감염은 독의 유무와 관계없이 피해의 대부분을 차지한다.

4-82 뱀의 독에는 먹잇감의 신경 중추(신경독)와 혈액순환(혈액독)을 방해하는 성분들과 함께 소화를 돕는 효소(세포독)가 들어있다. 이 독은 넓은 범위를 괴사시켜 큰 상처를 낸다. 적절한 시간 내에 치료하지 않으면 환부 절단이 필요할 수도 있다.

4-83 쇼크와 혼란은 환자의 회복에 악영향을 끼친다. 흥분, 히스테리, 혼란은 혈액순환을 가속시켜 독이 빨리 퍼지게 한다. 쇼크는 30분 이내에 발생한다.

4-84 치료하기 전에 뱀이 독사인지 확인한다. 독사가 아니라면 균일한 이빨자국이 남고, 독사라면 큰 독니가 남긴 이빨자국 한둘이 눈에 띄게 클 것이다. 독사에 물리면 코와 항문에 출혈이 발생하고 소변에 피가 섞이며 물린 곳에 통증이 발생한다. 또 물린 지 몇 분, 혹은 2시간 이내에 환부가 붓는다.

4-85 호흡곤란, 마비, 약화, 경련, 감각 마비는 신경독의 증상이다. 이 증상은 물린 뒤 1.5~2시간 이내에 발생한다.

4-86 만약 누군가 독사에 물렸다면 다음과 같이 조치한다.

- 환자를 진정시킨다.

- 쇼크 방지를 위해 수분을 강제 섭취시키거나 정맥 주사를 놓는다.
- 시계, 반지, 팔찌 등 몸을 죄는 물체를 모두 제거한다.
- 물린 부위를 깨끗이 닦는다.
- 기도 확보 후(얼굴이나 목 근처를 물렸을 때 중요) CPR을 준비한다.
- 심장과 환부 사이를 조여 혈액이 퍼지는 것을 막는다.
- 환부가 움직이지 않게 한다.
- 흡입기구로 독을 최대한 빨리 빨아들인다. 절대로 환부를 짜면 안 된다.

4-87 뱀에 물렸을 때는 네 가지 금지사항을 상기해야 한다.

- 주류나 담배, 아트로핀은 금지하고, 모르핀이나 중추신경 안정제만을 사용한다.
- 물린 곳에 상처를 내지 않는다. 모세혈관을 찢어 독과 세균이 혈관으로 퍼질 수 있다.
- 손에 독이 묻어 있을 가능성을 배제하기 어려우므로, 절대로 얼굴을 만지거나 눈을 비벼서는 안 된다. 독에 의해 실명할 가능성이 있다.
- 물린 자리 주변에 형성되는 큰 물집들을 터뜨리지 않는다.

4-88 부상자를 치료한 뒤 국소적 증세 악화를 막기 위해 다음과 같이 행동한다.

- 감염이 발생했다면 환부를 개방한 채 청결하게 유지한다.
- 24~48시간 후 환부에 열을 가해 감염 확산을 막는다. 열은 균 방출에 도움이 된다.
- 감염이 사라질 때까지 많은 물을 마시게 한다.

상처

4-89 열상, 피부병, 동상, 참호족, 화상 등 피부의 급격한 변화도 상처의 일종이다.

열상

4-90 피부의 손상과 출혈, 감염의 위험을 동반하는 열상(피부가 찢어진 상처가 아물지 않은 상태)은 심각한 문제다. 상처의 원인, 부상자의 피부 및 피복, 혹은 다른 외부 물질에 있는 박테리아는 상처 감염을 초래할 수 있다.

4-91 상처를 적절히 치료하면 추가 오염을 막고 치유를 유도할 수 있다. 다음과 같은

수순으로 최대한 빨리 상처를 닦는다.

- 상처 주변의 피복을 치우거나 절단한다.
- 날카로운 물체나 총기, 기타 비산물로 인해 발생한 상처는 반드시 출구흔을 확인한다.
- 환부 주변의 피부를 완전히 닦아야 한다.
- 상처를 다량의 물로 닦아낸다. 물이 없다면 갓 받은 소변을 대신 사용할 수 있다.

4-92 생존을 우선시해야 하는 상황에서는 상처가 벌어진 채 놔두는 편이 가장 안전한 상처관리법이다. 꿰매서 상처를 봉합하려 하면 안 된다. 상처를 그대로 유지하며 감염으로 발생한 고름이 나오도록 방치한다. 환부에 통풍을 유지할 수 있다면 비록 악취가 풍기고 불쾌하기는 하지만 대체로 생명에는 지장이 없다.

4-93 깨끗한 붕대로 상처를 덮는다. 붕대를 반창고 등으로 고정한다. 붕대는 매일같이 갈아주며 감염 여부를 확인한다.

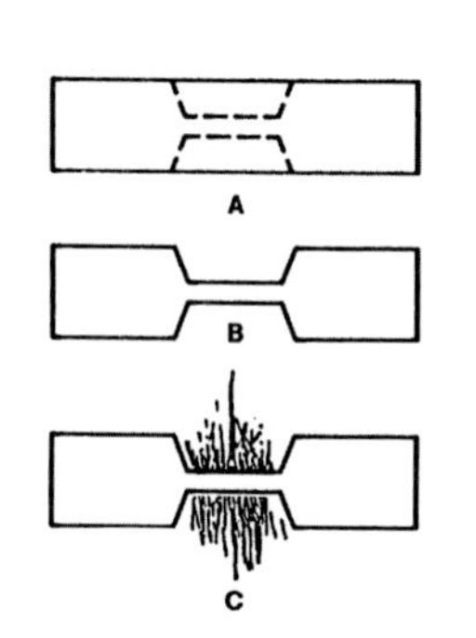

4-7. 나비형 반창고

4-94 상처가 벌어지면 접착 테이프를 '나비'나 '아령' 모양으로 잘라 상처 봉합에 사용한다.(4-7) 항생제가 없을 때는 매우 조심해야 한다. 또 상처는 감염을 피하도록 통풍을 유지해야 한다.

4-95 서바이벌 환경에서 어느 정도 감염은 피할 수 없다. 통증, 부종, 상처 주변의 붉은 변색, 체온 상승, 상처 혹은 상처에 덧댄 붕대에 묻은 고름은 감염의 증거로 간주한다.

4-96 상처가 감염된다면 다음과 같이 처치한다.

- 감염된 상처에 따뜻하고 축축한 압박붕대를 직접 댄다. 식으면 압박붕대를 제거하는 방식으로 30분간 상처를 따뜻하게 한다. 매일 3~4회 같은 처치를 한다.
- 상처의 고름을 뺀다. 소독된 도구로 환부를 열어 조심스럽게 고름을 제거해준다.
- 상처를 붕대로 감싸고 고정한다.
- 많은 물을 마신다.
- 총상이나 기타 심각한 부상의 경우, 상처를 매일 깨끗한 물로 잘 씻어야 한다. 단,

식수나 정화수단이 부족할 경우에는 식수 사용을 우선시한다. 상처가 아물기 시작할 때까지 매일 상처를 헹구면 상처 자체는 커져도 감염의 여지는 크게 줄어든다.

- 감염 징후가 모두 사라질 때까지 매일같이 세척을 반복한다.

4-97 만약 항생제가 없고, 상처가 심하게 감염된 채 아물지 않으며, 정상적인 봉합도 불가능하다면 위험부담을 감수하고 구더기를 사용한다.

- 하루 동안 상처를 파리에 노출시킨 뒤 덮는다.
- 매일같이 구더기를 확인한다.
- 일단 구더기가 생겼다면 상처를 덮고, 매일같이 상태를 확인한다.
- 구더기가 죽은 세포를 모두 먹고 건강한 세포를 먹으려 할 때 구더기를 제거한다. 통증이 심해지고 상처에 밝고 붉은색의 피가 흐르면 구더기가 건강한 세포에 도달했다는 증거다.
- 살균된 물이나 신선한 소변으로 상처를 반복적으로 헹궈 구더기를 제거한다.
- 며칠에 걸쳐 4시간마다 한 번씩 상처를 점검해 구더기가 사라졌는지 확인한다.
- 다른 상처들처럼 붕대로 감싼다. 이제 정상적으로 아물 것이다.

피부병 및 기타 피부질환

4-98 부스럼, 곰팡이균 감염, 발진 등은 심각한 건강 문제로 악화되지 않는 경우가 대부분이다. 그러나 불쾌감을 유발하므로 다음과 같이 처치해야 한다.

부스럼

4-99 따뜻한 압박붕대로 환부를 누르면 고름이 올라온다. 다른 방법은 병을 이용하는 것이다. 끓는 물로 소독한 빈 병의 주둥이를 부스럼에 얹고 공기가 새지 않게 밀착시키면 진공이 형성되어 고름이 피부 바로 밑까지 올라온다. 그러면 소독된 칼, 바늘, 철사나 비슷한 도구로 부스럼을 짼다. 비누와 물로 고름을 완전히 제거한다. 부스럼이 난 곳을 덮어준 뒤 추가 감염이 없는지 주기적으로 확인한다.

곰팡이균 감염

4-100 피부를 청결하고 건조하게 유지하며 감염부는 최대한 햇볕에 노출시키고, 절대 긁지 않는다. 베트남전 당시 병사들은 항 곰팡이 분말, 당밀 비누, 염소 표백제, 알

코올, 식초, 농축 소금물, 아이오딘 등을 이용해 곰팡이 감염과 싸웠지만 결과는 제각각이었다. 모든 '민간요법'은 신중하게 사용해야 한다.

발진

4-101 피부발진을 효과적으로 치료하려면 먼저 원인을 파악해야 하지만, 원인 파악은 이상적인 상황에서도 쉽지 않을 수 있다. 발진의 치료에는 아래 법칙을 준수한다.

- 습성 발진은 건조하게 유지한다.
- 건성 발진은 습하게 유지한다.
- 환부를 긁지 않는다.

4-102 습성 발진은 식초나 차, 도토리, 활엽수의 껍질에서 우려낸 타닌에 적신 압박붕대를 이용해 건조시킨다. 건성 발진은 동물 지방이나 기름을 환부에 문질러 진정시킨다.

4-103 발진은 열상처럼 매일 청결을 유지하고 붕대를 감아준다. 포로 생활 중에도 항생제 대신 상처를 치료할 대체물질은 많다. 아래의 지침을 따르도록 한다.

- 아이오딘 정: 5~15알을 1ℓ의 물에 녹인 용액은 상처 세척액으로 쓸 수 있다.
- 마늘: 환부에 바르거나 끓여서 기름을 추출한 뒤 그 물로 환부를 씻는다.
- 소금물: 물 1ℓ 당 2~3스푼을 넣어 박테리아를 죽인다.
- 벌꿀: 직접 바르거나 물에 녹여 사용한다.

저온 살균하지 않은 꿀은 영유아에게 치명적인 보툴리누스균을 함유했을 가능성이 있다. 구토나 환각, 발열, 근육마비 등이 발생할 경우, 즉각 섭취를 중지한다.

- 물이끼: 대다수 늪지대에서 발견되는 자연산 아이오딘이다. 붕대처럼 사용한다.
- 설탕: 상처에 직접 바르고 질척해지면 완전히 제거한다. 그리고 다시 바른다.
- 시럽: 극단적 상황이라면 고당도 액체는 전부 설탕이나 꿀처럼 활용할 수 있다.

비상용 대체품의 사용에는 늘 주의해야 한다.

화상

4-104 화상은 야전 응급처치를 통해 통증을 완화하고 치유를 촉진하며 감염을 예방해야 한다.

- 먼저 화상의 진행을 멈춰야 한다. 옷을 제거하거나 물 혹은 모래를 끼얹고 땅을 구르며 몸이나 의복에 붙은 불을 끈다. 이후 화상을 입은 피부를 물이나 얼음으로 식힌다. 백린 화상의 경우 핀셋으로 백린을 제거한다. 상처에 물을 뿌리면 안 된다.
- 붕대나 천을 타닌 용액(차, 활엽수의 속껍질, 도토리 등을 끓여 추출)에 10분간 삶는다.
- 삶은 붕대나 천을 식혀 환부에 감는다. 특히 꿀은 감염을 막고 새살이 돋게 한다.
- 화상은 열상처럼 취급한다.
- 체액 손실을 보충한다. 체액을 보충하는 방법에는 구강 보충과 정맥 보충(링거 등이 있을 때)의 두 가지 방법이 있다. 항문을 통한 보충도 가능하다. 주입할 물을 소독할 필요는 없고, 정수만 하면 된다. 튜브를 사용해서 항문으로 1시간당 1~1.5ℓ의 물을 공급할 수 있다.
- 기도를 확보한다.
- 쇼크를 치료한다.
- 화상이 얼굴 주변에 발생하지 않았다면 상황에 따라모르핀 사용도 고려한다.

환경적 부상

4-105 열사병, 저체온증, 설사병, 기생충 감염 등은 서바이벌 환경에서 직면하게 되는 환경적 부상에 속한다. 아래의 지침을 잘 읽고 대응하면 된다.

열사병

4-106 신체의 체온조절 체계가 붕괴되면(체온이 섭씨 40.5도 이상으로 높아질 경우) 열사병이 발생한다. 열사병이 발생하기 전에 고온에 의해 발생하는 경련이나 탈수증세 등이 반드시 수반되는 것은 아니다. 열사병의 징후와 증세는 아래와 같다.

- 붓거나 심하게 붉어진 얼굴
- 붉어진 안구의 흰자위
- 땀을 흘리지 않음
- 의식 상실이나 일시적 착란
- 창백한 안색
- 입술과 손톱 아래가 파랗게 되는 청반증

이 시점의 환자는 심각한 쇼크상태로 규정하고 환자의 체온을 최대한 빨리 낮춘다. 흐르는 찬 물에 환자를 담그거나 최소한 목, 팔꿈치, 사타구니 등 주요 관절에 물이나 소변으로 적신 차가운 천을 댄다. 두피를 통한 열 방출이 가장 많으므로 머리는 반드시 적셔야 한다. 링거를 맞히고 물을 마시게 한다. 환자에게 부채질을 해준다.

4-107 환자의 체온을 냉각시키는 동안 다음 증세가 발생할 수 있다.

- 구토
- 설사
- 몸부림
- 오한
- 소리지름
- 지속적인 무의식
- 48시간 내에 열사병 재발
- 심박 정지 (CPR을 준비해야 한다)

소금을 약간 탄 소금물로 탈수에 대비한다.

동상 초기증세

4-108 동상 초기에는 얼굴이나 귀, 사지의 끝에 단단하고 차가우며 흰색이나 회색으로 변색되는 지점이 나타난다. 동상에 걸린 뒤 늦어도 2~3일 뒤에는 물집이 잡히거나 껍질이 벗겨진다. 세포가 빙점 이하의 기온에 노출되면 발생하는 증세다. 세포 안팎의 수분이 얼면 세포벽을 파괴하고 세포 자체를 손상시킨다. 동상에 걸렸다면 환부를 손이나 다른 따뜻한 물체로 덥혀야 한다. 바람에 의한 냉각이 동상에 중요한 영향을 끼친다. 이를 예방하려면 마른 피복을 여러 겹 입고 바람과 습기를 최대한 막아야 한다.

참호족

4-109 참호족은 빙점보다 약간 높은, 춥고 습한 환경에 장시간 노출될 경우 발생한다. 주로 신경과 근육이 손상되지만 괴저도 발생할 수 있다. 극단적인 경우에는 살점 자체가 죽어가면서 발이나 다리를 절단하게 되는 경우도 있다. 가장 좋은 예방법은 발을 항상 건조하게 유지하는 것이다. 반드시 예비 양말을 방수 포장으로 휴대해야 하며, 젖은 양말이 있다면 말린다. 발은 매일 씻고 마른 양말로 갈아 신는다.

동상

4-100 동상은 세포의 수분 동결로 발생한다. 동상은 피부 아래까지 번지며, 세포가 굳어 곧 움직일 수 없게 된다. 발, 손, 얼굴의 노출된 부위가 특히 동상에 취약하다.

4-111 동료가 있으면 동료들이 서로의 얼굴을 수시로 체크해 동상을 막을 수 있다. 동료가 없다면 가능한 코와 얼굴의 아랫부분을 장갑으로 덮어준다.

4-112 섣불리 환부를 녹이려고 불을 쬐면 안 된다. 동상의 환부는 섭씨 37~42도의 물에 담그는 방식으로 녹여야 한다.(물의 온도는 손목 안쪽의 감각으로 짐작하거나 이유식 온도로 맞춘다) 환부를 건조시키고, 동상에 걸리지 않은 다른 부위의 체온으로 녹인다.

저체온증

4-113 신체 내부가 섭씨 36도의 체온을 유지할 수 없을 때 발생한다. 단기, 혹은 장기간에 걸쳐 낮은 온도에 노출되거나 탈수, 식량 및 휴식부족으로 유발된다.

4-114 즉각적 조치가 중요하다. 환자를 바람과 비, 추위로부터 보호할 수 있는 피난처로 옮긴다. 젖은 옷을 벗기고 마른 옷으로 갈아입힌다. 손상된 체액을 따뜻한 물로 보충하며 환자를 침낭에 넣고 가능하면 다른 사람과 피부마찰을 통해 체온을 올려준다. 환자가 물을 마실 수 없다면 항문을 통해 직접 주입할 수도 있다.

설사

4-115 일반적인 설사는 물과 식사가 바뀌거나 오염된 물을 마실 때, 상한 음식을 먹을 때, 더러운 접시를 사용할 때, 피곤할 때 발생한다. 대부분 예방약을 통해 막을 수 있다. 하지만 설사에 걸렸을 때 적절한 약품이 없다면 다음 방법을 활용한다.

- 물 섭취를 24시간 자제한다.
- 설사가 멎거나 완화될 때까지 진하게 우린 차를 두 시간당 한 잔씩 마신다. 차의 타닌이 설사를 억제시킨다. 활엽수 속껍질을 두 시간가량 끓여도 타닌을 얻을 수 있다.
- 숯, 마른 뼈, 활석 가루 한 줌과 끓인 물을 섞어 치료용액을 만든다. 사과 부스러기나 감귤류 열매의 껍질이 있다면 용액에 투여된 분말과 같은 양을 섞어 효능을 끌어올릴 수 있다. 용액을 두 시간마다 두 스푼씩, 설사가 멎거나 완화될 때까지 먹는다.

장 기생충

4-116 예방수단을 잘 활용하면 기생충 등의 감염을 막을 수 있다. 절대 맨발로 다니지 않는 것도 예방행동에 속한다. 기생충을 피하는 가장 좋은 방법은 날고기나 더러운 물에 노출되거나 인분을 비료로 쓰는 채소를 생으로 먹지 않는 것이다. 다만 불가피하게 기생충에 감염되고 적절한 약품이 없다면 다른 치료법도 있다. 이 치료법은 장내 환경을 급변시킴을 고려해야 한다. 이하는 대표적 기생충 치료법들이다.

- 소금물: 1ℓ의 물에 4수저의 소금을 녹여 마신다. 반복해서는 안 된다.
- 담배: 씹는 담배를 한 티스푼, 혹은 일반 담배를 1~1.5개비 정도 먹는다. 담배의 니코틴이 기생충을 죽이거나 배설되어 빠져나갈 시간 동안 기절시킨다. 기생충 감염이 심각하다면 24~48시간 주기로 반복하되 그 이상은 위험하다.
- 등유: 등유를 4수저 가량 마신다. 더 이상 마시면 안 된다. 필요하다면 24~48시간 뒤에 반복한다. 냄새를 맡지 말 것. 폐에 염증을 유발할 수 있다. 담배와 등유는 매우 위험하므로 주의한다.
- 매운 고추: 고추는 지속적으로 먹을 때에만 효과가 있다. 날로 먹거나 고기 및 쌀 등에 첨가할 수 있다. 이렇게 하면 기생충 서식이 어려운 환경을 만들 수 있다.
- 마늘: 네 쪽을 한 컵의 물에 으깨 섞은 뒤 3주일간 매일 마신다.

약초

4-117 현대의 약품과 의학 연구는 상식과 결단력, 기타 다른 단순한 치료에 의한 치료법들을 잊게 만들었다. 그러나 아직도 많은 사람들이 민간요법 치료사나 주술사 등에 치료를 의지한다. 이들이 사용하는 상당수의 약초가 현대의 약품 못지않게 효과적이다. 사실 많은 현대의 약품들이 정제된 약초에서 추출된다.

약초 사용은 주의를 요하므로, 적절한 의약품이 고갈될 경우에만 사용한다. 몇몇 약초들은 위험하며 추가 피해나 사망의 원인이 될 수 있다. 9장에서 재차 몇 가지 기초적인 약초 치료법을 설명한다.

제5장 피난처

피난처는 햇빛, 곤충, 바람, 비, 눈, 더위와 추위, 적의 관측으로부터 숨을 수 있는 곳이다. 피난처는 안도감을 주며 생존 의지 보존을 돕는다. 경우에 따라 식량이나 물보다 피난처 확보가 우선시되어야 하는 경우도 있다. 예를 들어 추위에 장기간 노출되면 과도한 피로와 체력저하로 탈진하게 되는데, 탈진한 사람은 수동적으로 변하고 생존의지를 잃으므로, 탈진하기 전에 다른 행동에 우선해 피난처를 마련해야 한다. 가능하다면 자연적 피난처를 찾거나 그곳을 개조해 체력을 절약한다. 피난처 확보 시 가장 흔한 실수는 피난처를 너무 크게 만드는 것이다. 피난처는 보호를 제공할 정도로 크되, 체온 유지가 가능할 정도로 작아야 하며, 혹한지에서는 특히 그렇다.

기본 피난처- 전투복

5-1 생명의 위기에서 가장 기본적인 피난처는 전투복이다. 어디에서든 이 사실은 변하지 않는다. 전투복의 보호를 받으려면 최대한 상태를 양호하게 유지하고 적절히 착용해야 한다. 15장에서 이에 대해 COLDER라는 단어로 설명한다.

피난처 선정

5-2 생명의 위기에서 피난처 확보가 중요하다는 사실을 깨닫는 즉시 피난처를 찾아야 한다. 또 어떤 것이 필요한지 기억해야 한다. 여기에 두 가지 필수 조건이 있다.

- 적절한 피난처를 만드는데 필요한 물자가 있어야 한다.
- 편안히 누울 수 있을 정도로 크고 평평해야 한다.

5-3 상기 필수 조건을 고려하는 과정에서 반드시 전술적 상황과 안전을 감안해야 한다. 또한 피난처는 아래 조건들을 충족시켜야 한다.

- 적의 관측으로부터 은폐될 것
- 위장된 탈출구를 갖출 것
- 필요할 때 외부에 위치를 알릴 수 있을 것
- 야생동물 및 죽은 나무, 돌멩이 등이 떨어질 때 보호를 제공할 것
- 뱀, 곤충, 독성 식물들로부터 안전할 것

5-4 주변 환경에서 비롯하는 문제도 고려해야 한다.

- 계곡 입구에서 발생하기 쉬운 갑작스런 홍수
- 산악지대에서 발생하는 눈사태나 산사태
- 강이나 호수 등 대량의 물이 있고 아직 만수위에 도달하지 않은 주변지역의 범람

5-5 계절도 피난처 선정에 중요한 요소다. 겨울과 여름의 이상적인 피난처 위치는 다르기 때문이다. 혹한기에는 바람과 추위로부터 보호하면서도 연료와 식수 수급이 용이한 곳을 찾아야 한다. 여름에는 같은 지역이라도 식수를 확보하는 동시에 곤충이 거의 없는 곳을 찾아야 할 것이다.

5-6 피난처 선정 시 BLISS(기쁨)이라는 단어를 상기한다.

B	**Blend in with the surroundings** 환경에 녹아든다
L	**Low silhouette** 눈에 띄지 않게 한다
I	**Irregular shape** 불규칙적으로 보여야 한다
S	**Small** 작아야 한다
S	**Secluded** 외딴곳이어야 한다

피난처의 종류

5-7 피난처를 찾을 때는 어떤 피난처가 필요한가와 함께 아래 질문들도 염두에 두어야 한다.

- 피난처를 만드는 데 어느 정도의 시간과 노력이 필요한가?
- 피난처가 주변 환경(햇빛, 바람, 비, 눈)으로부터 적절한 보호를 제공하는가?
- 만드는데 필요한 도구는 있는가? 없다면 급조할 수 있는가?
- 만드는데 필요한 종류와 양의 물자가 있는가?

5-8 이 질문들에 답하기 위해서는 다양한 종류의 피난처와 이를 만드는데 필요한 재료를 알아야 한다.

판초우의 그늘막

5-9 설치에 최소한의 시간과 재료만이 필요하다.(5-1) 판초우의 하나와 2~3m의 로프, 혹은 낙하산줄, 30㎝ 길이의 말뚝 세 개, 2~3m 간격의 나무나 기둥 두 개가 필요하다. 필요한 나무의 위치를 정하거나 기둥을 설치하기 전에 바람의 방향을 확인하고, 판초우의의 바깥쪽이 바람을 등지게 해야 한다.

5-1. 판초우의 그늘막

5-10 그늘막을 만들 때는 다음 사항을 주의해야 한다.

- 판초우의의 후드(모자) 부분을 묶는다. 조임끈을 단단히 조이고 후드를 세로로 말아 삼등분해 접은 뒤 조임끈으로 묶는다.
- 로프를 반으로 자른다. 판초의 긴 쪽 구석에 있는 구멍에 로프를 묶는다. 나머지도 반대편 구멍에 묶는다.

- 길이 10㎝가량의 배수 막대를 끈이 꿰인 구멍에서 2.5㎝ 떨어진 지점의 로프에 묶는다. 이 막대는 빗물이 로프를 타고 차양막 안으로 흘러들지 못하도록 막아준다. 끈을 판초우의 위쪽 모서리를 따라 10㎝ 간격으로 배치된 구멍마다 묶어도 빗물이 안으로 흘러들어오지 못하게 막을 수 있다.
- 로프를 나무에 허리 정도 높이로 묶는다. 이때 로프는 나무에 두 바퀴 정도 감은 뒤 쉽게 풀 수 있도록 묶는다.
- 판초를 넓게 펼쳐 지면에 고정한다. 이때는 끝을 뾰족하게 깎은 세 개의 막대를 끈 꿰는 구멍과 지면을 이용해 판초를 지탱하는 데 사용한다.

5-11 이 그늘막을 하루 이상 사용해야 하거나, 도중에 비를 피해야 한다면 중앙에도 지지대를 만든다. 지지대는 로프로 제작한다. 로프 한쪽 끝은 판초의 후드 부분에, 다른 쪽은 늘어진 나뭇가지에 고정한다. 이때 끈이 다른 곳에 걸리지 않게 한다.

5-12 다른 방법은 그늘막 중앙에 지지용 막대를 세우는 것이다. 다만 이 방법은 그늘막 안의 공간을 점유하며 내부 이동을 제한한다.

5-13 바람과 비를 더 막으려면 나뭇가, 배낭 등을 그늘막 양옆에 세워 틈을 줄인다.

5-14 지면에 체온을 잃지 않도록 단열재로 솔잎 등의 낙엽을 바닥에 깐다.

휴식 중에는 최대 80%의 체온을 지면에 빼앗길 수 있다.

5-15 적의 관측으로부터 은폐하려면 두 가지 방법으로 그늘막의 윤곽을 줄인다. 먼저 지지용 끈의 높이를 허리가 아닌 무릎 정도로 낮추고, 여기에 맞춰 무릎 높이의 막대를 중앙부의 끈 꿰는 구멍 두 군데(그늘막의 양옆)에 끼운다. 두 번째로 판초를 지면 방향으로 기울이고 위에서 언급한 것과 같이 끝을 깎은 막대로 고정한다.

판초 텐트

5-16 이 텐트(5-2)는 눈에 띄지 않고 양면의 비바람을 막아주지만, 그늘막보다 공간이 좁고 외부 관측도 제한되어 발각당할 경우 반응이 늦다. 이 텐트의 제작에는 판초우의 한 벌과 1.5m~2.5m의 로프, 여섯 개의 끝이 날카로운 막대(약 30㎝), 2~3m 간격으로 떨어진 두 그루의 나무가 필요하다.

5-17 텐트는 다음 순서로 제작한다.

5-2. 머리 위의 가지를 이용한 판초 텐트

- 판초우의의 후드 부분을 판초 그늘막처럼 손본다.
- 1.5~2.5m가량의 로프를 판초 양 측면의 중앙부 구멍에 묶는다.
- 로프 끝을 2~3m 가량 떨어진 두 나무에 무릎 높이로 묶고 판초를 팽팽하게 당긴다.
- 끝이 뾰족한 막대를 판초우의 모서리의 끈 꿰는구멍에 꽂아 한쪽 끝을 지면에 팽팽하게 고정시킨다.
- 반대편도 고정한다.

5-18 만약 텐트 중앙에 추가적인 지지대가 필요하다면 판초 그늘막 제작과 동일한 방법으로 지지대를 제작하면 된다. 또 다른 방법은 텐트 가운데 부분에 바깥쪽으로 A자형 프레임을 설치하는 방법이다.(5-3) 먼저 길이 90~120㎝가량의 막대 두 개(하나는 끝이 갈라진 것)를 사용하여 A자형 프레임을 만든다. 그리고 후드의 조임끈을 텐트 외곽에 설치한 A형 프레임에 묶어 텐트의 중앙부를 지지하면 된다.

5-3. A프레임으로 지탱되는 판초 텐트

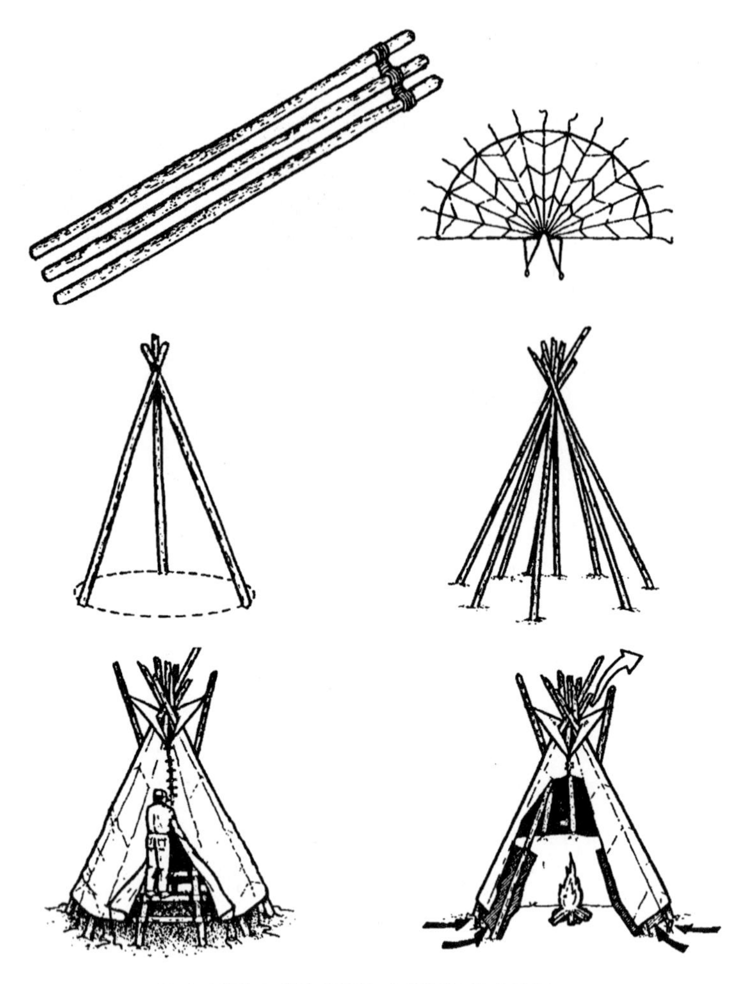

5-4. 막대 3개를 사용한 낙하산 티피 텐트

막대 3개를 이용한 낙하산 티피(Tepee) 텐트

5-19 낙하산과 세 개의 막대가 있고 상황이 허락한다면 낙하산을 이용한 티피 텐트를 만들 수 있다. 설치시간이 매우 짧고 조립도 쉽다. 이 텐트는 외부로부터 보호를 제공하며 모닥불이나 양초를 통해 약간의 빛으로도 외부에 신호를 보낼 수 있다. 또 몇 명이 장비와 함께 자고 요리하며 땔감까지 보관할 공간을 제공한다.

5-20 개인용 주낙하산, 혹은 보조 낙하산의 구성품들로 티피(5-4)를 만들 수 있다. 개인 낙하산을 사용한다면 길이 3.5~4.5m, 지름 5㎝의 막대 3개를 이용한다.

5-21 티피 텐트를 제작하려면 아래 지침을 따른다.

- 세 막대를 땅에 놓고 한쪽 끝을 모두 묶는다.
- 묶은 막대를 마치 삼각대처럼 펼쳐 세운다.
- 삼각대에 막대들을 5-6개가량 덧대어 지지력을 높인다. 삼각대에 묶어서는 안 된다.
- 풍향을 살펴 출입구를 평균 풍향에 대해 90도 혹은 그 이상 어긋나게 설치한다.
- 낙하산을 삼각대 '뒤쪽'에 펼친 뒤 상부에 나일론 끈으로 매듭을 묶는다.
- 매듭을 묶지 않은 막대 끝에 꿴 뒤 이 막대가 삼각대를 지탱하도록 세운 다음 낙하산의 정상부가 삼각대를 고정한 끈과 거의 같은 위치에 놓이게 한다.
- 낙하산을 삼각대의 한 면에 감싼다. 낙하산 전체를 이용한다면 두 겹으로 감싸져야 한다. 낙하산 캐노피의 다른 부분은 삼각대 반대편을 감싸야 하므로 삼각대의 절반만 낙하산으로 감싼다.
- 두 개의 묶지 않은 막대에 낙하산 캐노피의 접힌 테두리를 감싸 출입구를 만든다. 이 두 막대를 나란히 놓으면 텐트의 출입구를 닫을 수 있다.
- 낙하산의 나머지 부분은 전부 지지대 안으로 말아 넣어 바닥을 깐다.
- 만약 텐트 안에서 불을 피운다면 정상부에 30~50㎝ 크기의 통풍구를 만든다.

막대 하나를 사용한 낙하산 티피 텐트

5-22 이 텐트를 만드는 데는 14면의 낙하산 캐노피, 말뚝, 단단하고 긴 버팀 막대, 지탱용 재료, 그리고 바늘이 필요하다.(5-5) 낙하산 끈은 캐노피에서 40~45㎝만을 남기고 잘라낸다.

5-23 이 텐트의 제작법은 다음과 같다.

- 적절한 장소를 물색한 후, 지면에 직경 4m가량의 원을 그린다.
- 말뚝을 박고, 낙하산 가장자리에 남겨둔 끈으로 말뚝에 고정한다.
- 출입구의 위치를 정한 뒤 그곳에 말뚝을 박고 하부 측면 밴드에서 나온 첫 번째 끈을 단단히 묶는다.

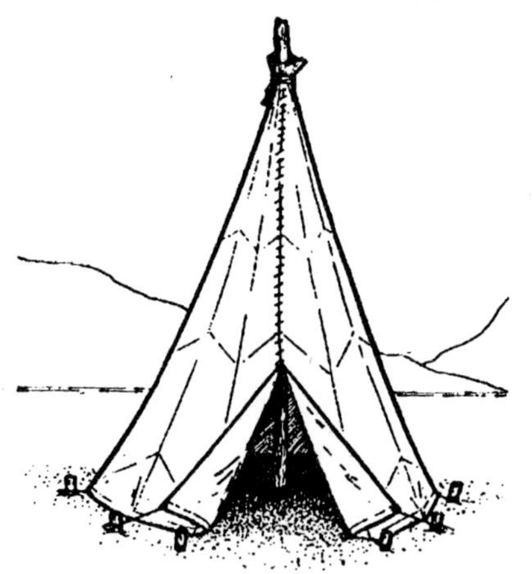

5-5. 막대 하나를 사용하는 낙하산 티피

- 낙하산을 팽팽하게 펼친 뒤 원에 맞춰 말뚝을 박고 줄을 고정한다.
- 모든 낙하산 줄이 고정될 때까지 위의 순서를 반복한다.
- 낙하산의 정상부를 가운데의 버팀 막대에 앞서 잘라낸 낙하산의 어디를 단단하게 당겨야 할지 정한다.
- 버팀 막대에 낙하산을 단단하게 고정한다.
- 내부 지탱용 재료나 낙하산 끈을 이용해 낙하산의 양 끝 면을 꿰맨다. 다만 1~1.2m의 공간을 남겨 문으로 쓴다.

무지주형 낙하산 티피 텐트

5-24 막대 하나를 쓰는 티피 텐트와 만드는 요령은 같지만 무지주형은 가운데 버팀 기둥이 없다.(5-6)

5-25 무지주형 낙하산 티피 텐트는 다음과 같이 만든다.

- 미리 잘라놓은 낙하산 줄을 이용해 낙하산 위에 끈을 한 줄 묶어둔다.
- 나뭇가지에 줄을 던져 얹은 뒤 나무 밑동에 묶는다.
- 지면에 3.5~4.3m 정도의 원을 그린 뒤 문 반대쪽 방향에 이 원 위에 위치하도록 말뚝 하나를 박는다.
- 첫 번째 줄을 하부 측면 밴드에 묶는다.
- 계속해서 말뚝을 박고 낙하산 끈을 여기에 묶는다.

5-6. 무지주형 낙하산 티피 텐트

5-26 낙하산을 고정한 뒤, 나무 밑동에 묶여있던 끈을 풀고 강하게 당겨서 텐트를 팽팽하게 끌어올린 뒤, 다시 나무 밑동에 끈을 묶어 단단하게 고정한다. 이후 텐트의 상태를 점검한다.

1인용 피난처

5-27 1인용 피난처(5-7)는 낙하산 하나와 나무, 세 개의 막대로 쉽게 설치할 수 있다.

세 개의 막대 가운데 나무에 걸칠 막대는 길이가 약 4.5m, 나머지 둘은 길이가 3m는 되어야 한다.

5-28 다음순서로 제작한다.

- 길이 4.5m의 막대를 허리 높이로 나무에 고정한다.
- 길이 3m의 막대 두 개를 4.5m 막대의 양옆 지면에 나란히 놓는다.
- 접힌 낙하산 캐노피를 4.5m 막대에 양옆으로 비슷한 면적이 걸쳐지게 한다.

5-7. 1인용 피난처

- 낙하산의 남은 부분을 3m 막대 아래 넣고 지면에 펼쳐 바닥으로 사용한다.
- 말뚝이나 돌멩이를 3m 막대 사이, 입구에 놓아 막대가 미끄러지지 않게 한다.
- 남는 재료를 활용해 입구를 덮는다.

5-29 낙하산이 바람을 막아주고, 내부 공간이 매우 작은 만큼 실내온도를 빠르게 높일 수 있다. 촛불과 같은 작은 불만 잘 활용해도 내부 온도를 쾌적한 상태로 유지할 수 있다. 하지만 약간의 눈만 내려도 텐트 내부로 눈이 들어오며 보온 기능을 포함한 피난 기능이 급락하므로, 특정한 기후에는 적합하지 않다.

낙하산 해먹(그물침대)

5-30 낙하산 캐노피 6~8장과 4.5m가량 떨어진 나무로 해먹을 만들 수 있다.(5-8)

야전 간이 차양

5-31 삼림지대에서 충분한 자연재료가 확보된다면 간이 차양을 도구 없이, 혹은 칼만으로 만들 수 있다. 이 피난처는 다른 방식의 피난처보다 제작에 필요한 시간은 더 길지만 외부 환경에 보다 강인하다.

① 낙하산을 펼쳐 여섯 면 정도 잘라낸다.

② 한쪽 면부터 시작해 양쪽 끝을 낙하산 한 면 정도의 폭으로 두 번씩 접어 세 겹 바닥을 만든다.

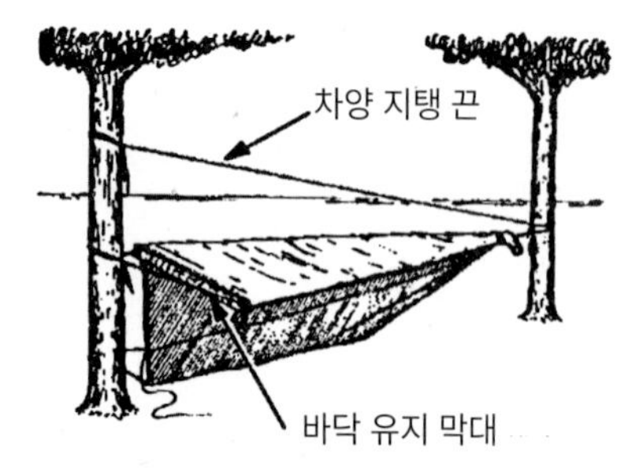

③ 해먹을 두 나무 사이에 건다.
넓은 부분이 꼭지점보다 높아야 한다. 넓은 부분의 두 줄 사이에 바닥 유지 막대를 설치한다.
차양 지탱 끈을 두 나무에 팽팽하게 묶는다.
더욱 안정적인 방법은 넓은 부분의 양 끈을 각각 다른 나무에 묶는 것이다. 다만 이 방법은 나무 세 개를 사용해야 하므로 쉽지 않다.

④ 캐노피의 나머지 세 면을 차양 지탱 끈에 걸치고 여섯 번째 면을 피난처 안쪽으로 말아 넣는다. 끝이 갈라진 가지들을 바닥 유지 막대 아래에 꿰어 지탱용 기둥으로 삼는다.

5-8. 낙하산 해먹

5-32 먼저 2m가량 떨어진 나무(혹은 기둥) 두 그루를 찾는다. 여기에 길이 2m, 지름 2.5㎝의 막대를 구한다. 또 들보로 사용할 길이 3m, 지름 2.5㎝의 막대 5~8개와 나무를 수평 방향으로 지탱할 끈이나 덩굴도 준비한다. 들보는 몇 개의 막대나 어린나무, 덩굴 등을 이용해 묶어준다.

5-33 간이 차양은 다음과 같이 만든다.

- 2m의 막대를 두 개의 나무 사이에 허리 높이로 묶어 수평 방향 지지대를 만든다. 나무가 없다면 Y자형 나뭇가지나 나무로 만든 두 개의 삼각대를 사용한다.

- 수평 방향 지지대에 들보(3m 길이의 막대들)의 한쪽 끝을 얹는다. 모든 차양형 피난처가 그렇듯 바람을 등지게 해야 한다.
- 들보에 덩굴이나 어린나무 등을 여러 겹으로 묶어준다.
- 완성된 뼈대에 나뭇가지나 덤불, 낙엽, 풀 등을 덮는다. 마치 기와를 덮듯 아래에서 위로 올라가며 작업한다.
- 피난처 안쪽에 지푸라기, 낙엽, 풀 등을 깔아 바닥 역할을 하게 한다.

5-9. 야전 간이 차양 겸 방화벽

5-34 혹한기에는 차양 앞에 방화벽을 추가한다.(5-9) 길이 1.5m의 말뚝 넷을 땅에 박아 지지대로 삼고, 말뚝 사이에 갓 자라 잎이 달린 나무를 겹쳐 쌓는다. 이 나무들은 두 겹으로 쌓고 사이에 흙을 채운다. 이 작업은 벽을 보강해주며 열의 반사효율도 높인다. 그 뒤 말뚝의 윗부분을 묶으면 나무와 흙이 제대로 고정된다.

5-35 약간의 추가적 노력을 감수하면 건조대도 만들 수 있다. 지름 2㎝가량의 막대 몇 개를 차양 아래 들보와 방화벽 맨 위 사이의 길이에 맞게 자른다. 막대의 한쪽 끝을 아래 들보에, 반대쪽은 방화벽 위에 얹는다. 이 막대들 사이에 여러 개의 작은 막대들을 얹고 묶으면 옷, 고기, 생선 등을 건조할 구획이 된다.

5-10. 늪지대용 침상

늪지대용 침상

5-36 늪지대나 진창, 상습 침수지역은 늪지대용 침상(5-10)을 설치한다. 설치할 장소는 날씨와 바람, 조류, 주변의 재료를 고려해 설정한다.

5-37 늪지대용 침상 제작은 아래 지침을 따른다.

- 사각형으로 연결 가능한 나무들을 찾거나 네 개의 막대(대나무가 이상적이다)를 잘라 사각형으로 단단히 박는다. 막대는 장비와 체중을 지탱할 수 있어야 한다.
- 두 개의 막대를 사각형의 가로에 맞게 자른다. 체중을 지탱할 수 있어야 한다.
- 이 두 개의 막대를 나무(혹은 막대)들에 묶는다. 지면이나 수면에서 충분히 떨어지게 설치해 설령 수면이 높아지는 상황이라도 물에 잠기지 않게 한다.
- 추가로 막대 몇 개를 더 잘라 세로로 걸쳐 올리고 단단히 묶는다.
- 침상 뼈대의 윗부분은 넓은 나뭇잎이나 풀로 덮어 부드러운 잠자리를 만든다.
- 침상 구석에 진흙이나 찰흙 등으로 불 피울 자리를 마련한 뒤 마르게 놔둔다.

5-38 습한 지면이나 물을 피하는 것만이 목적이라면 다른 제작법도 있다. 나무들(혹은 막대들) 사이에 나뭇가지를 수면보다 위에서 잘 수 있는 높이로 쌓으면 된다.

자연적 피난처

5-39 피난처를 찾을 때 자연의 지형지물을 무시하면 안 된다. 동굴, 바위틈, 덤불, 움푹 들어간 지면, 낮은 가지가 있는 큰 나무들, 두꺼운 가지가 여럿 붙은 쓰러진 나무 등은 좋은 피난처가 된다. 피난처를 선택할 때는 아래 사항을 고려한다.

- 좁은 계곡이나 마른 강바닥, 협곡은 피한다. 저지대는 밤중에 찬 공기가 모이므로 주변의 고지대보다 춥다. 수풀이 두텁고 낮은 지대에는 많은 곤충이 모이기 쉽다.
- 독사, 빈대, 전갈, 개미 등을 주의한다.
- 죽은 가지나 코코넛, 흔들바위 등 피난처로 떨어질 수 있는 물체에 주의한다.

· 두께 약 30cm가량의 단열재를 바닥에 깐다.
· 입구에는 단열재들을 쌓아두고, 들어간 뒤 긁어 모아 입구를 막는데 쓰거나 문을 별도로 만든다.
· 오두막 위에 단열재로 쓴 잎이나 잔가지 등이 날아가지 않는 재료(굵은 나뭇가지 등)을 얹어준다.

5-11. 나뭇가지 오두막

나뭇가지 오두막

5-40 만들기 쉽고 보온성이 높은 나뭇가지 오두막(5-11)도 상당히 유용하다. 피난처가 생존에 중요하게 작용하는 상황에 적합하다.

5-41 나뭇가지 오두막을 만들 때는 아래 지침을 따른다.

- 두 개의 짧은 막대와 하나의 긴 막대를 이용해 삼각대를 만들거나 단단한 받침에 긴 막대의 한쪽 끝을 얹어둔다.
- 들보 역할을 할 긴 막대(이 막대의 길이가 피난처 자체의 길이가 된다)를 삼각대 형태로

고정하거나 나무에 허리 높이로 묶어 적절한 높이를 확보한다.

- 들보 좌우에 굵은 막대들을 묶어 갈비뼈 형태의 지지대를 구성한다. 안쪽에 누울 공간을 확보하고, 지지대는 비나 이슬이 흘러내릴 수 있는 각도로 제작한다.
- 갈비뼈 형태의 지지대들 사이에 더 가느다란 막대들을 꿰어 넣는다. 이 막대들이 단열재(풀잎, 솔잎, 기타 낙엽들)가 내부로 흘러들어가지 않게 하는 뼈대가 된다.
- 가능하다면 가볍고 건조된 부드러운 낙엽이나 풀잎, 잔가지 등을 뼈대 위에 최소 1m 높이로 쌓아 단열층을 구성한다- 두터울수록 좋다.

5-12. 나무 구덩이 눈 대피호

나무 구덩이 눈 대피호

5-42 만약 상록수가 자생하는 지역에서 춥고 눈이 오는 상황에 직면했으며 구덩이를 팔 도구가 있다면 나무 구덩이 눈 대피호를 제작한다.(5-12)

5-43 나무구덩이 눈 대피호를 만드는 방법은 아래와 같다.

- 위를 덮을 수 있을 만큼 잎이 무성한 나무를 찾는다.
- 원하는 깊이까지 나무 밑동 주변의 눈을 파거나 지면이 나올 때까지 눈을 파낸다.
- 눈구덩이 주변과 바닥의 눈을 다져 무게를 지탱할 수 있게 한다.
- 다른 상록수의 굵은 가지를 몇 개 잘라내어 구멍의 위에 놓고 위를 덮는다. 상록수 가지를 몇 개 잘라 바닥에 깔아 단열재로 삼는다.

5-13. 해안용 그늘 피난처

해안용 그늘 피난처

5-45 해안용 그늘 피난처(5-13)는 햇빛과 바람, 비, 열기를 막아준다. 그리고 자연 재료로 쉽게 만들 수 있다.

5-46 이 방식의 피난처는 다음 지침에 따라 만든다.

- 바다에 떠다니는 나무나 기타 다른 재료를 찾아 들보나 굴삭 도구로 사용한다.
- 만조 시에도 물에 잠기지 않을 장소를 찾는다.
- 최소한의 햇빛만 받도록 북쪽에서 남쪽 방향으로 향하는 참호를 판다. 참호는 편히 누울 수 있도록 충분히 길고 넓게 만든다.
- 참호의 세 방향에 흙더미를 쌓는다. 높으면 높을수록 내부 공간은 넓어진다.
- 들보(떠다니던 나무나 기타 자연재료)를 참호 위에 가로로 얹어 지붕 뼈대로 삼는다.
- 입구의 모래를 더 파내어 넓힌다.
- 풀잎이나 낙엽 등을 바닥에 깔아 침상을 마련한다.

사막용 피난처

5-47 건조지역에서는 피난처를 만드는데 필요한 시간과 노력, 재료 모두를 고려해야 한다. 판초나 캔버스, 낙하산 등의 재료가 있다면 돌출된 바위, 모래 언덕이나 바위 사이의 저지대 등의 지형을 함께 활용한다.

5-48 바위를 사용한다면 아래 지침을 따른다.

- 판초(혹은 캔버스, 낙하산 등)모서리를 돌이나 무게추를 이용해 바위에 고정한다.
- 판초의 다른 쪽 끝을 최대한 넓은 그늘을 확보할 수 있도록 고정한다.

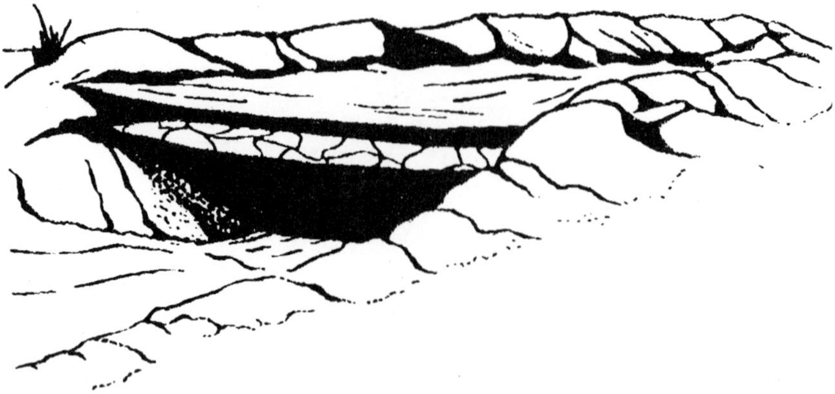

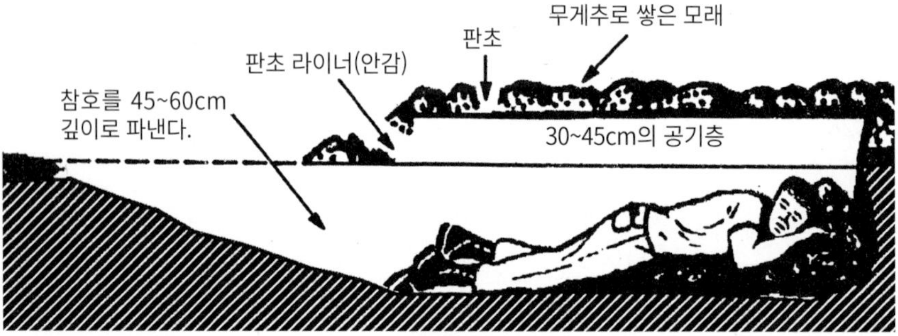

5-14. 지하형 사막 피난처

5-49 모래가 많은 지역에서는 아래 지침을 따른다.

- 모래무덤을 만들거나 모래언덕의 경사면을 피난처의 한 면으로 삼는다.
- 재료의 한쪽 끝을 모래 더미 한쪽 끝에 모래나 돌 등의 무게추로 고정한다.
- 다른 쪽 끝을 최대한의 그늘을 확보하도록 고정한다.

충분한 재료가 있다면 두 겹 사이에 30~45㎝의 공간을 둔다. 이 공간이 공기를 품은 단열층이 되어 피난처 내의 온도 상승을 막아준다.

5-50 지하식 피난처(5-14)는 주간의 온도를 16도에서 22도(섭씨)까지 낮춰준다. 하지만 다른 피난처보다 제작에 필요한 시간과 노력이 더 많다. 활동을 하면 많은 땀을 흘리고 탈수증세도 심해지는 만큼, 가능한 기온이 높아지기 전에 완성해야 한다.

5-51 지하식 피난처는 아래 지침에 따라 제작한다.

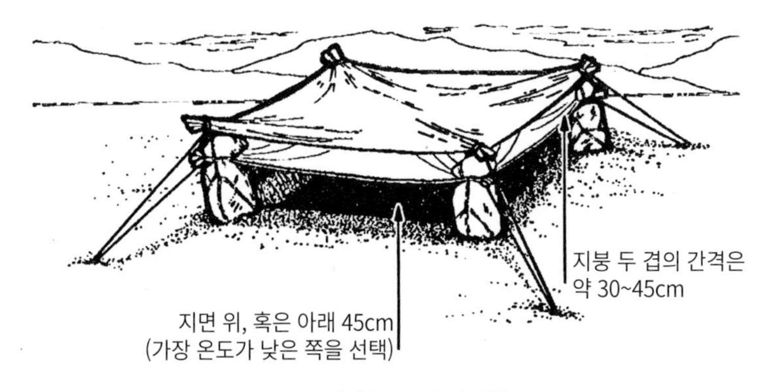

5-15. 개방형 사막 피난처

- 모래언덕이나 바위 사이의 낮은 장소를 찾는다. 필요하다면 깊이 45~60㎝, 길이와 폭은 한 사람이 충분히 누울 수 있는 크기로 참호를 파서 필요한 공간을 보충한다.
- 참호를 파는 과정에서 나온 흙모래로 세 면에 둔덕을 쌓는다.
- 트여있는 참호의 한쪽 면은 출입구로 사용된다. 출입구를 넓히고 출입을 쉽게 한다.
- 가지고 있는 재료(판초 우의 등)를 이용해 참호 위를 덮는다.
- 모래나 돌, 기타 재료를 이용해 덮은 재료를 고정한다.

5-52 만약 여분의 재료가 있다면 참호 지붕 위에 30~45㎝ 두께로 단열재를 추가해 주면 지붕이 가열되어 발생하는 온도 상승을 더욱 억제할 수 있다. 이 경우 내부 온도는 외부에 비해 섭씨 11~22도 정도 내려간다.

5-53 개방형 사막 피난처는 다른 사막 피난처들과 비슷하나 모든 방향이 열려있어 공기가 순환된다는 점이 다르다. 보호효과를 극대화하기 위해 최소한 두 장의 낙하산이 필요하다.(5-15) 흰색이 열 반사에 가장 적합한 색상이다. 가장 안쪽의 재료는 더 어두운 색상이어야 한다.

제6장 식수 확보

식수 확보는 서바이벌 환경에서 가장 절실한 과제다. 식수 없이는 장기간 생존이 불가능하며, 땀으로 인한 탈수가 심한 열대지방에서는 그 필요성이 한층 강조된다. 한랭지역에서도 최저 2ℓ의 물을 매일 섭취해야 건강을 유지할 수 있다. 인체의 3/4 이상은 체액으로 구성된다. 신체는 열, 추위, 스트레스, 피로 등으로 체액을 소모한다. 건강을 유지하려면 손실한 체액의 보충이 필요하다. 따라서 최우선 과제는 적절한 식수 공급원 확보가 되어야 한다.

식수원

6-1 거의 모든 환경에는 일정한 양의 물이 존재한다. 표 6-1은 환경별 발견 가능한 식수원들과 마실 수 없는 물을 식수로 만드는 방법의 요약이다.

만약 수통이나 컵, 깡통, 기타 물을 담을 용기가 없다면 플라스틱이나 방수천으로 급조한다. 천이나 플라스틱, 비닐 조각을 접어 그릇처럼 만들고, 핀이나 손을 포함한 다른 도구를 이용해 형태를 유지하면 된다.

6-2 만약 안정된 식수원이 없다면 주위 상황에 주의를 기울여야 한다.

표 6-2에 열거된 액체로 식수를 대체해서는 안 된다.

6-3 아침 이슬도 식수원이 될 수 있다. 천이나 가느다란 풀더미를 발목에 묶고 동트기 전에 이슬이 맺힌 풀숲 사이를 걷는다. 천이나 풀더미가 이슬을 충분히 흡수하면 물 용기에 짜낸다. 충분한 물이 확보되거나 이슬이 마를 때까지 이 과정을 반복한다. 오스트레일리아 원주민들은 이 방법으로 1ℓ의 식수를 확보한다.

6-1 다양한 환경의 식수원

환경	물을 얻는 곳	물을 얻는 법	비고
혹한지	**눈과 얼음**	녹이고 정화한다.	녹이지 않고 먹지 말 것. 눈이나 얼음을 그대로 섭취하면 체온이 떨어지고 탈수증세가 발생할 수 있다. 눈이나 얼음은 물보다 깨끗하지 않다. 회색 또는 불투명한 해빙은 짠맛이 나며, 탈염하지 않고는 마셔서는 안 된다. 푸른색을 띤 맑은 해빙에는 소금기가 거의 없다.
바다	**해상**	담수화를 거친다.	탈염하기 이전에는 마시지 않는다
	비	방수포, 혹은 용기로 빗물을 받는다.	빗물을 받을 용기나 방수포의 표면에 소금이 덮여 있다면, 사용 이전에 바닷물로 씻어 염분을 최대한 제거한다. (극미량의 소금만 남는다)
	해빙		혹한지역 참조
해변	**지상**	물이 스며들 수 있는 깊은 구멍을 파고 돌을 불에 구워 구멍에 넣는다. 구멍에 천을 덮어 수증기에 적시고 짜내 물을 얻는다.	헬멧이나 나무껍질로 만든 냄비가 있다면, 해수를 넣고 바닷물을 끓이며 그 위에 천을 덮어 수증기를 얻는다.
	청수	해변 모래언덕 뒤편(바다의 반대편) 아랫부분을 파면 담수가 고인다.	
사막	**지상** •계곡이나 저지대 •건천의 오목한 기슭 •절벽이나 암석 아래 •마른 호수 주변 모래 언덕 뒷면 •녹색 식물 부근	물이 스며들 수 있는 충분히 깊은 구멍을 판다.	모래언덕 주변에서 사용 가능한 물은 모래언덕 가장자리, 이전에 계곡 바닥이었던 곳 주변에서 발견되는 경우가 많다.
	선인장	선인장 상단을 잘라 펄프를 꺼내 으깨거나 짜내어 즙을 얻는다. 펄프를 먹으면 안 된다. 펄프는 입안에 넣고 즙을 빤 후 뱉는다.	정글도 등이 없다면 선인장 절단은 무척 어렵다. 길고 날카로운 가시를 빼고 딱딱한 외피를 절개하는데 많은 시간이 필요하다.
	암석의 균열	유연한 관을 삽입해 물을 빨아낸다.	
	다공성 암석	상동	
	금속에 응결된 물	천으로 물기를 흡수한 후 짜낸다.	주간과 야간의 극심한 온도 변화로 금속 표면에 수분이 응결될 수 있다.

다음 사항은 사막에서 물을 찾는 데 도움이 되는 신호들이다.

- 모든 이동 흔적들은 물을 향할 것이다. 여러 흔적들이 모이는 방향을 따라간다. 캠프, 모닥불의 재, 동물의 배설물 등이 여기에 해당한다.
- 새를 따라 움직인다. 조류는 새벽이나 해질녘에 물가로 향한다. 그리고 새는 일반적으로 빨리 일어난다. 만약 이른 아침이나 저녁에 새 발자국을 발견하거나 지저귀는 소리를 듣는다면 물이 가까이 있다는 의미가 된다.

6-2 마실 수 있는 액체의 효과

액체	효과
알코올음료	탈수를 촉진하며 판단력을 저하시킨다
소변	유해한 인체노폐물이 포함되며 2%의 염분을 함유한다.
혈액	염분이 함유된 식품으로 간주된다. 소화를 위해 체액이 소모되며 질병 감염의 우려가 있다.
해수	4%의 염분이 있다. 1ℓ의 해수를 몸에서 제거하려면 2ℓ의 체액이 소모된다. 따라서 해수를 마시면 오히려 체내 수분 배출로 사망할 수 있다.

6-4 나무구멍에 들어가는 벌이나 개미가 물이 들어있는 구멍을 가르쳐주는 경우도 있다. 이 물은 플라스틱 튜브 등으로 빨아내거나 급조한 국자나 주걱 등으로 퍼내면 된다. 천을 구멍에 넣어 물을 흡수한 뒤 짜낼 수도 있다.

6-5 나무 틈새나 바위 틈새에 물이 고일 때도 있다. 나무 구멍과 같은 방법으로 물을 채취한다. 건조한 곳이라면 바위 틈 사이에 새의 배설물이 많다면 그 틈새나 주변에 물이 고여있을 가능성이 있다.

6-3 대나무에서 식수를 얻는 법

6-6 청죽(어리고 푸른 대나무) 숲은 맑은 식수의 공급원이다. 청죽에서 나오는 물은 맑고 냄새도 없다. 물을 얻으려면 대나무 줄기를 굽힌 뒤 고정하고 맨 위를 잘라낸다.(6-3) 밤새 잘린 곳에서 물이 떨어질 것이다 늙고 갈라진 대나무도 어느 정도 물을 함유할 수 있다.

채집한 물이 끈적하거나 걸쭉하거나 쓴맛이 나면 마시지 말고 버린다.

6-4. 야생, 혹은 재배종 바나나 나무 밑동에서 물 얻는 법

6-7 야생 및 재배종 바나나, 사탕수수에서도 물을 얻을 수 있다. 나무를 자르고 30㎝가량의 밑동을 남긴 다음, 가운데를 파서 그릇 모양으로 만들면 뿌리에서 올라온 물이 구멍에 차오른다. 처음 세 차례는 물맛이 쓰지만 그 뒤부터 마시기 적합해진다. 밑동(6-4)은 최대 4일까지 식수를 제공하며, 곤충이 꼬이지 않게 잘 덮어야 한다.

6-8 몇몇 열대 덩굴도 식수원이 될 수 있다. 최대한 높은 곳의 덩굴에 흠집을 내고 지면에 가까운 덩굴을 자른다. 떨어지는 액체를 물통, 혹은 입에 직접 붓는다.(6-5)

6-9 덜 익은 코코넛 과즙도 좋은 식수원이다. 다만 완전히 익은 코코넛 과즙은 유분을 함유하여 설사의 원인이 되곤 하므로, 조금씩 마셔야 한다.

6-5. 덩굴로부터 물 채취

6-10 남-북아메리카 대륙의 열대 기후에서는 큰 나무의 가지에 착생식물이 서식하는 경우가 있다. 비가 내리면 이런 착생식물의 촘촘한 줄기에 상당한 양의 빗물이 남

는다. 물에서 곤충이나 불순물을 제거하기 위해 천으로 물을 빨아들여 짠다.

6-11 심이 부드럽고 촉촉한 식물에서도 물을 얻을 수 있다. 일부를 잘라낸 뒤 섬유를 짜내거나 으깨 수분을 얻는다. 이 물을 용기에 받아낸다.

6-12 식물의 뿌리에서도 수분 섭취가 가능하다. 지면에서 뿌리를 캐내어 짧은 토막으로 잘라낸 뒤 으깨어 수분을 추출한다. 이 물을 용기에 보관한다.

6-13 대나무와 같은 다육질 식물의 잎, 줄기, 가지에도 수분이 함유되어 있다. 줄기 아랫부분을 자르거나 흠집을 내어 수분을 추출한다.

6-14 이하의 나무들도 식수원이 될 수 있다.

- 야자나무: 부리 야자, 코코넛, 사탕수수, 등나무, 니파 야자 등이 수분을 함유하고 있다. 아래쪽 잎에 상처를 낸 뒤 찢어내면 상처에서 피를 흘리듯 수분이 나온다.
- 여행자 나무: 마다가스카르에 서식한다. 이 나무에는 나뭇잎이 달려있는 곳에 컵 모양의 받침이 있어, 이곳에 물이 고인다.
- 우산 나무: 열대 서부 아프리카에 서식하는 이 나무의 나뭇잎 밑동 및 뿌리에서 수분 추출이 가능하다.
- 바오바브 나무: 이 나무는 북오스트레일리아와 아프리카 건조지역에 서식하며 우기에 몸통에 물을 흡수한다. 건기가 몇 주 이상 지속되도 이 나무에서 맑은 물을 추출할 수 있다.

식물의 수분 추출은 24시간 이상 지속하지 말 것. 발효가 시작되므로 식수로 사용하기에 위험하다.

증류기 제작

6-15 증류수는 세계 어디에서든 얻을 수 있다. 지표면과 식물 표면의 습기를 채취하는 기술도 흔하다. 증류기의 제작에는 일정한 재료가 필요하며 작동 시간도 긴 편이다. 0.5에서 1ℓ의 수분을 채취하는데 24시간이 필요하다.

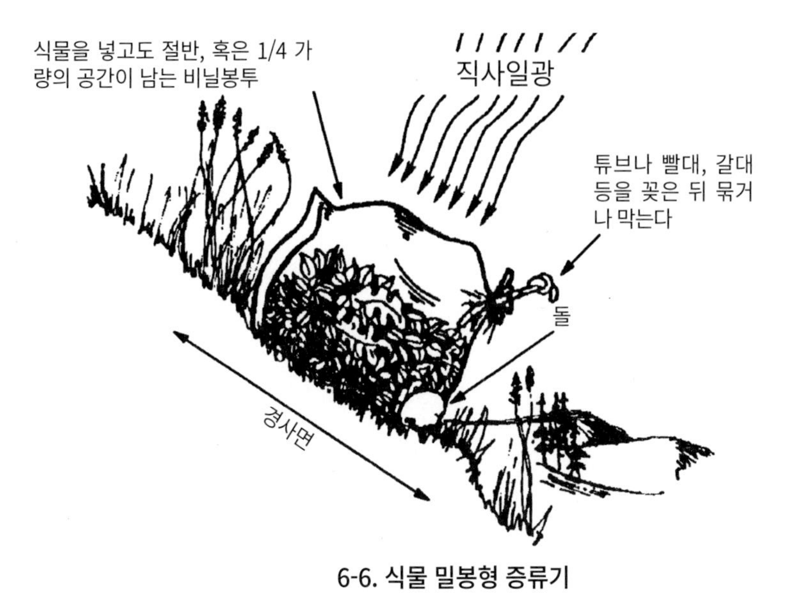

6-6. 식물 밀봉형 증류기

지표면 증류

6-16 크게 두 종류의 지표면 증류기를 만들 수 있다. 식물 밀봉형 증류기의 경우 양지바른 경사면과 투명한 비닐봉투, 잎이 많은 푸른 식물, 돌이 필요하다.(6-6)

6-17 증류를 하려면 아래 지침을 따른다.

- 봉투 안에 공기를 채우기 위해 열린 부분에 바람을 쐬거나 공기를 불어 준다.
- 비닐봉투를 1/2, 혹은 3/4 정도 채우는 푸른 다엽식물을 채취해 안에 넣는다. 뾰족한 가지나 줄기 등 비닐봉투에 구멍을 낼 만한 부분을 미리 제거한다.

독성 식물은 사용하지 말 것. 수분에 독이 함유될 수 있다.

- 봉투 안에 돌이나 비슷한 중량물을 넣는다.
- 봉투를 밀봉하고 최대한 많은 공기를 담을 수 있도록 봉투의 끝을 묶는다. 튜브나 빨대, 갈대 줄기 등이 있다면 봉투 주둥이를 묶기 전에 꽂아 넣고 끝을 막아 공기가 들어가지 않게 한다. 이렇게 하면 봉투를 풀지 않고도 증류된 물을 뽑아낼 수 있다.
- 가장 밝은 시간에 경사면에서 비닐봉투를 주둥이가 아래로 향하게 설치한다. 주둥이는 봉투의 아랫부분보다 약간 높게 둔다.

• 봉투 안에 든 돌이 자연스럽게 아래를 향하도록 설치한다.

6-18 증류된 물을 얻으려면 봉투 주둥이를 풀고 봉투를 기울여 돌 주변에 모인 증류수를 뽑아낸다. 그리고 주둥이를 다시 묶고 제자리로 되돌려 증류를 계속한다.

6-19 한 식물에서 수분을 최대한 얻은 후 다른 식물로 교체한다. 이렇게 해야 최대한 수분 추출이 가능하다.

6-20 증발형 밀봉 증류기는 식물 밀봉형 증류기와 비슷한 방법으로 만들 수 있지만, 제작은 보다 간편하다. 잎이 많은 나뭇가지에 튜브를 꽂은 비닐봉투를 씌운 뒤 단단히 묶어 공기가 새지 않게 한다. 가지 끝을 묶어 봉투의 주둥이보다 아래편에 위치하게 한다. 그러면 수분이 그곳에 모인다.

6-21 같은 나뭇가지를 3~5일간 사용해도 나무에 장기적인 손상은 발생하지 않는다. 봉투를 제거하면 몇 시간 만에 치유된다.

지중형 증류기

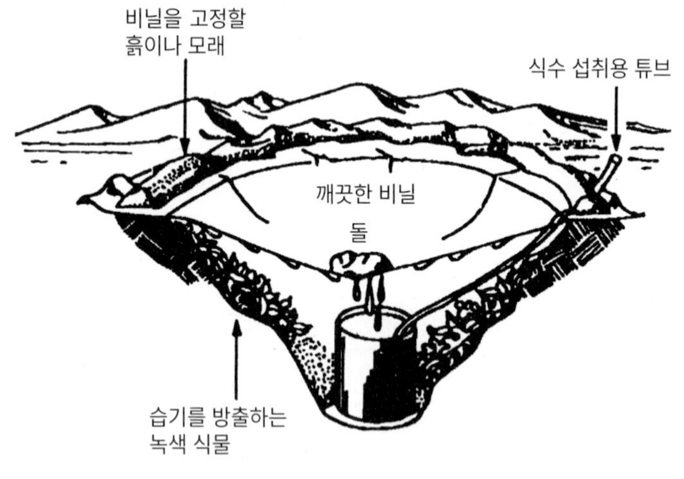

6-7. 지중형 증류기

6-22 지중형 증류기 제작을 위해서는 굴착 도구, 용기, 깨끗한 비닐, 식수 섭취를 위한 튜브, 돌이 필요하다.(6-7)

6-23 설치장소로는 흙이 습기를 머금은 곳을 선정한다.(물이 마른 강바닥이나 빗물이 고이는 낮은 곳) 설치장소는 흙을 파내기 쉽고, 해가 떠 있는 시간 내내 햇볕을 쪼이는 위치일 필요가 있다.

6-24 증류기 제작을 위해 아래 지침을 따른다.

- 땅을 지름 1m, 깊이 60㎝가량 그릇이나 깔때기 형태로 판다.
- 바닥에 물을 받을 용기의 크기에 맞춰 일정한 깊이와 지름으로 구멍을 파낸다. 구멍 바닥은 용기가 똑바로 서 있도록 평평해야 한다.
- 취수용 튜브는 끝에 느슨한 매듭을 지어 추처럼 용기 바닥에 머물게 한다.
- 용기를 가운데 구멍에 똑바로 세워놓는다.
- 매듭을 묶지 않은 튜브의 반대편을 지표면 위로 꺼낸다.
- 구멍 위에 비닐을 덮고 가장자리는 모래나 흙으로 고정한다.
- 비닐 가운데에 돌을 얹는다.
- 비닐의 가장 낮은 부분이 지표면에서 40㎝ 아래로 내려갈 때까지 높이를 낮춰 돌이 얹힌 부분이 꼭짓점인 역 원뿔형으로 만든다. 이때 비닐 원뿔의 모서리가 지표면에 닿지 않게 해야 수분이 지면에 흡수되지 않는다.
- 비닐 위에 더 많은 흙을 얹어 비닐이 제 자리를 유지하고 수분을 잃지 않게 한다.
- 쓰지 않을 때는 튜브를 막아 습기가 빠져나가거나 곤충이 들어가는 것을 막는다.

6-25 튜브를 빨대처럼 사용하면 증류를 방해하지 않고도 물을 섭취할 수 있다. 증류기를 열면 안에 축적된 수분과 따뜻한 공기가 흩어지므로 가급적 열지 않는다.

6-26 구멍 안에 식물을 넣으면 수분 추출량을 늘릴 수 있다. 구멍 안의 흙을 더 파 식물을 얹을 경사면을 만든다. 나머지 제작법은 동일하다.

6-27 만약 입수 가능한 물이 오염된 물 뿐이라면 증류기를 제작하고 가장자리에 약 25㎝ 간격으로 길고 가는 도랑을 판다.(6-8) 도랑은 깊이 25㎝, 폭 8㎝로 파낸다. 정수용 도랑에 들어간 물은 증류기 안으로 스며들며 흙에 정화되고 증류기 안에서 증발한 뒤 용기 안으로 떨어진다. 물이 소금물뿐일 때 이 방법이 유용하다. 단, 오염된 물을 정수용 구멍 밖, 특히 비닐과 흙이 닿는 곳에 흘려선 안 된다.

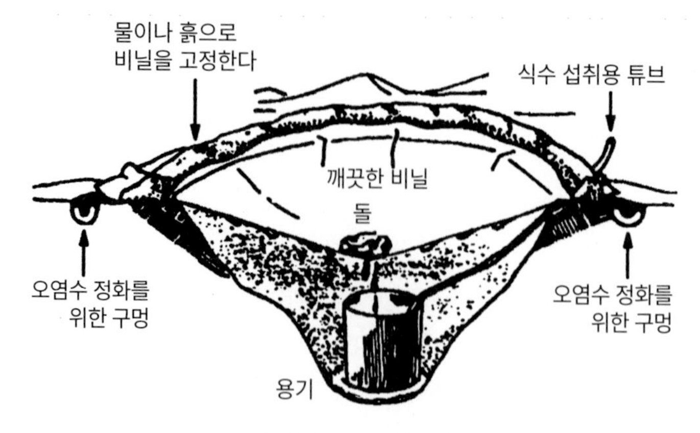

6-8. 오염된 물을 위한 지중형 증류기

물 밀봉형과 지중형 증류기를 비교하면 식물 밀봉형이 더 많은 물을 제공한다.

물의 정화

6-29 깨끗한 용기에 수집된 물이나 식물에서 추출한 수분은 대체로 안전하다. 하지만 호수나 연못, 늪지, 샘물, 하천 등에서 채취한 물, 특히 현지인 거주지역 주변의 물이나 열대지방의 물은 정화해야 마실 수 있다.

6-30 가능하다면 식물이나 지표에서 추출한 물은 아이오딘제나 염소표백제를 이용하거나 끓여 정화한다. 수통에 든 물을 정화한 뒤에는 뚜껑을 살짝 열고 수통을 뒤집어 입이 닿을 주둥이 부분에 묻은 정화되지 않은 물을 씻어낸다.

6-31 아래 지침대로 물을 정화한다.

- 정화용 약품(정화제)을 사용한다. (적절한 사용법을 따를 것)
- 깨끗한 물이라면 수통 하나에 2% 희석한 아이오딘팅크 용액을 다섯 방울 넣는다. 탁하거나 차가운 물이라면 열 방울을 넣는다.(약 30분간 기다려 정화시킨 다음 마신다)
- 농도 10%의 군용 포비돈 아이오딘 액(소독약)이나 1%의 정화 포비돈 아이오딘액을 두 방울 넣는다. 민수용은 보통 농도가 2% 전후로, 10방울이 필요하다. 그리고 30분을 기다린다. 만약 물이 차갑고 맑다면 60분을 기다린다. 물이 매우 차갑거나 탁하다면 네 방울을 넣고 40분간 기다린다.

- 염소표백제(하이포아염소산나트륨)를 수통에 두 방울 넣고 30분가량을 기다린다. 물이 차갑거나 탁할 경우 60분간 기다린다. 나라마다 표백제 성분이 다르므로 하이포아염소산나트륨의 농도를 확인한다.
- 식수를 끓인다. 충분히 끓인 물에서는 모든 친수성 미생물을 제거할 수 있다.

6-32 음료수로 적합하지 않은 물을 마시면 전염병에 감염되거나 인체에 유해한 미생물을 섭취해 최악의 경우 사망에 이르는 수인성 질병을 앓을 수 있다.

6-33 세계 각지에서 흔히 발견되는 수인성 미생물은 아래와 같다.

- 편모충: 편모충증을 유발한다. 감염되면 심한 설사와 경련이 7~14일간 지속된다.
- 와포자충: 편모충과 흡사하나 더 오래 증상이 지속되며 기다리는 것 외의 치료법이 없다. 설사증세는 완만하며 최저 3일, 최대 2주일간 지속된다.

와포자충을 완전히 제거하려면 물을 끓이거나 적절한 정수필터를 사용해야 한다. 아이오딘계 정수제나 표백제도 100% 효과를 기대하기 힘들다.

6-34 다른 수인성 질병 및 미생물은 아래와 같다.

- 적리: 혈변을 동반하는 격한 설사가 발열 및 체력저하를 동반한다.
- 콜레라와 장티푸스: 당장은 감염되지 않더라도 감염의 가능성이 높아진다.
- 디스토마: 특히 열대지방에서 오염된 물의 흡혈성 디스토마를 섭취하면 혈관에 구멍을 뚫고 기생충을 낳아 질병을 유발한다.
- 간염: 설사, 복통, 짙은 소변의 원인이다. 대인 접촉이나 오염물 섭취로 감염된다.
- 거머리: 거머리를 삼키면 코나 목 안에 달라붙어 피를 빨아 상처를 남긴 뒤 다른 곳으로 이동한다. 상처는 감염을 유발할 수 있다.

물의 여과방법

6-35 발견한 식수가 탁하다면 용기에 담고 12시간 후, 여과장치를 통해 거른다.

이 과정은 물을 걸러 마시기 쉽게 할 뿐, 여전히 정화가 필요하다.

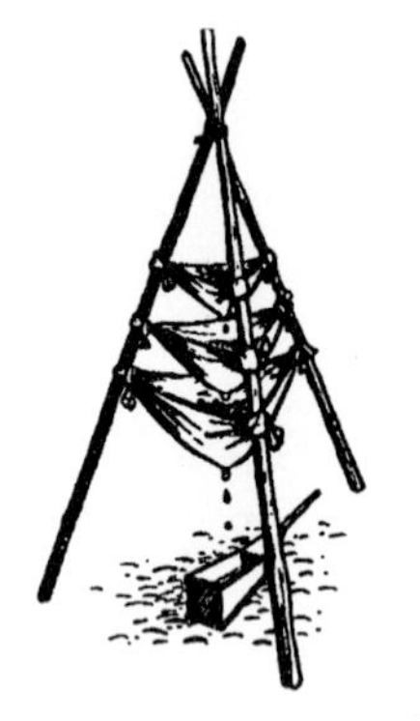

6-9. 물 여과장치

6-36 여과장치를 제작하려면 빈 통나무, 천을 채운 대나무에 모래나 깨진 자갈, 숯, 천 조각 등을 여러 겹, 혹은 몇 ㎝가량 쌓는다.(6-9)

6-37 불을 피우며 얻어진 숯을 물에 넣어 냄새를 없앨 수 있다. 숯은 각종 불순물도 흡수한다. 물을 마시기 전에 45분 정도 기다린다.

제7장 불을 피우는 법

많은 상황에서 불의 유무는 삶과 죽음을 가른다. 불을 피우면 온기와 안락함을 얻을 수 있고, 음식을 조리하고 보존하며, 음식의 열기를 통해 체내에 온기를 전달하여 체온 유지에 소모되는 열량을 절약시켜 준다. 또 물을 끓여 식수를 정화하고 붕대를 소독하며, 구조를 요청하거나 동물이 접근하지 못하도록 막는다. 불은 마음의 평안을 통해 정신적 안정을 제공하며 도구나 무기를 만드는 데도 활용할 수 있다. 동시에 불은 위험하다. 불꽃과 연기로 적에게 위치가 발각될 수 있고, 자칫 산불을 유발하거나 필요한 물자를 불태울 수도 있다. 불은 또한 화상의 원인이며, 밀폐공간에서 일산화탄소 중독을 유발한다. 적으로부터 자신을 은폐하거나 불을 피워 필요를 충족하는 선택지 가운데 어느 쪽을 택해야 하는지 잘 판단해야 한다.

불의 기본 법칙

7-1 불을 피우려면 연소의 기본적인 원리를 이해해야 한다. 연료에는 직접 불이 붙지 않는다. 연료에 열을 가하면 가스가 발생하며, 이 가스가 산소와 만나 연소가 이루어진다.

7-2 불의 3요소에 대한 이해는 불을 피우고 유지하는데 매우 중요하다. 3요소는 공기, 열, 연료다. 하나만 제거되어도 불은 꺼진다. 불을 효율적으로 이용하려면 세 요소의 비율 유지가 극히 중요하다. 이를 체득하는 유일한 방법은 연습뿐이다.

불 피울 장소 선정과 준비

7-3 불을 피우기 전에 어디에서 피우고 왜 피워야 할지 고려해야 한다. 불을 피우기 전에 아래 사항을 고려한다.

- 활동 중인 지역(지형과 기후)
- 사용 가능한 도구와 자재
- 시간 - 충분한 시간이 있는가?
- 이유 - 왜 불을 피워야 하나?
- 보안 - 적과 가까운가?

7-4 아래와 같은 장소를 찾는다.

- 바람을 막을 수 있는 곳.
- 가능한 피난처와 연관된 곳.
- 열을 집중할 수 있는 곳.
- 충분한 나무나 다른 연료가 있는 곳.(표 7-4)

직선형 방화벽

L자형 방화벽

7-1. 방화벽의 종류

7-5 만약 자신이 숲에 있거나, 주변에 수풀이 많은 곳에 있다면 불을 피우기 전에 먼저 수풀을 쳐내고 불 피울 장소의 흙을 걷어낸다. 최소한 지름 1m 범위를 깨끗하게 청소해 불이 번질 가능성을 차단한다.

7-6 시간이 허락한다면 통나무나 바위로 방화벽을 만든다. 방화벽은 불의 열을 반사하거나 특정한 방향으로 지향시켜 준다.(7-1) 또 불똥이 튀거나 불에 바람이 밀려들어 불이 번지는 상황도 막아준다. 그러나 불을 유지하는 데 있어, 일정한 산소를 공급해주는 바람이 필요하다는 사실을 잊어서는 안 된다.

젖거나 구멍이 뚫린 돌은 방화벽에 사용해서는 안 된다.
가열할 경우 돌이 터지거나 깨질 수 있다.

7-7 주변의 환경이나 상황에 따라서는 지하에서 불을 피우는 방법이 가장 적합할

수도 있다. 땅을 파고 그 안에서 불을 피우면, 불빛을 감추고 조리에 적합한 공간도 얻을 수 있다. 일명 다코타형 아궁이(7-2)를 제작할 경우 아래 지침을 참조한다.

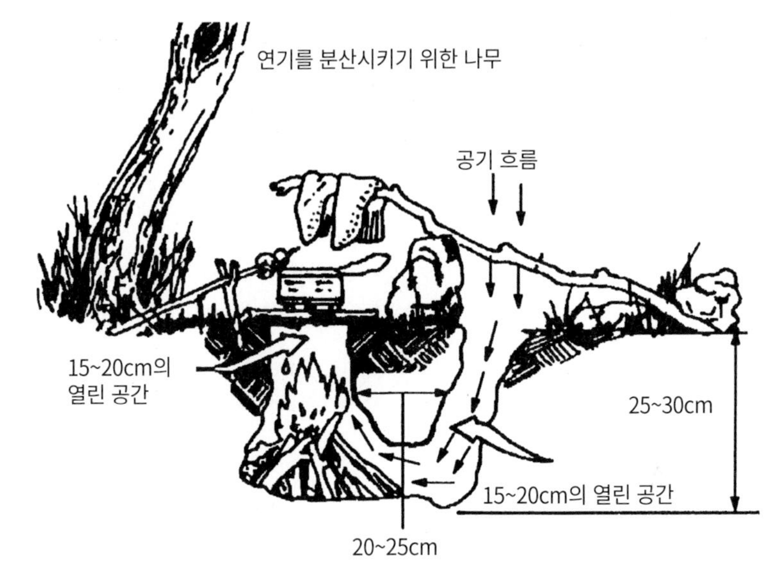

7-2. 다코타식 아궁이

- 땅에 구덩이를 판다.
- 풍향에 맞춰 큰 환기공을 판다.
- 그림처럼 안에서 불을 피운다.

7-3. 적설지에서 불 피울 자리

7-8 만약 적설지에 있다면 갓 자른 통나무를 이용해 불 피울 자리를 만든다.(7-3) 손목 굵기의 나무도 극한지에서는 쉽게 부러진다. 여러 개의 나무를 눈 위에 나란히 늘어놓고 한두 겹의 땔감을 엇갈리게 쌓고 상면에 불을 올린다.

땔감의 선정

7-9 모닥불을 피우는 데 세 종류의 재료가 사용된다.

7-4 불을 피우기 위한 재료

부싯깃	불쏘시개
• 자작나무껍질	• 작은 나뭇가지
• 잘게 찢은 밤나무, 적느릅나무, 참죽나무의 속껍질	• 작은 나뭇조각
• 대팻밥	• 송진이 몰려있는 소나무의 옹이
• 죽은 풀, 이끼, 버섯, 침엽수 잎	• 두꺼운 종이
• 지푸라기	• 굵은 나무에서 떼어낸 나뭇조각
• 톱밥	• 휘발유나 석유, 왁스 등에 적신 나무
• 나무 부스러기	
• 침엽수의 낙엽	
• 마른 나무 (죽은 나무)	**연료**
• 상록수의 마디	• 마른 나무나 마른 가지
• 새의 가슴털 (가는 깃털)	• 쓰러진 나무의 밑동이나 굵은 가지
• 씨앗의 관모 (버들가지, 골풀, 엉겅퀴 등)	• 잘게 쪼개진 갓 자른 나무
• 가늘고 마른 채소의 섬유	• 크게 뭉쳐진 마른 풀
• 마른 민들레의 스펀지형 섬유	• 태울 수 있을 정도로 건조한 역청(아래가 깎여나간 강둑에서 채취 가능)
• 마른 야자 잎	• 건조시킨 동물의 배설물
• 대나무의 얇은 속껍질	• 동물 지방
• 주머니와 재봉선의 실밥	• 석탄, 오일셰일(원유성분이 함유된 모래나 암석), 혹은 지면에 노출된 석유
• 그을린 천	
• 기름종이	
• 기타 대나무 찌꺼기	
• 화약	
• 면직물	

7-10 부싯깃은 약간의 불꽃에도 불이 붙는 재질이어야 한다. 점화도구만 있다면 그을린 천이 가장 좋다. 그을린 천은 불을 장시간 유지하므로 필요한 곳에 작은 불을 붙일 수 있다. 그을린 천은 면제 직물이 타지 않고 검게 변색되도록 그을려 제작하고, 이후 건조 상태에서 공기가 닿지 않게 보관한다. 미리 준비해 개인 생존키트에 추가하면 된다. 그밖에 부싯깃으로 적합한 도구로는 알코올 소독 패드나 바셀린 거즈 등이 있다.

7-11 불쏘시개는 부싯깃에 얹을 가연성 물질이다. 가급적 빠른 연소를 위해 잘 건조해야 한다. 불쏘시개는 불의 온도를 높여 인화성이 낮은 물질에 불을 붙여준다.

7-12 연료는 인화성이 낮으나, 불이 붙으면 느리게 지속적으로 연소하는 재료다.

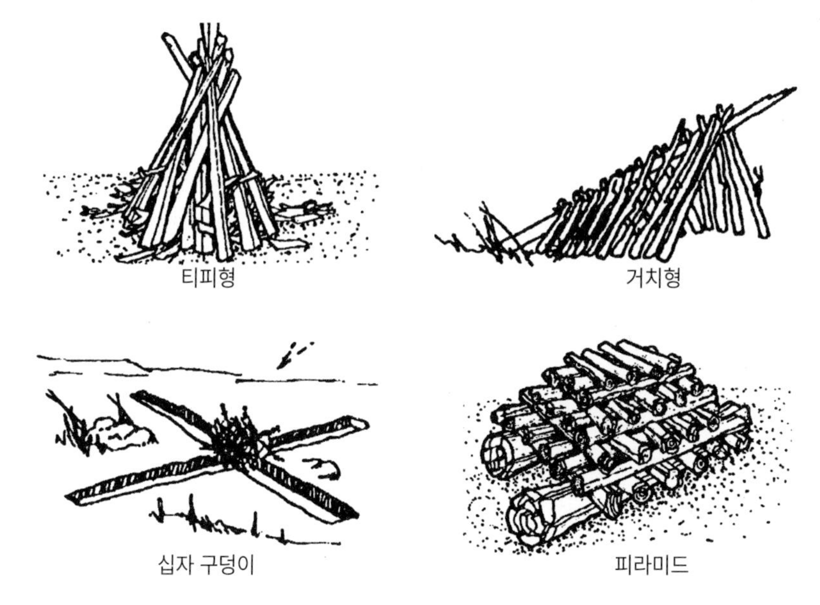

7-5. 모닥불의 여러 형태

모닥불 피우는 방법

7-13 모닥불은 여러 종류가 있으며, 상황에 따라 적절한 방법을 선택한다.

티피

7-14 티피형 모닥불(7-5)을 피우려면 부싯깃과 불쏘시개를 중심으로 둘레에 원뿔형으로 장작을 쌓고 가운데 불쏘시개에 불을 붙인다. 불이 타오르면 바깥쪽의 장작이 안쪽으로 쓰러지며 자연스럽게 불이 붙는다. 이 방법으로 젖은 나무도 태울 수 있다.

거치형

7-15 거치형 모닥불(7-5)을 피우려면 갓 꺾은 나뭇가지를 지면에 30도 각도로 꽂고 가지 끝을 바람 방향으로 세운다. 부싯깃 일부를 가지 아래 깊숙이 넣고 가지에 불쏘시개들을 세운다. 부싯깃에 불을 붙인다. 불이 옮겨붙으면 불쏘시개를 더 넣는다.

십자 구덩이형

7-16 십자 구덩이형 모닥불(7-5)은 길이 30㎝, 깊이 7.5㎝의 십자형 구덩이를 파고 교차점에 부싯깃과 불쏘시개를 세운다. 불을 붙이면 구덩이가 공기를 공급한다.

피라미드

7-17 피라미드형 모닥불(7-5)은 지면에 두 개의 작은 나무나 나뭇가지를 평행으로 놓는다. 그 위에 작은 나무들을 위로 갈수록 작은 것을 어긋나게 쌓는다. 이후 위에 불을 붙인다. 불이 붙으면 아래쪽 나무에 옮겨붙게 된다.

모닥불의 여러 형태

7-18 불을 피우는 방법은 여러 가지가 있다. 상황과 재료에 따라 선택한다.

어떻게 불을 붙이나

7-19 항상 바람을 등지고 불을 피운다. 부싯깃과 불쏘시개, 연료를 최대한 오래 타도록 배치한다. 점화도구에는 현대적 도구와 원시적 도구가 있다.

현대적 도구

7-20 현대의 점화 도구는 우리가 흔히 생각하는 점화용 장비들이다.

성냥

7-21 방수 성냥이어야 하며, 방수 용기에 담아 믿을만한 점화판과 함께 보관한다.

볼록렌즈

7-22 이 방법(7-6)은 맑고 일조량이 많은 날에만 사용한다. 렌즈는 카메라, 쌍안경, 망원 조준경, 확대경 등에서 얻을 수 있다. 햇빛이 집중되도록 렌즈의 각도와 위치를 조절하고, 부싯깃에 불이 붙을 때까지 같은 곳을 비춘다. 부채나 입으로 가볍게 바람을 불어 부싯깃이 타게 한 후, 땔감에 옮긴다.

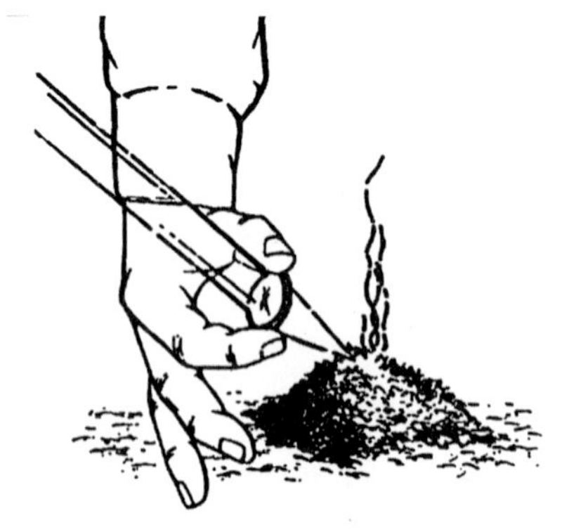

7-6. 렌즈 점화법

금속 점화기

7-23 부싯깃 밑에 면적이 넓고 잘 마른 잎사귀를 깐다. 점화기의 끝을 잎에 닿도록 놓고 한 손으로 점화기를, 다른 손으로 칼을 잡는다. 칼로 점화기 표면을 긁어 불꽃

을 일으킨다. 불꽃이 부싯깃에 튀어 불이 붙기 시작하면 불을 옮기는 절차를 따른다.

배터리

7-24 배터리로 불꽃을 일으키려면 먼저 양 전극에 전선을 연결한다. 부싯깃 옆에서 피복을 벗긴 전선으로 불꽃을 만들고 부싯깃에 불꽃이 잘 옮겨붙게 한다.

화약

7-25 휴대장비에 탄약이 포함될 경우, 탄자를 앞뒤로 조심스레 움직여 뽑아내고 화약을 부싯깃으로 사용한다. 탄피와 뇌관은 버린다. 이후 불꽃으로 화약을 점화한다.

뇌관은 극히 민감하므로 최대한 주의해야 한다.

원시적 도구

7-26 선조들이 사용하던 원시적 도구는 사용에 시간과 인내심이 필요하다.

부싯돌과 철

7-27 불꽃을 직접 이용하는 방식은 원시적 점화법 중 가장 쉽다. 부싯돌이나 다른 날카로운 돌멩이로 탄소강을 강하게 때리면 된다.(스테인리스강은 불꽃이 잘 일어나지 않는다) 원시적 점화법 가운데 가장 신뢰성이 높지만 손목을 풀어야 하며 연습도 많이 필요하다. 부싯깃에 불이 붙을 때 잘 불어주면 불꽃이 번지며 불길이 일어날 것이다.

쟁기식 점화법

7-28 쟁기(7-7)식 점화법은 마찰 점화법이다. 부드러운 나무에 곧은 홈을 판 후, 활엽수 등 단단한 나무 막대의 뭉툭한 끝을 이 홈에서 앞뒤로 마찰시킨다. 이처럼 쟁기질하듯 움직이면 부드러운 나무의 섬유질 파편이 밀려 나간다. 매번 압력을 더 높여 반복하다 보면 파편에 불이 붙게 된다.

7-7. 쟁기식 점화법

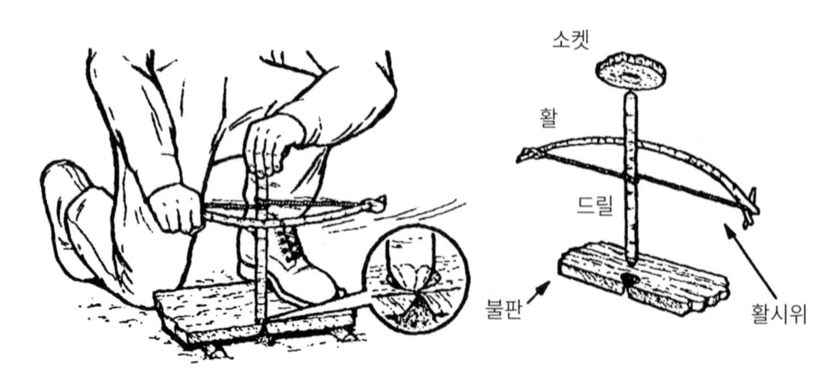

7-8. 활과 송곳

활과 송곳

7-29 이 방법은 활과 송곳(7-8)으로 불을 붙이는 방법이다. 단순하지만 상당한 노력과 인내심이 필요하다. 다음 지침대로 불을 피운다.

- 소켓은 한 면에 홈이 파인, 쉽게 잡을 수 있는 돌멩이나 단단한 나무다. 이것으로 송곳을 고정하고 아래 방향으로 압력을 유지한다.
- 송곳은 곧고 오래된 단단한 나무 막대로 지름은 2cm, 길이는 25cm 정도가 적합하다. 윗부분은 둥글고 아랫부분은 뭉툭한 것이 좋다.(마찰면적이 넓어야 한다)
- 사실상 모든 널빤지를 불판으로 사용 가능하지만 두께 2.5cm, 폭 10cm가량의 오래된 부드러운 나무가 적절하다. 한쪽 모서리로부터 약 2cm 떨어진 지점에 홈을 판다. 모서리로부터 홈까지 V자형 홈을 파낸다.
- 활은 탄성이 있는, 지름 2.5cm가량의 갓 자른 가지로 제작하며, 여기에 활시위를 얹는다. 여기에 사용할 나무의 종류나 활시위의 재료는 그리 중요하지 않다. 시위를 막대 양쪽에 연결하며 느슨하지 않게 한다.

7-30 먼저 불을 피울 준비를 한다. 그리고 불판에 파인 V자형 홈에 부싯깃 한 덩이를 넣는다. 한쪽 발로 불판을 고정한다. 송곳에 활시위를 감고 송곳 끝을 불판에 파인 홈에 넣는다. 송곳 맨 위에 소켓을 얹고 손으로 잡아 위치를 고정한다. 송곳을 누르면서 활을 앞뒤로 당겨 회전시킨다.(7-8) 자연스러운 움직임을 익히면 송곳을 아래로 누르며 활을 더 빨리 움직인다 조금씩 뜨거운 검은 가루가 부싯깃에 떨어지면서 불꽃이 일기 시작한다. 불길이 일 때까지 부싯깃에 입김을 분다.

7-31 원시적인 점화법은 상당히 피곤하며 성공을 위해 확실한 연습이 필요하다. 원시적인 점화법을 성공시키려면 아래 지침을 따르도록 한다.

- 가능하다면 냄새가 없는 묵은 활엽수를 장작으로 사용한다.
- 부싯깃과 부싯돌은 이동 중에 최대한 채집한다.
- 부싯깃에 곤충 퇴치제를 뿌린다.
- 장작은 마른 상태로 보관한다.
- 젖은 장작은 불 곁에서 말린다.
- 불이 꺼지지 않도록 연료를 때때로 추가해준다.
- 가능하다면 불씨를 계속 살려둔다.
- 야영지를 떠날 때는 불이 꺼졌는지 확인한다.
- 지면에 떨어진 나무는 사용하지 않는다. 마른 것처럼 보일지 모르나 대체로 충분한 마찰을 제공하지 못한다.

제8장 식량 조달

영양의 섭취는 인간의 가장 절박한 요구 중 하나다. 따라서 그 어떤 상황에서도 식량 문제를 제외할 수 없다. 심지어 건조지대에서 생존을 모색할 때도 생존에 가장 중요한 식수보다 식량 조달을 먼저 떠올리게 된다. 생존자는 세 가지 필수품 -물, 식량, 피난처- 의 우선순위를 상황분석을 통해 정해야 한다. 이 결정은 빠르게, 그리고 정확하게 내려야만 한다. 우리는 식량 없이도 몇 주일간 생존이 가능하지만, 무엇을 먹어야 안전한지 평가하고 동물을 잡을 덫을 놓는데 며칠에서 몇 주일의 시간이 필요할 수도 있다. 따라서 초기부터 식량 조달을 시작하지 않으면 매일 체력을 잃게 된다. 몇몇 상황에서는 피난처 구축이 식량과 물 조달보다 우선시될 수도 있다.

식량으로 쓸 수 있는 동물

8-1 대형 사냥감을 잡을 기회가 없다면 작은 동물의 포획에 집중한다. 숫자도 많고 가공도 쉽다. 식량으로 쓸 수 있는 동물을 전부 파악하기란 불가능하다. 그러나 독을 지닌 동물은 많지 않으므로, 해당 종을 기억해둘 필요가 있다. 동물의 행동과 습관 패턴도 기억해야 한다. 덫으로 잡기 쉬운 동물이나 특정한 범위 안에서 살고 둥지나 보금자리를 확보해야 하는 동물, 흔적을 남기는 동물들에 대한 정보가 여기에 해당한다. 순록 등 크고 무리를 짓는 동물들은 넓은 지역을 배회하므로 덫으로 잡기 어렵다. 또 적절한 미끼를 만들기 위해 각 동물의 섭식도 숙지해야 한다.

8-2 일부 예외를 제외하면 기거나, 헤엄치거나, 걷거나 나는 동물은 대부분 먹을 수 있다. 따라서 첫 번째 과제는 특정 식재료에 대한 개인적인 호불호 극복이다. 기아상태에 빠진 인간들은 대개 영양분이 될 만한 것은 무엇이든 먹지만, 개인적인 성향이

나 그밖의 이유로 영양이 풍부한 식량을 무시해 불필요한 위험을 짊어지는 경우도 있다. 생존자는 건강을 유지하려면 무엇이든 먹어야 한다. 몇몇 동물과 곤충은 필요하면 조리 없이도 먹을 수도 있지만 가능하면 조리해 질병을 예방한다.

곤충

8-3 곤충은 가장 풍부하며 잡기 쉬운 생명체다. 쇠고기는 20%, 곤충은 65~80%의 단백질을 함유하고 있으므로, 곤충은 맛있지 않아도 중요한 식량이다. 다만 털이 난 밝은색 곤충, 자극적 냄새를 풍기는 곤충, 찌르거나 무는 모든 종류의 성충은 먹어서는 안 된다. 또 거미나 진드기, 모기, 파리처럼 질병의 매개가 되는 곤충도 피한다.

8-4 썩은 나무에서는 개미, 흰개미, 딱정벌레, 딱정벌레의 애벌레 등 다양한 곤충을 채집할 수 있다. 땅에 있는 곤충의 집도 놓쳐서는 안 된다. 풀이 많은 곳도 채집에 적합하다. 돌, 널빤지, 그 외 지상에 굴러다니는 다양한 평판 아래도 곤충이 곧잘 서식하므로 잘 찾으면 된다. 유충도 먹을 수 있다. 다만 단단한 껍질을 지닌 딱정벌레나 메뚜기 등은 기생충이 우려되므로 먹기 전에 잘 조리해야 한다. 대부분의 곤충은 날개나 가시가 달린 다리를 떼어내면 조리 없이 먹을 수 있다. 맛은 종류에 따라 다르다. 나무에 서식하는 곤충은 부드러운 맛을 내며, 동료들에게 나눠주기 위해 꿀을 몸에 지니고 있는 일부 개미들은 단맛이 난다. 여러 종류의 곤충을 갈아서 반죽처럼 만들거나 식용 식물과 섞어 맛을 조절할 수도 있다.

지렁이

8-5 지렁이과는 훌륭한 단백질 공급원이다. 지렁이는 비가 막 온 뒤에 젖은 지면이나 부엽토를 파 채취한다. 잡으면 식수로 쓸 수 있는 깨끗한 물에 15분간 담근다. 물에 넣어두면 지렁이가 스스로 불순물을 배출하므로 그대로 먹으면 된다.

갑각류

8-6 민물 새우의 크기는 0.25~2.5㎝가량이다. 연못이나 호수의 진흙 바닥, 혹은 부유식물에 제법 큰 군집을 형성하곤 한다.

8-7 민물가재는 바닷가재와 바닷게의 친척이다. 단단한 껍질과 다섯 쌍의 다리, 집게발로 구분이 가능하다. 가재는 야간에 행동하지만 낮에는 흐르는 물속의 돌 주변이나 밑을 뒤지면 나온다. 또한 보금자리에는 굴뚝 형태의 호흡공이 뚫려있으므로

주변의 부드러운 진흙을 파헤쳐도 된다. 전갈은 실에 고기조각이나 내장을 매달아 미끼로 쓰면 잡을 수 있다. 일단 미끼를 잡으면 놓기 전에 밖으로 꺼낸다.

8-8 바닷가에서는 수심 10m까지 바닷가재, 게, 새우 등을 찾을 수 있다. 새우는 밤에 빛을 따라오므로 그물을 사용해 건지면 된다. 가재와 게도 미끼를 넣은 덫, 혹은 미끼를 꿴 갈고리 등으로 잡을 수 있다. 게는 바닷가에 놓은 미끼에 걸려들기 쉬우므로 덫이나 그물 등으로 잡는다. 가재와 게는 야행성이므로 밤에 잡는 편이 좋다.

모든 민물 갑각류, 연체동물, 어류는 조리해야 한다. 민물은 미생물(6장 참조)및 배설물, 농업 및 산업폐기물 등으로 오염되었을 가능성이 높다.

연체동물

8-9 연체동물에는 문어와 민물 및 바다 조개류(달팽이, 홍합, 대합, 굴, 따개비, 고둥, 딱지조개, 성게) 등이 포함된다.(8-1) 굴은 민물 홍합과 흡사하다

8-10 강달팽이나 민물 고둥은 북방 침엽수림의 호수나 하천 등에 널리 서식한다.

8-11 민물에서는 얕은 물 속, 특히 모랫바닥이나 진흙바닥이 있는 곳을 탐색한다. 진흙 위에 남은 좁은 자국이나 짙은 타원형 홈 형태의 흡수관을 찾으면 된다.

8-12 바닷가에서는 젖은 모래나 민물 때 들어찬 물이 빠져나가지 못하고 고인 곳을 찾는다. 해변이나 깊은 물로 이어지는 바위에 조개류가 있다. 소라고둥이나 삿갓조개 등이 바위에 매달릴 수도 있고, 해초가 자란 경우도 있다. 딱지조개류는 해안선의 바위에 단단히 붙어있다.

8-13 홍합은 물이 고인 바위틈, 떠다니는 나무나 민물이 고인 곳에 대량 서식한다.

여름에는 열대지방의 홍합이 독성을 품곤 한다. 72시간 내에 적조가 발생했다면 그 지역의 어패류를 섭취해서는 안 된다.

8-14 연체동물은 껍질째 삶고 끓이고 굽는다. 채소를 곁들이면 좋은 스튜가 된다.

만조에도 해수에 잠기지 않는 조개류는 먹지 않는다.

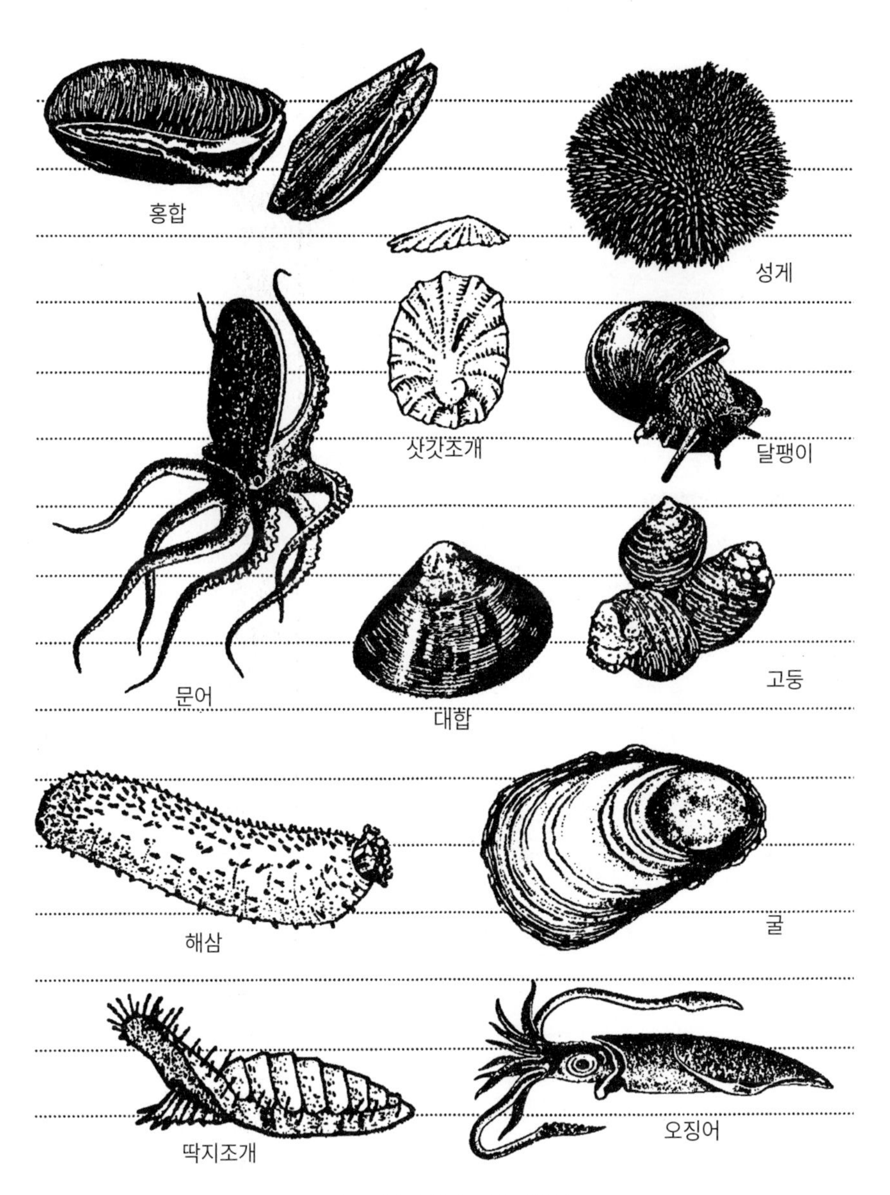

8-1. 식용 가능한 연체동물

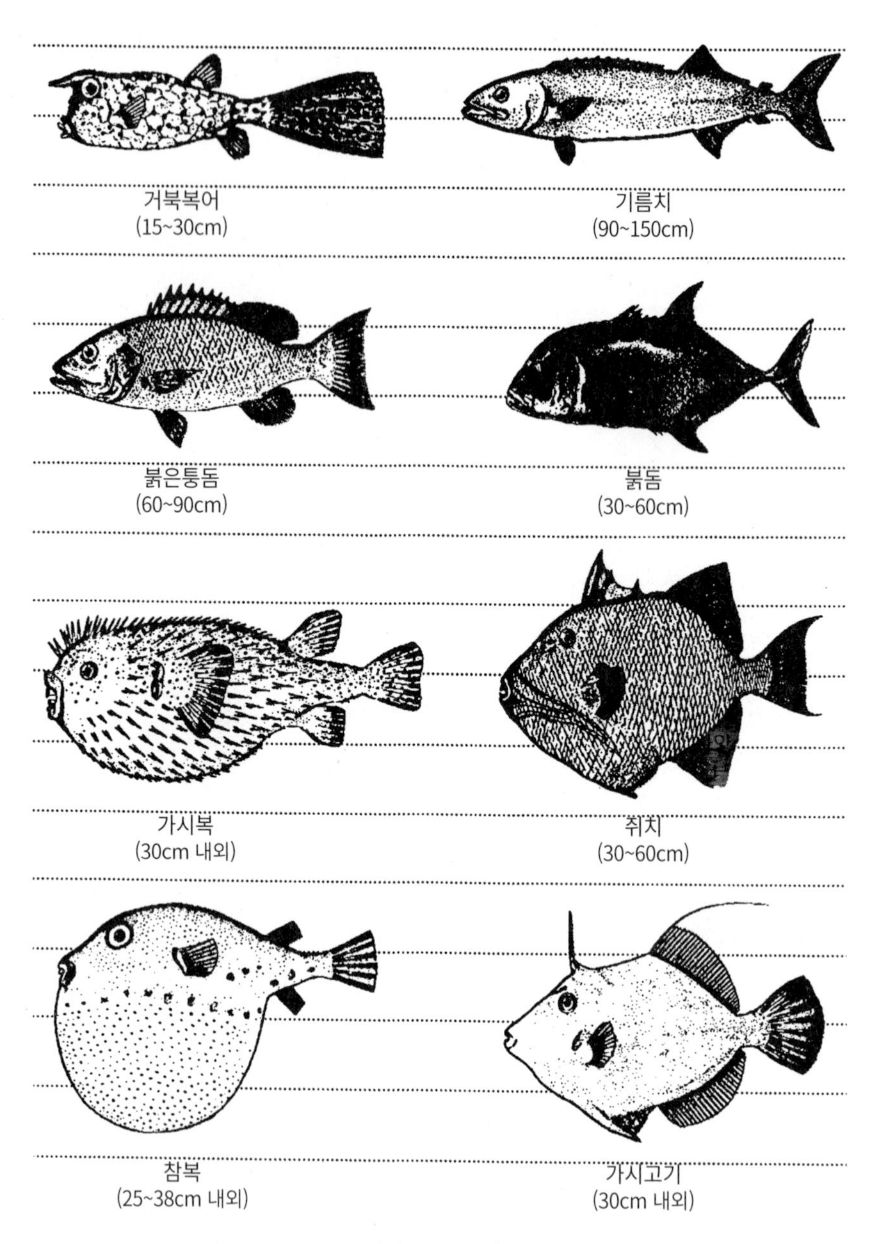

8-2. 살에 독성이 있는 어류

어류

8-15 어류는 훌륭한 지방과 단백질 공급원으로, 생존자나 도망자에게 유익하다. 어류는 뭍의 야생 포유류보다 흔하며, 잡을 때 소음도 적다. 어류를 성공적으로 사냥

하려면 어류의 습성을 이해해야 한다. 예를 들어 어류는 폭풍이 오기 전에 많이 먹는 습성이 있다. 반대로 폭풍이 지난 뒤에는 물이 탁하고 범람한 상태이므로 잘 먹으려 하지 않는다. 밤에는 종종 빛에 모이기도 한다. 물의 흐름이 빠른 곳에서는 바위 주변의 작은 소용돌이에 모여 움직이지 않는다. 또 깊게 파인 곳, 나무 위로 뻗은 나뭇가지, 물에 잠긴 수풀이나 나무 등도 피난처로 활용한다.

8-16 독을 지닌 민물고기는 없다. 하지만 메기 중에는 지느러미 등에 날카로운 돌기가 난 종도 있다. 돌기에 찔리면 매우 아프고, 환부가 감염될 수 있다.

8-17 모든 민물고기는 기생충 박멸을 위해 익혀야 한다. 민물의 영향을 받는 곳이나 환초에서 서식하는 바닷물고기도 익히는 편이 좋다. 그보다 먼바다에서 잡히는 모든 어패류는 소금물로 인해 기생충이 서식하지 않으므로 날로 먹어도 좋다.

8-18 대부분의 어류는 먹을 수 있지만 일부는 체내에 독이 있다. 1년 내내 독을 품는 경우도, 계절이나 섭생에 따라 독이 생기는 경우도 있다. 대표적인 유독성 어류는 가시복(porcupine fish), 쥐치(triggerfish), 거북복어(cowfish), 가시고기(thorn fish), 기름치(oilfish), 붉돔(jack), 민물꼬치고기(Barracuda), 복어류(puffer) 등이며, 조리해도 독성이 사라지지 않는다. 꼬치고기의 경우 종류에 따라 그 자체에 독이 있는 것은 아니지만 조리 없이 먹으면 체내의 플랑크톤에 의해 중독될 가능성도 있다.

양서류

8-19 개구리와 도롱뇽은 수질이 맑고 흐르는 물에서 쉽게 발견된다. 개구리는 물가의 안전지대에서 잘 움직이지 않고, 위험을 느끼면 물에 뛰어들어 진흙 등에 몸을 감춘다. 유독성 개구리도 몇 종류 있다. 화려한 색을 띠거나 등에 확실한 X자 문양이 있다면 먹어서는 안 된다. 개구리와 두꺼비도 혼동하면 위험하다. 두꺼비는 일반적인 개구리 서식지보다 건조한 곳에 있다. 두꺼비는 방어를 위해 피부에서 유독물질을 분비하는 종류도 있다. 따라서 두꺼비류는 잡거나 먹지 않는 것이 좋다.

8-20 모든 도롱뇽은 먹지 않는다. 25%의 도롱뇽만이 먹을 수 있는데 일일이 구분하거나 위험을 감수할 이유가 없다. 도롱뇽은 물 주변에서 발견되고, 피부가 부드럽고 축축하며 발가락이 네 개뿐이다.

파충류

8-21 파충류는 훌륭한 단백질 공급원이며 상대적으로 잡기 쉽지만 철저한 조리와 세척이 필요하다. 모든 파충류는 피부에 자연 서식하는 살모넬라의 매개체로 간주된다. 만약 영양실조 상태에 빠져 면역체계가 약해졌다면 살모넬라는 치명적인 위협이다. 충분히 조리하고, 만진 뒤에도 손을 꼼꼼히 씻어야 한다. 도마뱀은 대부분의 지역에서 대량으로 서식하며, 건조하고 비늘이 돋은 피부로 구분이 가능하다. 발가락은 다섯 개다. 독성이 있는 도마뱀은 미국 독도마뱀과 멕시코 독도마뱀뿐이다. 독은 없지만 입과 이빨에 살모넬라가 서식하는 이구아나와 왕도마뱀은 취급에 주의기 필요하다. 도마뱀의 꼬릿살은 맛이 가장 좋고 가공도 쉽다.

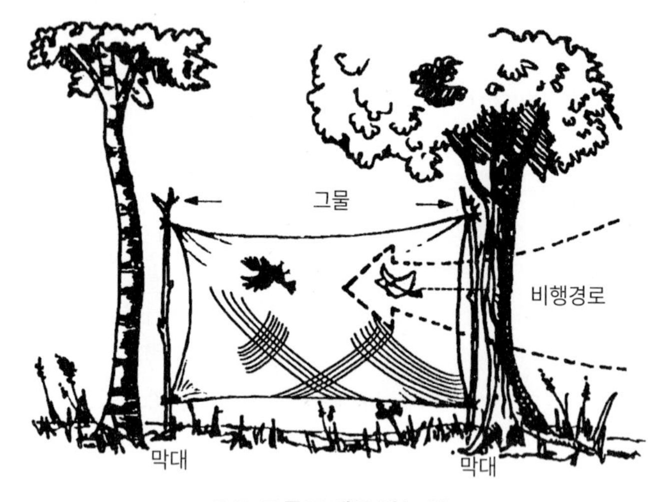

8-3. 그물로 새를 잡는 법

조류

8-23 모든 조류는 먹을 수 있지만 맛의 차이가 크다. 어류가 주식인 조류는 껍질을 벗겨야 먹을 만하다. 다른 야생동물처럼 조류도 습성을 파악해야 포획 확률이 높아진다. 비둘기 등은 야간에 둥지에서 손으로 잡을 수 있다. 몇몇 종의 경우 알을 품는 계절에는 사람이 다가가도 둥지를 떠나지 않는다. 새가 언제, 어디에 있는지 알면 더 쉽게 잡을 수 있다.(표 8-4) 새들은 둥지와 물 마시는 곳, 식량을 채취하는 곳 사이에 정해진 경로를 고집하는 경우가 많다 이를 잘 관찰하면 둥지에서 새를 잡을 수 있다.(8-3) 둥지와 물 마시는 곳은 새를 덫이나 올가미로 잡는 가장 좋은 곳이다.

8-24 둥지를 튼 새는 또 다른 식량인 알을 제공한다. 두세 개의 알만 남기고 모두 가

져간 뒤 남은 알에 표시를 해 두면 새는 빈자리를 메우기 위해 계속 알을 낳는다. 표시된 알은 놔두고 새로운 알은 계속 가져가면 된다.

8-4 조류의 둥지

조류의 둥지	둥지의 위치	둥지를 트는 철
내륙조류	나무, 혹은 벌판	온대, 북반구를 기준으로 봄과 초여름, 열대지방에서는 연중
두루미과	물가나 늪지대 주변의 큰 나무	봄과 초여름
올빼미과	큰 나무	12월 하순-3월
오리,거위,백조	연못, 개울이나 호수 근처	북반구에서 봄과 초여름
갈매기과	가파른 해안 바위	온대, 북반구 기준 봄과 초여름

포유류

8-25 포유류는 훌륭한 단백질 공급원이며 미국인들이 가장 맛있다고 인식하는 식재료다. 그러나 포유류 포획에는 단점도 있다. 적지에서는 덫이나 올가미가 쉽게 발각된다. 탈출구가 막힌 모든 동물은 저항을 선택한다. 특히 새끼를 동반한 암컷은 매우 공격적이다. 포획시 동물에게 피해를 입을 확률은 동물의 크기와 비례한다. 모든 포유류는 이빨이 있으며, 몸을 지키기 위해 상대를 깨문다. 다람쥐조차 인간에게 상당한 부상을 입힐 능력이 있다. 그리고 모든 부상은 감염의 우려가 있다.

8-26 모든 포유류는 먹을 수 있다. 단 비타민A가 과다 함유된 북극곰과 턱수염바다표범의 간은 유독하다. 오스트레일리아, 태즈메이니아의 오리너구리는 뒷다리에 독 발톱이 있다. 주머니쥐처럼 사체를 먹는 동물의 몸에는 병원균이 서식한다.

덫과 올가미

8-27 무장이 없거나 도망중일 경우, 덫이나 올가미가 효과적이다. 잘 설치한 덫 몇 개는 총보다 효과적이다. 덫을 효과적으로 사용하려면 아래 지침을 참조한다.

- 잡으려는 동물에 대해 숙지해야 한다.
- 적절한 덫을 제작하고, 제작자의 냄새를 지워야 한다.
- 흔적을 남겨 사냥감이 경계하게 해서는 안 된다.

8-28 모든 동물에 적합한 덫은 없다. 주변에 어떤 동물이 있는지 확인하고 그에 맞

는 덫을 놓아야 한다. 아래의 사항을 참조해 덫을 놓는다.

- 동물의 발자국
- 이동 경로
- 배설물
- 씹거나 문지른 식물
- 서식지
- 물이나 식량을 조달하는 곳

8-29 동물이 지나간 흔적이 있는 곳에 덫이나 올가미를 설치한다. 해당 장소가 일시적으로 통과한 곳인지 지속적으로 사용되는 통로인지 확인해야 한다. 지속적으로 사용되는 통로에는 여러 동물의 흔적이 있고 흔적 자체도 비교적 뚜렷하다. 일시적인 통로는 비교적 작고 한 종류의 흔적만 남는다. 완벽한 올가미를 만들어도 위치가 적절하지 않다면 어떤 동물도 잡을 수 없다. 동물에게는 자는 곳, 마시는 곳, 먹는 곳이 있으며 각각 지속적 통로로 연결된다. 덫과 올가미를 효과적으로 사용하려면 지속적 통로 주변에 설치해야 한다.

8-30 적지에 있다면 덫과 올가미를 잘 숨겨야 한다. 하지만 동물이 덫을 피하게 해서는 안 된다. 따라서 땅을 팔 때는 갓 파낸 흙을 모두 제거한다. 대부분의 동물들은 구덩이 형식의 덫을 본능적으로 피한다. 덫이나 올가미는 설치할 장소와 멀리 떨어진 곳에서 제작해 현장까지 옮긴 후 조립한다. 그렇게 해야 설치 장소의 환경을 어지럽히지 않고, 사냥감에게 들킬 확률도 낮출 수 있다. 덫이나 올가미를 만들 때 갓 자른 나무를 사용해서는 안 된다. 갓 자른 나무에서는 수액이 나오고, 사냥감은 그 냄새를 맡는다. 동물에게 수액 냄새는 경고신호로 작용한다.

8-31 덫과 주변의 인간 냄새는 제거해야 하지만 다른 냄새까지 지우면 안 된다. 포유류는 시각 이상으로 후각에 의존한다. 덫에 남은 약간의 인간 냄새조차 경고신호로 작용한다. 덫에서 냄새를 완전히 제거하기는 어렵지만 다른 냄새로 덮는 방법은 비교적 간단하다. 과거에 잡은 동물의 방광과 쓸개즙을 이용하면 된다. 인간의 소변은 절대 사용면 안된다. 부패한 식물이 많은 지역이라면 진흙이 적합하며, 조립한 손과 덫에 진흙을 바르면 된다. 대다수 동물은 연기와 식물이 타는 냄새를 알지만, 불내음이 경계심을 유발하는 경우는 불이 피어 오를 때뿐이다. 따라서 덫의 각 부분을 연기로 그슬리면 냄새를 효과적으로 지울 수 있다. 시간이 허락할 경우 덫을 며칠간 방치한 뒤 설치해도 좋다. 다만 그동안 덫을 만져서는 안 된다. 설치할 장소는 적에게 발견되지 않고 사냥감에게도 들키지 않도록 가능한 자연스럽게 위장해야 한다.

8-32 동물이 다니는 통로에 설치한 덫이나 올가미에는 유도로를 만들어야 한다. 유도로는 동물 통로의 양옆으로부터 덫으로 향하는 깔때기형 방벽으로 제작하며, 덫에 가까워질수록 좁게 만들어야 한다. 동물은 이 유도로를 통해 덫에 의심하지 않고 걸려들게 된다. 유도로는 동물이 좌우로 헤매지 않고 덫으로 곧장 들어가도록 제작해야 한다. 야생동물은 대부분 뒤로 후퇴하지 않고 얼굴이 향하는 방향으로 이동하는 경향이 있다. 유도로는 동물이 빠져나갈 수 없는 구조물이 아니라, 넘거나 뚫고 나가기에는 다소 불편한 정도가 적절하다. 효율적인 유도로는 노리는 동물의 몸보다 약간 넓게 만들어야 한다. 이런 식으로 동물의 몸길이만큼 덫에서 접근할 때까지 유도로의 폭을 유지하다 깔때기형 방벽의 입구 부분부터 넓어지게 한다.

미끼의 사용

8-33 덫이나 올가미에 미끼를 설치하면 동물을 잡기 쉬워진다. 물고기를 잡을 때는 거의 모든 낚시 도구에 미끼를 설치해야 한다. 미끼가 없는 덫은 알맞은 장소에 설치하지 않으면 동물을 잡을 수 없지만, 미끼가 있으면 동물이 스스로 찾아온다. 미끼는 동물이 알고 있는 먹이가 좋지만 해당 동물이 쉽게 구할 수 있는 먹이는 피한다. 옥수수밭 한가운데에 옥수수를 미끼로 놓지 않는 것과 같은 이치다. 마찬가지로 옥수수가 전혀 나지 않는 땅에서 옥수수를 미끼로 쓴다면 동물은 호기심이 발동하겠지만 동시에 너무 낯선 먹거리를 발견하면 경계를 늦추지 않을 수도 있으므로 미끼로 적합하지 않다. 소형 포유류에게 효과적인 미끼로는 전투식량 등에 포함된 땅콩버터가 있다. 소금도 좋은 미끼가 된다. 이런 미끼를 쓰려면 일단 동물에게 안전하게 맛을 볼 기회를 제공해 계속 찾도록 하는 동시에, 덫 주변에도 조금씩 뿌린다. 이렇게 하면 동물은 경계심을 점점 늦추고 결국 덫에 걸리게 된다.

8-34 만약 특정한 동물을 위한 덫을 만들고 미끼를 준비했는데 다른 동물이 미끼를 먼저 가로챘다면 가로챈 동물의 정체를 파악한다. 그 뒤 같은 미끼를 준비하고 그 동물에 맞는 덫을 새로 만들어 설치한다.

일단 동물을 덫으로 잡는 데 성공했다면, 자신감을 얻는 동시에 몇 개의 덫을 더 만들 보급품을 확보하게 된다.

덫 만드는 법

8-35 덫과 올가미는 사냥감을 '찍어 누르고', '목을 조이고', '매달고', '끌어당기는' 방

식으로 작동한다. 하나의 덫을 만들 때 이런 작동구조를 둘, 혹은 그 이상 조합한다. 덫의 작동구조는 최대한 단순해야 한다. 작동에 필요한 동력은 사냥감 자신이 지닌 근력, 중력, 혹은 휘어진 나무의 복원력 등이다.

8-36 모든 덫이나 올가미의 핵심은 '방아쇠'다. 덫이나 올가미를 제작할 경우, 사냥감에게 어떻게 작용할지, 어떤 동력으로 움직일지, 어떻게 작동시킬지를 함께 고려해야 한다. 덫은 잡은 동물을 도망가지 못하게 하거나 잡히면 죽게 만들어야 한다. 올가미의 경우 동물을 단단히 옭아매어 두 가지 기능을 동시에 수행하도록 고안되었다.

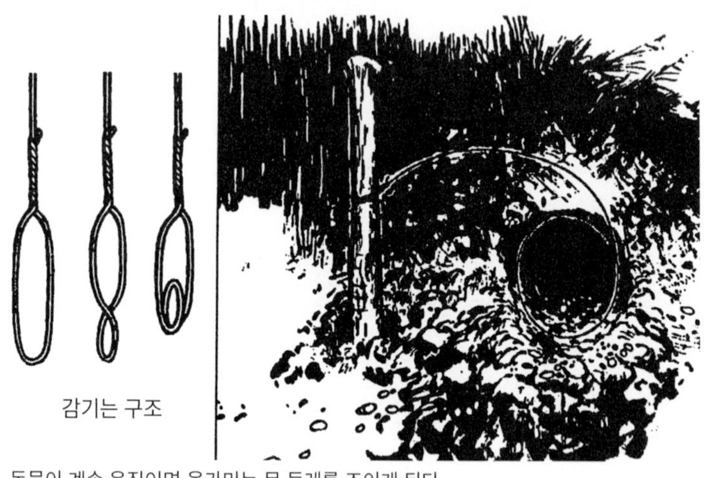

동물이 계속 움직이면 올가미는 목 둘레를 조이게 된다.
목이 묶인 동물이 몸부림치면 올가미는 더욱 조여든다.

8-5. 단순한 올가미

단순한 올가미

8-37 단순한 올가미(8-5)는 동물의 보금자리 입구나 이동로에 단단히 박은 말뚝으로 설치하는 올가미를 뜻한다. 동물의 이동로에 설치하는 끈으로 제작한 올가미는 작은 나뭇가지나 풀을 이용해 세운 상태로 고정한다. 거미줄은 올가미의 형태를 유지하는 데 가장 이상적인 재료다. 올가미는 동물의 머리에 쉽게 씌워지는 크기로 만들어야 한다. 일단 동물이 계속 움직이면 올가미는 목 둘레를 조인다. 그러면 동물은 몸부림치고 올가미는 더욱 조여든다. 이런 올가미가 동물을 죽이는 경우는 드물다. 끈으로 만든 올가미는 동물의 목에서 벗겨질 수도 있다. 따라서 올가미 제작에는 철사가 가장 이상적이다.

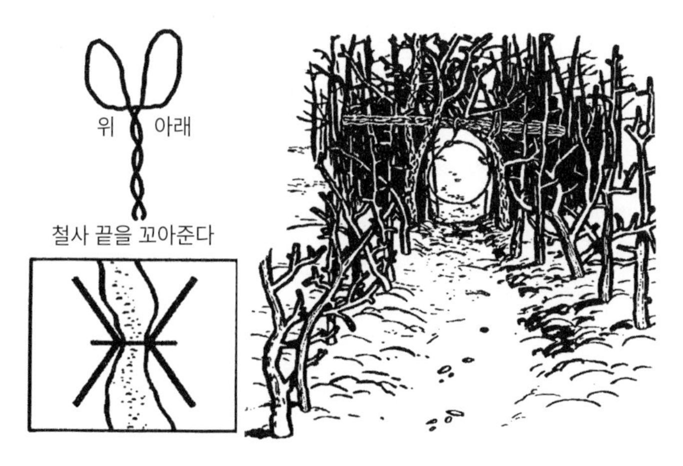

8-6. 견인식 올가미

견인식 올가미

8-38 동물의 임시 이동로에는 견인식 올가미(8-6)를 사용한다. 이동로의 양옆에 끝이 갈라진 나뭇가지를 설치하고 이것을 가로지르는 식으로 단단한 나무 들보를 끼운다. 동물의 머리보다 높은 위치에 설치된 들보에 올가미를 매단다.(올가미는 머리에 씌워져야 하므로 발로 밟히는 높이에 있으면 안 된다) 동물이 여기에 걸려 얽히면 들보가 갈라진 나뭇가지에서 떨어져 끌려나간다. 그러면 주변의 나무에 들보가 걸려 동물이 움직이지 못하게 된다.

상승 기구

8-39 간단하게 고정된 어린 나무는 다양한 올가미의 동력원이 된다. 상승식 올가미 역시 어린나무를 사용한다. 동물의 이동로에 위치한 어린 활엽수를 고른다. 가지와 잎을 전부 떼어내면 견인식 올가미보다 훨씬 빠르고 강하게 작동한다.

8-7. 상승식 올가미

상승식 올가미

8-40 상승식 올가미는 끝이

두 갈래로 갈라져 한쪽이 길고 다른 쪽이 짧은 나뭇가지 두 개를 이용해 만든다.(8-7) 어린나무를 휘어 지면에 표시하고, 가지 하나의 긴 쪽을 표시에 단단히 박는다. 이 막대의 짧은 쪽 끝에 금을 파 지면과 평행하게 두고, 다른 가지의 긴 쪽을 어린나무에 묶어둔 끈에 묶는다. 짧은 쪽은 땅에 박힌 막대의 짧은 쪽에 걸리도록, 올가미는 이동로 위로 뻗도록 설치한다. 어린나무를 휘어 두 가지의 짧은 쪽을 끼워 함정을 설치한다. 동물의 머리가 올가미에 걸리면 가지가 잡아당겨지며 빠지므로 어린나무가 튀어 올라 사냥감을 목매달게 된다.

방아쇠가 될 나뭇가지로 파릇한 어린 가지를 사용해서는 안 된다. 수액으로 방아쇠가 붙어버릴 수 있다.

다람쥐잡이 막대

8-41 다람쥐잡이 막대는 다람쥐가 많은 장소의 나무에 설치하는 기다란 막대다.(8-8) 막대의 위와 옆에 여러 개의 올가미를 설치해 다람쥐가 걸리기 쉽게 한다. 올가미(지름 5~6㎝)는 막대에서 약 2.5㎝ 떨어진 곳에 설치한다. 맨 위와 아래의 올가미는 막대의 위아래 끝으로부터 각각 45㎝씩 떨어트려 다람쥐가 나무나 땅에 발을 대지 못하게 한다. 다람쥐는 선천적으로 호기심이 많다. 잠시 경계하다 막대를 오르내리며 올가미에 걸린다.

8-8. 다람쥐잡이 막대

다른 다람쥐도 여기에 걸릴 것이다. 따라서 여러 마리의 다람쥐를 잡을 수 있다. 여러 개의 막대를 설치하면 잡히는 다람쥐도 늘어난다.

오지브와 새잡이 막대

8-42 오지브와 새잡이 막대는 수 세기에 걸쳐 인디언들이 사용한 올가미다.(8-9) 효과적으로 사용하려면 높은 나무와 거리가 있는 공터에 설치해야 한다. 최선의 결과를 얻으려면 모이를 먹는 장소나 물 마시는 장소, 모래밭 등이 좋다.

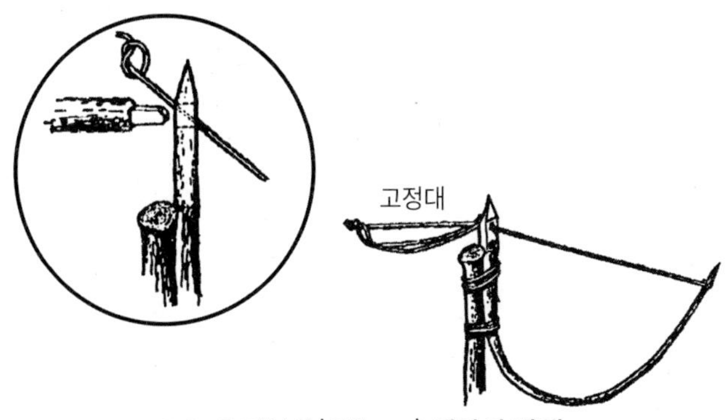

8-9. 오지브와(Ojibwa) 새잡이 막대

길이 1.8~2.1m의 어린나무 등을 잘라 가지와 잎을 깨끗하게 제거한다. 소나무 등 수액이 많은 나무는 쓰지 않는다. 위쪽은 뾰족하게 깎아 맨 위로부터 5~7.5㎝ 떨어진 곳에 작은 구멍을 뚫는다. 길이 10~15㎝의 짧은 막대를 준비하고 막대의 끝을 이 구멍에 거의 맞게 깎아 넣어 고정대로 삼는다. 긴 막대의 뾰족한 쪽이 위를 향하도록 지면에 강하게 꽂는다. 노리는 사냥감과 거의 같은 무게의 추를 끈에 묶는다. 끈의 다른 한쪽을 막대에 뚫은 구멍에 꿴 뒤 고정대에 올가미를 묶는다. 끈에는 한 번 묶은 매듭을 만들어 구멍에 고정대가 걸치도록 놓는다. 끈이 구멍을 통해 흘러내려 매듭이 막대와 고정대 위에 걸치도록 한다. 막대와 고정대에 가해지는 매듭의 압력으로 고정대가 제자리에 머문다. 올가미를 고정대 위에 펼쳐 올가미가 고정대를 덮고 양쪽으로 드리워지게 한다. 새들은 지면보다 높은 곳에 걸터앉기를 좋아하므로 고정대에 앉을 것이다. 새가 앉는 순간 매듭을 고정하던 고정대가 분리되며 무게추가 떨어지고, 올가미는 새의 발을 붙든다. 무게추가 너무 무거우면 새의 발이 잘려 도망갈 수 있다. 무게추 대신 나뭇가지의 탄력 등을 이용하는 방법도 있다.

답보형 탄성 올가미

8-43 답보형 올가미는 작은 동물을 잡을 때 사용한다.(8-10) 먼저 이동로에 얕은 구덩이를 판다. 끝이 갈라진 막대를 구덩이 양 측면의 지면에 갈라진 쪽을 아래로 꽂는다. 양쪽 끝이 갈라진 두 개의 비교적 곧은 막대를 준비한다. 이 두 막대를 땅에 박힌 막대의 갈라진 틈에 끼운다. 여러 막대를 한쪽은 아래 방향의 수평 막대에, 다른 쪽은 구덩이 건너편의 지면에 닿게 얹는다. 구덩이에 충분한 막대를 깔아 동물이 적어도 이 중 하나를 밟아 올가미가 작동하게 한다.

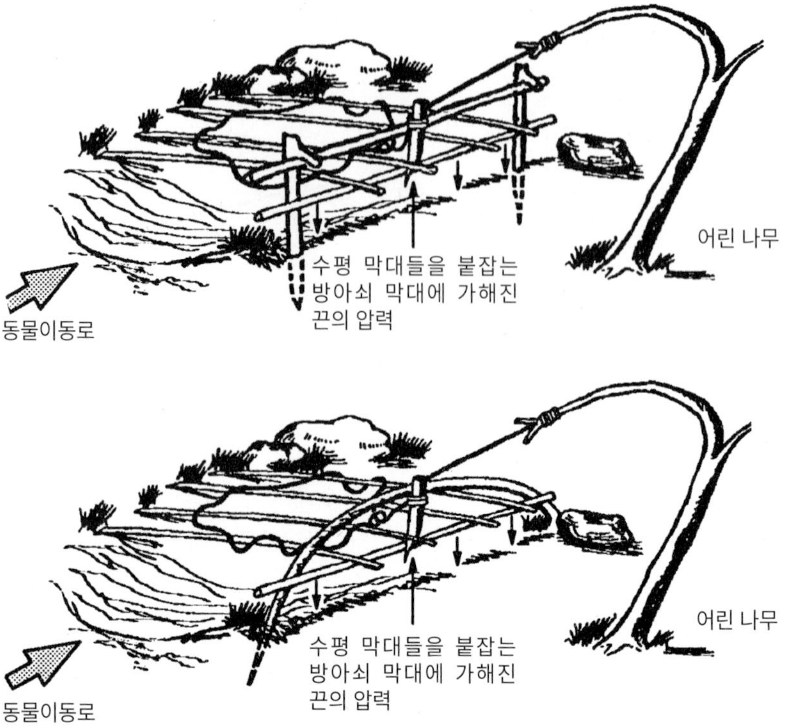

어린 나무
수평 막대들을 붙잡는
방아쇠 막대에 가해진
끈의 압력
동물이동로

어린 나무
수평 막대들을 붙잡는
방아쇠 막대에 가해진
끈의 압력
동물이동로

8-10. 답보형 탄성 올가미

끈의 한쪽 끝을 어린나무나 무게추를 묶어 나무줄기에 걸친다. 방아쇠를 어디에 둘 것인지 결정한 뒤, 그에 맞춰 어린나무를 휘거나 무게추를 들어 올린다. 방아쇠로 쓸 5㎝가량의 막대를 준비하고 끈의 반대편으로 올가미를 만든다. 올가미를 펼쳐 막대로 덮인 구덩이 위에 둔다. 방아쇠 막대를 수평 방향의 막대가 지탱하도록 설치한 뒤 끈을 막대들 뒤로 돌려 무게추나 나무의 탄성이 막대들을 붙잡게 한다. 맨 아래 수평 막대는 간신히 방아쇠를 지탱하도록 조정한다. 동물이 구덩이 위의 막대를 밟으면 맨 아래 막대가 내려가고 방아쇠가 풀려 동물의 발이 올가미에 걸린다. 이동로 위에 못 보던 것이 있으니 동물의 경계심이 높아질 수 있으므로, 주변 길을 좁게 만들어야 한다. 올가미의 효율을 높이려면 구덩이 아래에 작은 구멍을 파 미끼를 넣으면 된다.

4자형 함정

8-44 4자형 함정은 동물 위에 무게추를 떨어트려 죽이는 방식의 방아쇠 기구다.(8-11) 무게추는 다양한 물체를 쓸 수 있지만 사냥감을 즉각 죽이거나 무력화할 수 있어

야 한다. 숫자 4 모양을 3개의 홈이 파인 막대로 만든다. 이 홈들은 무게가 가해지면 4자 모양으로 막대들을 붙잡는다. 크기와 위치 등을 정확하게 잡을 필요가 있으므로, 미리 연습한 뒤에 설치해야 한다.

8-11. 4자형 함정

8-12. 올가미 봉

올가미 봉

8-45 올가미 봉은 작은 포유류나 새를 잡을 때 요긴하다.(8-12) 사용에 인내심이 필요한 도구로, 덫보다는 무기에 가깝다. 올가미 봉은 끝에 철사나 단단한 끈을 묶은 막대다.(가능한 길수록 좋다) 둥지에 있는 새의 머리에 올가미를 걸고 당기거나 어두운 곳에 숨어 올가미 봉만 둥지 입구에 둬도 된다. 둥지에서 동물이 튀어나오면 막대를 당겨 동물을 잡는다. 이때 사냥감을 죽이기 위한 곤봉도 함께 휴대한다.

파이우테식 함정

8-46 파이우테식 함정은 4자형과 비슷하지만, 고정봉과 끈을 사용하며(8-13) 4자형

함정보다 설치가 쉽다. 끈의 한쪽 끝을 비스듬한 막대 끝에 묶고 다른 한쪽 끝을 5㎝ 가량의 다른 막대 중앙에 묶는다. 이 막대가 고정봉이 된다. 고정봉을 단 채 끈을 수직으로 세운 막대에 90도가 되도록 꿴다. 미끼를 매단 막대의 한쪽 끝으로 무게추, 혹은 지면에 비스듬히 걸친 나무를, 다른 쪽으로 고정봉을 지탱한다. 사냥감이 미끼

8-13. 파이우테식 함정

활 함정

8-47 활 함정(8-14)은 가장 치명적인 함정 가운데 하나다. 사냥감은 물론 사람에게도 위험하다. 먼저 활을 만든 뒤 땅에 말뚝으로 고정하고 맞출 방향을 겨냥한다. 고정봉을 방아쇠 막대에 물려 설치한다. 두 막대를 고정봉이 활시위를 잡을 위치의 지면에 박는다. 고정봉과 말뚝 사이에 지지봉을 설치한다. 철사나 끈을 지지봉에 묶어 인계선을 만들고 말뚝 너머로 돌려 동물의 이동로에 펼친다. 동물이 인계선을 건드리면 활이 화살을 쏜다. 활에 홈을 그어두면 조준이 쉽다.

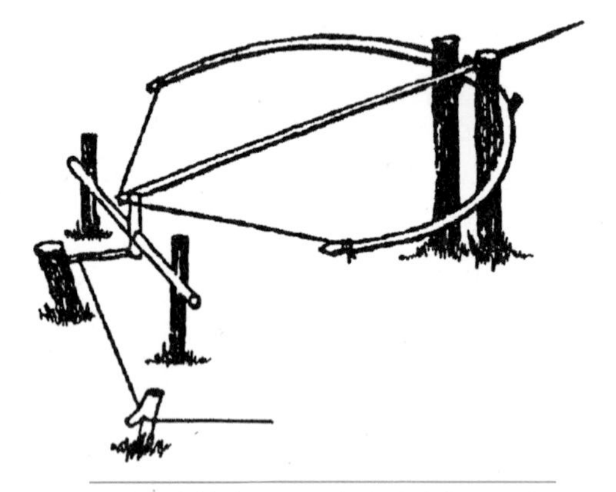

치명적 함정이므로 후방에서만 접근하고 주의해 취급할 것

8-14. 활 함정

멧돼지 창 함정

8-48 멧돼지 창 함정을 제작하려면 먼저 길이 2.5m의 단단한 막대를 고른다.(8-15) 기둥의 가느다란 쪽 끝에 작은 말뚝 몇 개를 단단히 묶는다 굵은 쪽은 동물 이동로 옆의 나무에 묶는다. 건너편 다른 나무에 다른 끈을 묶는다. 끈의 반대편은 단단하고 표면이 매끈한 막대에 묶는다. 첫 번째 나무에는 인계선을 낮게 이동로 너머에 드리운 뒤 고정대에 묶는다. 그리고 덩굴이나 기타 적당한 재료로 고정용 링을 만든다. 이 링에 인계선과 매끈한 막대를 통과시킨다. 단단하고 매끈한 막대를 또 하나 준비해 한쪽은 링에, 한쪽은 두 번째 나무에 걸쳐놓는다. 창의 자루 부분을 이동로 쪽으로 당겨 두 번째 나무의 끈과 매끈한 막대 사이에 넣어 위치를 잡아준다. 동물이 인계선을 건드리면 매끄러운 막대와 고정대가 벗겨지고, 탄력을 유지하던 장창이 사냥감을 나무쪽으로 밀어붙이며 찌른다.

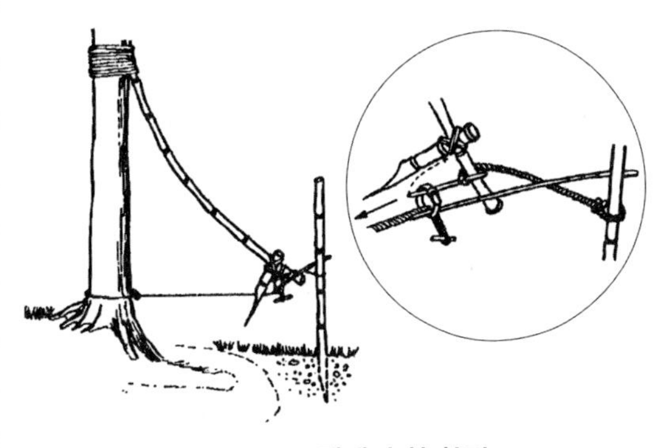

8-15. 멧돼지 창 함정

병목형 함정

8-49 병목형 함정은 들쥐 등을 잡는 데 적합한 함정이다. 깊이 30~45㎝의 구덩이를 바닥은 주둥이보다 넓게, 입구는 최대한 좁게 파낸다. 돌멩이 등을 입구 주변에 괴고 평평한 나무껍질이나 나뭇조각을 덮는다. 지면과 덮개 사이는 2.5~5㎝가량 떨어트린다. 이 함정은 들쥐 등이 위험을 피해 덮개 밑에 숨다 구덩이로 떨어지고, 떨어지면 다시 올라가지 못하는 형태로 동작한다. 다만 뱀이 숨기 알맞은 구조이므로 함정을 점검할 때 주의해야 한다.

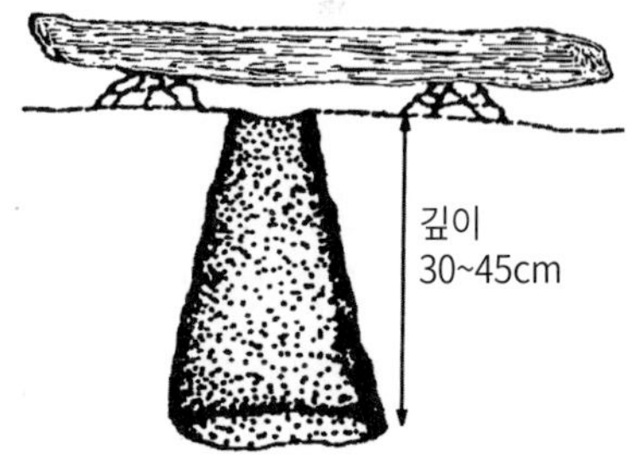

8-16. 병목형 함정

사냥용 도구

8-50 생존을 위해 작은 동물을 잡아야 할 때 요긴한 도구가 몇 종류 있다. 토끼 사냥용 막대, 창, 활과 화살, 투석기 등이 그것이다.

토끼 몽둥이

8-51 가장 효과적이면서도 단순한 살상도구는 손끝부터 어깨까지의 팔 길이와 비슷한 단단한 막대로, '토끼 몽둥이'(Rabbit stick)라 불린다. 이 막대는 옆으로도, 위로도 상당한 힘을 가해 던질 수 있지만 옆 방향으로 던지는 편이 명중률을 높일 수 있다. 방어를 위해 멈춰서는 습성이 있는 작은 동물에게 매우 효과적이다.

창

8-52 창은 작은 육상 동물과 어류를 잡는데 효과적이다. 창은 던지지 않고 찔러야 한다. 8-67항목에 창을 이용한 어획법이 기재되어있다.

활과 화살

8-53 좋은 활의 제작에는 많은 시간이 필요하다. 하지만 간편하고 사거리가 짧은 활은 비교적 쉽게 만들 수 있다. 활이 탄성을 잃거나 망가지면 새로 만들면 된다. 재료로 길이 1m가량의 옹이 없는 활엽수 가지를 고른다. 굵은 쪽을 다듬어 가느다란 쪽과 당기는데 필요한 힘을 맞춘다. 잘 보면 원래 어느 방향으로 가지가 휘었는지 알 수 있다. 죽은 나무가 어린나무보다 적합하다. 탄력을 높이려면 활을 X자 형태가 되도록 두 겹으로 묶는다. 활의 양 끝을 끈으로 묶되 활 하나의 활시위만 쓴다.

8-54 화살은 곧고 마른 가지로 만든다. 화살의 길이는 활 길이의 절반으로 맞추고 화살 끝을 매끈하게 다듬는다. 살대가 곧을수록 적합하므로, 뜨거운 석탄 위에서 가지를 곧게 편다. 살대가 그슬리거나 타지 않도록 가열하고 식을 때까지 펼쳐준다.

8-55 화살촉은 뼈, 유리, 금속, 돌멩이 등으로 만들 수 있다. 화살 끝을 날카롭게 깎은 후 불로 그슬려 단단하게 마무리해도 된다. 나무를 단단하게 가공하려면 뜨거운 석탄 위에서 불을 쬐거나 뜨거운 재 안에 꽂아둔다. 이때 화살이 타거나 그슬리지 않게 한다. 이런 가공은 나무의 수분을 날려 목재를 단단하게 한다.

8-56 화살 뒤쪽에 활시위를 걸 홈을 판다. 단, 홈을 기점으로 화살이 갈라지면 안 된다. 화살깃을 달면 탄도를 개선할 수 있지만 반드시 깃을 추가할 필요는 없다.

투석기

8-57 길이 60㎝가량의 끈 두 조각을 손바닥만 한 가죽이나 천에 꿰면 투석기가 된다. 천에 돌을 놓고 끈 하나는 중지에 감아 손바닥으로, 다른 끈은 검지와 엄지손가락으로 잡는다. 투석기를 몇 번 돌리고 엄지와 검지로 잡은 끈을 놓으면 돌이 날아간다. 효과를 높이려면 연습해야 한다. 작은 동물 사냥에 유용하다.

어획 도구

8-58 어류를 잡으려면 낚싯바늘이나 그물 등을 제작해야 한다.

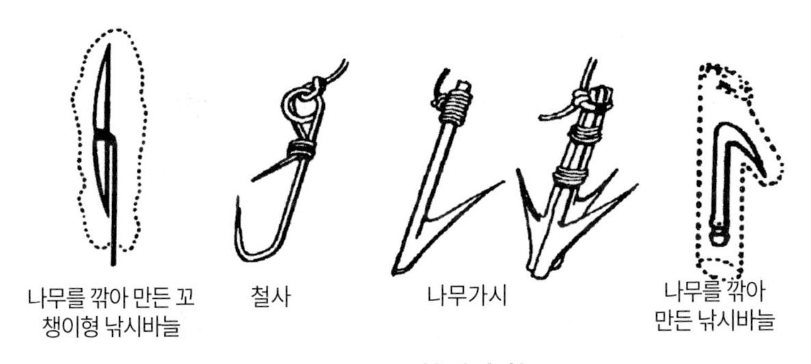

8-17. 급조형 낚시바늘

급조형 낚싯바늘

8-59 급조형 낚싯바늘은 바늘이나 핀, 철사, 작은 못, 금속조각, 나무나 뼈, 코코넛 껍질, 나무 가시, 부싯돌, 조개껍질, 거북껍질 등으로 만든다.(8-16)

8-60 목제 낚싯바늘은 활엽수를 길이 2.5㎝, 지름 6㎜의 막대로 잘라 만든다. 한쪽 끝에 미늘을 달 홈을 파고, 미늘(뼛조각이나 철사, 발톱 등)을 홈에 끼운다. 미늘은 홈에 단단히 묶어 움직이지 않게 한다. 상당히 큰 낚싯바늘이 될 것이다.

8-61 꼬챙이형 낚싯바늘은 나무나 뼈, 금속, 기타 재료로 만든 작은 막대형 낚싯바늘이다. 양쪽 끝에 모두 미늘이 있고, 가운데에 끈을 묶기 위한 홈이 있다. 미끼는 낚싯바늘 방향으로 길게 매단다. 물고기가 미끼를 삼키면 바늘 전체를 삼키게 된다. 이런 바늘로 낚시를 하다 입질이 오면 일반 낚싯바늘처럼 곧바로 당기지 않고, 물고기

가 미끼를 삼켜 바늘 자체를 최대한 목 깊숙이 삼킬 때까지 기다린다.

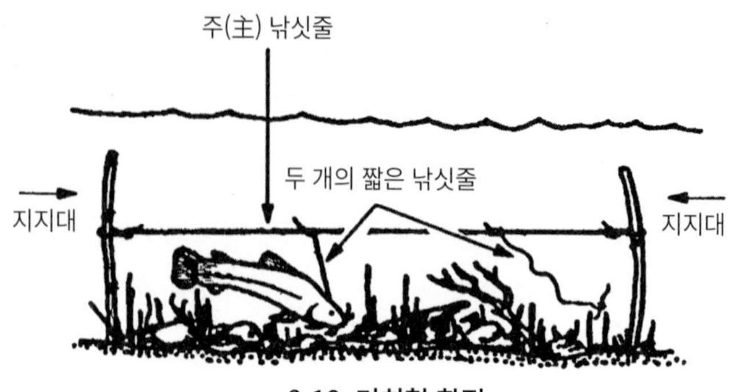

8-18. 거치형 함정

거치형 물고기 함정

8-62 거치형 물고기 함정은 적대지역에서도 사용 가능한 형태의 함정이다.(8-18) 먼저 호수나 연못, 강바닥에 두 개의 어린나무 말뚝을 맨 윗면이 수면 바로 아래에 위치하도록 박고, 그사이에 실을 매단다. 이 실에 낚싯바늘을 묶은 짧은 실을 매다는데, 여기에 다른 낚시 바늘이나 나무에 얽히지 않게 한다. 또한 긴 실 위에서 멋대로 움직여도 안 된다. 모든 것이 끝나면 미끼를 바늘에 단다.

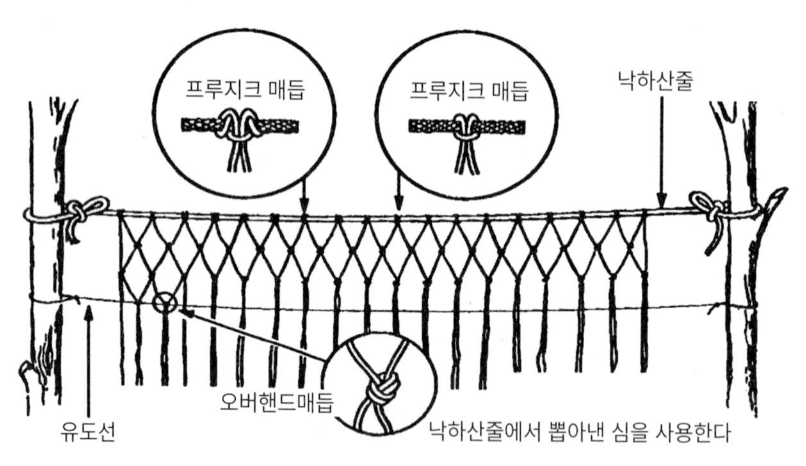

8-19. 유자망 제작

유자망

8-63 유자망은 낙하산 줄로 제작이 가능하다.(8-19) 먼저 낙하산 줄의 심을 제거한 뒤, 몇 가닥을 프루지크 매듭, 혹은 둘레 매듭으로 매단다. 사용하는 줄의 길이는 원

하는 그물 높이의 6배가 되야 한다. 180㎝의 줄을 매달면 두 가닥의 90㎝ 줄로 30㎝의 수심에 대응할 수 있다. 필요한 그물의 길이와 그물눈의 크기가 심줄의 숫자와 간격 계산의 기준이 된다. 그물눈 간격은 2.5㎝가량이다. 한쪽 끝에서 시작해 첫 번째와 두 번째, 세 번째 심줄을 오버핸드 매듭으로 묶는다. 네 번째와 다섯 번째, 여섯 번째, 일곱 번째도 묶어 마지막까지 매듭지으면 모든 심이 한 쌍으로 서로 묶여 그물 모양이 된다. 두 번째 줄의 매듭도 같은 요령으로 묶으며 점차 아래로 내려간다.

8-20. 개천 유자망 설치 요령

8-64 그물을 곧게 만들고 그물눈 간격을 조절하기 위해 건너편까지 기준선을 매단다. 한 줄을 만들 때마다 기준선을 아랫줄로 내린다. 심줄은 언제나 한 쌍으로 묶여 매달리고, 한 쌍은 옆 쌍에 매달릴 것이다. 필요한 깊이에 도달할 때까지 작업을 계속한다. 그물 맨 아래에는 낙하산 줄 한 가닥을 매달아 강도를 보강한다. 유자망의 사용 방식은 8-20과 같다. 적당히 각도를 주면 그물에 걸리는 불순물을 줄일 수 있다.

8-21. 다양한 물고기용 함정

물고기 함정

8-65 어류를 잡는 함정은 몇 가지 요령으로 만들 수 있다.(8-21) 통발은 그 가운데 하나다. 통발은 몇 개의 막대를 덩굴로 깔때기 모양으로 묶어 제작한다. 맨 위를 막되 어류가 헤엄쳐 통과할 수 있을 정도 크기의 구멍을 남겨둔다.

8-66 바닷고기는 이따금 대량으로 조류에 떠내려오거나 해안선에 평행으로 움직이므로 함정을 이용해 잡는다. 밀물 때 위치를 정한 뒤 썰물 때 함정을 만든다. 바위가 많은 해안은 물이 고이는 바위틈을 사용한다. 산호초 섬은 산호초 표면에 썰물로 물이 빠져나갈 출구를 막는다. 모래사장에서 모래턱과 모래구덩이를 활용한다. 함정은 돌벽의 낮은 쪽이 물 쪽으로 향하게 해 해안을 등지고 휜 형태로 설치한다.

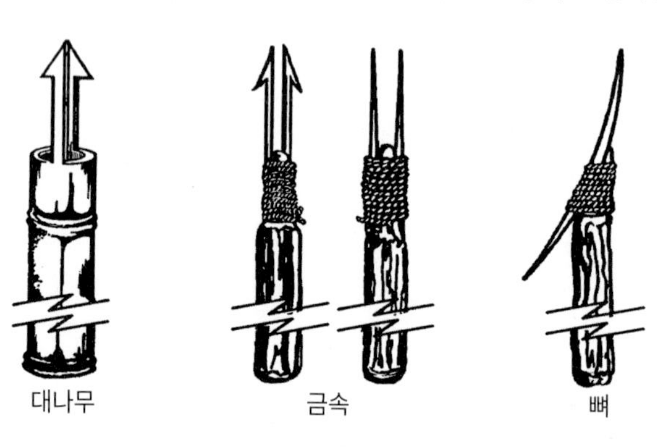

8-22. 창 끝의 종류

작살 낚시

8-67 큰 어류가 많은, 허리 깊이 정도의 얕은 물 주변에 있다면 작살 낚시가 가능하다. 작살을 제작하려면 먼저 길고 곧은 어린나무를 자른다.(8-22) 끝을 뾰족하게 깎거나 끝에 칼, 날카로운 뼛조각이나 금속조각 등을 붙인다. 나무 막대 끝을 5~6㎝가량 가른 뒤 나뭇조각을 사이에 끼워 끝이 벌어진 형태의 작살을 만들 수도 있다. 이때 갈라진 양 끝부분은 날카롭게 깎는다. 어류를 잡으려면 어류가 모이거나 자주 이동하는 곳을 찾는다. 그리고 바닥에 있는 물고기를 겨누고 짧고 강하게 찌른다. 고기를 창에 꽂힌 채 들어 올리면 날에서 고기가 미끄러질 수 있으므로 한 손으로 창을 잡고 누른 상태로 다른 손으로 물고기를 잡아 올린다. 작살은 던지면 안 된다. 특히 칼을 묶어 날로 삼았다면 칼을 잃어버릴 위험이 있으므로 투척은 자제한다. 물속의 물체를 노릴 때는 빛의 굴절로 인한 상의 왜곡에도 주의해야 한다. 보통은 목표보다 아래를 노려야 실제 목표를 찌를 수 있다.

때려잡기

8-68 어류가 많은 곳이라면 야간에 빛으로 어류를 꾀고, 무기의 칼등으로 때려잡을 수 있다. 칼날을 쓰면 어류의 몸이 갈라져 고기 일부를 잃을 수 있으니 주의한다.

독 낚시

8-69 어류를 잡는 다른 방법으로 독이 있다. 독은 효과가 빠르고, 잡는 동안 몸을 숨길 수 있으며, 동시에 여러 마리의 물고기가 잡힌다. 다만 죽은 물고기가 떠 있으면 적의 의심을 사기 쉬우므로 독을 사용할 경우 물고기를 빨리 회수해야 한다. 열대 지방의 일부 식물은 냉혈동물을 기절시키거나 죽일 수 있지만, 인간에게는 무해한 로테논이라는 성분을 함유하고 있다. 로테논이나 로테논을 함유한 식물의 효과적 사용법은 어류가 서식중인 연못이나 개천의 상류에 투여하는 방식이다. 로테논은 섭씨 21도나 그 이상의 수온에서는 빠르게 작용하며, 로테논에 중독된 어류는 물 위로 떠오른다. 10~21도의 수온에서는 작용이 느려지며, 10도 이하의 수온에서는 거의 작용하지 않는다.(8-23)

- 키낮은나무(anamirta cocculus) 동남아시아, 남태평양에 서식하는 덩굴식물로, 씨를 으깨 물에 뿌린다.
- 파두(croton tiglium) 남태평양 연안 황무지에 자란다. 삼각 껍질이 특징이며, 씨를 으깨 물에 뿌린다.
- 바링토니아(barringtonia) 말레이시아, 폴리네시아 해안에 서식하는 나무로, 과육이 많고 씨앗 하나가 든 열매를 맺는다. 씨앗과 나무껍질을 으깨 물에 뿌린다.
- 데리스 엘립티카(derris elliptica) 상용 로테논 추출 작물. 뿌리를 가루로 갈아 물과 섞는다.
- 두보이시아(duboisia) 이 덤불식물은 오스트레일리아에 서식하며 무리 지어 피는 꽃과 산딸기 비슷한 열매가 맺힌다. 식물 자체를 으깨 물에 뿌린다.

아나미르타 코큘루스

바링토니아

듀보시아

파두

데리스 엘립티카

테프로시아

8-23. 낚시용 독성식물

- 테프로시아(Tephrosia) 작은 덤불식물로 콩깍지를 닮은 깍지가 열리며 열대지역에 널리 퍼져있다. 줄기와 잎을 다량으로 으깨 물에 뿌린다.
- 석회 석회는 농지에서 입수하거나 산호나 조개껍질을 태워 직접 만들 수 있다. 석회를 물에 뿌린다.
- 호두껍질 - 호두나 버터넛 열매껍질을 으깨 물에 뿌린다.

어류와 사냥감을 요리하고 보존하기

8-70 서바이벌 상황에서는 어류나 사냥감을 손질해 조리하고 보존할 줄 알아야 한다. 어류의 경우 보존에 실패하면 먹을 수 없다.

어류

8-71 상한 물고기는 요리해도 먹을 수 없다. 이하의 특징을 지닌 어류는 상했을 가능성이 높으므로 먹지 않는다.

- 푹 들어간 눈
- 이상한 냄새
- 이상한 색 (아가미 색이 옅으면 안 된다)
- 손가락으로 살을 누를 때 탄력이 없음
- 몸통이 젖거나 습하지 않고 미끄러움
- 톡 쏘는 맛, 혹은 매운맛

8-72 상하거나 변질된 물고기를 먹으면 설사, 구토, 경련, 현기증, 가려움, 정신착란, 입안의 쇠 맛 같은 증상을 유발한다. 증상들은 식후 1~6시간 사이에 갑자기 나타난다. 증상이 확인되면 즉시 구토한다.

8-73 물고기는 쉽게 상하므로, 빨리 손질해야 한다. 아가미와 척추의 동맥들을 제거하고, 길이 10㎝ 이상의 물고기는 내장도 제거한 후, 비늘과 껍질을 벗긴다.

8-74 물고기를 막대에 꽂아 불에 구울 수도 있지만 껍질이 붙은 채 끓이는 편이 가장 영양가가 높다. 껍질 바로 아래 지방은 끓여서 국물로 우려내는 방식으로 섭취한다. 식물 조리에 쓰는 모든 기술이 물고기 조리에도 적용된다. 물고기를 진흙으로 싸서 불에 넣어 흙이 굳을 때까지 굽고 익은 물고기를 꺼낸다. 살이 부스러져 떨어지면 다 익은 것이다. 물고기를 보존하려면 머리와 척추를 제거한 뒤, 훈제하거나 굽는다.

뱀

8-75 뱀 껍질을 벗기려면 먼저 뱀의 머리를 목 아래로 약 10~15㎝ 지점까지 잘라내어 독니가 있는 머리와 독주머니를 제거한다. 제거한 독주머니는 위험을 고려해 파묻는다. 그리고 뱀의 껍질을 2~4㎝정도 길이로 자른다. 껍질을 살짝 벗긴 뒤 한 손으로 껍질을, 다른 손으로 몸통을 잡고 양 쪽으로 잡아당겨 껍질을 뜯어낸다.(8-24) 큰 뱀이라면 배 부분의 껍질도 따로 갈라야 한다. 작은 동물과 마찬가지 요령으로 뱀을 조리한다. 내장은 잘 떼어낸 후 버린다. 남은 고기는 여러 토막으로 나눠 끓이거나 구우면 된다.

조류

8-76 조류는 죽인 뒤 먼저 깃털을 제거한다. 깃털은 뜯어서 뽑아내거나 껍질 자체를 벗기면 된다. 다만 껍질을 전부 벗기면 소중한 피하지방을 포함한 영양소 일부를 섭취하지 못하고 버리게 된다는 점을 고려해야 한다. 배를 갈라 내장을 제거하되 식물성 먹이를 먹는 새는 위, 간, 심장을 먹을 수 있으므로 남겨둔다. 발도 함께 제거한다. 손질을 마친 고기는 끓이거나 꼬치에 꿰어 굽는 방식으로 조리하면 된다. 단, 육식성 조류들은 체내에 기생충이 서식하고 있으므로 주의가 필요하다. 최소 20분 이상 끓여야 기생충을 제거할 수 있다.

먼저 뱀을 죽인 뒤-

1. 죽은 뱀의 머리를 단단히 잡는다

2. 머리에서 15㎝ 떨어진 지점을 자른다

3. 배를 갈라 내장을 제거한다

4. 껍질을 벗긴다

8-24. 뱀 손질 요령

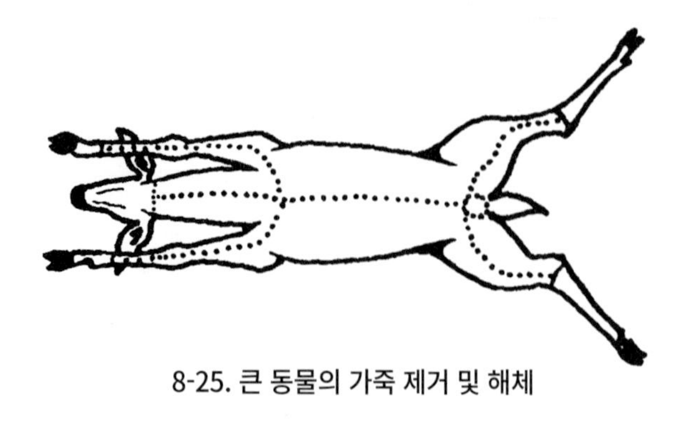

8-25. 큰 동물의 가죽 제거 및 해체

사냥감 손질

8-77 동물의 목을 잘라 피를 뽑는다. 가능하면 흐르는 물에 씻는 편이 좋다. 시체를 배가 드러나게 눕힌 뒤 머리에서 꼬리까지 껍질을 자르고 생식기 쪽은 주변을 완전히 자른다.(8-25) 뒷다리 사이의 취선은 악취 제거를 위해 미리 제거한다. 작은 동물의 경우 몸통의 가죽을 자른 뒤 가죽 양쪽 아래로 손가락을 넣어 잡아당기면 벗겨진다.(8-26) 가죽을 벗길 때는 칼날을 가죽 아래로 넣은 뒤 날을 위로 들어 올려 가죽만 벗겨서 잘린 털이 고기에 묻지 않게 한다.

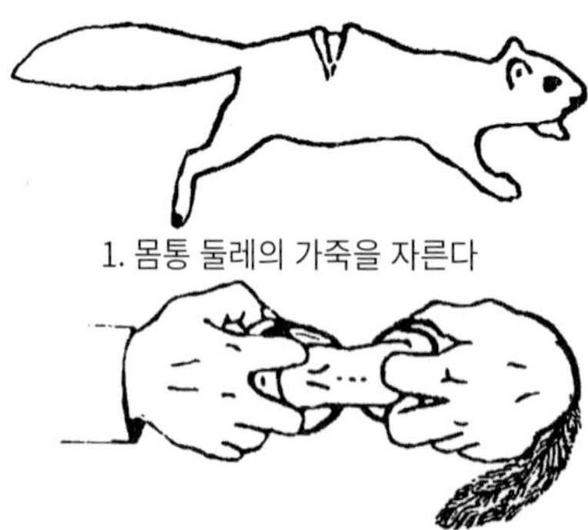

8-26. 작은 동물의 가죽 제거

8-78 작은 동물은 몸을 갈라 내장을 제거한다. 흉부기관도 제거해야 한다. 큰 동물은 횡격막에서 식도를 제거한다. 항문 주변을 잘라낸 뒤 하복부로 손을 넣어 내장을 뽑아낸다. 내장은 손가락으로 잡은 곳 아래쪽을 뜯어낸다. 소변이 묻으면 씻어서 오염을 막는다. 심장과 간은 남겨두되 기생충이나 벌레가 있는지 살핀다. 간의 색을 살피면 동물이 병에 걸렸는지 알 수 있다. 간은 표면이 부드럽고 촉촉하며 색상도 진홍색이거나 보라색이어야 한다. 만약 간이 병들었다면 버린다. 다만 간이 상했더라도 근육 조직은 먹을 수 있다.

8-79 발보다 위쪽의 가죽을 다리 둘레에서 자른다. 가죽은 잡아당겨 벗기며 필요하면 그 둘레의 살점도 잘라낸다. 머리와 발도 자른다.

8-80 큰 동물은 작게 자른다. 먼저 앞다리와 몸통 사이의 근육조직을 잘라낸다. 네 발짐승의 앞다리와 몸은 뼈나 관절로 연결되어있지 않다. 다음은 뒷다리와 둔부를 몸통에서 떼어낸다. 뒷다리 위의 큰 뼈 주변을 자른 뒤 둔부 관절을 떼어낸다. 주변의 인대도 잘라내 뒤로 꺾어 뗀다. 척추 옆의 굵은 근육(안심)도 제거한다. 등뼈와 갈비뼈를 분리한다. 갈비뼈를 꺾은 뒤 꺾인 곳을 자르면 힘도 덜 들고 칼도 덜 상한다.

8-81 고기는 큰 덩어리를 그대로 끓이거나 굽는다. 해체 후 나오는 뼈에 붙은 고기를 포함한 작은 고기들은 스튜로 만들거나, 끓여서 스프와 육수로 활용할 수 있다. 심장, 간, 췌장, 신장, 비장 등 다른 부위도 고기(근육) 요리와 같이 요리할 수 있다. 뇌 역시 식용부위고, 혀도 잘라 껍질을 벗겨 연해질 때까지 끓이면 먹을 수 있다.

육류 훈제

8-82 육류 훈제를 위해 밀폐된 화덕을 만든다.(8-27) 두 장의 판초우의로 화덕 제작이 가능하다. 불도 강할 필요가 없다. 연기와 적당한 열만으로 충분하다. 수액이 있는 나무는 육류를 상하게 하므로 쓰지 않는다. 단단한 나무일수록, 그리고 어린나무일수록 연기가 좋다. 나무가 너무 말랐다면 물에 적신다. 고기를 두께 6㎜ 이하의 얇은 조각들로 잘라 프레임에 걸어둔다. 고기들이 서로 닿지 않게 한다. 판초를 고기 주변에 감싸 연기가 새지 않도록 막고 불을 잘 살피며 너무 뜨거워지지 않게 한다. 이런 식으로 밤새 훈제해둔 고기는 1주일가량 보존할 수 있다. 이틀간 지속적으로 훈제한다면 2~4주간 보존이 가능하다. 잘 훈제된 고기는 어두운색의 뒤틀어지고 약한 막대처럼 변하며 조리하지 않고도 먹을 수 있다. 구덩이를 파고 훈제하는 방식도 있다.

8-27. 구덩이를 파고 훈제하기

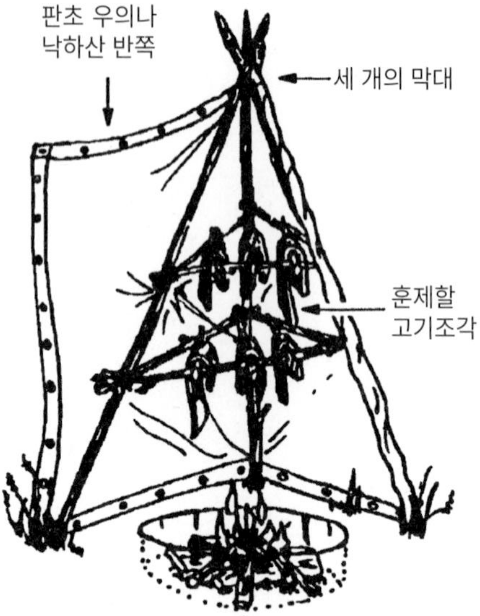

8-28. 티피 텐트형 훈제기

육류의 건조

8-83 육류를 건조해 보존하려면 6㎜ 이내의 띠 형태로 결을 따라 자른다. 자른 고기는 통풍이 잘 되고 햇볕이 잘 드는 곳에 걸어둔다. 건조는 동물이 접근하지 못하는 곳에서 진행해야 한다. 파리가 꼬이지 않게 잘 덮어둔다. 먹기 전에 고기가 완전히 건조하게 해야 한다. 제대로 건조된 고기는 건조하고 버석한 질감이 있으며, 만졌을 때 차갑지 않다.

다른 보존법

8-84 육류 보존법에는 냉동법과 염수법, 염장법 등이 있다. 추운 곳에서는 냉동만으로도 오래 보존할 수 있다. 그러나 냉동한 고기는 먹기 전에 요리해야 한다. 고기를 소금물에 담가 보존할 수도 있다. 이때 소금물이 고기를 완전히 덮어야 한다. 또 소금 자체를 고기 보존에 이용할 수도 있으나, 요리하기 전에 소금을 털어내야 한다.

제9장 식물 활용

식수와 피난처, 식용 동물을 발견했다면 이제 식용 식물을 채집할 차례다. 어떤 상황에서도 식량 없이도 며칠간은 버틸 수 있다는 주장은 믿으면 안 된다. 움직임이 거의 없는 서바이벌 환경에서도 충분한 식사를 통한 건강 유지는 체력과 정신력에 필수적이다. 대자연은 거의 모든 환경에서 식량을 제공한다. 물론 올바른 식물을 섭취한다는 전제가 필요하다. 따라서 활동 지역의 식물에 대해 사전에 최대한 숙지해야 한다. 식물은 서바이벌 환경에서 약품과 무기, 피난처를 제작할 원자재와 연료, 어류 등을 중독시킬 독극물, 사냥감이 될 동물의 은신처, 생존자와 그 장비를 은폐할 위장까지, 실로 다양한 자원들을 제공한다.

식물의 가식성

9-1 식물은 널리 분포된 데다 획득이 쉽고 잘 조합하면 필요한 모든 영양 섭취가 가능한 귀중한 식량자원이다.

식물을 섭취하는 데 있어 중독 예방이 매우 중요하다. 안전이 확인되지 않은 식물은 섭취하면 안 된다.

9-2 먹기 전에 어떤 식물인지 반드시 확인하라. 독미나리를 외형이 비슷한 식물인 야생 당근과 혼동해 먹고 죽은 사람들도 있다.

9-3 주변 지역의 식물에 대해 배울 기회가 없었다면 국제 표준 가식성 테스트를 활용할 수 있다.

9-4 서바이벌 환경에서는 재배, 혹은 야생 식용 식물을 식별할 수 있어야 한다. 이 장에서는 주로 야생식물 식별에 초점을 맞춘다. 재배 작물에 대한 정보는 훨씬 많다.

9-5 야생 식물을 식량으로 수집하려면 아래 사항을 따를 것.

- 주택이나 건물, 혹은 노변의 식물에는 살충제가 뿌려졌을 가능성이 높다. 자동차가 많은 국가라면 가능한 노변의 식물을 피한다. 배기로 오염되기 쉽다.
- 오염된 물, 혹은 편모충이나 다른 기생충이 서식하는 물에서 채집한 식물은 오염되었다고 봐야 한다. 끓이거나 소독한다.
- 몇몇 식물은 지극히 위험한 포자독을 형성한다. 중독사고를 막으려면 상하기 시작한, 혹은 곰팡이나 백분병에 걸리기 시작한 과일은 먹지 않는다.
- 같은 식물이라도 환경이나 유전적 차이로 유해물질의 양이 다를 수 있다. 초크체리(북미산 벚나무)의 경우 치명적인 청산가리 성분이 함유되어 있지만, 다른 유사종은 독성물질의 함유량이 적거나 없다. 마른 벚나무 잎을 먹다가 죽은 말도 있다. 아몬드 냄새(청산가리의 중요한 특징)가 나는 잎이나 풀, 씨앗을 피한다.
- 식물을 섭취하면 배탈이 나기 쉬운 체질도 있다. 따라서 모르는 야생 식물 섭취는 자제한다. 옻에 예민하다면 같은 과인 망고나 캐슈넛, 옻나무를 피한다.
- 도토리나 수선화 뿌리 등은 주로 타닌 성분의 쓴맛으로 인해 먹기 힘든 경우가 있지만, 물을 갈아 몇 번 끓이면 쓴맛이 대부분 사라진다.
- 식용 가능한 야생 식물 중 상당수는 옥살산 성분을 다량으로 함유한다. 옥살산은 입과 목에 통증을 유발하고 신장을 손상시킨다. 굽거나 건조해서 이 성분을 없앨 수 있다. 북미산 천남성의 알줄기는 '인디언 순무'로 불리며 식용으로 분류되지만 옥살산을 오래 굽거나 건조해 없애지 않으면 먹을 수 없다.

가능한 모든 버섯은 먹지 않는다. 식별 불가능한 버섯의 식용 여부를 파악할 방법은 없다. 그리고 신경중추를 손상시키는 맹독버섯의 증상은 대부분 며칠 뒤에 나타나며, 그 무렵에는 돌이킬 수단이 없다.

식물 분류

9-6 특성을 완전히 기억하는 법 외에도 잎의 형태나 분포, 뿌리 구조 등의 특성을 통해 파악하는 방법도 있다.

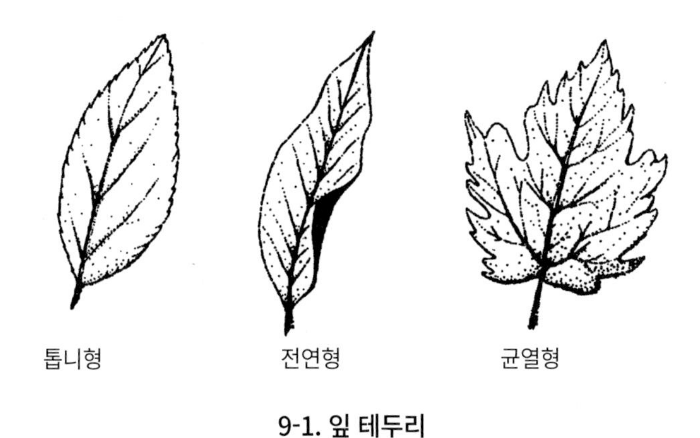

9-1. 잎 테두리

9-7 잎 테두리의 형태(9-1)는 톱니형, 균열형, 전연형이 기본이다.

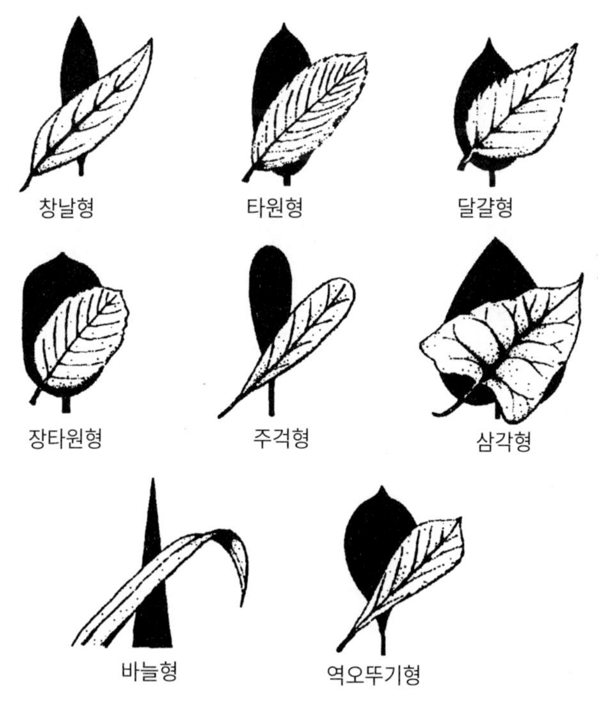

9-2. 잎의 형태

9-8 잎의 형태는 창날형, 타원형, 계란형, 장타원형, 주걱형, 삼각형, 바늘형, 역오뚜기형으로 나뉜다.(9-2)

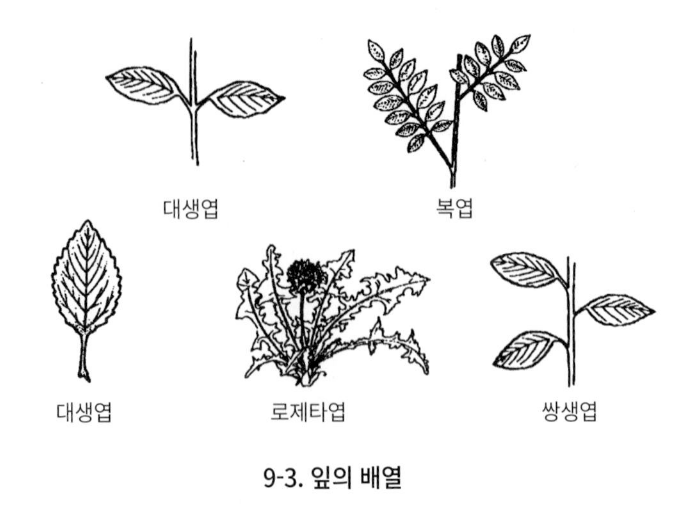

9-3. 잎의 배열

9-9 기본적 잎의 배열(9-3)은 대생엽, 복엽, 다엽, 로제타엽, 쌍생엽으로 나뉜다.

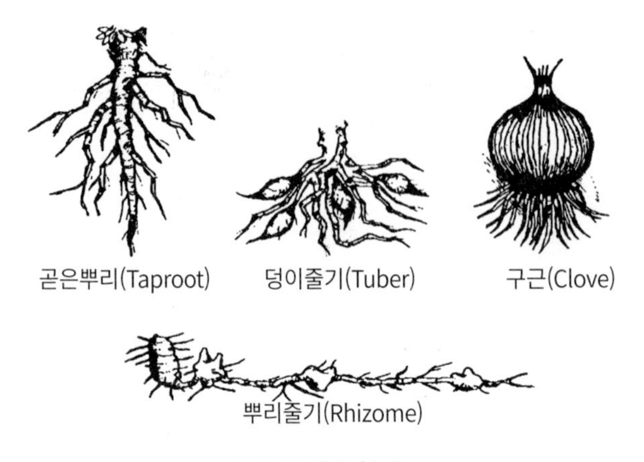

9-4. 뿌리의 형태

9-10 뿌리의 구조는 곧은뿌리, 덩이줄기, 양파형 구근, 뿌리줄기, 마늘형 구근, 알줄기, 근두형이 있다. 양파형 구근은 양파처럼 반으로 자르면 동심원 모양이 보인다. 마늘형 구근은 마늘처럼 여러 쪽으로 나뉜다. 이것이 야생 양파와 야생 마늘을 구분하는 특징이다. 곧은뿌리는 당근과 비슷하며 뿌리 본체만 있거나 뿌리줄기가 뻗어나올 수도 있지만 하나의 뿌리에서 하나의 줄기만 솟아나오는 경우가 많다. 덩이줄기는 감자나 옥잠화 등의 부류다. 하나의 줄기에 무리 지어 뻗는 경우가 많다. 뿌리줄기는 지하에 커다란 뿌리줄기가 있고 많은 눈에서 여러 줄기가 땅으로 솟아오른다. 알줄기는

구근과 비슷하지만 자르면 동심원 구조가 없고 단단하다. 근두형은 아스파라거스 등의 뿌리구조로, 지면 아래에서 보면 마치 더벅머리처럼 보인다.

9-11 식량으로 삼을 식물의 특성을 사전에 최대한 숙지해야 한다. 몇몇 식물은 식용부위와 독성부위가 함께 있고, 많은 식물은 연중 특정 시기에만 먹을 수 있다. 의약품이나 식량으로 사용 가능한 식물과 닮았지만 독성인 경우도 있다.

국제표준 가식성 테스트

9-12 세계에는 많은 식물이 있다. 이 중에는 약간만 맛보거나 삼켜도 심한 통증과 복통을 유발하고, 심하면 사망하게 되는 종도 있다. 따라서 식물의 가식성에 조금이라도 의문이 든다면 국제표준 가식성 테스트(표 9-5)를 실시한다.

9-5 국제 표준 가식성 테스트

1. 섭취하려는 식물은 한 번에 한 부분만 테스트한다.
2. 식물을 기본 부위들로 나눈다- 잎, 줄기, 뿌리, 봉오리, 꽃 등이다.
3. 강한 냄새, 혹은 시큼한 냄새가 나는지 맡아본다. 다만 냄새만으로 판단할 수는 없다.
4. 테스트 전 8시간 이내에는 해당 식물을 먹지 않는다.
5. 8시간 동안 팔꿈치나 팔목 안쪽에 식물을 문질러 독성을 확인한다. 15분이면 충분한 시간이다.
6. 테스트 중에 식물과 깨끗한 물 외에는 다른 것을 입에 대지 않는다.
7. 섭취부위를 작게 떼고 계획된 섭취방식에 따라 준비한다.
8. 준비된 식물을 입에 넣기 전에 극소량을 입술 바깥에 문질러 데이는 듯한 느낌이나 가려운 느낌이 드는지 살펴본다.
9. 입술에 문질러도 3분간 반응이 없다면 해당 부위를 혀에 대고 약 15분간 기다린다.
10. 아무 반응이 없다면 혀에 댔던 부위를 15분간 잘 씹는다. 삼키지는 않는다.
11. 따갑거나, 가렵거나, 타는 듯하거나, 혀 자극이 15분간 나오지 않는다면 삼킨다.
12. 8시간을 기다린다. 이 사이에 좋지 않은 증세가 나오면 토한 후 많은 물을 마신다.
13. 아무런 증상이 없다면 같은 방법으로 준비된 부위를 0.25컵 정도 먹는다. 다시 8시간을 기다린다. 문제가 없다면 해당 식물은 먹을 수 있다.

식물에 따라 먹을 수 있는 부위와 없는 부위가 함께 있으므로 모든 부위의 가식성을 개별적으로 시험한다. 조리된 상태로 먹을 수 있는 부분을 조리 없이 먹어도 된다고 가정하지 말고, 조리 전/후를 구분해 가식성 테스트를 한다. 같은 부위, 같은 식물이라도 사람에 따라 반응이 다를 수 있다.

9-6 식용 식물

온대지방	
아마란스(Amaranths retroflex및 유사종)	마란타(Sagittaria species)
아스파라거스(Asparagus officials)	너도밤나무 열매(Fags)
블랙베리(Rubes)	블루베리(Vaccinium)
우엉(Arctium)	부들(Typha)
밤(Castanea)	치커리(Cichorium)
방동사니(Cyperus esculentus)	옥잠화(Hemerocallis fulva)
쐐기풀 (Urtica species)	참나무 (Quercus species)
감나무(Diospyros virginiana)	질경이(Plantago)
미국자리공(Phytolacca americana)	오푼티아 선인장(Opuntia)
쇠비름(Portulaca oleracea)	사사프라스(Sassafras albidum)
애기수영(Rumex acetosella)	딸기(Fragaria)
엉겅퀴(Cirsium)	수선화(Nuphar, Nelumbo 및 유사종)
야생 양파와 마늘(Allium species)	야생 장미(Rosa)
괭이밥(Oxalis)	
열대지방	
대나무(Bambusa 및 유사종)	바나나(Musa)
빵나무(Artocarpus incisa)	캐슈넛(Anacardium occidental)
코코넛(Cocoa nucifera)	망고(Mangifera indica)
야자(다양한 종)	파파야(Carica)
사탕수수(Saccharum officinarum)	타로토란(Colocasia)
사막지방	
아카시아(Acacia farnesiana)	용설란(Agave)
선인장(다양한 종)	대추야자(Acacia farnesiana)
사막 아마란스(Amaranths palmer)	

9-13 식물의 가식성 테스트 이전에, 가식성 테스트를 진행하는 데 필요한 노력과 시간을 투자할 가치가 있을 정도로 해당 식물의 채집량이 넉넉한지 확인한다. 식물의 각 부위(뿌리, 잎, 꽃, 기타) 테스트에 최소 24시간 이상이 소요되므로, 희소한 식물의 가식성 테스트에 시간을 허비해서는 안 된다.

9-14 공복에 식물을 대량 섭취하면 설사, 현기증, 경련 등을 유발할 수 있다. 대표적 사례가 풋사과와 야생 양파다. 가식성 테스트를 통과하더라도 과식은 피한다.

9-15 가식성 테스트를 통해 식용 식물 식별의 중요성을 알 수 있다.

9-16 독성 식물을 섭취하지 않으려면 이하의 야생, 혹은 미지의 식물을 피한다.

- 우윳빛, 혹은 변색된 수액
- 콩, 구근, 혹은 깍지 안에 든 씨앗
- 쓰거나 비누 같은 맛이 나는 식물
- 가시나 잔털 등이 있는 식물
- 딜, 당근, 미나리, 사탕 당근을 닮은 잎
- 잎에 아몬드 향이 나는 식물
- 분홍, 보라, 검은색 돌기가 많은 식물
- 잎 세 장을 기본으로 성장하는 식물

9-17 국제 표준 가식성 테스트 이전에 위 기준을 통해 걸러낸다면 간혹 먹을 수 있는 식물을 놓칠 수도 있다. 하지만 독성 식물을 걸러낼 수 있는 점이 중요하다.

9-18 식용 식물에 대해 정리하면 백과사전을 만들 수도 있으나 여기서는 지면상 한정된 종류만 소개한다. 정기적 훈련을 받거나 행동예정지역의 식물에 대해 최대한 많이 배워야 한다. 표 9-6에는 가장 일반적인 식용 및 약용 식물만 열거했다.

9-7 식용 해초

• 녹조류(Ulva lactuca)	• 아이리쉬 모스(Chondrus crispus)
• 다시마(Alaria esculenta)	• 김(Porphyra)
• 톳(Sargassum fulvellum)	• 슈가켈프(Laminaria saccharina)

해초

9-19 해초는 간과해서는 안 될 식물이다. 해초는 해안이나 그 주변에서 발견되는 해조류를 뜻하며, 민물 수초 중에도 식용이 가능한 종이 있다. 해초는 아이오딘과 다른 광물질, 비타민 C의 중요 공급원이지만 익숙하지 않은 상태에서 해초를 다량 섭취하면 설사를 유발할 수도 있다. 도표 9-7은 식용 해초의 목록이다 .

9-20 식용 해초를 채집할 때 바위나 유목에 붙은 살아있는 해초를 찾는다. 해류에 떠밀려 다니는 해초는 상했을 확률이 높다. 갓 딴 해초는 건조 후 활용할 수 있다.

9-21 다양한 종류의 해초는 여러 방법으로 준비할 수 있다. 얇고 부드러운 해초들은 일광이나 불에 바삭해질 때까지 건조한 후, 잘게 으깨서 스프나 육수에 혼합한다. 두텁고 질긴 해초들은 부드러워지도록 끓인다. 가공한 해초는 뭍채소들과 같이 그대로 먹거나 다른 음식과 섞어 먹는다. 가식성이 확인된 해초들 가운데 몇 종류는 조리 없이도 먹을 수 있다.

식물의 준비법

9-22 몇몇 식물은 그대로 먹을 수 있으나 대부분의 식물은 조리해야 한다. 야생 식물은 식용도 맛이 없는 경우가 많으므로, 식별법과 조리법을 함께 배우는 편이 좋다.

9-23 식물의 맛을 개선하는 방법으로는 물에 적시기, 끓이기, 조리, 혹은 침출 등이 있다. 침출은 재료(도토리 등)를 으깬 뒤 여과기에 놓고 뜨거운 물을 붓거나 흐르는 물에 담그는 방법이다.

9-24 잎, 줄기, 봉오리 등은 필요하면 부드러워지도록 끓여 쓴맛을 없앤다.

9-25 덩이줄기와 뿌리는 굽거나 끓인다. 건조도 아룸속 식물의 뿌리에서 검출되는 옥살산 제거에 도움이 된다.

9-26 도토리는 쓴맛 제거를 위해 물로 침출시킨다. 밤과 같은 견과류는 조리 없이도 먹을 수 있지만, 구우면 더 맛있다.

9-27 익기 전에는 대부분의 씨앗과 곡식을 조리 없이 먹을 수 있다. 그러나 건조하거나 완전히 익은 상태라면 끓이거나 갈아 먹어야 할 수 있다.

9-28 단풍나무나 자작나무, 호두나무, 플라타너스 등의 수액에는 당분이 함유되어 있다. 이 나무의 수액을 시럽 상태가 될 때까지 끓이면 단맛을 얻을 수 있다. 다만 메이플 시럽 1ℓ를 만들기 위해서는 35ℓ의 단풍나무 수액을 끓여야 한다.

약용 식물

9-29 의료용 식물은 식용 식물 이상으로 확실히 식별하고, 올바로 사용해야 한다.

용어 및 정의

9-30 다음의 용어와 그 정의는 약용식물 사용을 위한 것이다.

- 습포: 잎이나 그 밖의 부위를 으깨고, 가능하면 가열한 뒤 상처나 기타 환부에 직접 바르거나 천, 혹은 종이 등으로 감싼다. 뜨거운 습포는 환부의 혈액순환을 촉진하고

식물에 함유된 화학물질을 통해 치유를 돕는다. 또 습포가 건조되면서 환부에서 독극물을 흡입한다. 습포는 매시드 포테이토 수준으로 으깬 뒤 환자가 참을 수 있는 범위 내에서 최대한 뜨겁게 데워 쓴다.

- 침출수 혹은 차: 차는 내복용으로도, 외부용으로도 사용할 수 있다. 소량의 약초를 용기에 넣고 뜨거운 물을 부은 뒤 성분을 우려낸다. 치료 초반에 너무 많은 양의 차를 마시면 공복에 좋지 않으므로 주의하도록 한다.
- 탕약: 약초의 잎이나 뿌리를 푹 끓이거나 약한 불에 오랫동안 끓인 추출물이다. 먼저 약초 잎이나 뿌리를 물에 넣고 오랫동안 끓여 물에 화학물질이 배어 나오게 한다. 평균적으로 0.5ℓ의 물에 28~56g의 화학물질이 추출된다.
- 압출즙(주스): 식물에서 짜낸 즙이나 수액으로, 상처에 직접 바르거나 다른 약을 만드는 데 사용된다.

9-31 많은 자연적 치유법은 일반 의약품보다 효과가 느리다. 따라서 작은 양부터 시작해 충분한 시간을 두고 효과를 기대해야 한다. 어떤 약재는 보다 빨리 작용하기도 한다. 치료법은 제4장에 더 자세히 다뤘다.

특효약

9-32 아래 단원에 정리된 치료약은 반드시 생명의 위기에 직면했을 경우에만 사용해야 한다. 몇몇 약재는 독성이 있으며 (암 등) 심각한 장기 부작용을 초래한다.

- 설사약: 설사는 포로나 생존자의 체력을 빼앗는 질환이다. 설사 치료를 위해 블랙베리나 유사종의 뿌리를 끓인 차를 마신다. 떡갈나무껍질이나 기타 타닌을 함유한 나무껍질도 진한 차로 만들면 효과가 있다. 하지만 신장에 무리가 갈 수 있으므로, 다른 대안이 없을 경우에만, 주의해서 사용한다. 진흙, 재, 숯, 분필가루, 뼛가루, 펙틴도 그 자체로, 혹은 타닌 차와 함께 곁들이면 좋은 효과를 기대할 수 있다. 이 분말 혼합물은 2시간마다 2스푼 분량을 섭취해야 한다. 진흙과 펙틴은 원시적 형태의 카오펙테이트를 형성할 수 있다. 펙틴은 오렌지와 같은 귤속 과일의 껍질 안쪽이나 사과 찌꺼기에서도 추출되며, 카우베리, 크랜베리, 헤이즐넛의 잎을 끓여 얻은 차도 효과가 있다. 설사는 빠르게 탈수증세를 유발해 건강한 사람도 급속도로 피폐하게 되므로, 여러 수단을 혼합해 설사를 빠르게 억제해야 한다.
- 지혈제: 질경이 잎이나 서양가새풀, 석잠풀에서 지혈제를 얻을 수 있다. 이 지혈제들은 대부분 물리적으로 출혈을 막는다. 선인장 열매(껍질을 벗긴 날것), 하마멜리스도 상처에

바르면 혈관을 수축시켜 지혈 효과를 낸다. 잇몸에서 피가 나거나 입안이 부었다면 발삼을 씹거나 이쑤시개처럼 써도 된다. 이 천연 지혈제들은 어느 정도 살균 효과와 치료용 화학물질을 제공한다.

- 감염부위 소독을 위한 살균제: 상처나 부종, 발진, 뱀에 물린 상처 등은 살균제로 닦아야 한다. 야생 양파나 마늘, 별꽃의 잎을 짜낸 즙이나 목향잎을 으깬 것 등이 살균제로 사용된다. 우엉 뿌리나 당아욱의 잎이나 뿌리, 떡갈나무껍질(타닌) 등을 달여도 살균제를 얻을 수 있다. 선인장 꽃, 느릅나무, 서양가새풀, 발삼 등도 좋은 살균제가 된다. 다만 이런 살균제는 외상에만 적용 가능하다. 설탕과 벌꿀은 매우 우수한 살균제로, 설탕은 끈적해질 때까지 상처에 바른 뒤 씻어내고 다시 바른다. 꿀은 하루에 세 번 발라준다.(4장 참조) 꿀은 열상과 화상에 가장 뛰어난 살균제이며 그다음으로 설탕이 좋다.
- 해열제: 발열은 버드나무껍질로 만든 차나 오래된 꽃, 과일 등을 달인 즙, 보리수 꽃차, 사시나무나 느릅나무의 껍질을 달인 액으로 억제할 수 있다. 서양가새풀 차도 좋다. 페퍼민트 차는 특히 해열제로 우수하다.
- 감기 및 인후염: 질경이 잎이나 버드나무껍질을 달여 만든 액은 감기 치료에 효과가 있다. 우엉 뿌리나 당아욱, 우단동자의 꽃이나 뿌리, 서양가새풀이나 민트의 잎으로 만든 차로도 효과를 볼 수 있다.
- 각종 통증과 염좌: 통증은 목향, 질경이, 별꽃, 버드나무껍질, 마늘, 괭이밥 등을 환부에 습포 형식으로 붙여 대응한다. 버드나무껍질은 아스피린 성분이 함유되어 있어 씹거나 차로 우려 마시면 가장 효과적이다. 또 이 식물에서 짜낸 즙을 동물성 지방이나 식물성 기름과 섞어 만든 연고를 쓸 수도 있다.
- 가려움증 진정: 지나친 햇빛이나 벌레 물림, 독성 식물과의 접촉 등에 의한 가려움증은 봉선화나 풍년화 나무를 습포로 만들어 바르면 가라앉는다. 봉선화와 알로에는 일광에 의한 화상에 좋다. 민들레즙과 으깬 마늘, 발삼도 비슷한 증세에 사용된다. 으깬 풋질경이 잎은 며칠 가량 사용하면 효과가 있다. 담배도 신경말단을 마비시켜 치통 진정용으로 사용되곤 한다.
- 진정제: 민트 잎이나 시계풀 잎으로 만든 차는 진정과 수면유도 효과가 있다.
- 치질: 느릅나무나 참나무껍질 차나 질경이 잎을 짜낸 즙, 둥굴레 뿌리를 달인 액 등으로 환부를 씻는다. 타닌이나 풍년화는 특유의 수렴성으로 진정 효과가 있다.
- 땀띠: 타닌이나 풍년화가 수렴성을 통한 진정효과를 발휘하며, 옥수수 녹말이나 기타 비독성 식물의 가루도 환부를 깨끗하게 씻어낸 뒤 사용하면 발진 진정 효과가 있다.
- 변비: 변비는 민들레 잎이나 들장미 열매 기름(로즈힙 오일), 호두나무껍질 등을 달여

만든 액을 마셔 진정시킬 수 있다. 옥잠화 꽃을 먹어도 효과가 있다. 어떤 치료를 해도 다량의 수분을 섭취해야 한다.

- 기생충 구제약: 기생충에 대한 치료제는 대부분 독성이다. 따라서 모든 치료는 신중하게 해야 한다. 쑥국화나 야생 당근(독성) 잎으로 만든 차도 치료제에 포함된다. 매우 강한 타닌도 효과가 있지만, 간에 손상을 줄 수 있으므로 주의 깊게 사용해야 한다. 4장을 참조할 것.
- 복통: 당근 씨앗을 달인 차를 사용한다. 민트 잎을 끓여낸 차 역시 복통을 진정시킨다.
- 살균세정: 호두나무 잎이나 참나무껍질, 도토리 등을 달여 만든 액은 무좀과 백선 치료에 사용한다. 약액을 환부에 자주 바르고 직사일광에 노출시킨다. 활엽 질경이도 효과적이지만 어떤 치료도 최대한 일광건조와 병행해야 한다. 봉선화와 식초도 효과가 있지만 찾기 힘든 경우가 많다.
- 화상: 타닌, 설탕, 꿀을 4장의 설명과 같이 사용하면 효과적이다.
- 구충: 마늘과 양파를 먹고, 날것으로 짜낸 즙을 피부에 바르면 몇몇 곤충을 쫓을 수 있다. 사사프라스 잎을 피부에 문질러도 된다. 삼나무 조각들을 피난처 주변에 뿌리면 효과가 있다.
- 타닌: 타닌은 매우 다양한 증세(화상, 치질, 살균, 설사, 진균, 기관지염, 구충, 이 제거 등)에 사용될 수 있으므로 보다 구체적으로 설명한다. 특히 나무류에는 타닌이 많고, 일반적으로 활엽수가 침엽수보다 타닌 함유량이 많다. 그중 참나무 -특히 적참나무와 밤나무- 가 가장 많다. 참나무의 옹이 부분은 28%의 타닌을 함유하고 있다. 이 옹이와 나무의 속껍질, 2㎝가량의 토막으로 자른 솔잎을 끓이면 타닌이 추출된다. 15분만 끓여도 매우 약한 타닌 용액을 얻을 수 있고, 2시간을 끓이면 다소 약한 수준, 12시간~3일간 끓이면 매우 강한 타닌이 나온다. 강한 추출액일수록 색이 진하며 색은 나무의 종류에 따라 바뀐다. 농도에 비례해 불쾌한 맛이 날 수 있다.

식물의 다양한 이용법

9-33 식물은 조심스럽게만 사용하면 매우 유용하다. 어떤 식물을 어떻게 사용할지 잘 알아둬야 한다. 아래는 다른 사용법들이다.

- 다양한 식물로 피부나 의복을 위장할 염색제를 만든다. 일반적으로 특정 식물을 끓여 적절한 결과물을 얻어낸다. 양파껍질은 누런색, 호두껍질은 갈색, 미국자리공 열매는 보라색을 낸다.
- 식물섬유를 이용해 끈을 만든다. 가장 많이 쓰이는 소재는 쐐기풀, 대극, 실난초 등의

줄기, 그리고 보리수 등의 나무 속껍질이다.

- 삼나무껍질, 부들개지의 솜털, 소나무 옹이, 수액성 목재의 굳은 수액 등은 부싯깃의 소재가 된다.
- 암컷 부들개지나 대극 등의 솜털 등은 좋은 단열재가 된다.
- 사사프라스 잎을 피난처에 뿌리거나 부들개지의 씨를 감싸는 솜털을 태우거나 으깨 곤충 퇴치제로도 쓸 수 있다.

9-34 식물을 식량, 의약품, 피난처 제작용 등 어떤 용도로 사용하더라도 가장 중요한 점은 어떤 식물인지 인식하고 바르게 사용하는 것이다.

제10장 유독식물

생명의 위기 속에서 식물을 효과적으로 활용하려면 확실한 식별이 선행되어야 한다. 식용식물과 독성식물을 파악해야 잠재적 피해를 예방할수 있다.

식물에 의한 중독

10-1 식물에 중독되는 경로는 아래와 같다.

- 접촉: 유독 식물에 접촉하면 피부 자극이나 피부염이 유발된다.
- 섭취: 유독 식물의 일부를 먹을 경우 이상 증세가 발생한다.
- 흡수 혹은 흡입: 피부로, 혹은 호흡기로 식물독이 유입되어 발생한다.

10-2 식물에 의한 중독은 경미한 자극에서 사망까지 매우 다양한 결과를 낳는다. 그러나 '이 식물은 얼마나 유독할까?' 같은 가장 일반적인 질문도 답하기 쉽지 않다. 그 이유는 아래와 같다.

- 몇몇 식물은 다량으로 접촉해야 눈에 띄는 부작용이 발생하나, 일부 식물은 소량 접촉만으로도 사망의 위험이 있다.
- 모든 식물은 성장 조건이나 경미한 변이만으로도 유독물질의 양이 변화한다.
- 사람마다 독극물에 대한 내성이 다르다.
- 체질에 따라서는 특정 식물에 더 민감할 수 있다.

10-3 식물에 대한 대표적인 잘못된 속설들은 다음과 같다.

X. 동물을 관찰해 같은 식물을 먹는다. O. 몇몇 동물은 유독한 식물도 잘 먹는다.

X. 식물을 끓이면 독극물이 제거된다.	O. 대다수 독은 그렇지만 아닌 것도 있다
X. 붉은색 식물은 유독성이다.	O. 안전한 붉은색 식물도 있다

식물에 대한 지식

10-5 많은 유독 식물들이 식용식물로 구분되는 유사종들, 혹은 다른 식용 식물과 닮았다. 예를 들어 유독성 독미나리는 야생 당근과 매우 닮았다. 몇몇 식물은 특정 계절, 혹은 특정 성장단계에서는 먹을 수 있지만 다른 단계에서는 유독해지기도 한다. 예를 들어 미국자리공의 잎은 자라기 시작할 때는 먹을 수 있으나 곧 유독성이 된다. 몇몇 식물이나 과일은 익어야 먹을 수 있다. 예를 들어 메이애플(매자나무과의 과일나무) 과실은 익으면 먹을 수 있지만 다른 부위나 덜 익은 과일은 먹을 수 없다. 몇몇 식물은 유독성 부위와 식용 부위가 뒤섞여 있다. 감자와 토마토는 대표적인 식용 작물이지만 익지 않은 부분은 유독하다.

10-6 몇몇 식물은 시들면 유독성이 된다. 서양 버찌는 시들면 청산이 축적되기 시작한다. 몇몇 유독물질은 조리 없이 먹을 때는 유독하지만, 특정 방법으로 가공하면 식용이 된다. 천남성의 알줄기는 얇게 잘라 완전히 건조하면(건조에는 1년가량이 걸린다) 식용으로 구분되지만, 완전히 건조하지 않은 천남성의 알줄기는 유독하다.

10-7 서바이벌 환경에 직면하기 전에 식물의 식별 및 그 사용법을 알아두자. 팜플렛, 책, 영화, 자연탐방, 식물원, 현지의 시장, 원주민 등을 통해 정보를 입수할 수 있다. 최대한 다양한 소스를 통해 정보를 수집하고 교차 검증한다.

유독 식물 피하는 법

10-8 가장 좋은 방법은 식물을 확실히 식별하고 위험성과 유용성을 파악하는 것이다. 그러나 완벽한 식별은 불가능하다. 현지의 식물에 대해 잘 알지 못한다면 국제 표준 가식성 테스트를 활용한다.

모든 야생 버섯은 일단 독성으로 간주한다. 버섯의 식별은 매우 어렵고, 정확성에 대한 요구가 다른 식물들보다 훨씬 강력하다. 몇몇 독버섯은 매우 짧은 시간 내에 사람을 죽일 수 있고, 해독제조차 없는 독버섯도 있다. 독버섯은 일반적으로 위장과 신경중추에 작용한다.

접촉성 피부염

10-9 식물에 의한 접촉성 피부염은 야외에서 가장 흔히 발생하는 문제다. 그 효과는 지속적으로 나타나며, 긁을수록 더 확산되고, 눈이나 그 주변과 접촉할 경우에 특히 위험하다.

10-10 대부분의 접촉성 피부염은 유독성 식물의 기름이 식물과 피부의 접촉 과정에서 피부에 묻으며 발생한다. 이 기름이 장비에 묻어 장비를 만질 때 피부염을 유발하기도 한다. 이런 유독 식물은 태우면 위험한 유독 가스를 생성하는 경우가 있으니 주의한다. 체온이 높아 땀이 흐를 때 더 위험하다. 감염은 국소적일 수도 있으나 전신에 퍼지는 경우도 있다.

10-11 증세가 나타나는 데는 짧게는 몇 시간, 길게는 며칠이 걸린다. 증상에는 화상, 변색, 가려움증, 부종, 물집 등이 있다.

10-12 유독 식물과 닿거나 초기 증상이 나타나면 식물기름을 비누와 찬 물로 씻어낸다. 물이 없는 곳이라면 모래나 흙을 사용해 반복적으로 세척한다. 물집이 있다면 물집이 터져 감염에 노출될 수 있으므로 흙은 쓰지 않는다. 기름을 제거한 뒤 해당 부위를 건조시킨다. 식물성 발진의 경우 타닌 용액으로 닦은 뒤 봉선화를 으깨 바르면 낫는다. 타닌은 참나무껍질에서 얻을 수 있다.

10-13 접촉성 피부염을 유발하는 식물은 아래와 같다.

- 벨벳빈
- 북미 옻나무
- 렌가스
- 덩굴옻나무
- 옻나무
- 능소화

섭취 중독

10-14 섭취 중독은 매우 위험하며 단시간 내에 사망할 수도 있다. 가식성을 분명히 확인하지 않았다면면 어떤 식물도 먹지 말아야 한다. 먹은 식물을 모두 기록한다.

10-15 섭취 중독의 증세로는 현기증, 구토, 설사, 복통, 심박수 및 호흡 저하, 두통, 환각, 구강건조, 의식불명, 혼수상태, 사망 등이 있다.

10-16 섭취 중독이 의심된다면 환자의 입에서 유독물질을 제거하고 인후부를 간질이거나 따뜻한 소금물을 섭취시켜 구토를 유도한다. 환자의 의식이 있다면 대량의 물이나 우유를 통해 독을 희석시킨다.

10-17 아래 식물들은 먹으면 섭취 중독을 일으킬 수 있다.

- 피마자 씨
- 멀구슬나무
- 데스카마스
- 란타나
- 만치닐
- 협죽도
- 팡기
- 피직 넛
- 마전자 나무

10-18 부록 C를 통해 사진과 설명을 확인한다.

제11장 위험한 동물

동물의 위협은 다른 환경상의 위협에 비하면 심각하지 않은 편이다. 그러나 사자나 곰, 다른 크고 위험한 동물과의 접촉은 피하는 편이 좋다. 뿔이나 발굽이 있는, 체중이 무거운 초식동물도 피해야 한다. 이들의 영역에서는 최대한 조심해서 움직인다. 야영지 주변에 음식을 늘어놓으면 대형 육식동물이 찾아들 수도 있다. 물이나 숲에 들어가기 전에 주변을 잘 파악한다. 작은 동물들은 종종 큰 동물들보다 큰 위협이 된다. 대자연은 작은 동물들에게 일종의 보상으로 이빨이나 독침 등의 방어무기를 선사했다. 곰이나 악어, 상어 등에게 공격당하는 사람은 소수이며 대부분 피해자의 부주의가 원인이다. 그러나 대형 동물보다 작은 독사에 물려 죽는 사람이 더 많고, 그 이상으로 많은 사람들이 벌 독 알레르기로 죽는다. 이런 작은 동물들의 영역에 피해자가 무심코 들어가거나 피해자의 영역에 동물이 흘러들어오는 경우가 많다. 몇 가지 간단한 안전 절차를 바탕으로 주변에 신경을 집중하면 생존 확률이 높아진다. 호기심과 부주의로 죽거나 다쳐서는 안 된다.

곤충과 거미

11-1 곤충이나 절지동물은 지네나 노래기류를 제외하면 다리가 여섯이고, 거미류는 두 개가 많다. 많은 종이 물거나 독침으로 찌르거나 피부자극을 주는 해충이 된다.

11-2 벌이나 말벌의 독은 고통스럽기는 해도 당사자에게 알레르기 증세가 없다면 사망하는 경우는 드물다. 가장 위험한 독거미에게 공격당해도 사망률은 낮으며, 진드기가 옮기는 질병들도 증세가 늦다. 그러나 어떤 경우라도 회피가 최선의 방어다. 거미와 전갈의 서식지에서는 매일 신발과 피복, 침구와 피난처를 점검한다. 바위와 통나무를 넘을 때도 주의한다. 부록 D를 통해 독충과 독거미의 사례를 확인해보자.

전갈

11-3 전갈은 사막, 정글, 열대 수림, 아열대, 온대 중에서도 더운 지역에서 주로 볼 수 있으며, 대부분은 야행성이다. 사막전갈은 해발고도 0에서 3,600m 사이에 서식한다. 습한 지역에서는 갈색이거나 검은색이며 사막에서는 노랗거나 연한 녹색이다. 평균 길이는 2.5㎝지만 중부 아메리카, 뉴기니, 남부 아프리카 지역에는 20㎝급 전갈도 있다. 전갈에 물려 사망하는 경우는 흔치 않으나 노약자 및 어린이에게는 위험하다. 전갈은 꼬리에 독침이 달린 작은 가재를 닮았다. 채찍전갈이나 식초전갈은 전갈을 닮았지만 무해하며 꼬리가 줄이나 채찍을 닮아 진짜 전갈과 구분된다.

거미

11-4 갈색 독거미는 등에 선명한 바이올린형 무늬가 있는 북미산 거미다. 어두운 곳에 숨는 것을 좋아하며 물렸을 경우 사망률은 매우 낮으나 치료하지 않는다면 물린 부위를 절단해야 하는 경우도 있다.

11-5 '과부(위도우)'라는 이름이 붙는 거미는 전 세계적으로 분포하며 북미산 블랙 위도우가 가장 유명하다. 상대적으로 더운 지역에 서식하는 이 거미들은 어두운 바탕색에 흰색, 붉은색, 혹은 오렌지색의 모래시계형 무늬가 있는 경우가 많다.

11-6 깔때기 거미는 회색, 혹은 갈색의 오스트레일리아산 대형 거미다. 굵직하고 짧은 다리가 특징인 이 거미는 깔때기 모양의 둥지를 쉽게 위아래로 오르내릴 수 있다. 현지인들은 이 거미를 치명적인 위협으로 간주한다. 주로 밤에 먹이를 찾아 움직이는 이 거미는 가급적 피해야 한다. 물렸을 경우의 증상은 위도우 계열과 비슷하다. 발한과 체력저하, 마비 증세와 함께 극심한 통증이 몇 주간 지속된다.

11-7 타란툴라는 애완동물로도 판매되는 크고 털이 많은 거미다. 유럽에도 한 종이 있으나 대부분은 아메리카 대륙의 열대에서 서식한다. 몇몇 남아메리카 서식종은 위험한 독을 주입하나 대부분은 그저 아프게 물 뿐이다. 몇몇 타란툴라는 접시만큼 크다. 모두 새나 쥐, 도마뱀을 잡기 위한 큰 어금니가 있다. 물리면 고통과 출혈이 동반되며 세균에 감염될 수도 있다.

지네류와 노래기류

11-8 지네류와 노래기류는 대부분 작고 무해하지만, 일열대 및 사막 서식종은 25㎝

까지 자라기도 한다. 몇몇 지네류는 독이 있으나 독 자체보다는 발톱이 박힌 상처에 생기는 피부감염이 더 큰 문제다. 지네에게 상처를 입지 않으려면 움직이는 방향으로 털어낸다.

벌, 말벌, 땅벌

11-9 벌, 땅벌, 말벌류는 종적으로 다양하고 습성과 서식지의 편차도 크다. 벌은 굵고 털 많은 몸통으로, 말벌과 땅벌류는 더 가늘고 거의 털이 없는 몸통으로 구분된다. 꿀벌처럼 군집을 이뤄 생활하는 벌도 있다. 벌은 사육되거나 야생의 동굴이나 죽은 나무에 서식한다. 어리호박벌처럼 숲에서 한 마리씩 둥지를 틀거나 띠호박벌처럼 땅에 둥지를 틀고 사는 벌도 있다. 벌의 가장 큰 위협은 배에 있는 독침이다. 벌은 적을 쏘면 배에서 독주머니가 달린 독침이 뽑혀 죽게 된다. 대부분의 벌은 말벌류에 비해 온순한 편이다. 일부 말벌류는 독침이 빠지지 않아 여러 차례 공격이 가능하다.

11-10 최선의 방어는 회피다. 꽃이나 과일 등 벌이 모일만한 곳은 주의해 살펴본다. 어류나 동물을 잡은 뒤에는 육식성 말벌에 주의한다. 대부분의 사람들은 벌에 쏘여도 두 시간 정도면 두통과 통증이 사라지지만 알레르기가 있는 사람은 과민성 쇼크나 혼수상태, 사망의 위험이 있다. 항히스타민제 의약품은 물론 대체품조차 없다면 알레르기 환자는 서바이벌 환경에서 큰 위험에 빠질 수 있다.

진드기

11-11 진드기는 열대와 온대지방에 흔한 생물이다. 진드기는 작고 둥근 절지동물로, 몸통은 부드러울 수도, 단단할 수도 있다. 진드기는 생존과 번식을 위해 혈액을 제공하는 숙주를 찾는다. 이 과정에서 라임병, 록키산 홍반열, 뇌염 등 불구, 혹은 사망을 유발하는 치명적 질병을 옮기기도 한다. 일단 감염되면 거의 속수무책이지만 다행히 진드기가 기생한 뒤 질병을 옮기기까지 약 6시간의 간격이 있으므로 몸을 철저히 뒤져 진드기를 제거해야 한다. 울창한 수풀을 지날 때, 혹은 진드기가 기생하던 동물을 잡아 손질할 때나 피난처 건설을 위한 자연 소재를 수집할 때 진드기가 옮을 수 있으므로 주의한다. 가능하다면 언제나 곤충 퇴치제를 사용한다.

거머리

11-12 거머리는 피를 빨아먹는 벌레로, 열대와 온대에서 발견된다. 거머리가 서식하는 물에서 수영하거나 물을 건널 때 조우하게 된다. 또 열대지방의 늪지대나 정글지

대를 지날 때나 민물에 사는 거북이 등의 동물을 손질하면서도 발견할 수 있다. 거머리는 작은 틈으로도 기어오르므로 가능하면 서식지에서 야영하지 않도록 한다. 또 바지는 전투화에 넣은 상태로 둔다. 거머리가 붙어있는지 자주 확인해야 한다. 거머리는 먹거나 삼킬 경우 큰 위험이 된다. 따라서 의심 가는 곳에서 조달한 물은 반드시 끓이거나 적절한 약품으로 살균한다. 삼킨 거머리로 인해 목이나 코 안쪽에 상처가 생겨 감염으로 부어오르기도 한다.

박쥐

11-13 일반적 인식과 달리 박쥐의 피해는 상대적으로 적다. 다양한 박쥐가 존재하나 진정한 흡혈박쥐는 중부와 남부 아메리카에만 서식한다. 이 박쥐들은 작고 날렵하며 수면 중인 동물을 찾는다. 박쥐가 피를 빠는 대상은 대부분 말과 소로, 침에 항응고 효과가 있어 피를 빠는 동안 피가 잘 굳지 않는다. 모든 박쥐는 광견병을 옮긴다고 보면 된다. 어떤 형태의 접촉도 광견병 감염의 우려가 있다. 다른 종류의 질병도 옮기며, 잡을 경우 언제라도 물릴 수 있다. 박쥐가 점거한 동굴에서 지내면 더 큰 위험, 즉 건조된 박쥐 배설물의 가루에 노출된다. 박쥐 배설물은 병을 유발하는 많은 물질을 함유하고 있다. 완전히 조리된 박쥐류는 광견병이나 다른 질병의 걱정이 없지만 철저하게 조리되었을 경우에만 그렇다.

독사

11-14 독사를 식별하는 가장 확실한 방법은 자세히 관찰하거나 직접 뱀의 몸을 확인하는 방법뿐이므로, 야전에서 독사를 쉽게 식별할 방법은 없다고 간주해야 한다. 가장 좋은 방법은 모든 뱀을 건드리지 않는 것이다. 뱀이 많고 그 가운데 독사도 포함되어 있다면, 식량으로서 뱀의 가치보다 물렸을 때의 위험이 더 크다. 독사가 있는 지역에서는 안전수칙을 준수한다.

- 조심스레 걸으며 발걸음을 확인한다. 통나무는 넘기보다 그 위를 밟는 편이 안전하다. 탈출 상황에서는 언제나 통나무 위를 밟거나 주변을 밟아 추적자가 볼만한 표식을 최소한으로 줄인다.
- 과일을 따거나 물가 주변을 다닐 때 주의한다.
- 뱀을 괴롭히거나 장난치지 않는다. 뱀은 눈을 닫을 수 없다. 따라서 뱀이 잠들었는지 알 방법도 없다. 맘바, 코브라, 부시마스터 등의 뱀은 수세에 몰렸거나 둥지를 지킬 때 매우 공격적이다.

- 바위나 통나무를 들어 올릴 때는 막대를 이용한다.
- 피난처와 잠자리, 옷을 잘 살펴본다.
- 적절한 신발을 특히 밤에 신고 다닌다.
- 뱀과 만나면 침착하게 행동한다. 뱀은 청각이 없으므로 수면 중이거나 일광욕을 하던 사람과 불시에 대면할 수 있다. 다만 대부분의 뱀은 기회만 되면 도망간다.
- 식량 조달, 혹은 안전을 위해 뱀을 죽여야 한다면 매우 조심해야 한다. 흔한 경우는 아니지만 자고 있는 인간의 체온에 뱀이 이끌리는 경우도 가끔 있다.

11-15 표 11-1에 나열된 뱀들에 대한 자세한 설명은 부록 E를 참조한다.

11-1 서식지별 위험종

아메리카 대륙		
아메리칸 코퍼헤드	늪살모사	부시마스터
페르 드 랑스	산호뱀	방울뱀
유럽		
북살모사	팰러스 살모사	
아프리카와 아시아		
코브라	붐슬랭	가봉 살모사
백순죽엽청	크래이트	말레이 살모사
맘바	반시뱀	퍼프 애더
라이노 바이퍼	러셀 바이퍼	모래살모사
톱비늘 북살모사	와글러 피트 바이퍼	
오스트레일리아		
데스애더	타이판	노란배 바다뱀

뱀이 없는 지역

11-6 극지방은 뱀이 서식하지 않는다. 뉴질랜드, 쿠바, 아이티, 자메이카, 푸에르토리코, 아일랜드, 폴리네시아, 하와이에도 독사가 없는 것으로 간주한다.

위험한 도마뱀

11-17 미국 남서부와 멕시코의 미국 독도마뱀은 위험한 독이 있다. 어둡고 울퉁불퉁한 피부에 분홍색 점박이 무늬가 특징으로, 길이는 35~45㎝이며 꼬리는 두껍고 뭉툭하다. 먼저 공격받지 않으면 물지 않으나, 물리면 독에 중독될 수 있다.

11-18 멕시코 독도마뱀은 미국 독도마뱀과 비슷하나 점무늬가 더 균일하다. 또 독성

이 있으나 대체로 온순하다. 멕시코에서 중부 아메리카 대륙에 걸쳐 서식한다.

11-19 코모도 드래곤은 3m까지 성장하는 거대한 도마뱀으로, 포획 시도 자체가 위험하다. 이 인도네시아산 도마뱀은 무게가 135kg 이상이다.

하천의 위험 생물

11-20 하마나 악어 등의 대형 하천동물과의 대치는 자연스레 피하게 된다. 그러나 작아도 피해야 할 하천 생물들이 있다.

11-21 전기뱀장어는 몸의 길이가 2m, 직경이 20㎝에 달하는 대형 어류로, 가급적 피해야 한다. 최대 500v의 전기로 적이나 사냥감을 기절시킨다. 보통 오리노코 강 및 아마존 강 유역에 서식하며, 산소와 식량이 풍부한 얕은 물가를 선호한다. 몸통 위쪽은 진한 회색이나 검은색이며 아랫배는 더 밝은색이다.

11-22 피라니아도 오리노코 및 아마존 강, 원산지인 파라과이 강 유역에 서식한다. 크기와 색깔은 다양하지만 대체로 등은 어둡고 배는 오렌지색이다. 희고 날카로운 이빨이 특징이며 몸길이는 약 50㎝전후다. 피라니아 서식지를 건널 때는 최대한 주의한다. 피라는 피 냄새에 몰려들며 건기의 얕은 물에서 가장 위험하다.

11-23 커다란 민물거북도 조심해야 한다. 북미산 자라나 민물거북, 남아메리카의 마타마타 등이 위험군에 속한다. 물리면 발가락이나 손가락을 잃을 수 있다.

11-24 오리너구리는 유사종이 없으며 쉽게 식별할 수 있다. 긴 몸통은 회색의 짧은 털로 덮여있으며 비버와 같은 꼬리, 오리와 같은 부리가 특징이다. 약 60㎝까지 자라며 좋은 식량자원이지만 매우 위험하다. 수컷은 양 뒷다리에 독발톱이 있어 찔리면 매우 고통스럽다. 오리너구리는 오스트레일리아에만 서식하며 강변의 진흙탕에서 발견할 수 있다.

만과 하구의 위험 생물

11-25 바다와 강이 만나는 곳에는 민물과 바닷물의 위험생물이 공존한다. 얕은 바다에는 심한 고통과 감염을 유발하는 생물이 많다. 예를 들어 성게는 밟으면 매우 아프고 환부가 감염될 수 있다. 얕은 물에서 활동할 때는 가급적 어떤 형태로든 신발을

신고, 발을 들었다 바닥을 찍듯 움직이기보다는 바닥을 휘젓듯 이동한다.

11-26 가오리는 특히 열대지방에서 바닥의 상태에 관계없이 심각한 위협으로 간주된다.가오리는 다양한 종이 있으나 모두 꼬리에 날카로운 가시가 있으며, 상당수가 독을 지니고 있어, 밟다 찔리면 매우 고통스럽다. 모든 가오리는 연과 비슷한 독특한 형태로 식별이 가능하다. 아메리카 및 아프리카, 오스트레일리아 대륙 연안에서 발견할 수 있다.

바다의 위험 생물

11-27 어류 중에 절대 만지거나 닿아서는 안 될 종이나 먹어서는 안 될 종도 있다. 해당 어종은 아래에 언급한다.

11-28 상어는 바다에서 가장 무서운 생물이다. 보통 상어의 공격은 피할 수 없으며 일종의 사고로 간주된다. 상어와의 접촉은 최대한 피해야 한다. 다양한 상어가 있지만 위험종은 넓은 입과 뚜렷한 이빨로 구분이 가능하다. 반면 무해한 종은 입이 작다. 그러나 어떤 상어도 매우 고통스러운, 치명적인 상처를 입힐 수 있다. 물리지 않더라도 거친 피부에 스칠 경우 자상을 입을 수 있다.

11-29 래빗피쉬는 주로 인도양과 태평양의 산호초에 서식한다. 등지느러미에 날카롭고 독을 가진 가시가 있으므로 어쩔 수 없이 다뤄야 한다면 매우 조심해야 한다. 이 지역의 다른 위험 어족들과 마찬가지로 식용으로 간주되나 조심하지 않으면 독에 사망할 가능성이 있다. 가능하면 다른 비독성 어류를 찾는 편이 좋다.

11-30 양쥐돔은 몸길이 20~25㎝가량의 물고기로 체색이 아름답다. 꼬리에는 날카로운 가시가 있으며 여기에 찔리거나 베이면 감염이나 중독 및 과다출혈에 의한 사망까지도 각오해야 한다. 출혈이 상어를 불러 또 다른 위험을 초래할 수도 있다.

11-31 토드피시(두꺼비고기)는 미국의 멕시코만 연안에 서식하며 중부 및 남부 아메리카 대륙 연해에도 분포한다. 이 어두운색의 어류는 몸길이가 18~25㎝가량이다. 일반적으로 모래에 몸을 묻고 물고기나 다른 사냥감을 기다리며, 등에 매우 날카로운 독성 가시를 지니고 있다.

11-32 쏨뱅이는 인도양과 태평양의 산호초 주변, 혹은 지중해와 에게 해 연안에 서식한다. 몸길이는 30~75㎝가량이며 색상은 선명한 적갈색이나 보라색, 황갈색이다. 길고 흐느적거리는 꼬리와 등지느러미가 있으며, 여기에 찔리면 매우 고통스럽다. 대서양에는 독성이 덜한 유사종이 서식한다.

11-33 위버는 태평양 및 인도양에 서식한다. 등 가시에서 고통스러운 독이 분출되므로 밟거나 섣불리 만져서는 안 된다. 특유의 형태와 어두운 체색으로 인해 발견하기 어려우며 길이는 40㎝ 전후로 성장한다.

11-34 바트라코이데는 길이 30㎝ 내외로 유럽 및 아프리카, 지중해 연안의 모래에 몸을 묻고 있어 발견이 어렵다. 등과 아가미에 독침이 있다.

11-35 북극곰의 간은 지나친 비타민A축적으로 인해 위험물로 간주된다. 간을 먹으면 죽을 수 있다. 또 다른 독성 고기는 대모거북의 고기다. 이 거북은 아래로 휜 주둥이와 등과 앞 지느러미의 노란 점박이 무늬로 식별이 가능하다. 무게는 275kg에 달하며 쉽게 잡히지 않는다.

11-36 산호초나 하구, 석호 등에 서식하는 많은 어류들이 독성이지만 일부는 특정 계절에만 독성이 된다. 대부분은 열대어로, 종류를 확인할 수 없는 어류는 주의해야 한다. 몇몇 육식어류, 즉 꼬치고기나 물퉁돔 등은 연안지역에서 독성 어류를 잡아먹고 독성을 띨 수도 있다. 가장 독성이 강한 부류는 앵무새 같은 주둥이와 단단한 껍질 같은 피부, 넓은 등지느러미가 특징이고, 풍선처럼 몸을 부풀리는 종도 있다. 그러나 현지인들은 특정 계절에 한해 복어류도 먹을 수 있다고 간주한다.

11-37 복어는 차가운 물에서도 잘 서식하는 편이다. 이들은 열대와 온대지방에 널리 분포하며 일부는 동남아시아와 아프리카의 강에서도 발견된다. 둥글고 짤막한 몸통이 특징인 이 어류들은 자극을 받거나 위험을 느끼면 공처럼 둥글게 몸을 부풀린다. 피와 간, 생식선은 불과 28mg의 극소량으로도 생명을 위협할 만큼 위험한 독성을 가지고 있다. 이 어류들은 색깔과 크기가 다양하며 최대 75㎝까지 성장한다.

11-38 파랑쥐치는 다양한 변종이 있으며 주로 열대에 서식한다. 이들은 몸통이 납작하고 길이는 60㎝가량이며, 넓고 날카로운 등지느러미가 특징이다. 고기에 독이 있

는 종류도 많으므로 최대한 피해야 한다.

11-39 피하는 편이 좋지만, 바라쿠다(가시고기)도 먹을 수 있다. 이 육식어류는 열대 해역에 서식하며 길이는 1.5m에 달한다. 다만 먼저 공격당하지 않아도 사람을 공격하며 피부에 시구아톡신이라는 독이 있어 잘못 먹으면 죽을 수 있다.

그 밖의 위험한 해양생물

11-40 일부 문어, 해파리, 뿔고둥 등은 위험한 생물이다. 주의 깊게 움직여야 한다.

11-41 대부분의 문어류는 적절히 조리하면 훌륭한 식량이 된다. 다만 푸른점문어는 앵무새 부리와 같은 주둥이의 독으로 치명상을 입힐 수 있다. 다행히 이 문어는 오스트레일리아의 그레이트 배리어 리프 연안에만 서식하며, 매우 작고 회색에 가까운 흰색 몸통에 푸른색 줄무늬가 있어 식별이 용이하다. 모든 열대 문어는 독성이 있어 취급에 주의해야 하나 식용으로 쓸 수 있다.

11-42 해파리에 의한 사망은 드물지만 쏘이면 매우 아프다. 고깔해파리는 커다란 분홍, 혹은 보라색 풍선을 닮은 생물로, 최대 12m의 독세포로 구성된 촉수가 있다. 해파리에 의한 사망자 대다수가 이 해파리에 의해 발생한다. 다른 해파리도 쏘이면 매우 아프다. 설령 해안에 떠내려온 죽은 해파리라 해도 촉수는 피해야 한다.

11-43 아열대 및 열대 지방의 청자고둥은 작살 모양의 독가시를 가지고 있다. 모든 청자고둥에는 그물모양 무늬가 껍질에 있다. 간혹 얇은 막이 이 무늬를 가리기도 한다. 일부는 매우 독성이 강하며 인도양 및 태평양 연안에 서식하는 종은 치명적이기도 하다. 아이스크림콘처럼 생긴 조개는 무조건 피해야 한다.

11-44 뿔고둥은 청자고둥보다 더 길고 가늘며 비슷하게 치명적이다. 이들은 온대 및 열대 해역에 서식한다. 인도양 및 태평양에 서식하는 종의 독성이 더 강하다. 이들은 살에도 독성이 있으므로 먹어서는 안 된다.

제12장 야외 응급 도구 및 무기, 장비

병사는 무기와 도구를 잘 관리해야 한다. 특히 나이프는 항상 사용 가능한 상태로 유지해야 한다. 서바이벌 환경에서 나이프는 매우 중요한 도구다. 나이프 외의 다른 도구가 없는 상황을 가정해보라. 심지어 나이프조차 없을 상황이 생길지도 모른다. 하지만 이런 상황에서도 지식과 기술로 임시 도구를 제작할 수 있다. 서바이벌 환경에서는 생존을 위해 다양한 도구와 장비를 제작해야 한다. 물론 특정 도구가 필요하다면 어떤 노력을 해서라도 만들어야 하지만, 제작 이전에 반드시 필요한 도구인지 고려해야 노력과 재료의 낭비를 피할 수 있다. 로프나 배낭, 피복, 그물은 서바이벌 환경을 편리하게 극복하도록 도와준다.(부록 G) 무기는 식량 조달과 방어에 사용되며, 특히 이동 중에 사냥 능력을 제공하여 생활에 안정감을 부여한다.

지팡이

12-1 지팡이는 가장 먼저 갖춰야 할 도구다. 걸을 때나 급경사를 오르내릴 때 도움이 된다. 또한 적절히 사용하면 무기, 특히 뱀이나 개를 상대할 경우 무기로 요긴하다. 가능하면 사용자의 키와 같은 길이, 적어도 사용자의 눈썹 정도 높이와 같은 길이여야 한다. 동시에 지치고 허기진 상황에서도 효과적으로 다룰 수 있는 크기여야 한다. 지팡이는 울창한 수풀을 통과할 때 눈을 보호하는 역할도 한다.

곤봉

12-2 곤봉은 단단히 쥐고 휘두르는 무기로, 던지는 용도로는 적합하지 않다. 곤봉은 맨손에 비해 방어범위가 넓고, 동시에 타격력을 향상시켜준다. 곤봉에는 세 가지 기본 형식이 있다.

단순한 곤봉

12-3 가장 간단한 곤봉은 막대, 혹은 나뭇가지다. 쉽게 휘두를 수 있는 길이와 목표를 충분히 손상시킬 수 있는 내구성이 필요하다. 지름은 손에 쥐기 쉬운 정도가 적당하지만 너무 가늘면 부러지기 쉽다. 결이 곧은 활엽수가 가장 좋은 소재다.

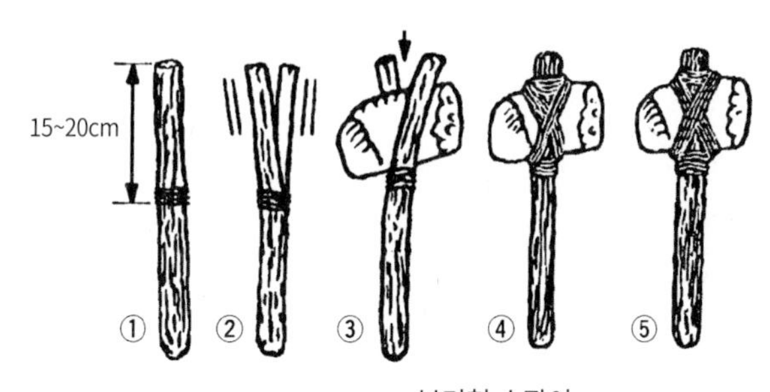

1. 끈을 묶는다
2. 묶은 곳 위쪽을 가른다
3. 돌을 끼운다
4. 돌 위와 아래, 가운데를 잘 묶는다
5. 갈라진 곳을 단단히 묶어 돌을 고정한다

분리형 손잡이

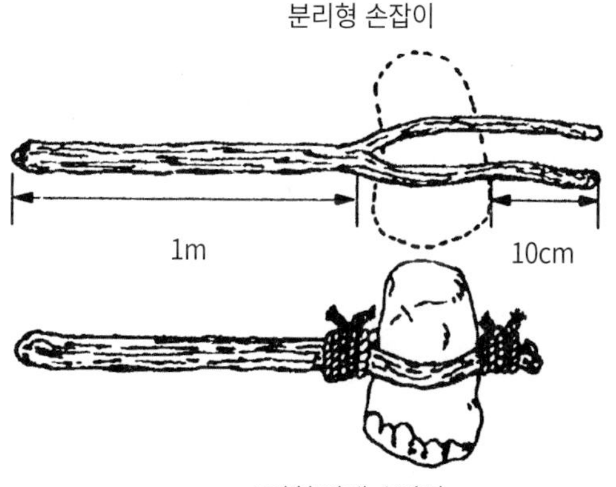

갈라진 곳부터 시작해 더 갈라지지 않도록 단단히 묶는다.

Y자형 막대 손잡이

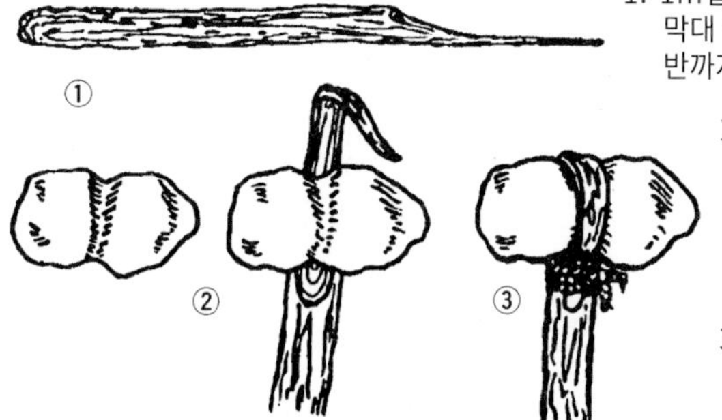

1. 1m길이/2.5cm굵기의 활엽수 막대 끝을 막대 자체 지름의 절반까지 깎아낸다.
2. 1.8kg 무게의, 가운데에 홈이 있는(혹은 홈을 판) 돌을 골라 막대의 끝부분이 돌 주변을 감싸게 꺾는다.
3. 단단히 묶는다.

감싸 쥐는 방식의 손잡이

12-1. 돌을 손잡이에 묶는 방법들

무게추형 곤봉

12-4 무게추형 곤봉은 끝에 무게추가 달린 단순한 무기다. 나무 옹이가 끝에 있는 막대를 사용하거나 끝에 돌을 매달면 좋다.

12-5 무게추형 곤봉을 제작하려면 먼저 곤봉에 쉽게 묶을만한 돌을 찾는다. 모래시계형 돌이 가장 좋다. 적절한 돌이 없다면 다른 돌로 쪼아 홈을 만든다.

12-6 적당한 길이의 손잡이용 나무를 찾는다. 결이 곧은 활엽수가 가장 좋다. 길이는 돌 무게와 합쳐 휘두르기 적당한 정도면 된다. 마지막으로 돌을 손잡이에 묶는다. 12-1을 참조한다. 손잡이의 모양에 따라 묶는 방법도 바뀐다.

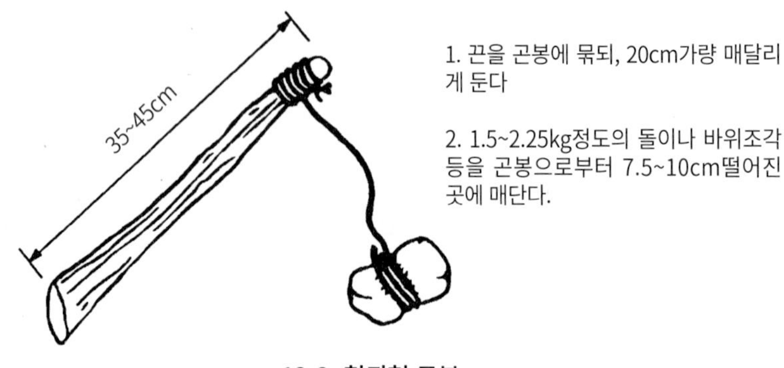

12-2. 철퇴형 곤봉

철퇴형 곤봉

12-7 무게추를 튼튼한 끈으로 묶는 철퇴형 곤봉은 무게추형 곤봉의 일종으로 분류된다.(12-2) 이 곤봉은 사용자의 공격범위를 넓히고 타격력을 배가시킨다.

날붙이

12-8 나이프, 창날, 화살촉은 모두 날붙이에 포함된다. 이하는 날붙이 제조법이다.

나이프

12-9 나이프(칼)는 뚫기, 썰기, 자르기 등 세 가지 기능이 있으며, 다른 도구 제작에 핵심 용품이 되기도 한다. 나이프가 없이 고립되거나 소지한 나이프와 다른 형태의 나이프가 필요할 경우도 있으므로, 돌, 뼈, 나무, 금속 등으로 나이프를 급조한다.

돌

12-10 돌칼을 제작하려면 모서리가 날카로운 돌과 찍기 도구, 그리고 깎기 도구가 필요하다. 찍기 도구는 가볍고 둔탁한 물체로, 돌의 작은 조각을 떼어낼 때 쓴다. 깎기 도구는 돌에서 얇고 평평한 조각을 깎아내기 위한 날카로운 도구다. 찍기 도구는 나무, 뼈, 금속 등으로, 깎기 도구는 뼈, 사슴뿔, 연철 등으로 만들 수 있다.(12-3)

12-11 먼저 찍기 도구를 사용해 칼날을 원하는 형태로 다듬는다. 칼날을 가급적 얇게 만든다. 그리고 모서리에 깎기 도구를 누른다. 이러면 반대편에서 돌조각이 떨어져 나가며 날이 서게 된다. 갈아야 할 모든 표면에 깎기 도구를 이용해 날을 세운다.

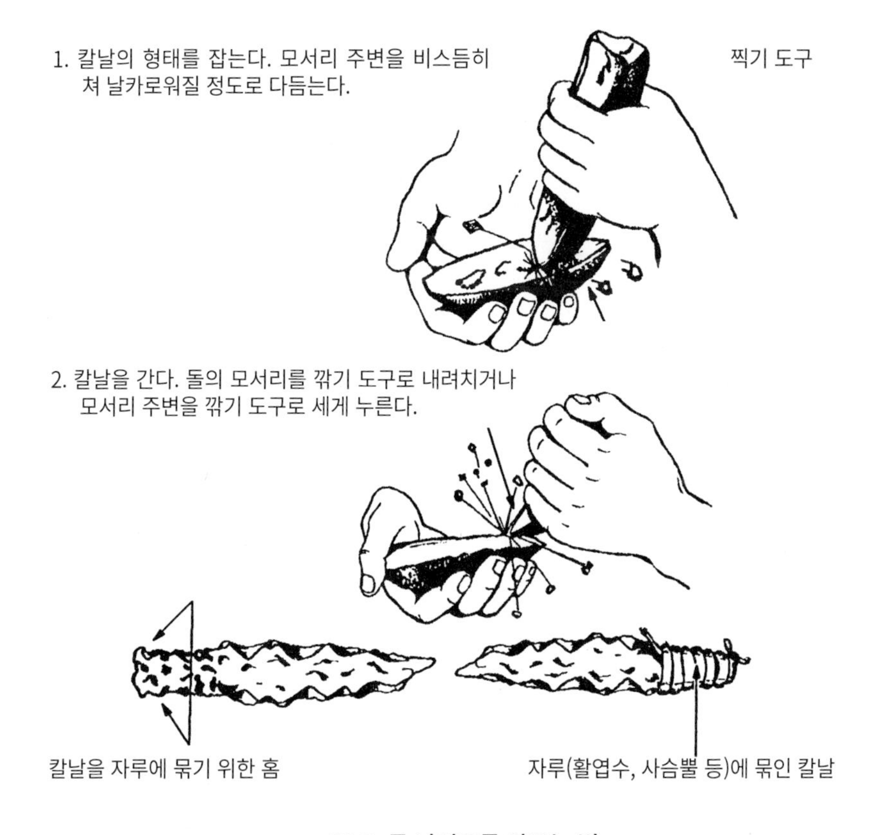

12-3. 돌 나이프를 만드는 법

12-12 칼날에 손잡이를 묶는다.(12-3)

돌은 물건을 뚫거나 찍는 데는 좋은 소재이지만 날을 세우기 어렵다. 예외적으로 부싯돌이나 규질암 등은 매우 날카로운 칼날을 세울 수 있다.

뼈

12-13 뼈도 야외 급조 날붙이로 쓸 수 있다. 먼저 적당한 뼈를 찾는다. 사슴이나 다른 동물의 다리뼈가 좋다. 뼈를 단단한 물체 위에 얹고 바위 등 무거운 물체로 때려 깨트린다. 뼛조각들 중 적당히 뾰족한 파편을 찾는다. 이것을 거친 바위 표면 등에 갈아 모양을 잡고 날을 세운 후, 적당한 나무를 자루 삼아 뼛조각에 묶는다.

뼈 나이프는 물체를 뚫을 때만 써야 한다. 다른 용도로 쓴다면 날이 유지되지 않고 조각나거나 부러질 것이다.

나무

12-14 나무로도 야외 급조 날붙이를 만들 수 있지만, 뚫는 용도로만 사용해야 한다. 대나무만이 적당한 날을 유지할 수 있다. 나무 나이프를 제작하려면 결이 굳은 길이 30㎝, 지름 2.5㎝가량의 활엽수를 구한다. 칼날을 15㎝ 길이로 다듬고, 날 부분을 끝까지 깎는다. 나뭇결이 곧은 부분만을 사용한다. 나무의 심 부분은 약점이 될 수 있으므로 쓰지 않는다.

12-15 불에 달궈 날 끝을 단단하게 만든다. 먼저 날을 불에 달궈 살짝 그을리며 건조시킨다. 마를수록 끝이 단단해진다. 날을 그을린 후, 거친 돌로 날을 세운다. 만약 대나무로 칼날을 만든다면 안쪽 대나무 조각을 최대한 제거해 날을 얇게 한다. 대나무는 바깥쪽이 가장 단단하다. 바깥쪽 층을 최대한 많이 확보해 가급적 단단한 날을 만든다. 불에 그을릴 때는 안쪽만 그을린다. 바깥쪽은 그을리면 안 된다.

금속

12-16 금속은 야외 급조 날붙이를 만드는데 가장 적합한 재질이다. 적절하게 만든다면 금속이야말로 나이프의 3대 용도, 즉 뚫기, 썰기, 자르기를 모두 충족시킬 수 있다. 먼저 원하는 모양에 가장 가까운 금속 조각을 찾고, 거친 돌에 갈아 날을 세운다. 재질이 부드럽다면 차가운 상태에서 두드려 날을 세울 수 있다. 평평하고 단단한 돌을 모루 삼아 돌이나 금속 등 작고 단단한 물체를 망치처럼 때려 날을 세운다. 나이프의 손잡이는 나무나 뼈, 기타 손을 보호할 수 있는 다른 물체로 만든다.

다른 소재

12-17 날붙이는 여러 소재로 만들 수 있고, 다른 소재가 없다면 유리도 사용 가능하다. 먼저 적당한 유리조각을 찾는다. 유리는 자연적으로 날이 형성되지만 오래 유지되지 않는다. 굵기나 내구성이 충분하면 플라스틱도 갈아 날붙이로 쓸 수 있다.

창

12-18 창을 제작하려면 먼저 나이프의 칼날을 제작한다. 이후 1.2~1.5m가량의 곧고 어린나무를 골라 창 자루를 만든다. 길이는 사용자가 쉽고 효과적으로 다룰 수 있는 선에 맞춘다. 자루 끝을 갈라 창날을 박고 단단히 묶는 방식이 가장 일반적이다. 날을 끼우지 않는 방법도 있다. 길이 1.2~1.5m의 곧은 활엽수 막대를 골라 끝을 날카롭게 깎고, 가능하면 끝을 불로 달궈 강화한다. 대나무도 훌륭한 창이 될 수 있다. 길이 1.2~1.5m의 대나무를 골라 끝에서 8~10㎝ 지점을 45도가량 경사지게 깎아 창끝을 만든다.(12-4) 날을 세울 때는 안쪽만 깎는다.

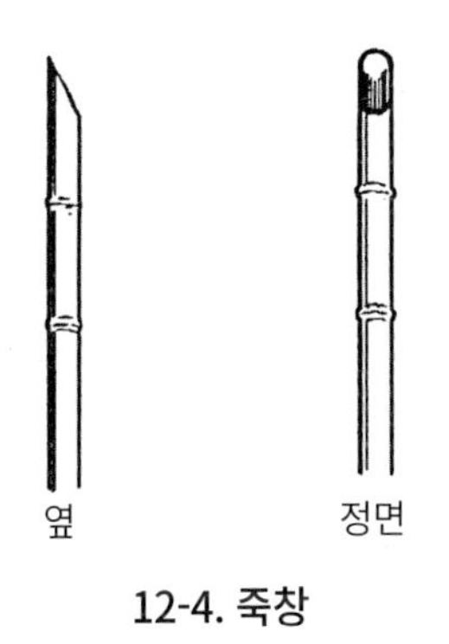

12-4. 죽창

화살촉

12-19 화살촉은 돌 칼날과 같은 요령으로 만든다. 규질암이나 부싯돌, 조개껄의 돌이 좋다. 뼈도 날을 세울 수 있다. 깨진 유리를 이용한 화살촉도 효과적이다.

그 밖의 급조 무기

12-20 활, 볼라, 투척 봉 등의 급조 무기도 만들 수 있다. 다음은 무기 제작법이다.

투척 봉

12-21 투척 봉, 혹은 토끼 사냥봉으로 불리는 이 도구는 작은 동물 사냥에 효과적이다. 토끼 사냥봉은 45도로 꺾인 막대다. 참나무 등 묵직한 활엽수의 휜 가지를 찾는다. 이 가지의 양면을 부메랑처럼 평평하게 깎는다.(12-5) 정확도와 속도

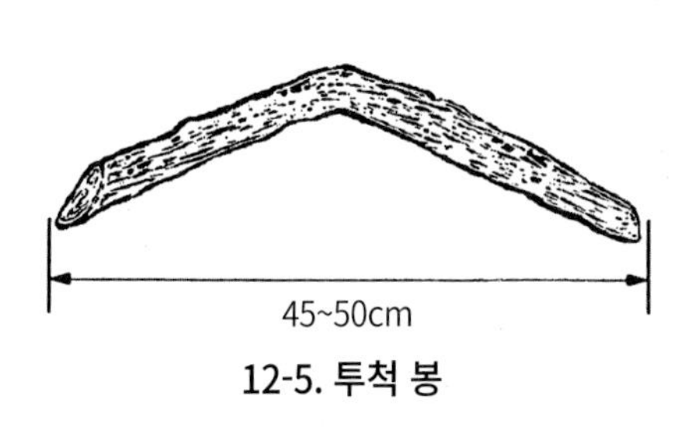

12-5. 투척 봉

를 얻기 위해 연습이 필요하다. 던지지 않는 팔을 표적 중앙의 하단을 노려 뻗은 뒤 표적과 팔과 몸을 일렬로 정렬한다. 투척 봉이 등과 45도 각도로 교차하거나 던지지 않는 쪽 허리와 정렬될 때까지 막대를 잡은 팔을 천천히 반복해 위아래로 움직인다. 그리고 던질 팔을 던지지 않을 쪽 팔과 평행, 혹은 조금 위로 올라갈 때까지 움직인다. 여기가 투척 봉을 던지는 포인트다.

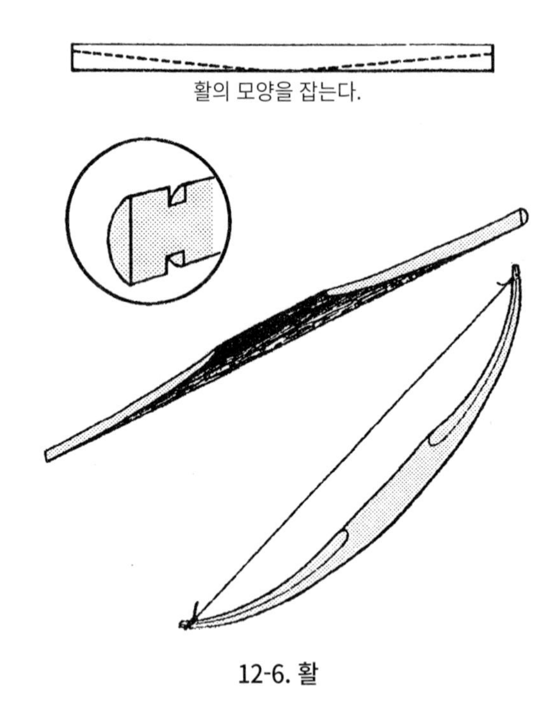

12-6. 활

활

12-22 생존 지역에 있는 물자로 활과 화살을 만들 수 있다.(12-6) 활을 만든다면 8장의 8-53 과 8-56 사이의 내용을 참조한다.

12-23 활과 화살의 제작은 비교적 쉽지만 사용은 제작보다 훨씬 까다롭다. 목표를 맞추려면 상당한 연습이 필요하고, 야외에서 급조한 활은 오래 버티지 못한다. 필요한 시간과 노력을 감안하면 아마도 활 외에 다른 급조형 무기를 선택하는 편이 효율적일지도 모른다.

1. 오버핸드 매듭으로 60cm길이의 끈 세 가닥을 묶는다.

2. 250g의 무게추를 각 끈의 끝에 묶는다.

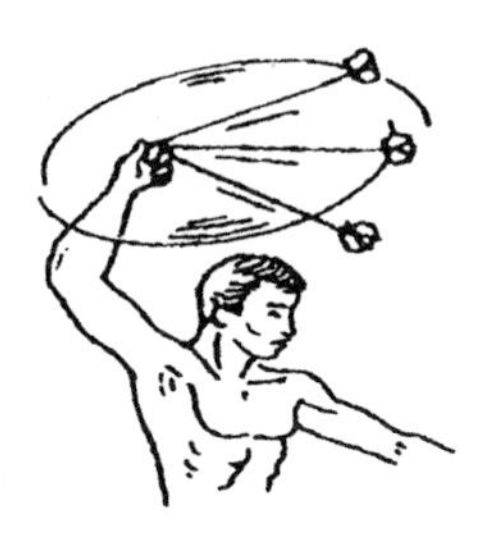

3. 가운데 매듭을 잡고 머리 위에서 휘두른다. 목표를 향해 매듭을 놓아 던진다.

12-7. 볼라

볼라

12-24 볼라는 만들기 쉬운 급조형 무기다.(12-7) 특히 달리는 동물이나 낮게 무리 지어 나는 새를 노리는 데 적합하다. 중앙의 매듭을 잡고 머리 위로 휘두르다 매듭을 놓아 볼라가 표적으로 날아가게 한다. 볼라가 목표에 맞으면 끈이 목표를 휘감는다.

밧줄과 끈

12-25 다양한 재료로 끈과 밧줄을 만들 수 있다. 물자가 없는 상황에서는 여러 종류의 인조, 혹은 천연 소재를 활용해야 한다. 예를 들어 면으로 된 벨트는 여기서 풀어낸 실을 낚싯줄, 재봉실 등 다른 용도로 쓸 수 있어 요긴하다.

1. 매듭을 단단히 잡는다.

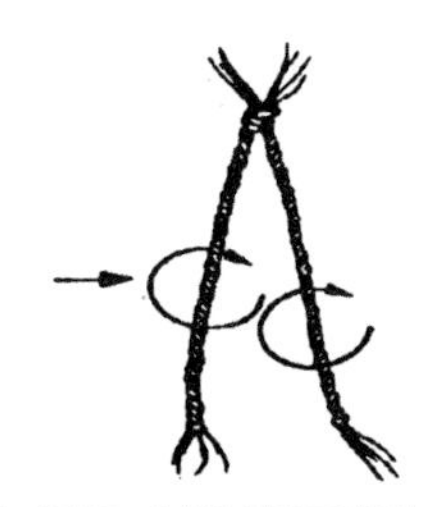

2. 양 가닥을 시계방향으로 꼰다.

3. 한 가닥을 다른 가닥 둘레로 시계방향으로 꼰다.

12-8. 식물섬유로 밧줄 만들기

천연 밧줄

12-26 밧줄을 만들기 전에 소재가 밧줄 제작에 적당한지 판단할 간단한 방법이 있다. 먼저 적당한 길이의 소재를 준비한다. 손가락으로 해당 소재를 꼬아 섬유를 한

데 모은다. 이 상태에서 끊어지지 않으면 섬유들을 모아 다시 오버헤드 매듭을 묶고 서서히 조여본다. 여기까지 끊어지지 않았다면 해당 소재는 밧줄로 사용 가능하다. 12-8은 밧줄제작법이다.

끈의 소재

12-27 작은 물건을 묶는데 가장 좋은 천연 소재는 동물의 힘줄섬유로 만든 줄이다. 사슴과 같은 큰 동물의 힘줄에서 재료를 얻을 수 있다. 먼저 사냥감에서 힘줄을 제거한 뒤 완전히 건조시킨다. 건조된 힘줄을 짓이겨 섬유가 분리되도록 한다. 이렇게 얻은 섬유를 다시 적신 뒤 꼬아 긴 가닥으로 만든다. 더 튼튼한 재료가 필요하다면 여러 가닥을 땋으면 된다. 작은 물건을 묶는 정도라면 젖은 힘줄이 건조되면서 단단해지므로 매듭을 지을 필요가 없다.

12-28 몇몇 나무들의 속껍질에서 벗겨낸 섬유를 으깨고 꼬는 방식으로 밧줄을 만들 수 있다. 히커리, 보리수, 느릅나무, 떡갈나무, 밤나무, 흰색 및 적색 삼나무, 뽕나무 등 몇몇 나무들의 속껍질이 재료로 적합하다. 다만 제작 후 충분히 튼튼한지 강도를 실험해야 한다. 강도가 부족할 때는 몇 가닥을 한 가닥으로 묶으면 보다 단단해진다.

12-29 생가죽을 사용하면 보다 단단한 끈을 만들 수 있다. 먼저 중-대형 동물의 가죽을 벗긴 뒤 완전히 말린다. 접혀서 습기를 머금은 곳이 없다면 억지로 잡아 늘이거나 털을 완전히 제거하지는 않아도 된다. 가죽이 건조한 상태가 되면 가죽의 가운데부터 바깥 둘레를 향해, 나선형으로 폭 6㎜가량의 줄을 둥글게 잘라낸다. 이렇게 길게 잘라낸 생가죽을 완전히 부드러워질 때까지 2~4시간가량 물에 담가 둔다. 그리고 젖은 상태에서 최대한 잡아 늘린 후, 다시 잘 건조해 사용한다. 완전히 마른 가죽은 튼튼하고 질겨진다.

배낭 제작

12-30 배낭을 만드는 데 필요한 소재는 무궁무진하다. 나무, 대나무, 밧줄, 식물섬유, 천, 가죽, 캔버스 천, 기타 다양한 다른 소재가 대상이다.

12-31 배낭 제작에는 몇 가지 기법이 있다. 매우 정교한 기법도 있지만 서바이벌 환경에서 쉽게 적용 가능한 단순한 방식도 있다.

말발굽형 배낭

12-32 제작이 매우 간편하고, 한쪽 어깨에 메는 방식으로 휴대하면 다른 급조 운반수단들에 비해 상대적으로 편하다. 말발굽형 배낭을 제작하려면 판초우의나 캔버스 천, 이불 등 사각형의 넓은 도구를 준비하고, 바닥에 평평하게 펼쳐놓는다. 그리고 네 모서리 가운데 한쪽 구석에 물건을 놓는다. 이때 단단한 물건들은 완충재로 감싼다. 펼쳤던 천이나 판초우의 등을 물건과 함께 반대편 모서리를 향해 둘둘 말고, 양쪽 끝을 단단히 묶는다. 가능하면 몇 군데 더 묶어둔다. 이제 양쪽 끝을 줄로 연결한 뒤, 한쪽 어깨에 메면 말발굽형 배낭이 완성된다.(12-9)

12-9. 말발굽형 배낭

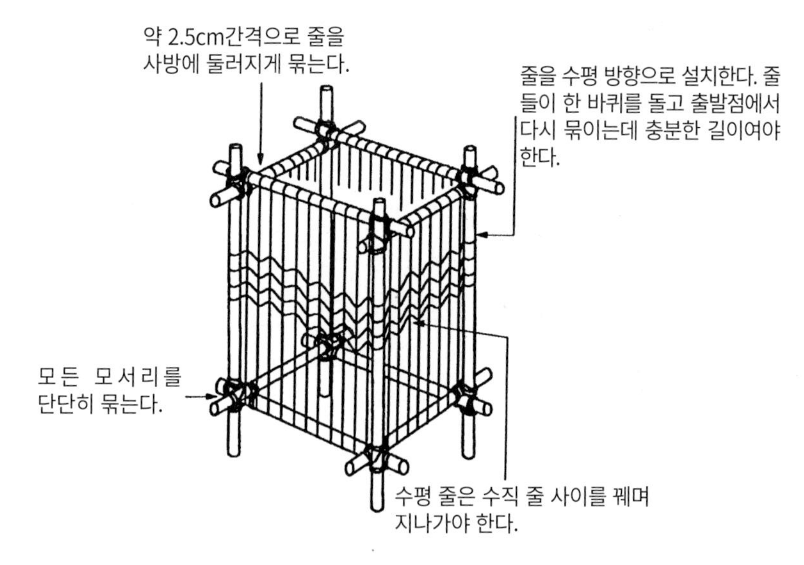

12-10. 사각형 배낭.

사각형 배낭

12-33 이 배낭은 충분한 길이의 밧줄이나 끈이 있다면 쉽게 만들 수 있다. 줄이 없다면 끈이나 밧줄부터 만들어야 한다. 먼저 대나무나 나무막대 등으로 사각형 프레임을 만들고, 육면체 형태로 짜올린다. 이후 바닥과 둘레 사면에 줄을 둘러묶어 벽처

럼 만든다. 배낭의 크기는 이 배낭을 멜 사람과 운반할 짐의 양에 맞추면 된다.(12-10)

피복과 단열재

12-34 다양한 소재가 피복과 단열재로 쓰인다. 낙하산 같은 인공 소재나 가죽 및 식물 섬유 등의 천연 소재로 상당한 보호효과를 얻을 수 있다.

낙하산

12-35 낙하산은 중요한 자원으로, 캐노피, 줄, 연결 고리 등 모든 부분을 재활용해야 한다. 낙하산을 분해하기 전에 필요한 것이 무엇인지, 각 부분을 어떻게 활용할지 계획을 세워야 한다. 피난처나 배낭 제작, 피복 및 단열재 확보 등이 주 용도다.

동물 가죽

12-36 서바이벌 환경에서 가죽을 얻을 수 있는 동물은 대게 직접 잡을 수 있는 동물로 한정된다. 야생동물이 많은 환경이라면 가급적 지방이 풍부하고 털이 두꺼운 큰 동물의 가죽을 선택한다. 가능한 감염되었거나 죽은지 오래된 동물의 가죽은 사용하지 않는다. 야생 동물은 진드기나 이, 벼룩 등의 해충이 있을 수도 있다. 따라서 어떤 동물의 가죽이라도 쓰기 전에 물로 깨끗이 씻는다. 물이 없다면 제대로 털어야 한다. 생가죽과 마찬가지로 모든 지방과 고기를 제거한 후 완전히 말린다. 뒷다리 부위의 관절 쪽 가죽은 신발, 장갑, 양말 등을 만드는 데 사용한다. 털가죽이 안쪽을 향하게 뒤집어 입으면 단열 효과도 기대할 수 있다.

식물 섬유

12-37 몇몇 식물은 추위를 차단하는 단열재로 매우 유용하다. 버들개지는 호수, 연못, 강가에서 발견할 수 있는 늪지대 식물인데, 줄기 끝에 뭉쳐나는 털 뭉치는 잘 풀어낸다면 공기를 머금은 좋은 단열재가 된다. 대극속의 식물 씨앗도 효과적인 단열재다. 코코넛 껍질의 섬유는 밧줄 제작에 적합한 소재이며 잘 건조하면 우수한 부싯깃이 되지만 동시에 단열재로도 활용할 수 있다.

식기 및 조리도구

12-38 조리, 식사, 식량 보관 용기도 다양한 소재로 제작할 수 있다. 서바이벌 환경에서 모든 소재는 어떤 형태로든 사용이 가능하다.

12-11. 음식 조리를 위한 용기들

그릇

12-39 그릇이 필요하다면, 나무, 뼈, 뿔, 나무껍질, 기타 다양한 소재로 그릇을 만들 수 있다. 나무 그릇을 제작할 경우, 충분한 식량과 그 식량을 조리하는데 필요한 물을 담을 수 있는 크기의, 속이 빈 나무토막을 사용한다. 나무 용기를 불에 올리거나 물과 식량을 담고 뜨거운 돌을 넣는다. 돌이 식으면 꺼낸 뒤 음식이 익을 때까지 뜨거운 돌을 갈아준다.

사암이나 석회암처럼 기포가 있는 돌은 쓰지 않는다. 돌이 터질 수 있다.

12-40 같은 방법으로 나무껍질이나 잎으로 만든 용기로도 조리를 할 수 있다. 하지만 이런 용기들은 습도를 계속 유지하거나 화력을 낮게 유지하지 않을 경우 물이 담긴 곳보다 위쪽이 타버릴 수도 있다.

12-41 대나무 토막 역시 좋은 조리도구다. 두 마디 사이의 공간을 사용한다.(2-11)

마디로 밀폐된 대나무를 가열하면 내부의 공기와 수분 등이 팽창하면서 폭발할 수도 있다.

포크, 나이프, 스푼

12-42 포크, 나이프, 스푼 등은 수액이 없는 나무를 잘라 만들 수 있다. 수액이 있는 나무는 수액 맛이 나거나, 음식이 수액으로 오염될 수도 있다. 참나무, 자작나무, 기타 활엽수들이 수액 문제가 없는 나무에 포함된다.

자를 때 시럽이나 송진 같은 액체가 나오는 나무는 쓰지 않는다.

냄비

12-43 거북 등껍질이나 나무를 이용하면 냄비도 만들 수 있다. 앞서 언급한 것과 같이 속이 빈 나무에 뜨거운 돌을 넣는 조리법이 효과적이다. 조리용 용기로 가장 적합한 목재는 대나무다.

12-44 거북 등껍질을 사용할 경우, 먼저 껍질의 윗부분을 완전히 끓인다. 그리고 이것을 불 위에 올려 음식과 물을 가열한다.(12-11)

물병

12-45 큰 동물의 위장으로는 물병을 만들 수 있다. 위장을 물로 깨끗이 씻어낸 뒤 아래쪽을 묶는다. 위는 열린 상태로 두되, 끈 등의 다른 도구로 조여 열고 닫을 수 있게 한다.

제13장 사막에서의 생존

건조지역, 혹은 사막지역에서 살아남으려면 당면한 환경을 이해하고 대비해야 한다. 필요한 장비와 사용 전술, 그리고 환경이 전술에 끼치는 영향까지 이해할 필요가 있다. 이런 상황에서는 지형과 기초적인 기후에 대한 이해, 해당 정보를 활용할 능력, 그리고 생존 의지가 생명을 좌우한다.

지형 요소

13-1 대부분의 사막 지역에는 몇 가지 특징적 지형이 있다. 기본적인 사막의 5대 지형 유형은 다음과 같다.

- 산악지형(고고도)
- 암반 대지
- 사구
- 염수 습지
- 침식지형

13-2 사막 지형에서는 이동이 어렵고, 눈에 띄는 지형지물이 드물어서 독도법에도 한계가 있다. 은폐와 엄폐조차 어려우므로 적에게 노출될 위험도 높은 편이다.

산악형 사막

13-3 산악형 사막은 황폐한 언덕이나 산지가 건조한 분지 속에 점재한 지형을 뜻한다. 고지대로 서서히 솟아오르기도, 평지에서 갑자기 해발고도 수천 미터까지 솟아오르기도 한다. 강우빈도는 불규칙하며 대부분이 고지대에 집중되고 갑작스러운 홍수를 일으키기도 한다. 이 홍수가 깊은 도랑과 협곡을 파헤치며 분지 유역에 모래와 자갈을 운반한다. 물은 빠르게 증발하므로 곧 다시 황무지가 되지만 약간의 식물이 서식하기도 한다. 만약 증발하는 양보다 많은 물이 분지에 유입되면 얕은 호수가 형성

되는 경우도 있다. 유타주의 그레이트 솔트레이크나 중동의 사해 같은 곳들이 여기에 해당한다. 이런 곳의 물은 대개 염분이 높다.

암반 분지형 사막

13-4 암반 분지형 사막은 지표에 단단히 박힌 바위나 깨진 바위가 산재한, 평탄하고 비교적 기복이 적은 장소다. 절벽처럼 가파른 계곡도 있는데, 이런 지형은 중동에서는 와디, 미국이나 멕시코에서 캐니언, 혹은 아로요라 부른다. 이런 계곡의 평평한 바닥은 집결장소로 이상적인 곳으로 여기기 쉽지만, 좁은 계곡이 갑작스런 홍수에 휩쓸릴 위험이 있다. 골란 고원은 암반 분지형 사막의 대표적인 사례다.

모래 사막, 사구형 사막

13-5 모래사막, 혹은 사구형 사막은 모래나 자갈로 뒤덮인 광대한 평지다. 평지라는 개념은 상대적인데, 몇몇 지역에는 길이 16~24㎞, 높이 300m에 달하는 광대한 사구들이 있다. 이런 곳의 통행 가능 여부는 사구의 전후 경사면 및 모래의 질에 좌우된다. 3,000m 이상 평지가 계속되는 곳도 있다. 서식하는 식물은 전혀 없을 수도 있지만 2m이상 자라기도 한다. 이런 형태의 사막으로는 사하라 사막, 아라비아 사막의 무인지대, 캘리포니아 및 뉴멕시코의 사막지대, 남아프리카의 칼라하리 사막 등을 들 수 있다.

염수 습지

13-6 염수 습지는 평평하고 외딴곳이며, 약간의 덤불 외에 다른 식물은 없다. 건조지역에서 비가 모여 증발한 뒤 다량의 알칼리성 소금과 높은 염도의 소금물이 남으면 이런 지형이 형성된다. 이곳의 물은 염도가 높아 마실 수 없다. 소금물 위에 두께 2.5~30㎝가량의 소금층이 생길 수 있다.

13-7 건조지역에는 수백 평방킬로미터에 달하는 염수 습지가 형성되곤 한다. 이런 지역에는 많은 곤충이 서식하며, 상당수가 사람을 문다. 염수 습지는 최대한 피하는 편이 좋다. 이런 지역은 신발, 피복, 피부 등에 손상을 입힌다. 이란-이라크 국경의 샤트 알 아랍 수로가 대표적인 염수 습지 지형이다.

침식지형

13-8 모든 건조기후 지대는 심하게 침식된 지형이 포함되어 있다. 폭풍우는 모래 지

반을 침식해 계곡을 형성한다. 와디 지형은 폭 3m, 깊이 2m의 소규모 와디부터 폭과 깊이가 수백 미터에 달하는 대형 와디까지 다양한 형태가 있으며, 방향 역시 일정치 않아, 종종 미로처럼 복잡한 형태로 얽히곤 한다. 와디는 좋은 은폐/엄폐물이 될 수 있으나 협곡 바닥은 이동이 매우 어려워 이동경로로 바람직하지 않다.

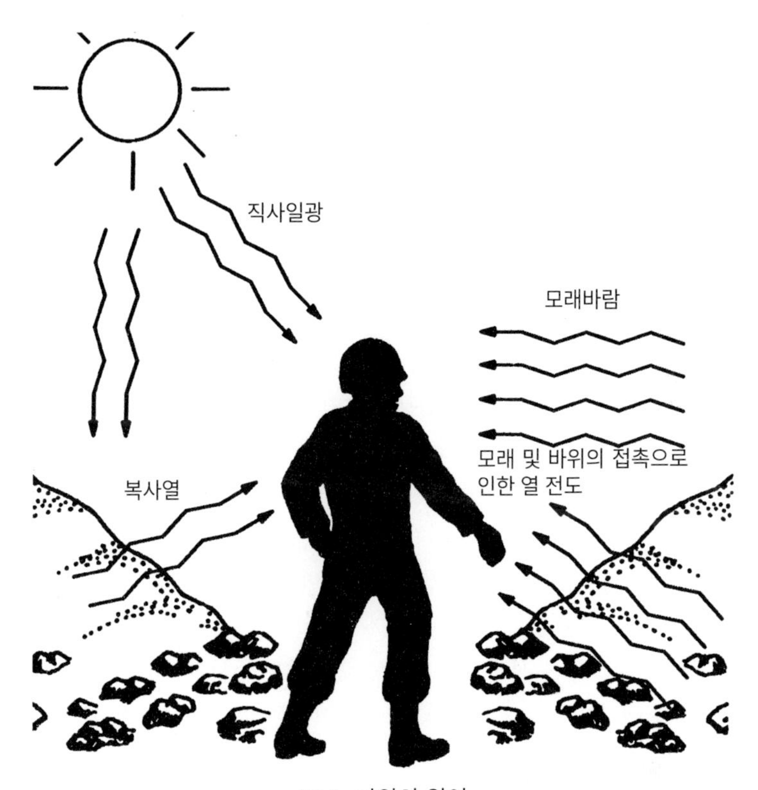

13-1. 더위의 원인

환경적 요소

13-9 건조지역에서의 생존과 도피는 당면한 환경 조건에 대한 지식과 사전 준비에 좌우된다. 어떤 장비와 전술이 필요한지, 또 장비와 전술, 생존자 자신에게 환경이 어떤 영향을 끼칠지 파악해야 한다.

13-10 사막에서는 반드시 고려해야 할 7가지 환경적 요소가 있다.

- 낮은 강수량
- 강렬한 직사일광과 더위
- 심한 일교차
- 드문 식물 서식
- 지표면의 높은 광물 함유량
- 모래폭풍
- 신기루

부족한 강수량

13-11 낮은 강수량은 건조지대의 가장 뚜렷한 환경적 요소다. 일부 사막지대는 연 강수량이 10㎝에 불과하며, 비가 올 때는 짧은 호우가 지면을 빠르게 침식시킨다. 사막의 고온 속에서 물 없이는 장시간 생존하지 못한다. 사막에서 생존하려면 가장 먼저 보유한 물의 양, 그리고 접근 가능한 식수 공급원을 고려해야 한다.

강렬한 직사일광과 더위

13-12 강렬한 직사일광과 더위는 모든 건조지역의 공통점이다. 낮 최고 기온은 섭씨 60도까지 치솟는다. 더위는 직사일광과 뜨거운 모래바람, 복사열(모래에 반사된 태양열), 모래 및 바위와의 접촉으로 인해 전도되는 열 등으로 발생한다.

13-13 사막의 모래와 바위의 온도는 대기 온도보다 섭씨 16~22도가량 높은 경우가 일반적이다. 예를 들어 대기 온도가 섭씨 43도라면 모래의 온도는 60도가 된다.

13-14 강한 햇빛과 열은 신체의 수분소모를 늘린다. 수분과 에너지 낭비를 막으려면 더위에 노출되지 않는 피난처가 필요하다. 야간에 이동하면 소모를 줄일 수 있다.

13-15 무전기나 기타 섬세한 장비들은 강한 일광에 노출되면 오작동할 수 있다.

심한 일교차

13-16 건조지역은 주간 기온이 섭씨 55도까지 오르고, 야간에는 섭씨 10도까지 떨어진다. 온도 저하는 급격히 진행되며, 보온 의류 없이는 행동이 곤란할 정도로 극심한 체온저하를 유발한다. 온도가 낮은 저녁과 밤은 작업이나 이동에 적합한 시간대다. 야간에 휴식을 원한다면 울 스웨터와 긴 내의, 울 양말 등이 필요하다.

드문 식물 서식

13-17 건조지대에는 식물이 드물다. 따라서 피난처 확보나 이동의 은폐가 어렵다.

주간에는 가시범위가 매우 넓어서, 소수의 적에게도 제압당할 여지가 있다.

13-18 적대지역을 이동할 때는 사막 위장의 아래 원칙들을 준수한다.

- 와디 속의 비교적 울창한 수풀에 숨어 은폐한다.
- 수풀이나 바위, 벼랑 등의 그림자를 활용한다. 그림자의 온도는 대기 온도보다 섭씨 11~17도가량 낮다.
- 햇빛을 반사하는 물체는 최대한 가린다.

13-19 이동하기 전에 은-엄폐가 가능한 장소를 물색한다. 거리 측정의 곤란도 각오해야 한다. 지형지물이 단조로운 사막에서는 거의 3배수가량 거리 오차가 발생한다. 1㎞가량 떨어진 것처럼 보이는 거리가 실은 3㎞ 이상인 경우도 많다.

높은 광물 함유량

13-20 모든 건조지대의 지표면 토양은 광물 함량이 높다.(염분, 염기, 석회, 붕사) 이런 토양과 접촉한 물질은 빠르게 마모되며, 물 역시 마실 수 없는 경우가 많다. 더위를 식히기 위해 이런 물로 옷을 적시면 피부 발진이 일어날 수 있다. 유타의 그레이트 솔트레이크 일대의 광물이 다량 함유된 물과 토양의 대표적 사례다. 이런 환경에는 식물이 드물거나 없고, 피난처 확보도 어렵다. 이런 지역은 최대한 피한다.

모래폭풍

13-21 모래폭풍은 대부분의 사막에서 자주 발생한다. 이란과 아프가니스탄의 세이스탄이라는 사막바람은 최대 120일까지 계속된다. 사우디아라비아의 사막바람은 풍속이 3.2~4.8㎞/h 전후지만 이른 오후에는 112~128㎞/h에 달한다. 적어도 1주일에 한 번꼴로 대규모 모래폭풍과 먼지폭풍을 각오해야 한다.

13-22 모래폭풍 속에서 길을 잃는 상황이 가장 위험하다. 피난처가 없다면 고글과 천으로 눈, 코, 입을 가리고 이동 방향을 정한 뒤 누워서 폭풍을 견뎌야 한다.

13-23 모래와 먼지는 무선 송신도 간섭한다. 따라서 불꽃이나 반사경, 신호판 등의 다른 예비 통신수단을 준비한다.

신기루

13-24 신기루는 모래, 혹은 암반 표면에서 솟아오르는 열기로 인한 대기의 왜곡으로 발생하는 광학현상이다. 이 현상은 보통 해안에서 10㎞가량 떨어진 사막에서 발생한다. 약 1.5㎞, 혹은 그 이상 떨어진 곳에 움직이는 물체가 보인다.

13-25 신기루는 원거리의 물체를 파악하기 어렵게 한다. 또 멀리 떨어진 지형의 기복을 흐리게 해, 마치 자신이 섬처럼 물에 둘러싸인 것 같은 착각이 들게 만든다.

13-26 신기루는 목표 확인이나 거리 측정, 관측을 어렵게 만든다. 하지만 지표면에서 3m이상 높은 지대에 올라가면 지표의 뜨거운 공기 위로 시야가 올라가면서 신기루를 벗어나게 된다. 신기루는 자연 지형을 가려 독도법에도 영향을 준다. 따라서 신기루가 거의 없는 일출이나 일몰 시간대, 혹은 월광 하에 주변을 살펴야 한다.

13-27 사막의 광량은 다른 지역보다 강하다. 달이 뜬 밤에는 시야도 확장되고 바람과 빛의 난반사도 잦아들게 된다. 동시에 빛이나 등화관제를 위해 붉은 커버가 씌워진 손전등, 혹은 등화관제용 헤드라이트도 멀리서부터 발견할 수 있다. 소음 역시 멀리 전파된다.

13-28 반대로 달빛이 거의 없는 밤에는 시야가 극도로 나빠지므로 야간이동은 매우 위험하다. 길을 잃고 골짜기에 떨어지거나 적진에 떨어지는 사태는 피해야 한다. 야간이동은 낮에 충분한 휴식을 취하고 지형을 미리 관측해 길을 파악한 뒤 나침반을 사용할 수 있는 경우에 한해 실시한다.

물의 중요성

13-29 사막의 식수 문제는 2차대전 시절 미군의 북아프리카 침공 준비 단계부터 관심의 대상이었다. 한때 미군은 훈련 중 점점 식수 공급을 줄이면 병사들이 적은 식수에 적응할 수 있다고 믿었다. 이 '식수 군기'는 수백 명의 열사병 환자만 낳았다.

13-30 사막 생존의 핵심은 신체 활동과 대기 온도, 그리고 식수 소모의 상관관계 이해에 있다. 인체는 특정 온도에서 특정 수준의 활동을 하면 일정한 양의 물을 요구한다. 예를 들어 섭씨 43도의 기온과 직사일광을 전제로 주간에 육체노동을 했다고 가

정하면, 매일 19ℓ의 물을 섭취해야 한다. 적절한 양의 물을 섭취하지 못한다면 체력이 소모되고 효과적으로 일을 처리하고 결정하는 판단력도 급속도로 저하된다.

13-31 인체의 적정 체온은 섭씨 36.9도이며, 땀으로 과다 체온을 냉각한다. 체온이 높아질수록 땀은 많아지고, 수분 소모량도 늘어난다. 이렇게 냉각을 위해 흐르는 땀이 수분 소모의 주요 원인이다. 높은 온도에서 고된 육체활동을 하며 땀을 흘리지 못한다면 즉시 열사병에 걸린다. 이는 신속한 응급처치를 요구하는 비상사태다.

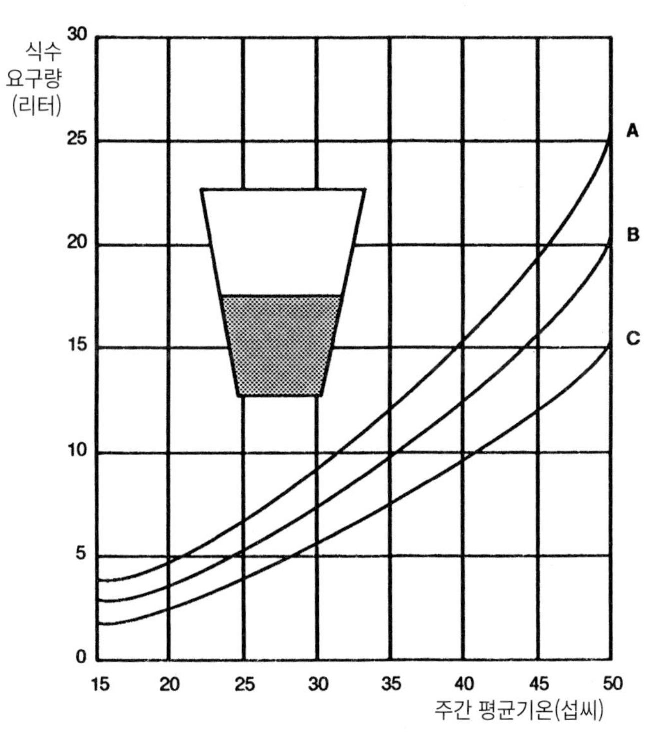

A. 직사일광에서의 고된 행동(군장을 갖춘 포복전진)
B. 직사일광에서의 중간급 노동(총기 및 장비 손질)
C. 그늘에서 휴식

이 그래프는 주간 평균기온에 따른 식수 소모량이 세 가지 육체활동 수준에 따라 얼마나 변하는지 보여준다. 예를 들어 8시간 동안 직사일광에서 중노동을 하면(A곡선) 기온 섭씨 50도(수평)에서는 하루에 25리터의 물을(수직) 섭취해야 한다.

1959년 발행 기술 보고서 E: P.118,
'서남아시아:현지 환경의 군사 활동과의 상관관계'에서 발췌

13-2. 3단계 활동에 따른 일간 식수 소모량

13-32 표 13-2는 다양한 노동조건에서의 일간 식수 섭취량을 나타낸다. 대기 온도와 신체 활동이 식수 소모량에 어떤 영향을 미치는지를 알아야 확보된 식수를 효과적으로 활용할 방안을 준비할 수 있다. 이 방안은 아래와 같다.

- 최대한 그늘을 찾고 햇빛을 피한다.
- 뜨거운 지면에 최대한 직접 닿지 않는다.
- 활동을 줄인다.
- 땀을 아낀다. T셔츠를 포함한 제대로 된 작업복을 착용한다. 소매를 내리고 머리도 덮고 목 역시 스카프 등으로 보호해 직사 일광과 뜨거운 바람으로부터 몸을 보호한다. 옷은 땀을 흡수해 피부에 대한 냉각효과를 유지시켜준다. 그늘에 있을 때는 최대한 조용히, 옷을 모두 걸친 채 입을 닫고 코로 숨을 쉬며 식수 소모량을 억제한다.
- 식수가 부족하다면 식사도 제한한다. 음식의 소화에도 물이 필요하며, 따라서 음식을 먹으면 체온 조절을 위한 수분이 소모된다.

13-33 갈증은 식수 소모의 적절한 지표가 아니다. 갈증이 날 때만 물을 마시면 일간 필요량의 2/3만을 섭취하게 된다. 이런 '자발적 탈수'를 막으려면 지침을 따른다.

- 섭씨 38도 이하의 온도에서는 시간당 0.5ℓ의 물을 마신다.
- 38도 이상에서는 시간당 1ℓ의 물을 마신다.

13-34 물을 일정한 주기로 섭취하면 체온이 유지되고 땀도 줄어든다. 식수 공급량이 적어도 주기적으로 물을 조금씩 마셔야 체온을 낮게 유지하고 땀에 의한 수분 손실을 줄일 수 있다. 낮 동안 행동을 줄여 수분을 유지해야 한다. 물의 공급량을 미리 정하는 등의 '배급제'는 최악의 선택이다. 열사병의 원인이 되기 십상이다.

열 장애

13-35 서바이벌 환경에서는 부상, 스트레스, 필수장비 부족으로 열 장애를 겪기 쉽다. 다음 사례는 식수가 적고 의료지원은 없을 경우의 열 장애 유형과 그 처치법이다.

열경련

13-36 과도한 땀으로 인한 염분 결핍이 열경련을 유발한다. 증세는 다리, 팔, 복부의

근육 경련 등이다. 증세는 사소한 근육의 통증에서 시작된다. 이때는 모든 활동을 중지하고 그늘로 들어가 물을 마셔야 한다. 초기 증상을 무시하고 활동을 계속하면 심한 근육 경련과 통증을 겪게 된다. 이 경우, 열탈진 처치법에 따른다.

열탈진

13-37 체내 수분과 염분의 심한 손실은 열탈진을 유발한다. 주요 증세는 두통, 정신착란, 조급증, 과도한 땀, 허약, 현기증, 경련, 피부 창백, 축축한 느낌, 차가운 피부 등이 있다. 환자는 즉각 그늘로 옮기고, 지면에서 45㎝가량 이격된 들것이나 비슷한 높이의 구조물 위에 눕혀야 한다. 옷을 느슨하게 한 뒤, 물을 살짝 뿌려주고 부채질을 한다. 물을 3분 간격으로 마시게 하며, 환자가 진정된 상태에서 휴식하도록 배려한다.

열사병

13-38 과도한 염분과 수분 소모는 신체 냉각능력을 떨어트려 열사병을 유발한다. 환자는 즉각 체온을 낮추지 않으면 죽을 수도 있다. 열사병의 증상은 땀의 결핍, 뜨겁고 건조한 피부, 두통, 현기증, 빠른 맥박, 구토와 구역질, 의식불명과 정신착란 등이다. 환자는 즉각 그늘로 옮겨 지면과 45㎝ 이상 떨어진 들것이나 구조물에 눕혀야 한다. 옷을 느슨하게 한 뒤에, 물을 뿌리고(더러워도 상관없다) 부채질을 하며 다리와 팔, 몸을 마사지해준다. 환자가 의식을 찾으면 3분 간격으로 약간의 물을 마시게 한다.

예방법

13-39 사막에서 생존 및 도피 상황에 직면했을 경우, 위생병이나 의료용품이 열 장애를 치료할 가능성은 거의 없다. 따라서 열 장애를 피하는 데 최선을 다해야 한다. 낮에는 가급적 쉬고, 일은 주로 시원한 저녁과 밤에 한다. 전우조 체계를 이용해 열 장애가 오지 않도록 서로를 지켜준다. 그리고 이하의 지침을 준수한다.

- 동료에게 어디로 갈지, 언제 올지 알려준다.
- 열 장애의 조짐을 관찰한다. 누군가 피로를 호소하거나 단체에서 이탈해 헤맨다면 열 장애 환자일 가능성이 있다.
- 적어도 매 시간마다 물을 마신다.
- 낮에 상의를 탈의하고 일하지 않는다.
- 소변을 점검한다. 색이 옅다면 수분 섭취가 충분한 상태고, 진하면 물을 더 마셔야 한다.

사막에서 직면할 위험

13-40 사막에서 직면할 수 있는 특유의 위험이 있다. 곤충, 뱀, 가시 식물과 선인장, 오염된 식수, 눈에 가해지는 자극, 기후에 의한 스트레스 등이다.

13-41 사막에는 거의 모든 종류의 곤충이 서식한다. 곤충들에게 인간은 물과 영양의 공급원이며, 따라서 이와 진드기, 말벌, 파리 등이 달려든다. 이들은 매우 불쾌한 존재이며, 동시에 다양한 질병의 매개체다. 낡은 건물, 폐허, 동굴 등도 거미, 전갈, 지네, 이, 진드기 등의 주요 서식처다. 이런 장소들은 외부 환경으로부터 보호를 제공하지만, 동시에 다른 야생동물을 끌어들인다. 따라서 이런 곳에 머물 경우 최대한 주의해야 한다. 사막에서는 언제나 장갑을 끼고, 손을 어딘가에 놓기 전에 반드시 살펴보도록 한다. 일어날 때는 신발과 옷을 털고 확인한다. 모든 사막지역에는 뱀이 있다. 뱀은 폐허, 원주민 부락, 쓰레기 더미, 동굴, 그늘을 제공하는 바위틈 등에 서식한다. 이런 곳은 맨발로 지나지 말고, 반드시 뱀이 있는지 잘 살펴봐야 한다. 발과 손을 놓기 전에 장소를 살펴야 한다. 뱀에 물리는 상황은 대부분 뱀을 밟거나 만질 때 발생한다. 뱀은 최대한 피하고, 조우했다면 충분한 거리를 둔다.

제14장 열대지역 생존

대부분의 사람들은 열대 지역을 사람의 발길을 거부하는 거대한 열대 수림이나, 한 걸음을 옮길 때마다 칼로 나뭇가지를 베어 헤쳐나가야 하는, 다양한 위험이 도사리는 곳으로 간주한다. 사실 열대 면적의 거의 절반 이상은 어떤 형태로든 개간이 되어있다. 그리고 야외 생존기술과 임기응변, 생존 원칙의 적용 등으로 생존 확률을 높일 수 있다. 정글에 홀로 남겨지는 상황을 막연히 두려워해서는 안 된다. 공포는 혼란을 초래한다. 혼란은 기력을 소진시키고 생존확률을 떨어트린다. 정글에서는 모든 것이 번창하며, 여기에는 놀랄만한 속도로 성장하는 세균과 기생충도 포함된다. 동시에 열대의 자연이 식수와 식량, 충분한 피난처용 자재를 제공한다. 원주민들은 수천 년간 수렵과 채집으로 이곳에서 살아왔지만 외지인이 여기에 익숙해지려면 상당한 시간 동안 끊임없이 생존 활동을 해야 한다.

열대 기후

14-1 적도 및 아열대 지역은 일부 고지대를 제외하면 고온과 많은 강수량, 높은 습도가 특징이다. 저지대에서는 기온이 섭씨 10도 이하로 내려가는 일이 거의 없으며, 종종 35도 이상으로 치솟기도 한다. 반면 1,500m 이상의 고지대에서는 야간에 물이 어는 경우도 있다. 비가 내리면 기온이 잠시 내려가지만, 그치면 다시 올라간다.

14-2 비는 거세게 쏟아지며 종종 천둥번개를 동반한다. 약간의 비도 곧 거센 물줄기를 만들고, 하천의 수위를 끌어올리다 갑자기 그친다. 거센 폭풍이 빈번히 발생하며, 특히 여름이 끝날 무렵에 그렇다.

14-3 각종 열대성 태풍 및 폭풍은 바다에서 발생해 내륙으로 이동하며 강한 파도를

동반해 해안지대에 피해를 입힌다. 따라서 야영지를 선택할 때 홍수의 가능성에 주의한다. 겨울과 여름에는 바람도 달라진다. 건기에는 하루에 한 번꼴로, 우기(몬순)에는 지속적으로 비가 내린다. 동남아시아에서는 인도양에서 불어오는 바람이 우기를 재촉하지만 중국 내륙으로부터 불어온 바람이 강할 때는 건기가 돌아온다.

14-4 열대의 낮과 밤은 길이가 비슷하다. 빠르게 어두워지고, 일출도 빠르다.

정글의 유형

14-5 정글에는 '표준'이 없다. 열대 지역은 아래와 같은 유형으로 구분된다.

- 열대우림
- 2차 정글
- 열대계절림과 몬순림
- 관목림과 유자림
- 열대 사바나
- 염수 저습지
- 담수 늪지대

열대우림

14-6 열대 우림의 기후는 대체로 일정하다. 적도 일대에 위치한 아마존, 콩고 분지, 인도네시아, 몇몇 태평양 섬들의 기후는 상당히 흡사하며, 매년 최대 3.5m의 강수량이 기록된다. 기온은 주간에 섭씨 32도, 야간에 21도 내외를 기록한다.

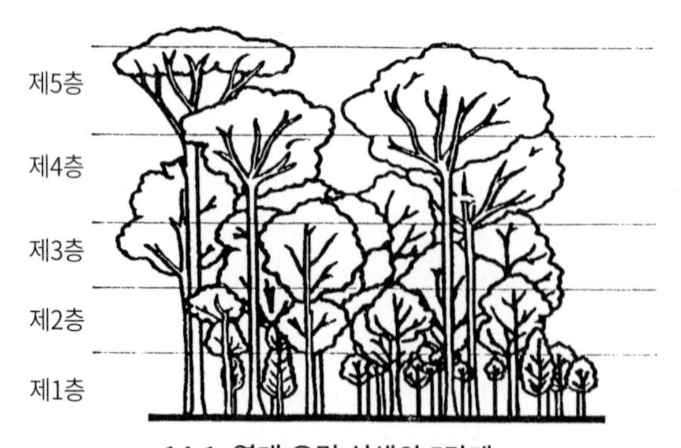

14-1. 열대 우림 식생의 5단계

14-7 정글의 식물은 5계층으로 나뉜다.(14-1) 인간이 없으면 나무는 최대 60m까지 자란다. 아래로 더 작은 나무들이 빽빽한 수관(樹冠)을 형성해 지면에 거의 빛이 닿지

않는다. 작은 묘목은 햇빛에 닿기 위해 덩굴과 줄기를 위로 뻗는다. 이끼나 조류, 초본 식물은 두꺼운 낙엽층을 뚫고, 곰팡이류는 낙엽과 쓰러진 나무에 서식한다.

14-8 정글의 지면은 일조량이 부족해 이동을 방해할 수풀이 드물다. 하지만 시야는 50m 내외로 제한된다. 방향을 잃기 쉽고 상공에서 생존자를 발견하기도 어렵다.

2차 정글

14-9 2차 정글은 열대 우림과 매우 흡사하다. 햇빛이 정글의 지표면에 닿는 곳에 식물이 몰려 서식하는 것이 2차 정글의 특징이다. 주로 강변이나 정글 외곽, 혹은 인간이 열대우림을 벌채한 곳에 형성되며, 방치한 개간지에도 빽빽하게 얽힌 식물 군집을 찾을 수 있다. 이런 곳에서는 종종 식용 작물의 뿌리도 발견된다.

열대계절림과 몬순림

14-10 미국 및 아프리카 열대계절림의 특징은 아시아의 몬순림과 유사하다.

- 열대계절림의 나무는 두 층으로 형성된다. 상층을 구성하는 나무의 높이는 18~24m, 하층을 구성하는 나무의 높이는 7~13m가량이다.
- 나무의 평균 굵기는 0.5고, 가뭄이 들 때는 낙엽이 떨어진다.

14-11 사고야자와 니파야자, 코코넛을 제외하면 열대계절림에서 자라는 식용 작물은 대부분 열대우림에서도 볼 수 있다.

14-12 열대계절림은 컬럼비아와 베네수엘라, 남아메리카의 아마존 분지, 아프리카 케냐의 남동부 해안지대, 탄자니아, 모잠비크에서 볼 수 있으며, 인도 북동부, 미얀마, 태국, 인도차이나 반도, 자바, 그 외의 인도네시아 도서지대 등에도 분포한다.

관목림과 유자림

14-13 관목림과 유자림의 특징은 다음과 같다.

- 분명한 건기가 존재한다.
- 건기에는 나무의 잎이 없다.
- 약간의 덤불 외에는 풀이 드물다.
- 많은 식물에 가시가 있다.
- 종종 화재가 발생한다.

14-14 관목림과 유자림은 멕시코의 서해안, 유카탄 반도, 베네수엘라, 브라질, 아프리카의 북서해안 및 중앙부, 투르키스탄 및 인도에 있다.

14-15 관목림과 유자림에서는 우기에 비해 건기에 식용 식물을 얻기 어렵다.

열대 사바나

14-16 사바나의 특징은 다음과 같다.

- 남아메리카와 아프리카의 열대지역에 위치한다.
- 넓은 초원으로, 드문드문 나무가 자란다.
- 토양은 대체로 붉은색이다.
- 흩어져 서식하는 나무들은 성장이 방해받아 뒤틀린 형태로 자란다. 야자나무가 자라는 경우도 있다.

14-17 사바나는 아메리카 대륙의 베네수엘라, 브라질, 가이아나 일대, 아프리카에서는 남부 사하라(카메룬의 중앙 북부 및 가봉, 남부 수단), 베넹, 토고, 나이지리아의 대부분, 콩고 공화국의 북동부, 우간다 북부, 케냐 서부, 말라위 일부, 탄자니아 일부, 짐바브웨 남부, 모잠비크, 그리고 마다가스카르 서부 일대에 있다.

염수 늪지대

14-18 염수 늪지대는 해안지대에서 흔히 발견되며, 조류에 의해 범람하기 쉽다. 맹그로브 나무는 이런 지형에서 번창한다. 맹그로브는 12m까지 자라며, 이동을 방해하는 복잡하게 얽힌 뿌리가 넓게 퍼져 있다. 따라서 시계는 매우 불량하며 이동도 어렵다. 운하처럼 나무 사이의 수로를 이용할 수도 있지만, 대부분 도보 이동만 가능하다.

14-19 염수 늪지대는 서부 아프리카, 마다가스카르, 말레이시아, 태평양의 도서지대, 중부 및 남부 아메리카, 인도의 갠지스 강 하구 등에서 볼 수 있다. 오리노코 강과 아마존 강, 기아나의 강 하구에 있는 늪지대는 그늘을 거의 제공하지 않는 나무와 진창으로 구성되어 있다. 이런 곳의 조수간만 차는 최대 12m에 육박한다.

14-20 염수 늪지대에는 거머리나 곤충부터 악어에 이르기까지 수많은 위험요소들이 있다. 이런 위험한 동물은 최대한 피해야 한다.

14-21 가능하다면 염수 늪지대는 우회해야 한다. 만약 수로가 있다면 뗏목 등을 이용해 탈출한다.

담수 늪지대

14-22 담수 늪지대는 내륙 저지대에서 발견할 수 있다. 야트막한 가시투성이 덤불, 갈대, 잡초, 작은 야자수 등이 자라며, 시계가 나쁘고 이동도 어렵다. 이런 늪지대 중앙에는 종종 섬이 있어 잠시 뭍으로 나갈 수 있다. 야생동물도 많이 서식한다.

정글에서의 이동

14-23 충분히 숙달되었다면 울창한 정글 속을 효과적으로 이동할 수 있다. 상처를 방지하기 위해 늘 긴 소매를 착용해야 한다.

14-24 쉽게 이동하려면 '정글 센스'를 길러야 한다. 눈앞의 수풀이나 나무에 구애되는 대신, 보다 멀리 바라보며 덤불 사이에 뚫린 자연적 돌파구를 찾아내야 한다. 정글 자체가 아닌 정글 너머에 집중하라. 주기적으로 멈춰 정글 바닥을 살피면 따라갈 수 있는 동물의 이동로를 발견할지도 모른다.

14-25 밀림이나 정글에서는 늘 주의를 곤두세운 채 느리게, 하지만 꾸준히 이동한다. 주기적으로 멈추고 주변의 소리를 들으며 방향을 확인한다. 정글도를 이용해 빽빽한 수풀을 베어내며 지나가야 하지만, 필요 없는 곳을 베며 체력을 고갈시켜서는 안 된다. 정글에서는 소리가 멀리 전파되므로, 정글도와 같은 칼을 사용할 경우, 소음을 억제하도록 아래에서 위를 향해 덩굴을 베어야 한다. 수풀은 지팡이를 사용해 헤쳐나간다. 지팡이는 무는 개미, 거미, 뱀 등을 쫓을 때도 요긴하다. 많은 덤불이나 덩굴은 줄기에 날카로운 가시나 피부를 자극하는 물질이 있으므로, 경사면을 오를 때는 덤불이나 덩굴을 잡지 않는다.

14-26 많은 밀림 동물들은 동물 이동로를 따라 이동한다. 구불구불하고 복잡하지만 대게 평지나 수로로 이어진다. 자신의 경로와 일치한다면 이동로를 활용한다.

14-27 많은 나라에서는 전기선이나 전화선을 인구가 적은 지역 사이를 가로질러 가설한다. 그리고 가설지역의 바닥은 통행의 용이함을 위해 벌채되는 경우가 많다. 이

련 전선을 따라갈 경우, 변전소 및 중계시설에 접근하게 되므로 주의한다. 적의 영역 안이라면 보통 보초가 서 있다.

14-28 정글이나 울창한 수풀을 지나갈 때는 늘 경계를 풀지 않고 주변을 살펴야 한다. 이하의 지침이 도움이 될 것이다.

- 시작 지점을 최대한 정확히 파악해야 안전한 여행 경로를 정할 수 있다. 나침반이 없다면 야외 응급 방위확인법을 사용한다.
- 물과 장비는 적정량만 휴대한다.
- 한 방향으로 움직이되, 직선으로만 움직여서는 안 된다. 장애물은 우회하고, 적진 일대에서는 천연 은·엄폐물을 잘 활용한다.
- 정글에서는 부드럽게 전진해야 한다. 억지로 전진하면 상처만 늘어날 뿐이다. 어깨를 돌리고 허리를 움직이며, 몸을 굽히고 덤불을 통과하며, 보폭도 효과적으로 조절하도록 노력한다.

즉각적인 고려사항

14-29 울창한 밀림의 수관 아래 있다면 구출될 가능성이 매우 낮다. 가능한 안전한 곳까지 이동해야 할 것이다.

14-30 항공기 추락의 생존자라면 현장에서 입수할 가장 중요한 도구는 정글도, 나침반, 구급의약품, 낙하산, 혹은 모기장 및 피난처로 활용 가능한 자재들이다.

14-31 비와 눈, 곤충으로부터 몸을 보호할 피난처를 확보한다. 말라리아를 옮기는 모기나 다른 곤충들은 심각한 위험이므로, 가급적 곤충에 물리지 않도록 조치한다.

14-32 진행 경로에 불을 피우거나 표시하지 않은 채 서둘러 추락 현장을 빠져나가면 안 된다. 먼저 나침반을 사용하라. 어떤 방향으로 이동중인지 알아야 한다.

14-33 열대지역은 작은 긁힘조차 빠르게 감염되므로 상처는 신속하게 치료해야 한다.

식수 획득

14-34 열대지방에는 물이 많지만 발견은 어렵다. 물을 발견해도 식수로는 부적합할 때가 많다. 식수원으로는 덩굴, 뿌리, 야자수, 증류 등이 있다. 동물을 따라가야 물이 나올 수도 있다. 흙탕물이 흐르는 개천이나 흙탕 호수라도 강변이나 호숫가의 모래를 약 1m가량 파내면 구덩이의 벽면에서 상당히 깨끗한 물이 나온다. 다만 이렇게 얻은 맑은 물도 반드시 정수해야 한다.

동물– 식수의 징후

14-35 동물들은 식수원으로 향하는 길잡이 역할을 한다. 대부분의 동물은 물을 주기적으로 섭취한다. 특히 사슴과 같은 초식동물은 대부분 식수원 인근에 서식하며, 일몰과 일출 무렵에는 식수원을 찾아 물을 마신다. 동물 이동로를 따라가면 대부분 식수원에 도달하게 된다. 육식동물의 흔적으로 식수원을 찾기는 쉽지 않다. 이들은 잡은 동물의 고기에서 수분을 보충하므로 오랜 시간 동안 식수 없이 지낼 수 있다.

14-36 새들도 식수원의 길잡이다. 비둘기와 같이 곡식을 먹는 새는 식수원에서 멀리 떨어진 장소에는 서식하지 않으며, 일몰과 일출 시간대에 물을 마신다. 이런 새들이 낮고 곧은 경로로 비행하면 식수를 향하는 것이다. 물을 마시고 오는 길이라면 몸이 무거우므로 비행하며 종종 휴식을 취한다. 다만 물새류를 따라 식수원을 찾으면 안 된다. 이 새들은 멈추지 않고 먼 거리를 비행한다. 독수리나 매 등의 육식조류도 먹이로부터 수분을 보충하므로 추적이 무의미하다.

14-37 곤충, 특히 벌은 식수원 탐색에 효과적인 이정표가 된다. 벌은 벌집에서 최대 6㎞ 이상 멀어지지 않으며, 대부분 이 반경 내에 식수원이 있다고 확신해도 된다. 개미도 물을 필요로 한다. 나무 위로 올라가는 개미떼는 나무에 머금어진 물을 마시기 위해 움직이는 것이다. 건조지역에서도 이런 방식으로 물을 발견할 수 있다. 대부분의 파리, 특히 유럽 석공 파리는 식수원의 반경 100m 이내에 머문다. 이런 파리는 무지갯빛 녹색 몸통으로 쉽게 식별된다.

14-38 인간이 지나간 흔적은 보통 우물, 시추공, 웅덩이 등을 향한다. 보통 이런 곳 위에는 증발을 막기 위해 수풀이나 돌이 덮여있다. 사용한 뒤 다시 덮도록 한다.

식물에서 식수를 얻는 법

14-39 서바이벌 환경에서 덩굴이나 뿌리, 야자나무 등은 좋은 식수원이 된다.

덩굴

14-40 껍질이 거칠고 굵기가 5㎝ 이상인 덩굴은 좋은 식수원이다. 다만 어떤 식물이 식수를 머금고 있는지 경험을 통해 배워야 한다. 식수가 될 수 없는 식물들은 물론이고 독성 수액을 머금은 경우도 있기 때문이다. 독 수액은 끈끈하고 우윳빛을 띄는 반면 비독성 수액은 깨끗한 액체다. 몇몇 덩굴은 만지기만 해도 피부발진을 일으킨다. 따라서 덩굴이 입에 닿지 않게 하고 액체만 입에 떨어지게 한다. 가능하면 용기를 이용해 물을 담는다. 6장에 기재된 절차를 따라 덩굴에서 물을 얻는다.

뿌리

14-41 오스트레일리아에서는 워터 트리, 사막 참나무, 블러드우드 등이 지표면에 뿌리를 묻고 있다. 뿌리를 캐서 30㎝ 길이로 자르고 껍질을 벗긴 후, 뿌리 속의 습기를 빨거나, 속살이 드러나도록 껍질을 벗겨낸 후 입 위에서 짜내어 수분을 얻을 수 있다.

야자수

14-42 부리 야자, 코코넛, 니파 야자 등은 모두 수분 섭취 용도로 적합한 달콤한 수액이 있다. 수액을 얻으려면 먼저 꽃이 핀 줄기를 아래로 휜 다음 끝을 자른다. 12시간마다 줄기에 얇은 흠을 내면, 매일 1ℓ의 수액을 얻을 수 있다. 니파 야자는 기단으로부터 자라나므로 나무를 오르지 않고도 지표에서 작업할 수 있다. 반면 다른 야자나무의 꽃이 핀 줄기에 도달하려면 나무 위로 올라야 한다. 코코넛 열매에서 얻을 수 있는 과즙은 풍부한 수분을 자랑하지만 다 익은 코코넛 열매는 매우 높은 확률로 강한 설사제처럼 작용하게 된다. 따라서 코코넛 열매의 과즙을 지나치게 자주 마신다면, 설사로 인해 섭취한 수분보다 더 많은 수분을 탈수증세로 잃을지도 모른다.

증류수 획득

14-43 수분이 함유된 뿌리가 캐내기에 너무 깊이 있을 수도 있다. 이럴 때는 증류를 통해 식물이 물을 만들도록 하면 된다. 깨끗한 비닐봉투를 푸른 잎이 많은 가지에 뒤집어씌우면 잎에서 방출된 습기가 비닐봉투에 모이게 된다. 잘라낸 식물을 비닐봉투에 담는 것도 증류수를 얻는 방법이다. 이것이 일광 증류법이다.(6장 참조)

식량

14-44 열대 기후에는 식량이 흔하다. 동물을 식량으로 삼으려면 8장을 본다.

14-45 동물 외에도 식용 식물을 통해 영양을 보충할 수 있다. 강이나 개천 주변은 식용 식물 획득에 가장 좋은 환경이다. 정글에 햇살이 비치는 곳은 대게 많은 식물이 있지만, 강가야말로 가장 접근성이 좋다.

14-46 체력이 약하다면 식량 획득을 위해 나무에 오르거나 나무를 베면 안된다. 지면 주변에 보다 쉬운 식량 공급원이 있을 것이다. 필요 이상의 식량도 얻지 않는다. 열대 기후에서 식량은 급속도로 부패한다. 자라는 식물의 열매는 필요할 때만 따서 신선할 때 먹는다.

14-47 정글에는 거의 무한한 식용 식물이 자생한다. 식용 식물을 식별하기 전에는 야자와 대나무, 흔한 과일부터 먹는다. 부록 B를 참조한다.

독성 식물

14-48 열대 지방에 서식하는 식물 가운데 독성 식물의 비율이 다른 지방에 비해 특별히 높지는 않다. 하지만 일부 지방에서는 독성 식물의 비중이 워낙 많아서, 마치 열대 전체의 식물이 독성인 것처럼 느껴지는 경우도 있다.(부록 C참조)

제15장 한랭지 생존

한랭지는 가장 힘겨운 생존 환경이다. 한랭기후는 적군만큼이나 위험하다. 추위 속에서 활동하는 매 순간은 외부 환경과의 전투나 다름없다. 주변 환경에 대한 지식이나 적절한 계획, 적절한 장비가 있다면 이런 문제를 극복할 수 있다. 그러나 이 가운데 한두 가지만 없어도 생존을 보장하기 어렵다. 겨울 날씨는 매우 변하기 쉬우므로 날씨가 청명하더라도 눈보라를 대비해야 한다. 추위는 생각보다 훨씬 생존에 위협적인 요소다. 추위 속에서는 사고능력이 저하되며 온기를 찾는 것 외의 모든 행동의지가 위축된다. 추위는 교활한 적으로, 정신과 육체를 마비시키고 생존 의지를 깎아낸다. 추위는 궁극의 목적, 즉 생존 그 자체를 망각시킨다.

한대 지방과 장소

15-1 한대 지방은 극지대와 아북극, 그 주변지역을 뜻한다. 북반구의 48%는 대기 온도로 인해 한대 지방으로 분류될 수 있으며, 온대지방도 겨울 해류의 영향을 받으면 한대 지방에 가깝게 추워진다. 해발고도 역시 한대 지방 구분의 주요 요소다.

15-2 한대 지방은 두 종류의 한랭기후, 즉 습성과 건성 한랭기후 가운데 하나의 특성을 보인다. 어떤 상황에서 활동해야 하는가에 따라 사전준비도 달라진다.

습성 한랭 환경

15-3 습성 한랭 환경은 24시간 평균 기온이 섭씨 -10도, 혹은 그 이상인 경우를 뜻한다. 밤에는 영점 아래로 떨어지고 낮에는 영점 이상으로 풀리는 경우가 일반적이다. 온도 자체는 높지만 진흙과 녹은 눈 등으로 지표면이 매우 미끄럽다. 젖은 지표면과 차가운 비, 진눈깨비, 눈 등의 습기로부터 자신을 보호하는 것이 중요하다.

건성 한랭 환경

15-4 건성 한랭 환경은 24시간 평균기온이 섭씨 −10도 이하로 떨어지는 환경이다. 일반적인 기후보다 매우 춥지만 결빙과 해동이 거듭되는 악조건은 피할 수 있다. 이런 곳이라면 최저 섭씨 −60도까지 몸을 지킬 수 있는 충분한 내의를 준비해야 한다. 강풍과 저온이 동반하면 매우 위험한 상황이 닥칠 수 있다.

풍속 냉각

15-5 바람이 노출된 피부에 끼치는 영향으로 요약할 수 있는 풍속 냉각은 한랭지의 위험을 가중시키는 요소다. 예를 들어 −10도의 온도에서 시속 27.8㎞/h의 바람에 노출된다면 풍속에 의해 체감온도가 섭씨 −23도까지 떨어진다. 표 15−1은 풍속 냉각의 다양한 풍속과 온도에 의한 여파를 보여준다.

15-1. 풍속에 따른 냉각효과는 체감온도로 표시되는 외부온도

풍속		외기온																				
무풍		4	2	-1	-4	-7	-9	-12	-15	-18	-21	-23	-26	-29	-32	-34	-37	-40	-43	-46	-48	-51
m/s	km/h	체감온도																				
2.2	8	2	-1	-4	-7	-9	-12	-15	-18	-21	-23	-26	-29	-32	-34	-37	-40	-43	-46	-48	-54	-57
4.4	16	-1	-7	-9	-12	-15	-18	-23	-26	-29	-32	-37	-40	-43	-46	-51	-54	-57	-59	-62	-68	-71
6.7	24	-4	-9	-12	-18	-21	-23	-29	-32	-34	-40	-43	-46	-51	-54	-57	-62	-65	-68	-73	-76	-79
8.9	32	-7	-12	-15	-18	-23	-26	-32	-34	-37	-43	-46	-51	-54	-59	-62	-65	-71	-73	-79	-82	-84
11.1	40	-9	-12	-18	-21	-26	-29	-34	-37	-43	-46	-51	-54	-59	-62	-68	-71	-76	-79	-84	-87	-93
13.3	48	-12	-15	-18	-23	-29	-32	-34	-40	-46	-48	-54	-57	-62	-65	-71	-73	-79	-82	-87	-90	-96
15.5	56	-12	-15	-21	-23	-29	-34	-37	-40	-46	-51	-54	-59	-62	-68	-73	-76	-82	-84	-90	-93	-98
17.8	64	-12	-18	-21	-26	-29	-34	-37	-43	-48	-51	-57	-59	-65	-71	-73	-79	-82	-87	-90	-96	-101
풍속 17.8m/s 이상에서는 풍속에 따른 냉각에 큰 차이가 없다.		위험이 작다					위험이 증대 (1분 내 냉각)							극히 위험 (30초 이내 냉각)								
		적절한 옷을 입고 있더라도 노출된 피부는 동결의 위험이 있다																				

15-6 자연적인 바람이 없을 때도 달리거나 스키를 타거나 차량 뒤에 스키를 타고 매달려가는 경우, 혹은 항공기에서 신체가 밖으로 노출될 경우 바람을 받게 된다.

한랭지 생존의 기본 원칙

15-7 한랭지에서는 온대지역보다 기본적인 식수, 식량, 피난의 확보가 어렵다. 기본 요소가 충족된 뒤에도 충분한 보온 피복과 생존의지를 갖춰야 한다. 생존 의지는 기본 요소들 못지않게 중요하다. 잘 훈련되고 장비도 갖춘 사람이 생존의지의 결여로

인해 한랭지 생존에 실패한 경우도 있다. 역으로 훈련과 장비가 부족하지만 생존의지를 통해 살아난 사람도 있다.

15-8 미 육군의 제식 방한장비는 종류가 다양하다. 특수부대는 폴리프로필렌 속옷이나 고어텍스 외피 및 방한화, 기타 다양한 최신 특수피복을 지급받는다. 구형도 몇 가지 원칙만 지키면 체온을 유지시켜 주지만, 신형 피복이 있다면 신형을 사용하는 편이 좋다. 신형이 없다면 바람막이를 제외한 모든 피복은 울(모) 재질로 맞춘다.

15-9 체온을 유지하는 피복을 갖추는 데 그치지 않고 피복의 보온효과를 최대한 살려야 한다. 머리는 늘 보온해야 한다. 머리가 노출되면 40~45%의 체온을 잃으며, 목, 손목, 발목을 추가로 노출할 경우 보다 극심한 체온 손실이 발생한다. 이런 부위들은 지방층이 얇고 많은 열을 방출한다. 특히 뇌는 기온에 매우 민감하며 추위를 거의 견디지 못한다. 머리에는 다량의 혈액이 순환하며 혈관 대부분이 피부 표면에 가깝게 위치하므로 머리를 보온하지 않으면 빠르게 체온을 잃게 된다.

15-10 보온을 유지하는 데는 네 가지 원칙이 있다. 가장 기억하기 쉬운 방법은 COLDER라는 단어를 사용하는 암기법이다.

C	**피복(Clothing)을 깨끗(Clean)하게 유지한다.** 위생과 편의는 물론 보온 측면에서도 중요한 요소다. 흙과 기름으로 범벅이 된 옷은 보온능력을 크게 잃는다. 체온은 피복이 머금은 공기가 새어나가거나 다른 물체(액체 등이 여기에 해당한다)로 대체된 상태에서 더욱 빠르게 손실된다.
O	O-**과열**(Overheating)**을 피한다**. 체온이 너무 오르면 땀을 흘리게 되고, 피복이 그 땀을 옷이 흡수하면 두 가지 문제가 발생한다. 피복이 젖으면 보온성이 떨어지고, 땀이 증발하며 체온도 저하된다. 이 경우 땀을 흘리지 않도록 방한복을 살짝 열거나 내의 일부를 입지 않거나, 혹은 방한 장갑 외피를 벗거나 방한복의 후드를 벗거나, 혹은 더 얇은 모자로 갈아입는 방법 등으로 피복을 조절한다. 머리와 손은 더욱 때 열을 효과적으로 방출하는 부위다.
L	**옷을 느슨하게**(Loose), **여러 겹**(Layers)**으로 입는다**. 꽉 끼는 옷과 신발은 혈액 순환을 방해해 동상을 유발할 수 있다. 또 겹겹의 공기층을 제한하므로 보온능력을 악화시킨다. 한 겹의 두꺼운 옷보다 여러 겹의 얇은 옷이 더 많은 공기층을 함유하므로 더 효과적이다. 공기층이 추가 보온 효과를 제공한다. 또한 여러 겹의 옷을 입으면 땀을 흘리거나 추가 보온이 필요한 상황에서 피복을 증감하기 쉽다.

D	**피복의 건조(Dry) 상태를 유지한다.** 추운 곳에서는 내의가 땀에 젖기 쉽다. 겉옷도 방수기능이 없다면 옷에 묻은 눈이나 서리 등이 체온에 의해 녹으면서 젖게 된다. 가능하면 방수 겉옷을 입도록 한다. 방수 겉옷이 녹은 눈과 서리에 의해 발생하는 수분을 대부분 막아낸다. 하지만 아무리 조심해도 옷이 젖는 상황을 막지 못할 수 있다. 그럴 때는 젖은 옷의 건조가 관건이 된다. 이동 중이라면 젖은 장갑과 양말을 배낭에 걸어둔다. 빙점하의 기온에서도 바람과 태양에 의해 마를 때가 있다. 젖은 양말이나 장갑은 펼쳐서 몸 주변에 두면 체온으로 말릴 수 있다. 숙영지에서는 젖은 피복을 피난처의 최상부 주변에 빨랫줄이나 급조한 빨래 건조대로 말린다. 불을 피울 수 있다면 그 앞에서 말릴 수도 있다. 가죽은 천천히 말린다. 만약 신발을 말릴 다른 방법이 없다면 침낭의 내피와 외피 사이에 둔다. 체온이 가죽을 말리는 데 도움이 될 것이다.
E	**피복이 닳았는지, 찢어졌는지, 청결한지 검사(Examine)한다.**
R	**찢어졌거나 구멍이 뚫린 옷은 손상이 심해지기 전에 수선(Repair)한다.** 응급 바느질 도구는 뼈나 식물섬유, 낙하산 줄, 큰 가시 등으로 만들 수 있다.

15-11 새털이 채워진 두터운 침낭은 한랭지에서 귀중한 생존도구다. 새털이 잘 말라 있는지 확인한다. 젖으면 보온성을 대부분 잃게 된다. 침낭이 없다면 낙하산 천이나 비슷한 다른 소재, 그리고 낙엽이나 소나무 잎, 이끼 등의 천연재료를 조합해 대체품을 만들어야 한다. 외피 소재 두 겹 사이에 건조한 보온재를 채우면 된다.

15-12 생존에 필요한 또 다른 중요 도구가 나이프다. 방수성냥은 가능한 부싯돌 달린 방수통에 넣는다. 나침반과 지도, 시계, 방수천과 커버, 플래시, 쌍안경, 선글라스, 지방 함량이 높은 생존 식량, 식량 수집도구, 신호도구 등이 추가로 필요하다.

15-13 다시 강조하지만 한랭 기후는 매우 가혹하며, 생존에 필요한 도구 선정에 신중을 기해야 한다. 사용해 본 경험이 없는 도구에 대한 확신이 없다면 실사용 이전에 간단히 점검한다. 필수적인 도구는 생존 환경에서 분실하지 않도록 한다.

위생

15-14 한랭 기후에서는 청결 유지가 매우 어렵지만, 가능한 씻어야 한다. 청결을 유지하면, 보다 심각해질 가능성이 높은 피부 발진을 원천 봉쇄할 수 있다.

15-15 한정적인 상황에서는 눈 목욕을 할 수 있다. 한 움큼의 눈을 쥐고, 땀과 습기가 축적되는 곳, 즉 겨드랑이나 사타구니 등을 닦은 후 잘 닦아 말린다. 가능하다면

매일같이 발도 씻고 마른 양말을 신는다. 속옷 역시 적어도 일주일에 두 번은 갈아입는다. 속옷을 빨 수 없다면 털어서 한두 시간 정도 공기가 통하도록 말린다.

15-16 고정 피난처를 사용한다면 매일 몸과 옷에 이가 없는지 검사한다. 옷에 이가 있다면 살충제를 사용한다. 살충제가 없다면 옷을 찬바람에 내걸고 두들긴 뒤 잘 솔질한다. 다만 이 방법으로 이는 제거할 수 있지만 이의 알은 제거할 수 없다.

15-17 면도는 피부가 가혹한 외부 환경에 노출되기 전에 회복될 시간을 얻도록 자기 전에 한다.

의료적 측면

15-18 건강한 성인이라면 상체 내부의 체온은 섭씨 37도 내외를 유지할 것이다. 머리와 사지는 상체보다 외부로부터 덜 보호받는 만큼 온도가 자주 변하며, 상체와 같은 온도에 도달하기 어렵다.

15-19 인체에는 심한 온도 변화에 맞서 체온의 균형을 맞추기 위한 장치가 있다. 체온의 균형에는 세 가지 중요한 요소가 작용한다- 열 생산, 열 손실, 그리고 증발이다. 몸의 핵심 체온과 주변 기온의 차이는 열 생산율에 영향을 끼친다. 그리고 인체는 열의 생산보다 소모에 더 효율적이다. 땀은 열 균형을 맞추는 데 도움을 준다. 땀을 최대한 흘리면 인체가 발생시키는 가장 높은 열도 식힐 수 있다.

15-20 몸의 떨림은 열을 발생시킨다. 또한 피로를 유발하며, 이 피로로 인해 체온이 떨어지게 된다. 인체 주변의 공기 흐름도 열 손실에 영향을 끼친다. 옷을 입지 않은 인간이 움직이지 않는 섭씨 0도의 대기에 노출되어도 최대한 떨고 있다면 열 균형을 맞출 수 있다고 한다. 하지만 인간이 영원히 떨 수는 없는 법이다.

15-21 극한지용 방한복을 입고 휴식을 취하는 사람은 빙점보다 한참 낮은 기온에서도 열 균형을 맞출 수 있다. 그러나 정말 혹독한 추위에서 어느 정도 버티려면 움직이거나 떨고 있어야 한다.

한랭 장애

15-22 부상이나 질병에 대처하는 최선의 방법은 예방이다. 그리고 일단 부상이나 질병이 발생했다면 악화되기 전에 최대한 빨리 치료해야 한다.

15-23 각종 징후 및 증상, 그리고 전우조 운용은 건강 유지에 필수적이다. 다음 내용은 발생 가능한 한랭 장애에 대한 설명이다.

저체온증

15-24 저체온증은 체온의 저하 속도가 열 발생 속도보다 높을 때 발생한다. 저체온증의 원인은 차가운 외기에 노출되거나, 물에 빠지거나, 연료 혹은 다른 액체를 뒤집어쓰는 등 갑작스럽게 젖는 상황을 포함해 매우 다양하다.

15-25 최초의 증상은 떨림이다. 체온이 섭씨 35.5도 내외로 떨어지면 이 단계가 시작되고, 심해지면 통제가 불가능하다. 체내 온도가 섭씨 35~32도까지 떨어지면 사고가 둔화되고 논리가 결여되며, 따뜻하다는 착각을 하기 시작한다. 체내 온도가 30~32도까지 떨어지면 근육 경직, 의식 불명 증상이 발생하며 생존 징후도 거의 보이지 않는다. 체내 온도가 25도 아래로 떨어지면 거의 확실히 사망한다.

15-26 저체온증을 치료하려면 전신을 덥힌다. 먼저 몸통부분만을 섭씨 37~43도가량의 따뜻한 물에 담근다.

심장 마비와 체온 상승에 의한 쇼크의 위험이 있으므로, 전신을 따뜻한 물에 담그는 조치는 적절한 시설에서만 시행할 수 있다.

15-27 체내 온도를 높이는 가장 빠른 방법은 따뜻한 물을 이용한 관장이다. 하지만 생존 환경에서 사용하기는 어려운 방법이다. 다른 방법은 환자를 체온이 정상인 다른 사람과 함께 침낭에 넣는 것으로, 두 사람 다 옷을 입지 않아야 한다.

침낭에 저체온증 환자와 함께 들어간 사람도 너무 오래 있으면 저체온증에 걸릴 수 있다.

15-28 환자가 의식이 있다면 뜨겁고 단 액체를 준다. 꿀이나 포도당이 가장 좋지만, 해당 식재료가 없다면 설탕, 코코아, 혹은 비슷한 수용성 감미료를 쓰면 된다.

의식 불명의 환자에게 억지로 마시게 하면 안 된다.

15-29 저체온증 치료에는 두 가지 위험이 있다. 너무 빠른 가열과 '사후 하강'이다. 환자의 체온을 너무 빨리 높이면 혈액 순환에 이상이 생겨 심장마비를 일으킬 수 있다. 사후 하강은 환자를 온수에서 꺼내는 순간 체온이 급격히 떨어지는 현상이다. 이 현상은 혈액 재순환이 이뤄지면서 사지에 정체되어 있던 혈액이 체내에 흘러들어 발생한다. 몸을 데우는 데 집중하면서 말단의 혈액순환도 촉진시켜야 사후 하강을 막을 수 있다. 상체를 모두 온수에 담그는 방법이 최선이다.

동상

15-30 동상은 체조직이 얼어 발생한다. 가벼운 동상은 피부가 둔탁하고 창백한 색이 된다. 중증 동상은 피부 아래까지 피해가 확산되며, 체조직이 굳어 움직일 수 없게 된다. 발, 손, 노출된 얼굴 부위가 특히 동상에 취약하다.

15-31 동료가 있을 때 최선의 동상 예방책은 서로의 얼굴을 자주 살피는 것이다. 혼자라면 주기적으로 코와 얼굴 아랫부분을 방한 장갑을 낀 손으로 가려준다.

15-32 이하의 처치법은 극한지에서 적절한 방한복을 갖추지 못했을 때 체온을 유지하고 동상을 예방하는 데 도움을 줄 것이다.

- 얼굴: 얼굴의 피부를 늘렸다 조이며 혈액순환을 유지하고 두 손으로 데워준다.
- 귀: 귀를 앞뒤로 당기고 누르는 등 계속 움직이고 손으로 데워준다.
- 손: 손을 장갑 안으로 넣는다. 최대한 몸에 가까이 대서 따뜻하게 한다.
- 발: 발을 신발 안으로 넣고 발가락을 꼼지락거린다.

15-33 손발에 감각이 사라지는 것은 동상의 신호다. 감각이 잠시 동안만 없어졌다면 가벼운 동상이고, 그렇지 않다면 동상이 심한 상황이다. 가벼운 동상이라면 맨손이나 방한장갑 등으로 얼굴과 귀를 데워준다. 손을 팔꿈치 밑으로 넣고 발도 동료의 배에 가까이 둔다. 심한 동상은 녹았다 다시 얼면 비전문가는 대응하기 힘든 피해로

이어진다. 15-2는 동상에 관한 주의사항이다.

5-2 동상을 입었을 때 해야 할 일과 하면 안 되는 일

해야 할 일	하면 안 되는 일
정기적인 동상 점검.	환부를 눈으로 비빈다
가벼운 동상은 다시 녹인다.	알코올을 섭취한다.
동상 부위가 다시 얼지 않게 한다.	담배를 피운다.
	필요한 의료조치를 받지 못하는 상황에서 심한 동상을 다시 녹이려 한다.

참호족과 침족병

15-34 이 증세들은 몇 시간, 혹은 며칠간 습하고 빙점보다 약간 높은 온도의 환경에 노출되었을 때 발생한다. 증상은 바늘로 찔리는 듯한 통증, 찌릿찌릿한 느낌, 감각 마비, 통증 등이다. 초기증세로 피부가 축축하고 창백하며 쭈글쭈글해진다. 증세가 심화되면 피부는 붉게 변한 뒤 푸르게, 혹은 검게 변색된다. 발은 곧 차가워지고 부어오르며, 밀랍으로 만든 것처럼 변한다. 보행이 어려워지고 발은 무겁고 무감각해진다. 신경과 근육이 주로 피해를 입으며, 괴저도 발생한다. 극단적인 경우 피부가 죽고 발이나 다리를 절단해야 할 수도 있다. 최선의 예방책은 발을 건조하게 유지하는 것이다. 방수 포장에 예비 양말을 휴대해야 한한다. 상반신에 양말을 놓고 말릴 수도 있다. 매일같이 발을 씻고 마른 양말로 갈아 신는다.

탈수

15-35 추운 날씨에서 여러 겹의 옷을 입으면 수분의 소모를 느끼지 못할 때가 있다. 몸에서 방출되는 수분은 두꺼운 옷이 흡수하게 된다. 이렇게 소모되는 수분의 보충을 위해 물을 마셔야 한다. 온대 기후만큼이나 한대 기후에서도 수분 보충이 필요하다.(13장 참조) 탈수 여부를 판단하려면 눈 위에 소변을 보고 그 색을 보면 된다. 만약 소변이 진한 노란색이라면 탈수가 진행되어 수분 보충이 필요한 상태다. 옅은 노란색이거나 거의 색이 없다면 체내 수분이 충분하다는 뜻이다.

한랭성 이뇨과다

15-36 추위에 노출되면 소변의 양과 수분 손실이 늘어 수분 보충이 필요하다.

일광 화상

15-37 노출된 피부는 빙점 이하에서도 햇빛에 탈 수 있다. 얼음, 눈, 수면 등에 다양

하게 반사되는 햇빛은 입술, 콧구멍, 눈꺼풀 등의 민감한 피부들에 피해를 입힌다. 그리고 고도가 높은 곳에서는 낮은 곳에 비해 더 빨리 탄다. 선크림이나 립글로스 등을 발라 햇빛으로부터 보호받아야 한다.

설맹

15-38 눈에 덮인 지면에서 반사된 태양광의 자외선은 설맹을 유발한다. 설맹의 증세는 안구의 따끔한 통증과 핏발, 눈물, 빛에 장시간 노출될 때 강해지는 두통 등이다. 장시간 자외선에 노출되면 영구적인 안구 손상까지 초래할 수 있다. 설맹을 치료하려면 증상이 사라질 때까지 눈을 붕대로 덮는다.

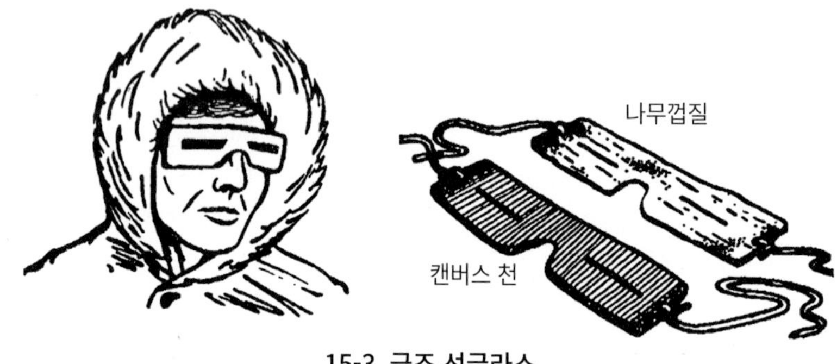

15-3. 급조 선글라스

15-39 선글라스를 써 설맹을 예방할 수 있다. 선글라스가 없다면 제작한다. 두터운 종이나 얇은 나무, 나무껍질, 기타 소재에 얇은 홈을 뚫는다.(15-3) 눈 아래에 검댕을 발라도 눈에 들어가는 빛을 줄일 수 있다.

변비

15-40 적절한 시간대의 배변은 매우 중요하다. 춥다고 배변을 미뤄서는 안 된다. 추위로 인한 배변 지연, 건조식품 섭취, 수분 부족, 불규칙적인 식습관 등은 변비를 유발한다. 변비로 불구가 될 우려가 없다 해도 매우 불편한 증상이다. 변비가 발생하면 일반적인 수분 섭취량인 매일 2~3ℓ에서 2ℓ를 더 늘리고 가능하다면 과일 및 기타 배변에 도움이 되는 식품을 섭취한다.

벌레 물림

15-41 벌레에 물린 자리를 자주 긁으면 감염된다. 파리는 다양한 병균을 옮긴다. 벌

레물림을 예방하려면 곤충 퇴치제 및 모기장을 치고 적절한 옷을 입는다. 11장을 참조해 벌레물림에 대한 정보를 얻고 4장의 치료법을 확인한다.

피난처

15-42 주변 환경과 장비가 제작할 피난처의 유형을 결정한다. 피난처는 삼림지대, 개활지, 황무지 등 여러 곳에 지을 수 있다. 삼림지대가 가장 적절하지만 황무지에서는 눈 이외의 자재를 얻지 못할 수도 있다. 삼림지대는 피난처를 위한 통나무, 연료, 적으로부터의 은폐, 바람막이 등을 제공한다.

항공기 외피 등 금속으로 피난처를 짓지 말 것. 금속은 열을 외부로 방출한다.

15-43 눈이나 얼음으로 피난처를 제작하려면 얼음용 톱이나 도끼 등의 도구가 필요하고, 시간과 체력도 소모된다. 밀폐된 피난처는 반드시 환기구조를 갖춰야 한다. 특히 안에서 불을 피운다면 환기가 중요하다. 피난처의 입구는 가능한 닫아서 열 방출과 바람을 차단한다. 필요한 크기 이상의 피난처를 지어서는 안 된다. 너무 크면 보온에 필요한 열의 양이 지나치게 늘고, 자칫하면 체온마저 빼앗기게 된다.

15-44 절대로 지면에 직접 누워서 수면을 취하지 않는다. 소나무 잎이나 풀, 기타 다른 단열재를 깔아 지면과의 접촉으로 체온을 잃지 않게 한다.

15-45 자기 전에 반드시 스토브나 램프 등을 끈다. 환기되지 않는 피난처에서 불을 피울 경우 일산화탄소 중독을 주의해야 한다. 일산화탄소는 색과 냄새가 없고, 어떤 형태의 연소도 일산화탄소를 방출할 수 있으므로 매우 위험하다. 환기가 이뤄지는 피난처에서도 불완전연소가 일산화탄소 중독을 유발할 수 있으므로, 언제나 환기를 점검한다. 별다른 징후를 보이지 않고 의식불명에 빠지거나 사망할 가능성이 있으며, 관자놀이에 생기는 압박, 타는 듯한 눈, 두통, 맥박 증대, 어지럼증, 구토 등을 유발하기도 한다. 입술과 입, 눈꺼풀 안이 선명한 빨간색을 띠는 것도 중독 증세다. 이 증세 가운데 하나라도 확인되면 즉각 맑은 공기를 쬔다.

15-46 신속하게 제작할 수 있는 야외 급조형 피난처에는 몇 종류가 있다. 많은 피난처가 눈을 단열재로 사용한다.

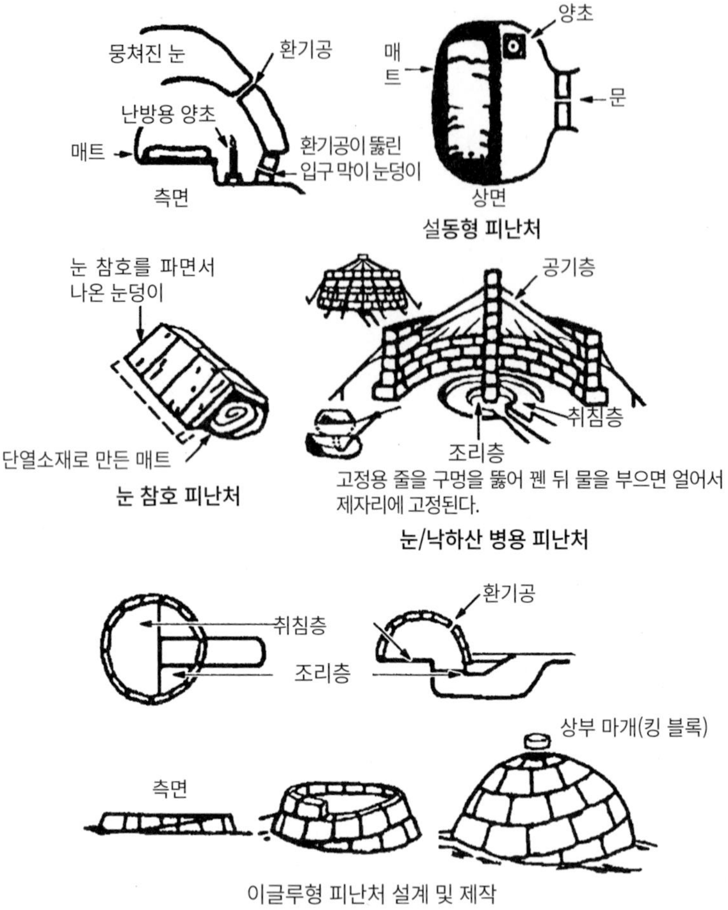

설동형 피난처

눈 참호 피난처

고정용 줄을 구멍을 뚫어 꿴 뒤 물을 부으면 얼어서 제자리에 고정된다.

눈/낙하산 병용 피난처

이글루형 피난처 설계 및 제작

15-4. 눈을 이용한 피난처

설동형 피난처

15-47 단열성이 좋은 눈으로 만든 설동형 피난처(15-4)는 매우 효과적이다. 다만 제작에 시간과 노력이 필요하고, 제작과정에서 몸과 의복이 젖을 수도 있다. 먼저 3m가량의 굴을 팔 수 있는 눈더미를 찾는다. 설동형 피난처는 구조적으로 튼튼하고 녹은 물이 주변으로 흘러내리는 아치형으로 제작한다. 침상은 입구보다 높이 위치하고 벽과 분리하거나 침상과 벽 사이를 파 간격을 만든다. 녹은 물이 사람과 장비를 적시지 않도록 한다. 특히 실내에 난방수단이 있다면 이런 안배가 중요하다. 지붕 높이는 안에서 침상에 앉기에 충분한 수준이어야 한다. 눈 덩어리나 다른 자재로 입구를 막고, 약간 낮게 만든 입구 부근을 조리 공간으로 사용한다. 벽과 천장 두께는 최소 30㎝

이상으로 맞추고 환기공도 뚫는다. 설동을 만들기에 충분한 눈이 없다면 주변의 눈을 모아 쌓아 올려도 된다.

눈 참호형 피난처

15-48 이 형태의 피난처(15-4)는 생존자를 눈과 바람으로부터 분리시키고 눈의 단열 효과를 제공한다. 눈이 잘 뭉쳐진 곳이 있다면 눈 덩어리를 잘라 머리 위를 덮는 데 사용한다. 없다면 판초우의나 다른 소재를 덮개로 쓸 수 있다. 입구는 하나만 만든 뒤 눈 덩어리나 배낭을 문처럼 활용한다.

눈/낙하산 병용 피난처

15-49 눈 덩어리를 측면에 쌓고 낙하산을 지붕처럼 사용한다.(15-4) 폭설이 쏟아진다면 낙하산이 무너지지 않도록 지붕의 눈을 주기적으로 제거해야 한다.

이글루형 피난처

15-50 일부 지역에서는 원주민들이 사냥 및 낚시용 피난처로 종종 사용한다.(15-4) 매우 효과적이지만 제작 과정에 일정한 수준의 연습이 필요하다. 또한 잘라낼 눈 덩어리가 충분하고, 자르는데 필요한 도구(눈톱 혹은 눈칼)도 있어야 한다.

그림 15-5. 의탁형 피난처

의탁형 피난처

15-51 다른 환경에서의 비슷한 피난처를 만드는 것과 동일한 요령으로 만든다. 여기에 더해 눈을 측면에 둘러쌓아 보온효과를 높인다.(15-5)

15-6. 도목형 피난처

도목형 피난처

15-52 먼저 쓰러진 나무를 찾은 후, 그 밑의 눈을 파낸다.(15-6) 나무 밑의 눈은 깊지 않을 것이다. 안쪽의 가지를 잘라내야 한다면 잘라내어 바닥에 깐다.

나무 그루터기 피난처

15-53 적당한 큰 나무 주변에서 눈을 파낸다. 나무 주변의 눈은 그리 깊지 않다. 가지를 잘라 바닥을 마련한다. 적절히 제작하면 360도 시계가 확보된다.(제5장의 5-12)

20인용 구명보트

15-54 미 공군의 표준 구명보트도 피난처로 활용할 수 있다. 눈이 지붕에 많이 쌓이지 않게 한다. 개활지에 설치하면 상공의 항공기에 쉽게 존재를 알릴 수 있다.

불

15-55 불은 한랭지에서 특히 중요한 존재다. 불은 조리, 난방, 조명, 그리고 얼음을 녹이는 식수원의 역할을 겸한다. 그리고 생존자에게 안도감을 주어 상당한 심리적 상승효과를 발휘하기도 한다.

15-56 7장을 참조해 불을 피운다. 적 지배지역 안에 있다면 연기와 냄새, 빛으로 위치가 발각될 수 있음을 고려한다. 주변의 나무나 바위에 의해 빛이 반사되므로 간접적인 빛조차 위험하다. 연기는 춥고 바람이 잔잔한 날씨에는 위로 솟아오르므로 낮 동안에는 위치가 발각될 우려가 있으나, 밤에는 냄새가 퍼지지 않게 해 준다. 상대적

으로 덜 추운 날씨에 삼림지대에서 불을 피우면 연기가 지면을 따라 퍼지므로 낮 동안에 발각될 우려는 적지만 불내음이 퍼진다.

15-57 적의 지배영역 내에 있다면 나무 자체를 베어 쓰러트리기보다는 낮은 쪽의 나뭇가지를 꺾어 사용한다. 쓰러진 나무는 하늘에서 쉽게 발견된다.

15-58 모든 나무는 태울 수 있지만 몇몇 나무는 연기가 더 많이 난다. 침엽수는 수지성 수액과 타르 성분이 있어 낙엽수에 비해 더 많고 진한 연기가 발생한다.

15-59 극지대의 고산지대에는 연료로 사용 가능한 소재가 부족하다. 약간의 풀과 이끼 외에는 적당한 재료가 없다. 고도가 낮을수록 연료가 많아진다. 수목한계선 이상의 지역에서는 약간의 수풀과 낮게 자란 가문비나무 정도만 발견될 것이다. 바다가 얼어 생긴 빙판 위에서는 사실상 연료가 없다. 극지대 및 그 주변의 황량한 해안지대에도 떠내려 온 나무나 동물 지방 외에는 생존자를 위한 연료가 없다.

15-60 수목한계선 내에 풍부한 연료는 다음과 같다.

- 가문비나무는 내륙지방에서 흔하다. 침엽수인 가문비나무는 봄과 여름에 태우면 연기가 많이 발생한다. 그러나 늦가을과 겨울에는 거의 연기 없이 탄다.
- 미국낙엽송도 침엽수이며 북미지역의 소나무과에서는 유일하게 가을에 잎이 떨어진다. 잎이 없는 미국낙엽송은 마치 죽은 가문비나무 같지만 울퉁불퉁한 봉오리와 솔방울이 가지에 달려있다. 미국낙엽송은 탈 때 많은 연기가 나오므로 신호용으로 적합하다.
- 자작나무는 낙엽송이며 마치 석유에 적신 것처럼 빠르고 뜨겁게 탄다. 대부분의 자작나무는 하천과 호수 주변에 자라지만 가끔 고지대에서 자라기도 한다.
- 버드나무와 오리나무는 극지방의 늪지대나 호수 및 하천 주변에서 자라며 많은 연기를 내지 않고도 뜨겁고 빠르게 탄다.

15-61 마른 이끼와 풀, 수풀버드나무도 연료로 쓸 수 있다. 이 식물들은 툰드라 지대(나무가 없는 평야)의 하천 주변에 많다. 풀이나 다른 수풀을 여럿 뭉치거나 꼬아 크고 단단한 덩어리를 만들면 더 천천히 타는 효율 좋은 연료를 만들 수 있다.

15-62 부서진 차량이나 추락한 항공기에서 연료나 윤활유가 발견된다면 이를 추출해 사용한다. 연료는 연료탱크에 남겨두고 필요할 때만 사용한다. 윤활유는 혹한 속에서는 얼 수 있으므로 아직 따뜻할 때 차량이나 항공기에서 뽑아 내야 하지만 화재나 폭발의 위험이 없을 경우에 한한다. 용기가 없다면 윤활유를 눈이나 얼음에 흐르게 한다. 윤활유에 젖은 눈이나 얼음을 필요할 때 퍼내면 된다.

혹한 속에서 피부를 연료나 윤활유 등에 노출시키면 안 된다. 액체 상태라도 유성 물질이 묻은 채 지내면 동상에 걸릴 가능성이 있다.

15-63 전투식량에 든 스푼이나 헬멧의 방풍 바이저, 폼 형태의 고무, 바이저 케이스 등은 성냥으로 쉽게 불을 붙일 수 있다. 이런 플라스틱이나 고무 제품은 불쏘시개로 사용하기에 충분한 시간동안 연소된다. 플라스틱 스푼은 약 10분간 탄다.

15-64 추운 곳에서 불을 다루는 작업에는 위험이 따른다. 이하의 내용은 핵심 주의사항들이다.

- 불은 지하에서도 타오르며, 꺼진 뒤에도 다시 타오를 수도 있다. 따라서 피난처에 너무 가까운 곳에서 불을 피우지 않는다.
- 눈 피난처에서 너무 뜨거운 열은 위장에 사용되는 눈 단열층을 녹일 수 있다.
- 환기가 불충분한 피난처 안에서 피운 불은 일산화탄소 중독을 초래할 수 있다.
- 난방이나 피복 건조를 위해 불을 피웠다 부주의로 옷이나 장비를 태울 수도 있다.
- 천정의 눈이 녹으면 몸이나 의복을 적시는 것은 물론, 피난처가 무너져 장비와 사람이 모두 파묻히고 불이 꺼질 수도 있다.

15-65 작은 불과 난로가 조리용으로 가장 적합하다. 깡통 난로(15-7)는 특히 극지대에서 효과적이다. 주석 깡통으로 쉽게 제작할 수 있고 연료도 절약된다. 바닥에 깔린 뜨거운 석탄은 최고의 조리용 연료다. 십자형으로 쌓인 장작에서 얻은 숯은 균일한 형태로 제작되므로 사용이 편리하다. 끝이 갈라진 나뭇가지 위에 막대를 올리고, 조리용 용기를 걸어 그 밑에 불을 피워도 된다.

깡통난로

조리용기를 걸어놓은 막대

15-7. 조리용 불과 난로

15-66 난방이 목적이라면 밀폐된 피난처에서는 양초 하나로도 온도 유지에 충분한 열이 나온다. 적성지역에서는 손바닥만 한 작은 불이 이상적이다. 극소량의 연료만으로 불을 유지할 수 있고, 물을 데우는데 충분한 열도 제공한다.

식수

극지방과 그 주변지대에서는 많은 식수원이 있다. 위치와 계절이 물을 얻을 장소와 방법을 좌우한다.

15-68 극지방과 그 주변지대는 기온 및 주변환경으로 인해 다른 지역보다 식수원이 청결하다. 하지만 언제든 마시기 전에 물을 정화해야 한다. 여름에 가장 적절한 천연 식수원은 호수, 하천, 연못, 샘물 등이다. 연못이나 호수의 물은 다소 탁하지만 충분히 쓸 수 있다. 강이나 개천 등 흐르는 물은 대부분 청결하고 식수로 적합하다.

15-69 한여름 툰드라 지대의 지표면에 고이는 탁한 물은 식수원으로 적합하지만, 이 역시 마시기 전에 정화해야 한다.

15-70 민물 얼음과 눈은 식수로 사용 가능하나, 마시기 전에 완전히 녹여야 한다. 입안에서 눈이나 얼음을 녹이면 체온을 잃게 되고, 체내에 동상을 입을 수도 있다. 시간이 지나면 해빙은 염분을 잃으므로, 오래된 해빙도 식수원으로 쓸 수 있다. 오래된 해빙은 닳은 모서리와 푸른색으로 식별이 가능하다.

15-71 눈은 체온으로 녹일 수 있다. 눈을 물통에, 물통을 옷 안에 넣는다. 시간은 오래 걸리지만 불을 피울 수 없는 상황에서도 이동하며 녹일 수 있다.

다른 식수원이 있다면 눈이나 얼음을 녹이기 위해 연료를 소모하면 안 된다.

15-72 얼음이 있다면 눈보다는 얼음을 녹이는 편이 좋다. 한 컵의 얼음이 한 컵의 눈보다 더 많은 물을 만든다. 얼음이 녹이는 시간도 짧다. 물이나 눈은 전투식량 봉투, 물 보관용 주머니, 주석 깡통, 혹은 급조한 물통으로 녹일 수 있다. 용기를 불 가까이 두면 된다. 먼저 소량의 눈과 얼음을 담고 녹이기 시작해서, 눈이나 얼음이 녹은 물에 얼음이나 눈을 추가로 넣으며 양을 불린다.

15-73 눈이나 얼음을 녹이는 다른 방법은 물이 스며드는 재질의 용기에 담아 불 주변에 걸어두는 것이다. 밑에 새지 않는 용기를 놓고 흘러내리는 물을 받는다.

15-74 추운 날씨에는 자기 전에 너무 많은 물을 마시지 않는다. 소변을 보기 위해 침낭에서 나오면 휴식 시간이 줄어들고 추위에 더 오래 노출된다.

15-75 일단 식수가 확보된다면 다시 얼지 않게 조치한다. 그리고 수통에 물을 꽉 채우는 대신 약간의 물을 덜어 출렁거리며 얼지 않게 한다.

식량

15-76 극지대와 그 주변에는 여러 식량 공급원이 있다. 식량의 종류 −어류, 동물, 조류, 식물− 와 접근 용이성은 계절과 위치에 따라 좌우된다.

어류

15-77 여름에는 해안이나 개천, 하천, 호수 등에서 어류 및 수생 동물을 쉽게 잡을 수 있다. 낚시방법은 제8장을 참조한다.

15-78 북대서양과 북태평양 연안지대에는 해산물이 풍부하다. 게, 조개, 굴, 킹크랩 등이 매우 흔하다. 조수간만의 차가 심한 곳에서는 썰물 때 조개를 쉽게 발견할 수 있다. 채집하려면 단순히 개펄의 모래를 파내면 된다. 또 썰물 때 생기는 물이 고이는

곳과 해안 주변의 암초도 살펴본다. 조수간만의 차가 적은 곳에서는 폭풍이 조개를 해안으로 떠민다.

15-79 알류샨열도와 남부 알래스카 등에서 서식하는 성게의 알은 훌륭한 음식이다. 썰물로 생긴 웅덩이에서 성게를 찾아, 두 개의 돌로 껍질을 쪼개고 알을 꺼내면 된다. 알은 밝은 노란색이다.

15-80 대부분의 북반구 생선 및 그 알은 먹을 수 있다. 예외는 극지방의 상어와 스컬핀의 알 정도다.

15-81 홍합이나 대합 등 쌍각류 조개는 고둥형 껍질의 조개들보다 먹기 편하다.

15-82 해삼도 적절한 식용 해산물이다. 안쪽에는 다섯 개의 흰 근육이 있으며 대합살과 맛이 비슷하다.

고위도에서 흔히 서식하는 흑홍합은 모든 계절에 독이 있다. 이 홍합에서 검출되는 독은 스트리크닌에 가까운 맹독성이다.

15-83 초여름에는 빙어류의 물고기들이 해안지대에서 알을 낳는다. 철이 맞다면 손으로 퍼낼 수도 있다.

15-84 한여름에는 종종 해초에 붙은 청어 알을 발견할 수 있다. 다시마류나 더 작은 해초류는 해안에서 좀 떨어진 바위에 서식하며, 모두 먹을 수 있다.

해빙 동물

15-85 북극곰은 거의 모든 북극 해안지대에 서식하지만, 내륙에는 거의 없다.

북극곰은 곰들 가운데 가장 위험하며, 최대한 피해야 한다. 북극곰은 지칠 줄 모르는 영리한 사냥꾼이며, 시각과 후각이 뛰어나다. 만약 식량을 얻기 위해 북극곰을 죽여야만 한다면 매우 조심해야 한다. 사냥할 때는 총으로 뇌를 노린다. 다른 곳에 맞으면 거의 죽지 않는다. 그리고 북극곰 고기는 먹기 전에 반드시 익혀야 한다.

북극곰의 간은 치사량의 비타민A를 함유하고 있으므로 먹지 않는다.

15-86 바다표범의 고기는 매우 좋은 식량이지만 접근해서 사냥하는 데 상당한 기술을 필요로 한다. 봄철의 바다표범은 종종 해빙에 뚫린 구멍(호흡을 위해 사용하는 숨구멍) 주변에서 일광욕을 즐긴다. 하지만 30초마다 머리를 들어 천적인 북극곰을 경계한다.

15-87 바다표범에 접근하려면 에스키모들이 사용하는 방법을 따르면 된다. 먼저 바다표범 쪽에서 부는 바람을 마주하고, 바다표범이 자는 동안 조심스레 접근한다. 바다표범이 움직이면 멈춘 뒤 얼음 위에 납작 엎드려 이들의 움직임을 흉내내며 머리를 아래위로 움직이고 몸을 살짝 꿈틀댄다. 이때 팔은 몸통에 붙여 최대한 바다표범처럼 보여야 한다. 바다표범 주변의 숨구멍은 모서리가 경사지게 닳아있어서, 바다표범이 조금만 움직여도 쉽게 물속으로 들어갈 수 있다. 따라서 22~45m 이내로 접근한 뒤 단숨에 달려들어 숨통을 끊어야 한다.(뇌를 겨눠야 한다) 바다표범이 물에 들어가기 전에 접근하는 것이 중요하다. 겨울에는 죽은 바다표범이 물에 뜨지만 물에서 꺼내기 어렵다.

15-88 바다표범의 지방과 가죽이 피부의 상처나 흠집에 닿게 해서는 안 된다. 손이 심하게 부어오를 수 있다.

15-89 바다표범이 있는 곳에는 북극곰이 있게 마련이며, 북극곰이 바다표범 사냥꾼을 추적해 잡아먹는 경우도 있다.

15-90 아극권(극지방보다 약간 아래의 한대지방) 남부의 삼림지대에는 호저(고슴도치의 일종)가 서식한다. 호저는 나무껍질을 먹고 산다. 껍질이 벗겨진 나무가 보인다면 호저가 주변에 있다고 보면 된다.

15-91 뇌조, 부엉이, 캐나다 어치, 까마귀 등은 겨울에도 극지대에 남는 새들이다. 수목한계선 북쪽에는 거의 살지 않는다. 뇌조와 부엉이는 식량으로서 가치가 충분하다. 까마귀는 노력에 비해 고기가 너무 적다. 뇌조류는 주변 환경에 맞춰 색을 바꾸므로 찾기 어렵다. 바위 뇌조는 쌍으로 비행하며 쉽게 접근할 수 있다. 버드나무 뇌조는 저지대의 버드나무 숲에서 서식한다. 이들은 무리를 지어 서식하며 쉽게 덫으로 잡을

수 있다. 여름에는 모든 극지대 조류가 2~3주간 털갈이를 하며, 그동안은 날지 못하므로 쉽게 잡을 수 있다. 새를 잡는 방법은 8장을 참조한다.

15-92 사냥감이 아직 따뜻할 때(8장 참조) 가죽을 벗기고 해체한다. 사냥감의 가죽을 벗길 시간조차 없을 경우라도 최소한 내장, 사향샘, 생식기를 제거한다. 시간이 충분하다면 먹기 좋은 크기로 잘라 얼려두고 필요한 만큼 녹여 쓸 수 있도록 한다. 바다표범을 제외한 모든 동물의 지방은 따로 보관한다. 겨울이라면 고기는 밖에 내놓으면 빠르게 얼어붙는다. 여름에도 지하의 동토층에 보관할 수 있다.

식물

15-93 툰드라에는 따뜻한 계절에 다양한 식물이 서식하지만 온대지방의 비슷한 식물에 비해 작다. 예를 들어 극지 버드나무와 자작나무는 나무보다 덤불에 가깝다. 부록 B는 극지대 및 아극지대에서 발견되는 식용 식물도 다루고 있다.

15-94 극지대 및 그 주변지대에도 독성 식물이 서식한다.(부록 C) 식용임을 확신할 수 있는 식물만 먹는다. 가식성 여부를 알 수 없다면 제9장의 표 9-5에 나오는 국제 표준 가식성 테스트를 활용한다.

이동

15-95 극지방이나 그 주변지대에서 생존의 위기에 직면했다면 다양한 장애에 봉착할 가능성이 높다. 또, 위치와 계절에 따라 난관과 위험성도 달라진다. 가능하다면 아래 지침을 따르도록 한다.

- 눈 폭풍이 몰아칠 때는 이동을 자제한다.
- 살얼음 위를 지날 때 주의한다. 최대한 자세를 낮추고 눕고 기며 체중을 분산시킨다.
- 수심이 가장 낮을 때 개천을 건넌다. 결빙과 해동에 따라 수심은 하루에도 2~2.5m가량 차이가 난다. 이런 변화는 기온 및 빙하와의 거리, 지형 등에 따라 달라진다. 수심의 변화는 개천 주변에 야영지를 고를 때도 고려해야 한다.
- 맑은 극지대의 공기는 거리 측정을 어렵게 하며, 종종 거리를 과소평가하게 된다.
- 폭설로 시계가 완전히 가려진 상황(화이트아웃)이라면 이동을 자제한다. 색의 변화가 거의 사라지므로 자연 지형을 대조하거나 방향을 잡을 수 없다.

- 눈으로 형성된 다리는 그 아래에 있는 장애물의 직각 방향으로 건넌다. 다리의 가장 튼튼한 지점을 지팡이 등으로 짚어가며 확인한다. 포복을 하거나 스키, 눈 신발 등을 신어 체중을 분산시킨다.
- 가급적 이른 시간에 야영을 시작해 피난처를 찾거나 짓는 데 충분한 여유를 확보한다.
- 강은 결빙여부에 관계없이 이동로로 활용한다. 언 것처럼 보여도 잘 얼지 않은 구역은 이동이 매우 어렵거나 도보나 스키, 썰매 등으로도 이동할 수 없다.
- 눈이 덮인 지형을 이동할 때는 눈 신발을 신는다. 30㎝ 이상 쌓인 눈에서는 이동이 어렵다. 눈 신발이 없다면 천, 가죽, 버드나무, 기타 적당한 소재로 만든다.

15-96 스키나 눈 신발이 없다면 깊은 눈 속을 이동하기 어렵다. 또 도보로 눈 위를 이동하면 적의 추적을 매우 쉽게 허용한다. 이동할 경우 눈이 덮인 개천 위는 가능한 피한다. 눈은 단열재 역할을 하므로, 눈이 물 위에 얼음이 두껍게 얼지 못하도록 방해했을 가능성이 있다. 산악지형이나 골짜기 등지에서는 눈사태가 발생할만한 장소도 피한다. 눈사태의 위험이 있는 곳이라면 이른 아침에 이동한다. 능선에서는 바람을 맞는 쪽에 눈에 모이고, 종종 능선보다 더 뻗어 나와 얼어있다. 이런 곳을 밟으면 쉽게 무너진다.

기후 변화의 징후

15-97 기후 변화는 아래의 징후를 통해 판단할 수 있다.

바람

15-98 풀이나 잎을 약간 떨어트리거나 나무 위를 보고 풍향을 판단할 수 있다. 일단 풍향을 파악한다면 곧 닥칠 날씨를 어느 정도 예측할 수 있다. 급히 풍향이 바뀌는 바람은 불안정한 대기상태를 나타내며, 곧 날씨가 바뀔 것임을 의미한다.

구름

15-99 구름은 다양한 모양과 패턴으로 나타난다. 구름이 의미하는 대기의 상태를 알아두면 기후 예측에 도움이 된다. 부록 H는 구름 형태를 보다 자세히 알수 있다.

연기

15-100 연기가 곧고 얇게 올라가면 맑은 날씨를 뜻한다. 연기가 낮게, 혹은 지면에

거의 깔리듯 퍼지면 곧 폭풍이 닥친다는 의미다.

새와 곤충

15-101 새와 곤충은 습한 저기압일 때 평소보다 지면 가까이 날아다닌다. 새가 낮게 날 경우 비가 올 확률이 높다. 폭풍 전에는 곤충 활동이 늘어나지만 벌은 날씨가 맑아지기 직전에 활발하게 움직인다.

저기압 전선

15-102 바람이 매우 느리거나 거의 느낄 수 없고, 공기가 무겁고 습하다면 저기압 전선일 확률이 높다. 저기압 전선은 악천후를 예고하며, 대체로 일대에 며칠간 머문다. 저기압 전선은 '듣고' '냄새를 맡을' 수 있다. 묵직하고 습한 공기에서는 저기압보다 야생의 냄새가 잘 느껴진다. 여기에 더해 저기압에서는 고기압보다 소리가 더 날카롭게 들리고 멀리까지 퍼진다.

제16장 해상에서 살아남기

해상은 아마도 가장 곤란한 서바이벌 환경일 것이다. 해상에서는 단기, 장기를 막론하고 식량 배분, 보유 장비, 생존자의 창의력이 중요하다. 생존을 위해 주변 환경을 효과적으로 이용해야만 한다. 물은 지구 표면의 75%를 차지하며 그중 70%가 바다다. 대부분의 사람은 언젠가 한 번은 넓은 수면 위를 통과해야 한다. 그리고 탑승한 항공기나 선박이 폭풍, 충돌, 화재, 전쟁 등으로 수면 위에서 무력화될 확률은 항상 존재한다.

대양

16-1 생존자는 대양에서 파도와 바람에 직면한다. 또 혹서나 혹한을 만날 수도 있다. 이런 환경 위협이 심각해지기 전에, 보유한 모든 자원을 동원해 주변으로부터 자신을 보호하고 무더위와 추위, 습기를 피하기 위해 최대한 예방책을 강구해야 한다.

16-2 자신을 보호하는 것은 생존의 전제조건 가운데 하나를 충족할 뿐이다. 식량과 물도 입수해야 한다. 이 기초 사항들만 충족되어도 심각한 신체적-정신적 문제는 면할 수 있다. 하지만 생존자는 곧 직면하게 될 건강 문제에도 대처해야 한다.

사전 주의사항

16-3 해상 조난자가 살아남으려면 이하의 사항들을 갖춰야 한다.

- 수중의 생존 장비를 사용할 능력과 지식
- 당면한 위기에 대처할 특수 기술과 능력
- 생존의지

16-4 선박이나 항공기에 탑승하면 생존장비가 어디에 탑재되고 어떤 내용물이 있는지 확인한다. 구명보트와 구명조끼 수량, 위치, 종류, 식량, 식수, 의약품의 양, 수용 가능한 정원 등이 확인해야 할 정보에 속한다. 탑승한 다른 사람들의 안전을 책임지는 위치라면 다른 탑승자들에게 관련 지식을 전파하도록 한다.

해상 항공기 추락

16-5 만약 해상에서 항공기 추락에 직면했다면 다음과 같이 행동한다. 물속에 있어도, 구명보트에 탑승했어도 기본적인 행동은 동일하다.

- 가능하면 추락한 항공기를 등지고 바람이 부는 방향으로, 거리를 두고 이동한다. 단, 항공기가 완전히 가라앉을 때까지 주변을 너무 벗어나지 않는다.
- 연료가 뒤덮인 해수면은 불이 붙을 우려가 있으므로 최대한 멀어진다.
- 다른 생존자를 찾는다.

16-6 생존자 수색은 추락 현장 전체, 혹은 주변지역을 중심으로 진행된다. 실종자는 대개 의식불명 상태로 물 위에 떠 있다. 16-1은 구조 절차에 대한 설명이다.

16-7 물에 빠진 생존자를 구하는 최선의 방법은 구명대를 끈에 매달아 던지는 것이다.(A) 차선책은 구명보트에서 직접 구조자를 보내는 방법이다.(B) 이때 구조자에게 끈을 매단 구명대 등의 부력장비를 지급한다. 이 구명대가 생존자를 구하는 동안 구조자의 체력 소모를 최소화한다. 끈을 매단 구

16-1. 수상 조난자 구조

조자에게 별도 부력장비 없이 생존자를 구하게 하는 방법도 있으나 그다지 좋은 방법은 아니다.(C) 어느 경우라도 구조자는 구명조끼를 입어야 한다. 혼란에 빠진 수상 조난자의 힘을 과소평가해서는 안 된다. 조심스럽게 접근해야 구조자의 부상을 막을 수 있다.

16-8 구조자가 생존자의 후방으로 접근할 수 있다면 생존자가 발로 차거나 붙잡을 위험이 거의 없다. 구조자는 생존자의 직후방으로 접근한 뒤 구명조끼의 뒷손잡이를 잡는다. 이후 횡영으로 생존자를 구명보트까지 끌고 간다.

16-9 자신이 수상 조난자라면 구명보트를 향해 이동한다. 구명보트가 없다면 무엇이든 떠 있는 물건을 붙잡는다. 그리고 긴장을 푼다. 바다에서 긴장을 풀 수 있다면 익사의 위험은 매우 낮다. 신체의 자연 부력이 최소한 머리를 물 위로 내밀 수 있게 해 주지만, 머리를 물 위로 계속 내놓으려면 어느 정도는 움직여야 한다.

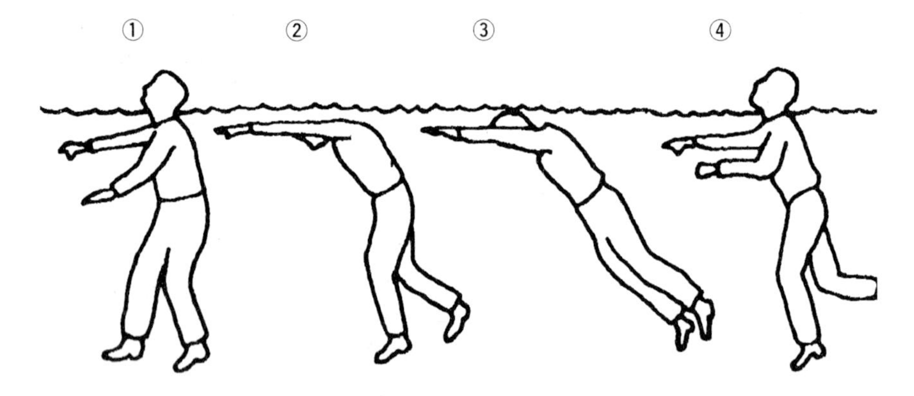

1. 수중에서 똑바로 선 뒤 깊게 숨을 들이쉰다.
2. 얼굴을 물에 넣는다(입은 닫는다). 팔은 수면 위로 띄워 힘을 뺀다.
3. 호흡이 필요할 때까지 긴장을 푼다.
4. 머리를 수면 위로 들고 숨을 들이신 뒤 다시 긴장을 푼 자세로 돌아간다.

16-2. 떠 있는 자세

16-10 하늘을 보고 물에 뜨는 방법이 체력소모가 가장 적다. 하늘을 보고 수면 위에 누운 뒤 팔과 다리를 펴고 등을 편다. 호흡의 들숨과 날숨을 조절하면 얼굴은 언제나 물밖에 내놓을 수 있고, 단시간이라면 이 자세로 잘 수도 있다. 머리 자체는 부분적으로 물에 잠기겠지만 안면은 물 위에 나와 있을 것이다. 만약 이 자세를 취하기 힘들거나 바다가 너무 거칠다면 16-2와 같이 얼굴을 아래로 향하며 뜬다.

16-11 생명을 위협받는 상황이라면 다음과 같은 영법을 사용하는 것이 가장 좋다.

- 개헤엄: 옷이나 구명조끼를 입었을 때 가장 좋다. 느리지만 체력소모가 매우 적다.
- 평영: 물 위에 연료나 파편 등이 많을 때, 혹은 해면 상태가 거칠어 수중에서 헤엄쳐야 하는 경우에 평영을 사용한다. 장거리 수영에 가장 적합하며 적절한 속도와 낮은 에너지 소모량이 균형을 이룬다.
- 횡영: 한쪽 팔만을 이용해 추진력과 부력을 유지할 수 있어 구조에 적합하다.
- 배영: 구조용으로 최적의 수영법이다. 다른 영법에 필요한 근육의 부담도 덜어준다. 폭발의 위험이 있을 경우에는 이 자세를 써야 한다.

16-12 만약 수면에서 석유 화재가 발생한다면

- 신발과 구명조끼를 벗는다. (아직 부풀리지 않은 구명조끼가 있다면 계속 소지한다)
- 입과 코, 눈을 닫고 재빨리 물속으로 들어간다.
- 숨을 쉬기 위해 수면으로 오르기 전에 손과 발을 이용해 떠오를 곳의 수면에서 타는 기름을 밀어낸다. 충분히 밀어냈다면 떠올라 숨을 쉴 수 있다. 가능하면 숨을 들이시기 전에 바람을 등지도록 한다.
- 다리부터 먼저 입수하고, 화재지역을 벗어날 때까지 앞서의 절차를 반복한다.

16-13 기름으로 뒤덮였지만 불이 붙지 않은 수면이라면 머리를 높이 들어 눈에 기름이 들어가지 않게 한다. 손목에 구명조끼를 붙여 뗏목처럼 활용한다.

16-14 구명조끼를 착용하면 장시간 떠 있을 수 있다. 이 경우 가능한 HELP(Heat Escaping Lessening Posture: 체온 소모 저감 자세, 16-3)를 취한다. 침착하게 자세를 잡으면 체온 저하를 억제할 수 있다. 머리에서 약 50%의 체온이 소모되므로 머리를 물 밖에 내놓고, 목과 겨드랑이, 사타구니도 체온소모가 많으므로 붙인다.

16-3. HELP자세

16-15 구명보트나 구명보트에 타고 있다면 다음 행동을 취한다.

- 먼저 탑승자 전원의 신체상태를 점검한다. 필요하면 응급처치를 실시하고 멀미약을 먹인다. 가장 좋은 멀미약 투약법은 혀 밑에 넣고 녹도록 놔두는 것이다. 멀미약 가운데 주사제나 좌약 형식도 있다. 모든 구토증세는 탈수증의 원인이 될 수 있으므로, 최대한 이른 시점에 수습해야 한다.
- 주변에 떠 있는 모든 장비를 회수한다. 구명식량, 깡통, 보온병, 기타 용기, 피복, 의자 쿠션, 낙하산, 기타 유용한 모든 물체들을 수집해야 한다. 수집한 물품은 보트 안, 혹은 옆에 둔다. 이때 수집한 물품 가운데 날카로운 모서리를 지닌 물품이 있다면 구명구가 손상되지 않게 주의한다.
- 다른 구명보트가 있다면 둘을 로프로 묶고, 7.5m가량 이격시킨다. 항공기를 발견할 경우 묶어둔 보트를 잡아당겨 접현한다. 항공기의 관점에서는 흩어진 구명보트보다 모여 있는 구명보트를 찾는 편이 더 쉽다.
- 해상구조는 상호협력이 필수적이다. 모든 시각적-전자적 신호장비를 동원해 구조신호를 보내고 구조자와 접촉한다. 예를 들어 깃발을 올리거나 최대한 높은 위치에 반사판을 붙여 시선을 끌도록 노력한다.
- 비상용 무전기를 찾아내어 작동시킨다. 보통 무전기에 사용설명이 붙어있다. 비상용 송신기는 아군기가 주변에 있을 때만 사용한다.
- 신호 장비는 즉각 사용이 가능하도록 준비한다. 적진 내에 있다면 위치 노출의 우려가 있는 장비는 사용하지 않아야 한다. 다만 상황이 절망적이라면 적에게 구조를 요청할 수도 있다.
- 구명보트의 부력 상태나 공기 누출, 파손상태 등을 점검한다. 주 부력실이 충분히 부풀어 있는지, 혹은 지나치게 팽팽하지는 않은지 주기적으로 확인한다.(16-4) 공기는 열에 의해 팽창하므로 더운 날에는 공기를 조금 빼고 추운 날에는 공기를 더 넣는다.

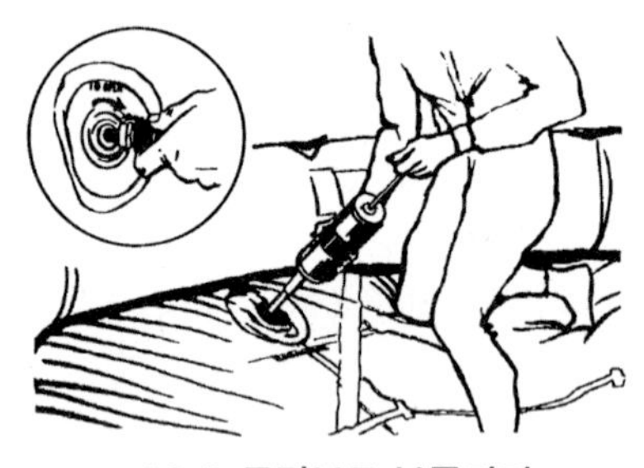

16-4. 구명보트 부풀리기

- 구명보트의 모든 오염을 제거한다. 석유는 표면을 녹여 물성을 약화시키며, 접합부를 훼손시킬 수도 있다.

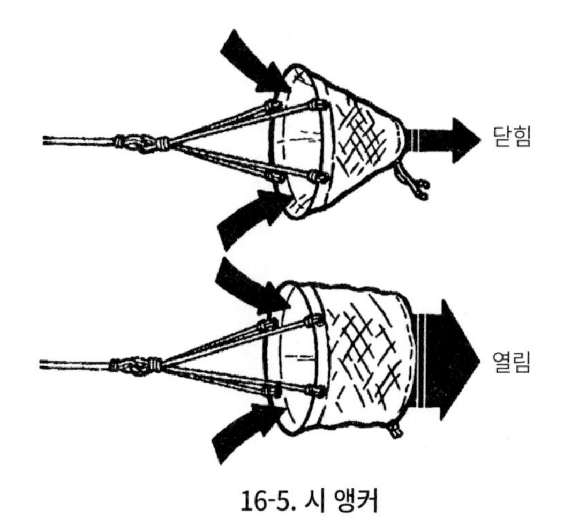

16-5. 시 앵커

16-16 시 앵커(Sea Anchor: 그물 닻)를 던지거나 구명보트가 들어있던 케이스, 물 퍼내기용 양동이, 천 뭉치 등을 끈에 매달아 물에 넣어 보트나 뗏목이 쉽게 움직이지 않게 한다. 시 앵커가 있다면 사고 지역 주변에 머물 수 있으므로 좌표를 이미 송신한 경우 구조에 도움이 된다. 시 앵커가 없다면 구명보트는 하루에 최대 160㎞이상 떠내려갈 수 있으므로 발견 확률이 급격히 낮아진다. 시 앵커를 활용하면 해류에 떠내려가는 것을 늦출 수도 있고, 해류를 따라 이동할 수도 있다. 시 앵커는 열고 닫으며 작동방식을 선택한다. 열려 있는 시 앵커(16-5)는 물의 저항을 늘려 원래 해역에서 크게 벗어나지 않게 한다. 닫힌 시 앵커는 해류가 닿는 포켓 역할을 하며 구명보트를 해류 방향으로 움직이게 해 준다.

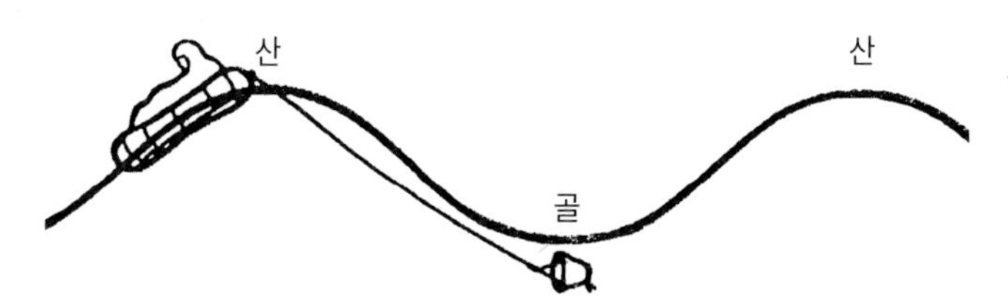

구명보트 위치에 따라 앵커가 파도의 골, 혹은 산에 위치하게 한다.

16-6. 시 앵커 전개법

- 구명보트가 파도의 산에 올랐을 때 앵커가 파도의 골에 위치하도록 한다.
- 시 앵커의 로프는 천으로 감싸 구명보트를 긁지 않게 한다. 시 앵커는 보트가 파도와

바람의 방향에 맞춰 갈 수 있도록 도와준다.

- 거친 바다에서는 파도 • 바람막이를 동시에 사용한다. 25인 구명보트는 윗덮개를 늘 전개해야 한다. 구명보트는 최대한 마른 상태를 유지하고, 무게중심도 잘 맞춘다. 모든 탑승자는 앉아있어야 하며, 가장 무거운 인원이 가운데에 위치한다.
- 상황을 전반적으로 고려하고 나와 동료가 무엇을 해야 살아남을지 결정한다. 모든 장비와 식량, 식수를 점검한다. 나침반, 시계, 육분의, 성냥, 라이터 등 해수의 영향을 받을 물건은 방수처리한다. 물과 식량은 배급제를 통해 절약한다.
- 각자에게 임무를 부여하거나 식수 조달반, 식량 조달반, 견시반, 통신반, 물 퍼내기 반 등으로 인원을 여러 팀으로 나눈다.

견시는 두 시간 이상 맡으면 안 된다. 동료에게 협조의 필요성을 주지시킨다.

- 최신 좌표, 조난 일시, 생존자 성명과 신체상태, 식량/식수 배급 등을 일지로 작성한다. 풍향/풍속, 기상, 너울, 일몰-일출 시각, 기타 항해 정보도 기록한다.
- 적대 수역에 추락했다면 적에게 발견되지 않도록 노력한다. 낮에는 이동하지 않는다. 시 앵커를 던져 한 장소에 머물고, 돛을 세우거나 노를 저으려면 해가 지기를 기다린다. 구명보트에서는 최대한 몸을 낮추고 푸른 면을 상면으로 위장막을 덮는다. 지나가는 배나 항공기를 호출하기 전에 아군, 혹은 중립국 소속인지 확인한다. 적에게 발견되었다면 일지, 무전기, 항해장비, 지도, 신호장비, 무기 등을 폐기한다. 만약 적이 총격을 시작하면 물로 들어간다.
- 제자리에서 머물지, 이동을 계속할지 결정한다. '사고 직전에 어느 정도의 정보가 전송되었을까? 구조자들이 내 위치를 파악했을까? 나는 위치를 파악하고 있나? 기상이 생존자 수색에 적합한가? 다른 선박이나 항공기가 현 위치를 통과할 가능성이 있는가? 내 식수와 식량은 며칠이나 버틸 수 있을까?' 등을 재확인한다.

한랭기후에서의 고려사항

16-17 만약 날씨가 추운 상황이라면 아래 지침을 따른다.

- 방한구명복을 입는다. 있다면 옷을 더 껴입는다. 옷은 느슨하고 편하게 입는다.
- 신발이나 날카로운 물체로 인한 보트 훼손에 주의한다. 수선 키트를 즉시 사용 가능한 위치에 둔다.
- 방풍 및 파도 막이, 위 덮개를 설치한다.

- 보트 바닥은 건조하게 유지한다. 캔버스나 다른 천을 깔아 단열재로 활용한다.
- 동료들과 모여 앉아 체온을 유지하며 혈액 순환에 도움이 될 정도로 움직인다. 돛이나 방수포, 낙하산 등을 다 함께 덮는다.
- 추위에 노출되어 피해를 입은 동료에게 가능한 추가 식량과 식수를 배분한다.

16-7 수온별 생존 예상시간

수온	시간
21.0~15.5도	12시간
15.5~10.0도	6시간
10.0~4.5도	1시간
4.5도 이하	1시간 미만

방한구명복을 착용하면 생존 가능 시간은 최대 24시간으로 늘어난다.

16-18 차가운 물에 잠겼을 때 직면하게 되는 최대의 위협은 저체온증에 의한 사망이다. 세계의 해수 평균온도는 섭씨 11도에 불과하다. 하지만 저체온증은 섭씨 27도의 물에서도 일어나므로, 따뜻한 바다에서도 안심해선 안 된다. 차가운 물에 입수하면 옷이 젖어 단열능력이 저하되며 본래 몸 주변을 둘러싸는 공기층도 물로 대체되므로 저체온증이 급속도로 진행된다. 물의 열 교환 능력은 같은 온도의 공기보다 25배나 강하다. 표 16-7은 입수 상태의 수온별 생존 예상시간이다.

16-19 차가운 바다에서 살아남는 최선의 보호책은 구명보트에 올라 건조상태를 유지하며 구명보트의 차가운 바닥으로부터 몸을 단열하는 것이다. 이런 조치가 불가능하다면 방한구명복을 입어 생존확률을 높인다. 기온이 섭씨 19도 이하라면 머리와 목을 물 밖으로 최대한 내밀고 차가운 물로부터 체온을 유지해야 한다. 구명조끼를 입으면 생존 예상시간을 늘릴 수 있다.

혹서기후에서의 고려사항

16-20 만약 무더운 기후의 해역에서 조난당했다면 아래 사항을 고려한다.

- 그늘막을 만든다. 환기를 위한 충분한 공간도 남겨둔다.
- 최대한 피부를 덮어 햇볕에 타는 것을 막는다. 가능한 모든 노출된 피부에 선크림을 바른다. 눈꺼풀, 귀 뒤, 턱 아래의 피부도 쉽게 탄다.

구명보트 사용수순

16-21 구명보트는 보호 및 이동 수단, 피신 및 위장수단으로 충분히 유효하다.

구명보트에 오르기 전에 구명조끼를 벗고 몸에 묶거나 구명보트에 넣는다. 복장이나 장비에 구명보트를 파손할 날카로운 물체나 금속이 없는지 확인한다. 구명보트에 탑승한 후 다시 구명조끼를 착용한다.

16-22 모든 구명보트에서는 다섯 가지 A를 기억한다. 만약 구명보트에 처음으로 탑승한다면, 다음 조치들을 먼저 시행한다.

AIR

모든 부력실이 팽창했는지, 모든 공기흡입 밸브가 닫혔고 100% 팽창한 상태에서 압력밸브(25, 35, 46인용 구명보트에 장착)가 벗겨져 있는지 확인한다.

ASSISTANCE

구명보트에 탑승한 동료를 돕는다. 구명보트에 구멍을 낼 도구를 모두 제거한 뒤 모든 부력장비를 몸 뒤로 옮긴다. 적절히 탑승한다. 예를 들어 7인용 구명보트에서는 탑승 손잡이를 잡으며 25, 35, 46인승 구명보트는 탑승 램프를 사용한다.

ANCHOR

시 앵커가 적절히 전개되는지 확인한다. 25, 35, 46인승 구명보트에서는 평형 튜브의 180도 너머에서 찾을 수 있다.

ACCESSORY BAG

액세서리 주머니를 찾는다. 대부분 구명보트의 이산화탄소통의 밋밋한 부분과 가장 가까운 탑승구 사이에 있을 것이다.

ASSESSMENT

상황을 평가하고 긍정적인 심리를 유지한다.

16-23 1인용 구명보트는 하나의 팽창실로 구성된다. 이산화탄소통이 작동불량을 일으키거나 구명보트의 공기가 샌다면 직접 입으로 공기를 불어넣을 수 있다.

16-24 파도막이는 추위, 바람, 물을 막아주는 장벽이며, 단열재 역할도 겸한다. 구명보트의 바닥은 단열층으로 구성되어 추위로 인한 저체온증을 다소 막아준다.(16-8)

16-25 바람이나 해류에 따라 구명보트를 부풀리거나 공기를 뺄 수 있다. 파도막이

를 돛처럼 활용하거나, 밸러스트 버킷을 수중저항을 제어하는 데 사용하거나, 시 앵커로 구명보트의 속도와 방향을 통제한다.

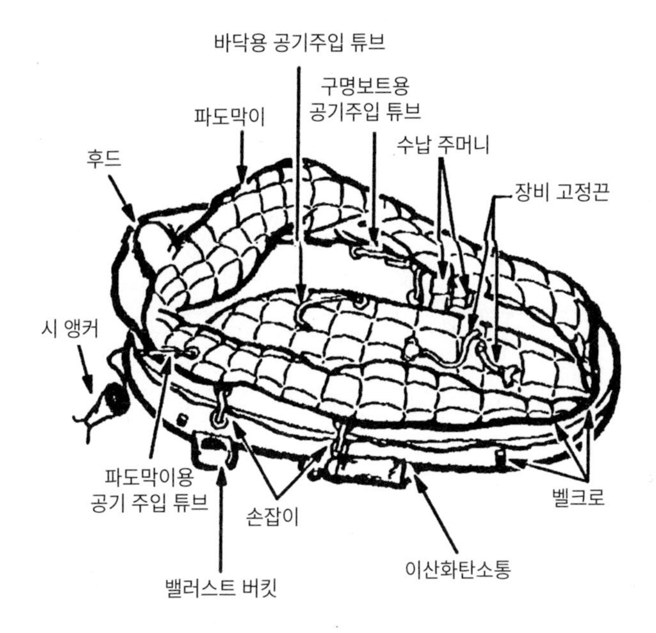

16-8. 1인승 구명보트(파도막이 탑재)

16-26 전술적인 목적으로 사용되는 검은색 구명보트도 있다. 이런 구명보트들은 바다라는 배경에 녹아든다. 수면상의 노출수준을 최소한으로 줄이려면 구명보트를 부분적으로만 부풀린다.

16-9. 1인승 구명보트 탑승

16-27 1인용 구명보트는 착수하는 낙하산 탈출자와 로프로 연결되어 있다. 탈출자

는 착수 후 보트를 부풀려야 한다. 구명보트 쪽으로 헤엄쳐 가지 말고 로프를 잡아 당긴다. 구명보트가 물 위에 뒤집혀 있을 수도 있으나, 이산화탄소통이 장착된 측면으로 접근한 후 뒤집으면 바로 선다. 파도막이는 반드시 구명보트 안에 있고, 탑승용 손잡이도 노출되어 있어야 한다. 앞서 언급한 5대 A를 되새기며 탑승한다.(16-9)

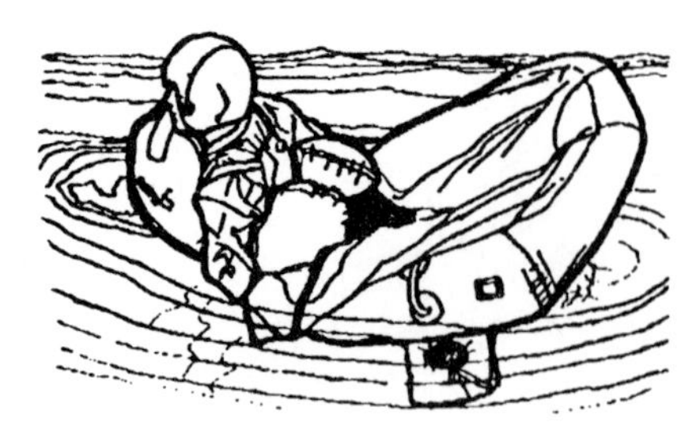
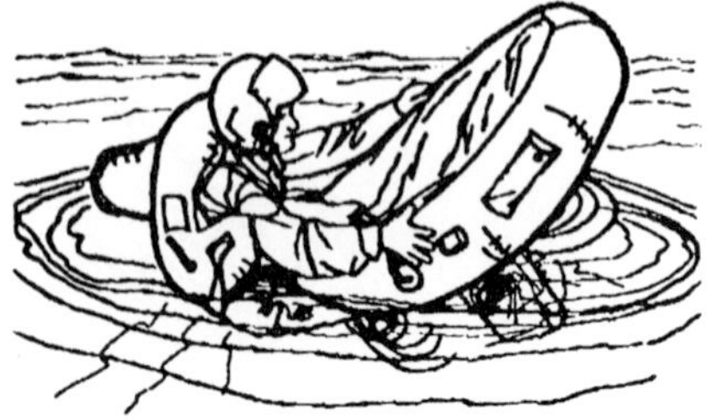

16-10. 1인승 구명보트의 또 다른 탑승법

16-28 팔에 부상을 입었다면 최선의 탑승법은 구명보트의 작은 쪽으로 등을 돌리고 구명보트를 엉덩이로 누르며 눕는 방법이다.(16-10)

16-29 거친 바다에서는 누운 자세에서 구명보트의 작은 쪽을 잡고 다리를 밀어 넣는 편이 탑승하기 쉬울 것이다. 얼굴을 숙이고 누운 자세에서 시 앵커를 전개하고 조절한다. 똑바로 앉으려면 의자 키트의 한 면을 풀고 돌아야 한다. 이후 파도막이를 조절한다. 1인승 구명보트에는 두 종류가 있다. 개선형은 공기를 넣는 파도막이가 바닥이 있어 추가 단열효과를 제공한다. 파도막이는 차가운 바다에서 건조상태와 온기 유지를, 혹서기후에는 태양광을 막아준다.(16-11)

16-11. 파도막이를 부풀린 1인용 구명보트

7인승 구명보트

16-30 일부 다인승 항공기에는 7인용 구명보트가 탑재되어있다. 이 보트는 생존용

낙하키트(16-12)의 구성품으로, 뒤집힌 상태에서 부풀어 오르므로 탑승 전에 똑바로 세워야 한다. 항상 이산화탄소통이 달린 쪽을 잡아 구명보트가 뒤집힐 경우 부상을 예방한다. 바람을 마주 보고 뒤집으면 바람의 도움도 받을 수 있다. 탑승 시에는 바닥에 있는 손잡이를 잡고 올라간다.(16-13)

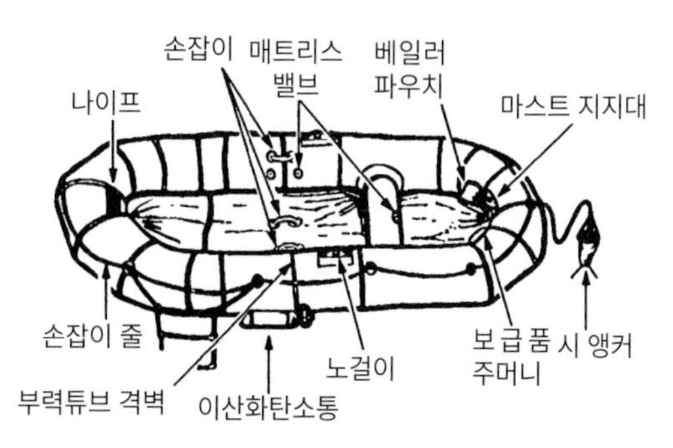

16-12. 7인승 구명보트

16-13. 구명보트 바로 세우는 법

16-31 누군가 구명보트의 반대편을 잡고 있다면 탑승 램프를 사용한다. 도움을 받을 수 없다면 이산화탄소통 쪽에서 바람을 등지고 구명보트가 최대한 움직이지 않게 한다. 앞서 언급한 5대 A를 따른다. 그리고 노 고정부와 탑승 손잡이를 잡고 발을 구르며 누운 자세를 유지한 상태에서 구명보트 쪽으로 몸을 당긴다. 체력이 저하되었거나 부상당했다면 구명보트의 공기를 약간 빼면 더 쉽게 탑승할 수 있다.(16-14)

16-32 핸드펌프로 부력실과 의자 부분의 부력을 유지한다. 절대로 공기를 과다 주입해서는 안 된다.

25, 35, 46인승 구명보트

16-33 25, 35, 46인승 구명보트는 비교적 대형 항공기에 적재된다.(16-15) 구명보트는 동체 외부, 구명보트 수납부에 있으며, 대부분 날개 위, 항공기의 좌상단에 위치한다. 항공기에는 언제나 탑승인원과 정원이 동일한 구명보트가 적재되며, 그보다 탑승자 수가 많을 경우에는 추가 구명보트를 동체 중앙, 화물 탑승구에 싣는다.일부는 조종석이나 화물칸의 원격조작으로 자동 전개되지만 수동 전개가 필요할 때도 있다. 어떤 방식도 보트가 착수하면 즉시 탑승이 가능하다. 구명보트에는 액세서리 키트가 끈으로 연결되어 있으며, 이것을 손으로 당겨 회수해야 한다. 중앙부는 반드시 핸드

펌프로 직접 부풀려야 한다. 25, 35, 46인승 구명보트는 가능하면 항공기로부터 직접 탑승한다. 그럴 수 없다면 다음 순서를 지킨다.

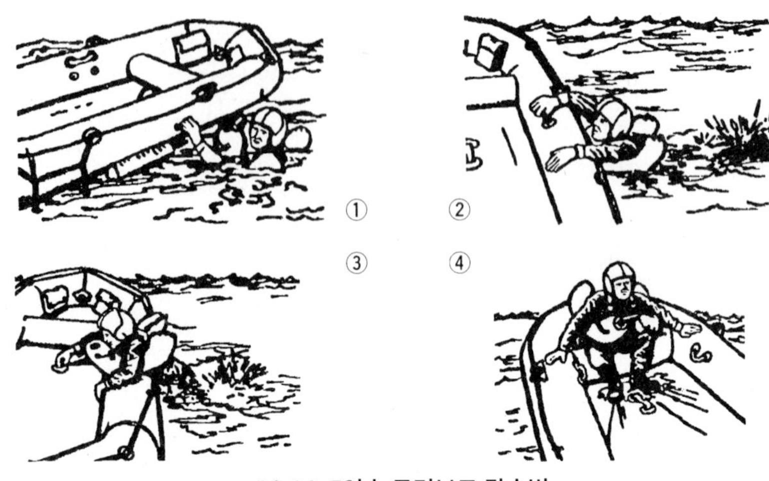

16-14. 7인승 구명보트 탑승법

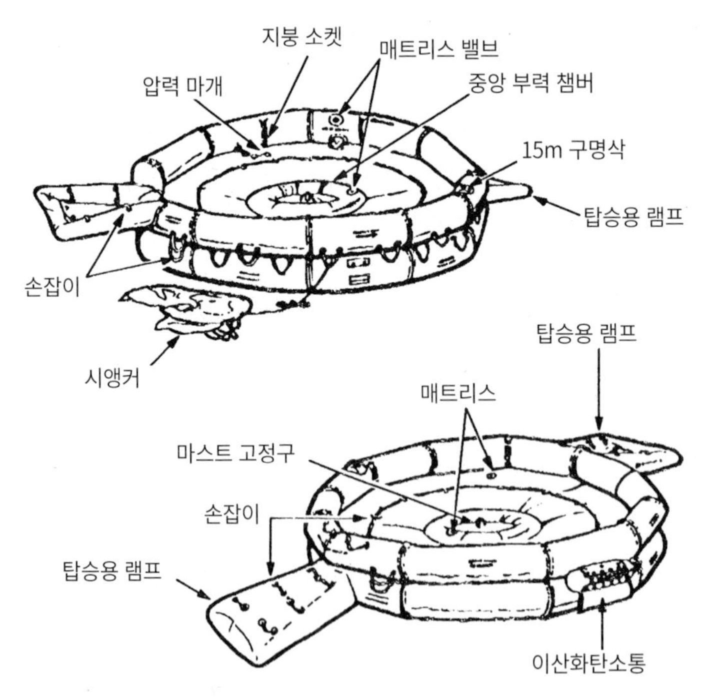

그림 16-15. 20인승 구명보트

- 아래 탑승 램프로 접근해 구명보트 바깥에 있는 화살표를 따라간다.
- 구명조끼를 벗고 몸에 묶어 따라올 수 있게 한다.
- 탑승 손잡이를 잡고 물속에서 발을 놀려 수면에 누운 자세를 유지한다. 그리고 몸을 당겨 안으로 들어간다.

16-34 완전히 부풀지 않은 구명보트는 보다 쉽게 탑승할 수 있다. 구명보트와 램프의 연결부로 접근한 뒤 탑승 손잡이를 잡고 말을 타듯 램프 중앙부에 다리를 걸친다.

16-16. 즉각 조치사항- 다인승 구명보트

16-35 구명보트에 들어가면 압력밸브를 단단히 조여 설령 구멍이 나더라도 구명보트 전체의 공기가 빠지는 상황을 예방한다.(16-16)

16-36 펌프를 이용해 구명보트 부력실과 중앙부의 부력을 유지한다. 이들은 충분히 부풀어야 하지만 너무 팽팽하면 안 된다. 중앙의 링은 바닥 가운데 구조를 유지하며, 탑승자들이 발을 올리게 해 모든 탑승자들이 중앙부로 쏠리는 상황을 예방한다.

구명보트의 돛 항해

16-37 구명보트에는 용골이 없어 돛을 올려도 바람을 마주 보고 항해할 수 없다. 그

러나 바람을 등지고 항해할 방법은 있다. 7인승 구명보트라면 풍향을 10도가량 벗어나 항해할 수 있다. 육지가 가깝지 않다면 돛으로 구명보트를 움직이면 안 된다. 만약 바람이 원하는 바람으로 불고 있다면 구명보트를 완전히 부풀리고 똑바로 앉은 뒤 시 앵커를 다시 넣고 돛을 설치한 후 노를 키처럼 사용한다.

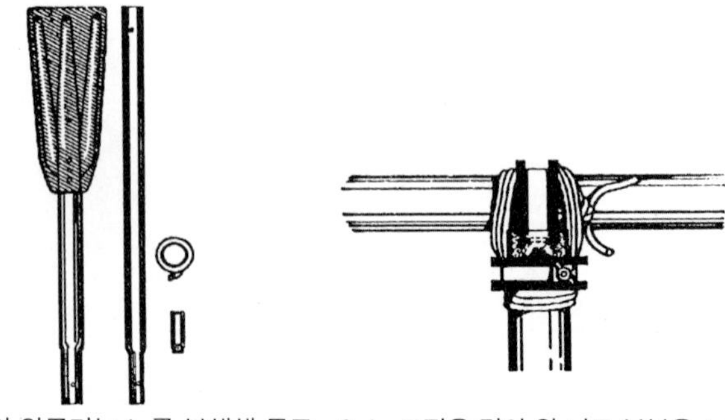

1. 두 개의 알루미늄 노를 분해해 둘로 분해한 뒤 노 고정용 고무링도 떼어 낸다.
2. 노 고정용 링의 윙 너트 부분을 노의 코르크 부분에 꽂은 뒤 서로 묶는다.

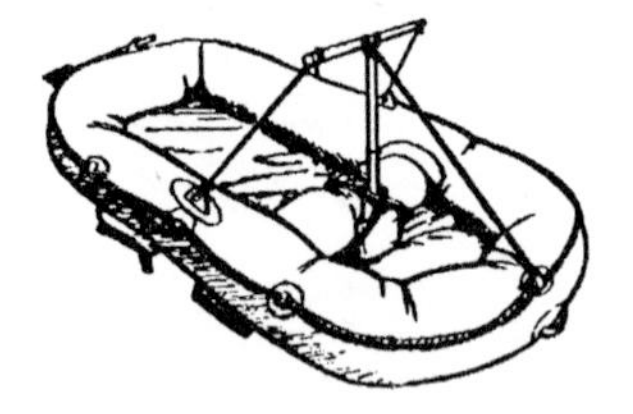

3. 노의 끝을 천 등으로 감싸 바닥을 보호한다. 마스트를 의자에 묶는다. 그림처럼 프레임을 묶는다.

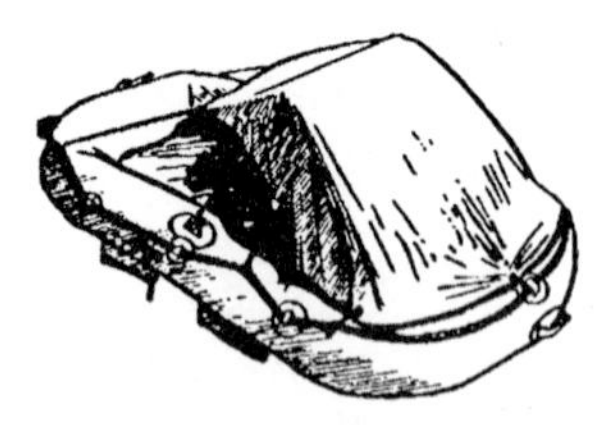

4. 방수포를 프레임에 걸친다. 그림처럼 프레임의 바깥쪽에 묶는다.

16-17. 돛 제작

16-38 7인승 구명보트라면 노를 돛대(마스트)와 가로대처럼 사용해서 선수에 4각형 돛을 설치할 수 있다.(16-17) 돛으로 방수포나 낙하산을 사용한다 구명보트에 정식 마스트 삽입구나 마스트대가 없을 경우 보강용 끈을 사용해 앞좌석에 단단히 묶어야 한다. 삽입구가 있다 해도 마스트의 맨 아래에 천 등을 덧대어 바닥에 상처를 내지 않게 한다. 앞좌석 밑에 꽂은 신발의 뒷굽은 좋은 마스트대가 된다. 돛의 아래쪽 모서리는 묶지 않는다. 각 모서리의 줄은 손으로 잡아 돌풍에 돛이 찢겨나가거나 마스트가 부러지거나, 최악의 경우 구명보트가 뒤집히는 사태를 막는다.

16-39 구명보트가 뒤집히는 상황은 어떤 수단을 써서라도 막는다. 거친 날씨에는 시 앵커를 선수에서 멀리 이격시킨다. 탑승자들은 자세를 낮추고 무게를 분산시켜 맞바람에 뒤집히지 않게 한다. 추락 방지를 위해 측면에 몰리거나 서지 못하게 한다. 다른 탑승자에게 경고 없이 갑자기 움직이면 안 된다. 시 앵커를 쓰지 않을 때는 구명보트에 묶어, 만에 하나 구명보트가 가라앉거나 뒤집혀도 즉시 사용 가능하도록 한다.

식수

16-40 식수는 가장 중요하다. 식수만 있어도 생존의지에 따라 열흘은 더 살아남을 수 있다. 물을 마실 때는 삼키기 전에 입술과 혀, 목을 축인다.

식수가 제한된 상황의 배급

16-41 식수가 부족하고 다른 방법으로 보충할 수단이 없다면 물을 효과적으로 사용해야 한다. 먼저 식수가 바닷물에 섞이지 않게 한다. 직사일광은 물론 해면에서 반사되는 빛도 최대한 막는다. 통풍을 잘 되게 하고 가장 더운 시간대에는 옷을 적셔 버틴다. 과로는 최대한 피한다. 보유한 물의 양, 일광 증류 키트 및 염분 제거 키트의 물 생산량, 동료들의 신체상태 등을 보고 1일 물 배급량을 고정한다.

16-42 물이 없다면 먹지 않는다. 1일 물 배급량이 2ℓ 이상이라면 비상식량과 새, 새우, 생선 등 조달식량을 먹어도 무방하다. 구명보트의 움직임과 초조함이 뱃멀미를 일으킬 수 있고, 뭔가를 먹는다면 곧바로 토하게 된다. 최대한 휴식하며 물만 마신다.

16-43 땀을 통한 수분 손실을 줄이려면 바닷물에 옷을 적셔 짜낸 뒤 다시 입는다. 더운 날씨에 지붕 등 햇빛을 가릴 수단이 없다면 지나치게 옷을 적셔서는 안 된다. 이 방법은 체온을 식히는 대가로 염수에 의한 피부 발진이나 붓기 등의 문제를 야기할 수 있다. 이 과정에서 구명보트의 바닥이 젖지 않도록 주의한다.

16-44 구름을 관찰해 소나기에 대비한다. 방수포로 언제든 빗물을 받을 수 있게 준비한다. 방수포에 소금이 묻어있다면 바닷물로 씻는다. 약간의 바닷물은 빗물에 섞여도 문제가 되지 않는다. 하지만 바다가 거칠다면 깨끗한 민물을 얻기는 힘들다.

16-45 밤에 방수포를 차양처럼 세우고 모서리를 높여 이슬을 모은다. 스폰지나 천으로 보트 측면의 이슬을 모을 수도 있다. 비가 오면 가능한 물을 많이 마셔둔다.

수동식 역삼투압 담수기

16-46 대부분의 구명보트에는 수동 역삼투압 담수기(Manual Reverse Osmosis Desalinator, MROD)가 설치되어있다. MROD는 매우 효율적인 정수기로, 해수의 염분을 제거해 식수로 바꿔준다. 일반적인 모델은 서바이버35와 서바이버06으로, 24시간 연속 작동 시 각각 35갤런과 6갤런의 식수를 만든다. MROD는 5만 갤런의 물을 정수할 수 있고, 10년간 보관이 가능하다.(그 이상의 기간이 지나면 제작사에서 재포장해야 한다) MROD를 작동하려면 흡입구(큰 두 개의 호스)와 식수 공급 호스를 물에 넣고, 펌프 핸들을 2초 주기로 움직인다-1초간 올리고 1초간 내린다. 압력계가 펌프 케이스에서 튀어나와 적절한 흐름이 유지되고 있음을 알려준다. 제대로 펌프질을 하면 오렌지색 밴드가 보인다. 2분 대기 후 필터의 항균성 방부제를 제거하고 식수를 받는다.

MROD를 사용할 때는 물에 석유 성분(연료, 윤활유, 유압유)이 없어야 한다. 필터는 연료나 윤활유에 매우 민감하며, 묻으면 정수능력이 사라진다.

일광증류기

16-47 일광증류기가 있다면 사용설명서를 읽고 즉각 설치한다. 구명보트 탑승자와 햇빛의 양에 따라 최대한 많은 증류기를 설치한다. 구명보트에 증류기를 고정할 때는 주의해야 한다. 일광증류기는 평평하고 잔잔한 바다에서만 작동한다.

탈염 키트

16-48 탈염 키트가 일광증류기와 함께 있다면 당장 물이 필요하거나 장기간 구름이 끼어 일광증류기를 쓸 수 없는 경우에 한해 사용한다. 항상 탈염 키트와 비상 식수의 재고를 확보해 일광증류기나 빗물받이가 작동하지 못하는 상황에 대비한다.

어류의 체액

16-49 대형어류의 눈과 등뼈 주변에서 보이는 수용액을 마신다. 어류를 주의 깊게 반으로 갈라 등뼈 주변의 체액을 마시고 눈알도 빨아먹는다. 물이 아무리 부족해도 다른 부위의 체액을 마시면 안 된다. 다른 부위의 체액은 단백질과 지방이 풍부하므로 공급되는 수분보다 소화에 소모되는 수분이 더 많다.

해빙

16-50 극지방의 해상에서는 오래된 해빙에서 식수를 얻는다. 오래된 해빙은 푸른 빛

이 감돌고 모서리가 둥글며 쉽게 깨지고 염분이 거의 없다. 얼마 되지 않은 해빙은 회색에 우윳빛이 감돌며 단단하고 염분이 있다. 빙산에서 얻는 물은 깨끗하지만 빙산에 접근하는 것 자체가 위험하다. 비상시에만 식수 공급원으로 활용한다.

16-51 서바이벌 환경에서는 필수적 물품조차 대체품을 찾아야 하는 경우가 많다. 생존의 필수 요소인 식수를 대체할 경우, 다음 사항을 반드시 고려하자.

- 바닷물을 마시지 않는다.
- 소변을 마시지 않는다.
- 알코올성분을 마시지 않는다.
- 흡연하지 않는다.
- 물이 충분하지 않다면 식사하지 않는다.

16-52 수면과 휴식은 식수와 식량이 부족한 상황에서 장시간을 견디는 최선의 방법이다. 잠을 잘 때는 그늘을 사용하고, 바다가 거칠다면 보트에 몸을 묶고 덮개를 덮은 뒤, 폭풍을 최대한 타넘는다. 긴장을 풀거나 긴장을 풀기 위해 노력한다.

식량 조달

16-53 대양에서는 어류가 중요한 영양 공급원이다. 위험한 어류도 있지만, 육지가 보이지 않는 곳의 어류는 대부분 안전하다. 해안에 가까워질수록 위험하고 독성을 품기 쉽다. 붉돔이나 꼬치고기처럼 대체로 식용이 가능하지만 산호초와 환초에서 잡은 고기는 독성을 지닌 경우도 있다. 때로는 날치가 구명보트 위에 떨어지기도 한다!

어류

16-54 낚시를 할 때는 절대로 맨손으로 낚싯줄을 잡거나, 손에 감거나, 구명보트에 묶으면 안 된다. 줄에 붙은 소금기가 줄을 날카롭게 만들어, 손과 구명보트에 상처를 남길 수 있다. 어류를 다룰 때는 장갑을 끼거나 천으로 손을 감싸 지느러미나 아가미 껍질 등에 손이 다치지 않도록 주의한다.

16-55 따뜻한 지역에서는 잡자마자 어류의 내장을 들어내고 피를 뺀다. 당장 먹지 않는다면 즉시 얇게 저며 말린다. 잘 말린 물고기는 며칠을 두고 먹을 수 있다. 반면 깨끗이 닦고 건조하지 않은 물고기는 반나절도 버티지 못한다. 살색이 어두운 물고기는 쉽게 상한다. 만약 한꺼번에 먹지 못한다면 남긴 고기는 먹는 대신 미끼로 쓴다.

16-56 아가미가 창백하고 빛나거나, 눈이 꺼지거나, 껍질과 살이 늘어지거나, 불쾌한 냄새가 풍기면 먹지 않는다. 바닷물고기는 소금물, 혹은 깨끗한 물고기 냄새가 나야 정상이다. 비늘이 돋은 몸통과 납작한 꼬리가 특징적인 바다뱀과 뱀장어를 혼동하지 않도록 주의한다. 둘 다 먹을 수는 있으나, 바다뱀은 독니가 있어 매우 위험하다. 심장, 피, 내장막, 간 등은 대부분의 생선에서 먹을 수 있는 부위다. 또 대형 어류의 위장에서 발견되는, 일부가 소화된 작은 물고기나 바다거북도 먹을 수 있다.

16-57 상어고기는 날것도, 말린 것도, 익힌 것도, 모두 좋은 식량이다. 상어고기는 혈액에 함유된 요소의 농도가 높아 빨리 상한다. 따라서 즉각 피를 빼고 물을 여러 차례 갈아가며 씻어준다. 몇몇 종류의 상어를 더 선호하는 사람들도 있다. 고기에 대량의 비타민A가 함유된 그린란드 상어를 제외한 다른 상어들은 대부분 먹을 수 있다. 다만 상어의 간은 비타민 A 함량이 높으므로 먹으면 안 된다.

낚시도구

16-58 액세서리 키트에는 우수한 낚시도구가 포함되어 있어, 세계 어디에서든 유용하게 쓸 수 있다. 그밖에 다른 도구들도 낚시에 활용이 가능하다.

- 낚싯줄: 방수포나 캔버스 천 조각을 활용한다. 여기서 실을 뜯어내 서너 가닥을 하나로 모아 묶는다. 신발끈이나 낙하산 줄 역시 좋은 재료다.
- 낚싯바늘: 낚시도구가 없다면 8장을 참조해 급조한다.
- 미끼: 빛나는 금속 조각이 있다면 두 개의 바늘을 달아 인조미끼로 쓸 수 있다.
- 갈고리 막대: 갈고리 막대로 해조류를 긁어낸다. 딸려나온 새우나 게, 작은 어류는 먹거나 미끼로 쓴다. 식용 해조류는 식수가 충분한 상황에서만 섭취한다. 나무로 갈고리 봉을 급조한다. 단단한 막대에 작은 나뭇조각 세 개를 묶는다.
- 미끼: 작은 어류로 큰 어류를 낚을 수 있다. 그물이 없다면 천 등으로 급조한다. 그물을 물에 넣고 위로 퍼 올린다. 새나 어류의 모든 내장도 미끼로 활용한다. 미끼를 쓸 때는 물속에서 움직여 마치 살아있는 것처럼 보이게 한다.

낚시에 유용한 힌트

16-59 아래 힌트들을 기억하면 낚시로 물고기를 잡을 수 있다.

- 이빨이나 가시를 지닌 어류는 주의한다.

- 전복의 위험이 있다면 큰 물고기는 과감히 방생하고 작은 물고기를 낚는다.
- 낚싯바늘 등으로 구명보트에 구멍을 내지 않도록 주의한다.
- 어류 군집의 움직임을 관찰하고, 접근하도록 노력한다.
- 큰 상어가 주변에 있을 때는 낚시를 하지 않는다.
- 낮에는 구명보트의 그림자 아래로 물고기가 몰린다. 야간에는 불빛에 모여든다.
- 노 끝에 나이프를 묶어 작살을 만든다. 작살은 대형 어류 사냥에 적합하지만, 재빨리 끌어올리지 않으면 칼날에서 사냥감이 빠져나간다. 그리고 단단히 묶지 않으면 나이프를 분실할 우려가 있다.
- 낚시도구에는 늘 주의를 기울인다. 낚싯줄은 잘 말리고 바늘은 닦아서 날카롭게 유지하며 바늘이 낚싯줄에 꼬이지 않게 주의한다.

조류

16-60 제8장에서 언급한 대로 모든 바닷새는 먹을 수 있다. 포획할 수 있다면 무슨 새든 잡아먹는다. 가끔 구명보트에 새가 앉기도 하지만, 대부분 경계심이 강하다. 몇몇 새들은 구명보트 뒤에 밝은 금속조각 등을 매달아두면 모여들기도 한다. 만약 총기가 있다면 이런 방법으로 새를 사거리 내로 유인할 수 있다.

16-61 만약 새가 손이 닿는 범위 안에 앉았다면 맨손으로 잡을 수 있다. 새가 다소 멀리 앉거나 구명보트 반대편에 앉으면 올가미로 잡는다. 올가미 가운데 미끼를 놓고 새가 그곳에 내리기를 기다리다, 새의 발이 올가미 가운데 놓이면 조인다.

16-62 새의 모든 부위를 활용한다. 깃털은 보온재로, 내장과 발은 미끼로 쓴다. 다른 부위도 창의력을 발휘해 활용한다.

해상 생존과 관련된 의학적 문제

16-63 바다에서는 뱃멀미, 염수 부종, 일광 화상, 탈수, 저체온증 등 뭍에서도 볼 수 있는 질환에 직면할 가능성이 높다. 증세를 방치하면 큰 문제로 이어질 수 있다.

뱃멀미

16-64 선박의 운동으로 발생하는 현기증과 구토를 뱃멀미로 통칭한다. 뱃멀미에는 다음과같은 문제점이 있다.

- 과도한 수분 손실과 탈진
- 생존 의지 감퇴
- 동료들의 뱃멀미
- 토사물로 인한 상어의 접근
- 비위생적 환경

16-65 뱃멀미는 다음과 같이 치료한다.

- 토사물 및 악취를 제거하기 위해 구명보트와 환자를 닦는다.
- 현기증이 사라질 때까지 환자의 음식섭취를 막는다.
- 환자가 누워 휴식하게 한다.
- 가능하면 멀미약을 먹인다. 복용이 불가능하면 항문으로 삽입한다. 이미 뱃멀미에 걸렸다면 증상악화의 우려가 있으니 멀미약은 먹지 않는다.

지붕을 세우거나 구름, 수평선을 초점 삼아 장시간 주시하면 뱃멀미 극복에 도움이 된다. 구명보트 곁에서 잠시 수영을 하면 도움이 된다는 사람도 있으나, 바다에서 수영을 할 때는 매우 주의해야 한다.

염수 부종

16-66 염수 부종은 피부가 장기간 소금물에 노출되었을 때 발생할 수 있다. 특히 옷으로 조여지는 부분, 즉 허리, 발목, 손목 등이 취약하다. 부종으로 인해 딱지와 고름이 발생하는데, 부종은 째거나 고름을 짜내면 안 된다. 가능하면 민물로 닦고 자연건조되도록 둔다. 여유가 있다면 소독약으로 닦는다.

침족병, 동상, 저체온증

16-67 한랭기후 노출 시의 증상과 비슷하다. 여기에 대해서는 15장을 참조한다.

시력상실 혹은 두통

16-68 불꽃이나 연기, 기타 오염물질이 눈에 들어갈 경우, 즉각 소금물로 눈과 눈 주변을 씻고 가능하면 민물로 헹군다. 소지중인 연고가 있다면 환부에 바른다. 양 눈 모두를 18~24시간 붕대로 덮되, 손상이 크다면 더 오래 둔다. 만약 하늘이나 바다의 빛이 눈을 따갑게 하면 붕대를 가볍게 덮는다. 선글라스로 이 문제를 해결할 수 있다, 가능하다면 유사품을 제작한다.

변비

16-69 생명의 위기 속에서 변비는 비교적 흔한 증상이다. 설사제를 먹으면 탈수가 촉진되므로 피한다. 가능한 한 운동을 하고 여유가 있다면 적정량의 물을 섭취한다.

소변 곤란

16-70 탈수로 인한 소변의 곤란도 드문 일이 아니다. 이를 일부러 해결하려 할 경우 추가적인 탈수의 원인이 되므로 방치한다.

일광 화상

16-71 해상에서 일광 화상은 심각한 문제다. 최대한 그늘에 머물며 머리와 피부를 덮고 구급 키트의 크림이나 립밤을 사용한다. 해면 반사광도 볕에 노출되지 않는 부위에 화상을 일으킨다. 귀 뒤, 눈썹 주변, 코, 턱, 팔 아래를 주의한다.

상어

16-72 구명보트에 타면 다양한 해양생물을 접하게 되는데, 가장 위험한 생물은 상어다. 고래나 거북이, 가오리 등은 위험해 보여도 심각한 위협은 아니다.

16-73 수백 종의 상어들 중 인간을 공격하는 것은 20여 종에 불과하다. 가장 위험한 종은 백상아리와 망치상어, 청상아리, 배암상어 등이다. 그 밖에도 회색상어, 청상어, 모래상어, 얼룩상어, 흉상어, 대양에 사는 흰 지느러미 상어 등도 위험하다. 몸길이 1m 이상의 모든 상어는 위험하다고 간주하는 편이 적절하다.

16-74 상어는 거의 모든 바다에 서식한다. 대부분은 깊은 물속에 머물지만 일부는 수면 주변에서도 사냥한다. 상어의 지느러미는 종종 물 위로 나온다. 열대 및 아열대의 상어들은 온대 지역의 상어들에 비해 훨씬 공격적이다.

16-75 모든 상어는 기본적으로 포식 기계나 다름없다. 살아있는 모든 짐승을 잡아먹으며, 부상당하거나 고립된 동물을 공격한다. 상어는 시각, 청각, 후각을 모두 사용해 사냥감을 쫓는다. 상어는 후각이 특히 발달했으며, 피 냄새에 흥분한다. 또한 수중의 비일상적 진동에 민감하다. 다친 동물의 몸부림이나 수영하는 사람, 수중 폭발, 심지어 낚싯바늘에 걸려 몸부림치는 어류도 상어를 부를 수 있다.

16-76 상어는 거의 모든 자세에서 물 수 있어, 옆으로 돌 필요가 없다. 몇몇 대형 상어의 턱은 상당히 앞으로 나와 있어서, 부유물을 물기 위해 몸을 뒤틀 필요도 없다.

16-77 상어는 단독으로 사냥하지만, 대부분 한 마리 이상이 동시에 목격된다. 작은 상어들은 집단공격 성향이 있다. 한 마리가 목표를 발견하면 다른 상어들로 재빨리 동참한다. 상어는 부상당한 동족도 재빨리 먹어치운다.

16-78 상어는 밤낮 구분 없이 사냥하지만, 대부분의 상어 접촉 및 공격 상황은 주간에 집중되어 있으며 그 가운데 늦은 오후가 과반수를 차지한다. 물속에 있을 때 상어의 공격에서 몸을 지키려면 이하의 지침을 따른다.

- 헤엄치고 있는 다른 사람들과 함께 머문다. 여러 사람이 있으면 360도를 감시할 수 있다. 집단은 단독행동보다 상어를 겁주거나 싸워 쫓아낼 확률이 높다.
- 언제나 상어를 경계한다. 신발을 포함한 모든 피복을 착용한다. 역사적으로 상어는 무리에서 옷을 벗은 사람을, 주로 발부터 공격하는 경향을 보였다. 그리고 피복은 상어와 마찰했을 때 피부를 보호해준다.
- 수중에서 소변을 보는 상황을 피하고 불가피한 상황에 한해 극소량만 배설한다. 배설하는 동안 흩어질 시간을 둔다. 토사물과 대변도 최대한 멀리 처분한다.

16-79 수중에서 상어의 공격이 임박했다면 물장구를 치고 소리를 질러 최대한 상어를 접근하지 않게 한다. 수중에서 소리를 지르거나 물장구를 치는 행동이 상어를 위협하여 상어가 도망치는 경우도 있다. 상어의 공격에 대비해 체력을 절약한다.

16-80 공격당할 경우 상어를 발로 차고 때린다. 가능하면 아가미나 눈을 목표로 삼는다. 코를 때리면 자칫 상어 이빨에 손에 부상을 입을 우려가 있다.

16-81 구명보트에 있을 때 상어를 봤다면 아래 지침을 따른다.

- 낚시를 멈춘다. 물고기를 잡았다면 그냥 보낸다. 물고기를 씻지 않는다.
- 쓰레기를 버리지 않는다.
- 팔이나 다리, 장비를 물에 넣지 않는다.
- 정숙을 유지하고 함부로 움직이지 않는다.

- 사망자는 최대한 빨리 매장(수장)한다. 주변에 상어가 많다면 야간에 실시한다.

16-82 구명보트 안에 있는 상황에서 상어의 공격이 임박했다면 손 이외의 다른 모든 수단으로 상어를 타격한다. 손을 사용하면 상어에 입히는 피해보다 손에 입는 피해가 더 클 것이다. 노를 이용할 경우 노를 잃거나 부러지지 않도록 주의한다.

육지의 탐색

16-83 육지의 징후는 항상 주의 깊게 살펴야 한다. 육지가 가까워질 때의 징후는 매우 다양하다.

16-84 맑은 하늘에, 혹은 다른 구름이 움직이는 와중에 움직이지 않는 구름이 보인다면, 그 구름은 섬 위에 있거나 섬의 맞바람을 맞는 위치 바로 위에 있다.

16-85 열대기후에서는 산호초나 환초의 반사광에 의해 하늘이 녹색을 띠기도 한다.

16-86 극지대에서 구름에 옅은 반사광이 비춰진다면 빙판이나 눈 덮인 땅이 있다는 징후다. 이 반사광은 바다 위에서 볼 수 있는 회색 하늘과는 크게 다르다.

16-87 깊은 물은 짙은 녹색이나 청색이다. 색이 옅어질수록 수심도 얕아지며, 육지가 가까워질 가능성도 높아진다.

16-88 야간, 혹은 안개나 비 등으로 시정이 좋지 않을 때는 냄새와 소리로 육지를 감지할 수 있다. 맹그로브 늪지대와 흙탕의 곰팡이 냄새는 멀리까지 퍼진다. 또 해안의 파도 부서지는 소리는 해안에 닿기 한참 전부터 들을 수 있다. 바닷새의 소리가 지속적으로 한 방향에서 들린다면 그쪽에 새들의 서식지가 있을 것이다.

16-89 조류는 먼바다보다 육지 주변에 많아, 일출과 일몰 시 새무리의 방향을 통해 육지를 가늠할 수 있다. 주간에는 새들도 먹이를 찾아다니므로 방향에 의미가 없다.

16-90 신기루는 모든 위도에 발생하나 열대지방의 주간에 발생하기 쉽다. 신기루를 육지와 혼동하면 안 된다. 처음 신기루를 목격한 시점과 다른 높이에서 보면 신기루가 사라지거나 모습이 바뀐다.

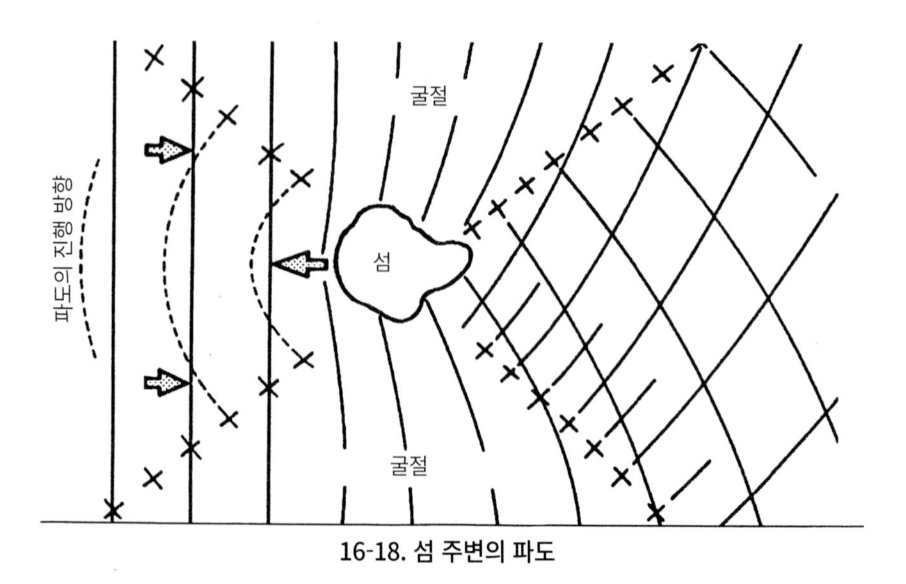

16-18. 섬 주변의 파도

16-91 파도가 육지에 접근할 경우 패턴에 따라 육지를 탐지할 수 있다.(16-18) 파도를 따라 이동하며 난류가 형성되는 곳(X로 표시된 곳)을 피하면 육지에 도달한다.

안전한 접안법

16-92 일단 섬을 발견했다면 안전하게 상륙해야 한다. 대부분의 경우 1인용 구명보트로 문제없이 접안할 수 있지만, 파도가 너무 심할 때는 접안이 위험할 수도 있다. 서두르지 말고 상륙지점을 조심스레 정한다. 태양이 너무 낮거나 정면에 있을 때는 상륙하지 않는 편이 좋다. 상륙하려면 바람이 가려지는 지역, 혹은 바다로 돌출된 곶 지형을 선택한다. 해안선의 빈틈을 찾아 그곳을 노린다. 산호초나 험한 바위절벽은 피한다. 민물이 흘러드는 하구 쪽에는 산호초가 없다. 심한 조류는 자칫 바다로 되밀려갈 수 있으므로 가급적 피한다. 이후 해안을 향해 구원신호를 보내거나 파도가 완만하고 경사진 해안지대를 찾아 움직인다.

16-93 만약 상륙을 위해 파도를 뚫고 전진해야 한다면 먼저 돛대를 내린다. 부상 방지를 위해 옷과 신발을 착용한다. 구명조끼에 공기를 넣는다. 가진 로프를 최대한 활용해 시 앵커를 선미에 길게 늘어트린다. 노를 사용하고 끊임없이 시 앵커를 조정해 앵커 줄을 계속 곧게 유지한다. 이렇게 하면 구명보트가 해안을 향하게 되며, 구명보트의 뒷부분이 파도에 뒤집히는 사태도 막을 수 있다. 노를 사용해 바다 쪽에서 오는 큰 파도를 타고 오른다.

16-94 해안의 파도는 불규칙하고 속도 역시 계속 변화하므로 조건에 따라 접안 절차도 바꿔야 한다. 파도를 돌파할 때 가장 좋은 방법은 인원 절반이 구명보트 한쪽에, 나머지가 반대쪽에 서로 등지게 앉는 것이다. 큰 파도가 몰려올 때는 파도의 정상부가 지나갈 때까지 절반이 바다 쪽으로 노를 젓는다. 그리고 나머지 절반은 다음 파도가 오기 전에 해안 쪽으로 노를 젓는다.

16-95 강풍과 거친 파도를 헤치고 나갈 때는 최대한 속도를 올려 파도의 정상부를 신속하게 돌파해야 한다. 실패할 경우 전복될 우려가 있다. 가능하다면 무너질 것 같은 큰 파도는 피해야 한다.

16-96 만약 바람이 없는 상황에서 중간 규모의 파도를 만난다면 구명보트가 지나치게 빨리 통과하지 않게 한다. 자칫하면 정상부를 통과한 직후에 추락할 수 있다. 파도에서 구명보트가 뒤집어지면 떨어지지 않게 무엇이든 붙잡아야 한다.

16-97 구명보트가 해안에 접근하면 큰 파도의 정상부에 탄다. 최대한 노를 힘껏 저어 해안까지 최대한 거리를 좁힌다. 구명보트가 완전히 착지하기 전에 뛰어내리면 안 된다. 일단 착지하면 신속하게 내려 구명보트를 해안으로 끌어낸다.

16-98 가능하면 밤에는 상륙하지 않는다. 만약 해안에 주민이 있다면 해안에서 다소 떨어진 위치에서 구조 신호를 보내 주민들이 구조하러 올 때까지 기다린다.

16-99 해빙을 만난다면 크고 안정적인 유빙에 한해 상륙한다. 해빙 상륙은 전복의 위험을 감수해야 한다. 작은 해빙이나 깨져나갈 듯한 유빙도 피한다. 노와 손으로 해빙의 모서리에 구명보트가 닿지 않게 한다. 구명보트를 물 밖으로 꺼내 얼음의 모서리로부터 안전한 곳에 둔다. 구명보트가 해빙 위에서 피난처가 될 수도 있다. 구명보트의 팽창 상태를 유지해 언제라도 사용할 수 있도록 한다. 어떤 유빙도 경고 없이 깨져나갈 수 있음을 항상 염두에 둔다.

수영 상륙

16-100 구명보트를 저어 상륙할 수 없고 헤엄을 쳐야 하는 상황이라면 최소 한 겹의 옷과 신발을 착용한다. 그리고 체력 유지를 위해 평영이나 횡영으로 수영한다.

16-101 파도가 완만하다면 작은 파도를 타고 올라 파도를 따라 헤엄쳐 전진한다. 파도가 깨지기 직전에는 얕은 물로 다이빙해 파도에서 벗어난다.

16-102 파도가 높다면 파도와 파도 사이에 바다가 가라앉는 틈에 해안으로 헤엄친다. 바다로 향하는 파도가 접근하면 파도를 마주 보고 잠수한다. 파도가 통과한 뒤에는 파도 사이의 틈을 노린다. 큰 파도의 아래 생기는 역류에 걸렸다면 바닥을 차거나 수면으로 헤엄쳐 나와 앞서 언급한 방법에 따라 해안으로 접근한다.

16-103 바위투성이 해안에 상륙해야 한다면 파도가 바위 위를 스쳐 가는 곳을 찾는다. 파도가 높고 포말처럼 부서지는 곳은 피한다. 바위를 붙잡을 체력이 필요하므로 천천히 헤엄친다. 복장을 착용하고 신발도 신어 부상의 가능성을 줄인다.

16-104 상륙지점을 선정하고 해안에 닿는 파도의 후면에 헤엄쳐 접근한다. 해안을 향해 몸을 돌린 뒤 발을 앞으로, 머리보다 60~90㎝ 낮게 두고 앉는 자세를 취한다. 이 자세는 상륙하거나 수중돌출부, 혹은 산호초에 발이 닿을 때의 충격을 완화할 수 있다. 앞서 고른 파도와 함께 상륙하지 못했다면 헤엄쳐 접근한다. 다음 파도가 밀어닥치면 발을 앞으로 두고 앉는 자세를 취한다. 뭍에 닿을 때까지 이 과정을 반복한다.

16-105 수초가 울창한 곳은 흐름이 완만하다. 이런 곳을 잘 활용한다. 해초 사이를 뚫고 헤엄쳐서는 안 된다. 수초 바로 위를 잡듯이 헤엄쳐간다.

16-106 암초나 산호초는 바위 해안에 상륙하는 요령으로 통과한다. 발을 가까이 붙이고 무릎은 긴장을 풀고 앉는 자세로 구부려 산호에 닿을 때 충격을 완화한다.

구출 · 구조

16-107 구조를 위해 다가오는 항공기나 선박 등을 발견하면 구조 과정에서 엉키며 문제를 야기할 수 있는 모든 줄을 재빨리 치운다. 구명보트의 모든 것을 고정한다. 지붕과 돛도 걷어서 안전한 구출이 가능하게 한다. 모든 것을 고정한 후, 가지고 있다면 헬멧도 쓴다. 구명조끼는 완전히 부풀린다. 다른 지시가 없다면 구명보트에 머물며 구명조끼 외에 다른 모든 장비를 제거한다. 가능하다면 구조를 위해 입수한 구조자의 도움을 받도록 한다. 구조 측의 모든 지시를 따른다.

16-108 만약 별도의 도움 없이 헬리콥터의 구조를 받는다면 아래 지침을 따른다.

- 구명보트의 모든 느슨한 물품들을 액세서리 주머니나 주머니 등에 챙겨 넣는다.
- 시 앵커와 안정용 주머니, 액세서리 주머니 등을 전개한다.
- 구명보트에 공기를 약간 빼고 물을 채워 넣는다.
- 낙하산 멜빵에 달린 생존 키트를 떼어낸다.
- 구명보트의 손잡이를 잡고 구명보트 밖으로 구르듯 나간다.
- 케이블이나 기타 구명 장비가 수면 위에 떨어지게 둔다.
- 다른 손에 구명 장비가 잡힐 때까지 구명보트의 손잡이를 잡는다.
- 구명 장비에 탑승하되 구명보트와 얽히지 않게 한다.
- 헬리콥터의 윈치 조작원에게 구조준비 완료를 알리기 위해 한쪽 팔을 옆으로 곧게 뻗고 엄지를 올린다. 다른 팔은 구명장비를 단단히 잡는다. 물을 강하게 튕기며 엄지를 들고 팔을 올려 쉽게 알 수 있게 한다. 일단 헬리콥터로 올라가면 헬리콥터나 승무원을 붙들지 않고, 승무원들이 직접 끌어당기도록 놔둔다.

해안 상륙 이후의 생존

16-109 수색 항공기나 선박이 언제나 구명보트나 유영자를 발견한다는 보장은 없다. 때로는 구조되기 전에 해안에 상륙해야 할 수도 있다. 해안지대의 생존요령은 바다와는 다르다. 식량과 식수가 더 흔하고 피난처도 더 쉽게 찾거나 만들 수 있다.

16-110 만약 우군 지역 내에 있고 이동을 결심했다면 내륙으로 들어가기보다는 해안선을 따라가는 편이 유리하다. 장애물(늪지대나 절벽)을 극복해야 하거나 사람이 사는 지역을 발견하지 않는 한, 해안을 떠나지 않는 편이 좋다.

16-111 전시에 적진의 해안지대에 떨어졌다면 대부분의 해안선이 적의 순찰지역임을 상기한다. 이런 상황에서 이동은 선택의 여지가 거의 없다. 타인과의 접촉을 최대한 피하고 해안에 남긴 흔적도 최대한 제거한다.

해안 특유의 위험

16-112 해안은 생존에 필요한 필수품을 훨씬 많이 제공하지만 위험요소 역시 매우 많다. 산호, 유독성의 흉포한 어류, 악어, 성게, 말미잘, 해면, 조류, 역류 등은 모두 위

험하며, 어떻게 대처해야 할지 숙지할 필요가 있다.

산호

16-113 살아있는 산호와 죽은 산호 모두 고통스러운 상처를 입힌다. 수중에는 깊은 상처와 심한 출혈, 감염의 위험을 야기할 요소가 많다. 산호로 입은 모든 상처는 철저하게 소독한다. 이런 상처의 소독에는 아이오딘제를 사용하면 안 된다. 몇몇 산호는 아이오딘 성분을 먹고 자라므로 오히려 상처 안에서 산호가 자랄 수도 있다.

독성 어류

16-114 환초에 서식하는 많은 어류가 독성이다. 몇몇 종은 언제나 독성을 띄며 몇몇 종은 연중 특정 시기에만 독성이다. 독은 어류의 모든 부위에 함유될 수 있으나 해당 독성 어류들은 산호초에서만 자라는 독성 박테리아를 섭취하는 과정에서 독을 지니므로, 간이나 창자, 알의 독성이 높다. 박테리아 역시 인체에 유해하다.

16-115 어류의 독은 수용성이다. 어떤 형태의 조리도 무력화할 수 없다. 또 맛이 나지 않아 통상적인 가식성 테스트도 무용지물이다. 조류는 독성에 가장 영향을 받지 않으므로 새가 물고기를 먹어도 식용으로 안전하다고 단정해서는 안 된다.

16-116 어류의 독은 입술, 혀, 발가락, 손가락 끝의 감각을 앗아가고, 가려움을 유발하며, 온도 감각을 역전시킨다. 차가운 것을 뜨겁게, 뜨거운 것을 차갑게 느낀다. 현기증, 구토, 회화 장애, 어지럼증, 마비 증세를 일으키고, 심하면 사망한다.

16-117 살에 독이 있는 어류 외에, 만지기만 해도 위험한 어류들이 있다. 대부분의 가오리들은 꼬리에 독침이 있고, 전기충격을 가하는 전기가오리도 있다. 환초에 서식하는 어류들, 즉 왕퉁쏠치나 복어의 등에 나 있는 독침은 쏘이면 매우 고통스럽지만 독침에 찔려 사망하는 경우는 드물다. 독침에서 나오는 독은 타는 듯한 아픔을 주며 상처에 비해 훨씬 심한 통증을 유발한다. 해파리가 치명적인 경우는 별로 없지만 촉수에 닿으면 매우 아프다. 11장과 부록 F를 보고 바다와 해안지대의 위험한 어종의 상세를 파악한다.

공격적인 어류

16-118 몇몇 사나운 어류는 피해야 한다. 호기심 많고 대담한 꼬치고기는 빛나는

물체를 작용한 사람을 공격한다. 야간에는 빛이나 빛나는 물체를 향해 돌진한다. 크게는 1.7m까지 자라는 도미 역시 피해야 할 어류다. 곰치 역시 몸길이가 1.5m에 달하며 날카로운 이빨을 지닌 데다 자극을 받으면 매우 난폭해진다.

바다뱀

16-119 바다뱀은 독성이 있으며 때로는 바다 한가운데에서도 발견된다. 자극받지 않으면 먼저 무는 경우는 드문 만큼 가능한 피하도록 한다.

16-120 악어는 열대지방에서 바닷물과 민물이 만나는 맹그로브 삼각주에 주로 서식하며, 먼바다를 향해 최대 65㎞까지 진출한다. 인구 밀집지역 주변에는 악어가 매우 드물다. 보통 동인도제도나 동남아시아 등 외딴곳에서 발견할 수 있다. 몸길이 1m 이상의 악어, 특히 둥지를 지키는 암컷은 위험하다고 간주해야 한다. 다만 악어고기는 확보가 가능하다면 훌륭한 식량이 된다.

해면, 성게, 말미잘

16-121 해면, 성게, 말미잘에게 입은 상처가 치명적인 경우는 드물지만, 상처가 생기면 매우 고통스럽다. 열대의 산호 주변 얕은 물에서 주로 발견되는 성게는 둥근 고슴도치처럼 생겼다. 일단 밟으면 피부에 가시가 박히며, 이 가시가 상처 안에서 부스러지며 파편이 된다. 가능하면 가시를 제거하고 상처를 소독한다. 다른 동물들에 의해 생긴 부상도 같은 방법으로 처리한다.

조류 및 역류

16-122 만약 큰 파도의 역류를 만나면 바닥을 발로 밀거나 수면까지 헤엄쳐 파도 사이의 틈을 노려 해안으로 이동한다. 역류가 잡아당길 때 억지로 저항하지 않는다. 역류를 따라 헤엄치거나 역류의 수직 방향으로 헤엄치며 파도의 힘이 약해지기를 기다려 해안을 향해 헤엄쳐 간다.

식량

16-123 여러 종의 식용 수초나 식물을 쉽사리 발견할 수 있는 해안에서 식량 조달이 문제가 될 가능성은 거의 없다. 식용 식물과 수초의 식별은 9장 및 부록 B를 참조한다. 식량으로 삼을만한 동물도 많은 편이다.

연체동물

16-124 삿갓조개, 대합, 소라, 문어, 오징어, 해삼 등은 모두 먹을 수 있다. 조개류는 해안에서 생존자에게 필요한 단백질을 대부분 공급한다. 단, 파란고리문어와 나사조개는 피한다.(11장과 부록 F참조) 그리고 적조현상이 발생한 곳의 연체동물은 독성을 띄게 된다. 각 종을 먹기 전에는 가식성 테스트를 한다.

환형동물

16-125 해안지대에 서식하는 환형동물은 대부분 먹거나 미끼로 사용할 수 있다. 다만 털이 난 애벌레처럼 생긴 털벌레류나 날카로운 흡입관을 지닌 서관충 등은 피한다. 화살벌레 등은 환형동물로 구분되지 않는다. 이런 생물들은 모래 속에서 발견할 수 있고 생으로, 혹은 말려서 먹기 적합하다.

게, 가재, 따개비

16-126 이 생물들은 인간에게 거의 위험하지 않은 완벽한 식량이다. 단, 커다란 게나 가재의 집게발은 사람의 손가락을 으깰 수도 있으니 조심해야 한다. 많은 종이 껍질에 가시가 있으므로 잡을 때 장갑을 끼는 편이 좋다. 따개비를 잡으면 긁힌 상처를 입기 쉽고 떼어내기도 힘들지만, 큰 따개비류는 훌륭한 식량이 된다.

성게

16-127 성게류는 바닷가에서 흔히 발견할 수 있고, 서투르게 밟거나 만지면 격통의 원인이 되지만, 그 자체는 훌륭한 식량이다. 장갑을 낀 채 잡고, 모든 가시를 제거하면 된다.

해삼

16-128 해삼은 중요한 식량공급원이며 인도양-태평양 일대에 서식한다. 내장을 제거하고 전체를 먹어도 좋고 몸통에 세로로 이어진 다섯 개의 근육 띠를 제거하고 먹어도 좋다. 훈제나 절임, 기타 다른 방법으로 조리해 먹는다.

제17장 위기 상황에서 강 건너기

서바이벌 환경에서는 물이라는 장애물을 극복해야 하는 경우에 빈번히 직면한다. 물과 연관된 장애물로는 강, 개천, 호수, 늪, 유사, 흙탕 등이 있다. 사막에서조차 갑작스런 홍수로 물을 극복해야 할 경우가 발생하곤 한다. 따라서 어떤 장애물이라도 안전하게 건널 방법을 마련해야 한다.

강과 개천

17-1 강이나 개천과 같은 하천들은 깊거나, 얕거나, 유속이 느리거나, 빠르거나, 폭이 넓거나 좁은 다양한 유형이 있다. 어떤 형태의 하천도 건너기 전에 도하 계획을 수립해야 한다.

17-2 먼저 전망이 좋은 고지대에서 건너야 하는 하천을 관측해 적절한 도하지점을 확인한다. 고지대가 없다면 나무에 오른다. 도하지점의 조건은 다음과 같다.

- 여러 갈래로 물줄기로 나뉘는 평탄하고 넓은 장소
- 하나의 넓은 강보다 두세 개의 좁은 개천이 더 건너기 쉽다.
- 얕은 강가, 혹은 모래톱
- 약간 상류에서 도하하면 발을 헛디뎌도 물살을 타고 목적 지점에 도달할 수 있다.
- 하류를 향해 45도 각도로 굽어 흐르는 장소

17-3 다음 장소들은 위험할 수도 있다. 가능하면 피한다.

- 건너편에 이동을 방해할 장애물이 있는 경우: 가장 안전하고 편한 곳을 고른다.
- 강 곳곳에 바위가 있는 장소: 보통 위험한 급류나 협곡의 존재를 암시한다.

- 깊거나 물살이 빠른 폭포나 수로: 바로 위에 있는 개천도 건너서는 안 된다.
- 넘어지거나 미끄러지면 심한 부상을 입을 수 있는 바위투성이 장소: 물속의 바위는 매우 미끄러워 서 있기 어렵다. 하지만 물을 가르는 바위는 도움이 되기도 한다.
- 조수간만: 일반적으로 강의 하구는 폭이 넓으며 유속이 빠르고 조수간만의 영향을 많이 받는다. 이런 조수간만은 하구로부터 몇 킬로미터 내륙까지 영향을 끼치기도 한다. 보다 쉬운 도하를 위해 상류로 가는 편이 낫다.
- 소용돌이: 소용돌이는 소용돌이를 일으키는 장애물의 하류 방향에 강한 역류를 일으키며 자칫 아래쪽으로 사람을 끌어들일 수 있다.

17-4 일단 발을 디딜 수만 있다면 도섭 가능한 강의 깊이는 큰 문제가 아니다. 깊은 강이 얕지만 빠른 강보다 유속이 느려 오히려 안전할 때도 있다. 옷은 나중에 말려도 되지만, 필요하다면 뗏목을 만들어 피복과 장비를 안전하게 도하시킨다.

17-5 수온이 매우 낮을 때는 강이나 개천을 헤엄쳐 건너며 몸을 적시면 안 된다. 치명적인 부상을 입을 수도 있다. 어떤 형태로든 뗏목을 만든다. 발만 젖는 정도라면 직접 건너도 무방하다. 대신 건너편에 닿는 즉시 빨리 말린다.

급류

17-6 필요하다면 깊고 빠른 급류라도 건너야 할 때가 있다. 깊고 유속이 빠른 강을 건너려면 물살을 따라 헤엄쳐야 한다. 절대 흐름을 거슬러서는 안 된다. 몸은 수면과 수평을 유지한다. 이렇게 해야 수면 아래로 끌려들어 갈 확률이 낮아진다.

17-7 빠르고 얕은 급류에서는 누워서 발을 하류로 향하고 엉덩이 양옆에 손을 놓고 젓는다. 이렇게 하면 부력이 높아지고 장애물로부터 멀어지기 쉽다. 발은 다치거나 바위에 걸리지 않도록 들어올린다.

17-8 깊은 급류에서는 엎드린 자세로 머리는 하류를 향하게 입수해 가능한 강변을 향한다. 장애물과 역류로 발생하는 소용돌이와 한 곳에 쏠리는 물살도 조심한다. 이런 물살은 종종 위험한 급류를 만들기도 한다. 쏠리는 물살은 강에 새로운 수로가 합류하거나 작은 섬처럼 큰 장애물로 물 흐름이 분산될 때 형성된다.

17-9 물살이 빠르고 위험한 개천을 건널 때는 다음과 같은 단계를 밟는다.

- 하의와 상의를 벗어 물에 끌려들어 갈 확률을 낮춘다. 신발은 발과 발목을 바위로부터 보호하기 위해 착용한다. 신발은 보다 단단한 발디딤을 제공한다.
- 신발과 기타 물품을 짐과 배낭 위에 함께 묶는다. 이렇게 해야 부득이하게 짐을 놓쳐도 흩어지지 않는다. 여럿으로 흩어진 짐보다 한 덩이의 큰 짐이 훨씬 찾기 쉽다.
- 짐은 어깨 위로 옮기고, 필요하면 재빨리 놓아버릴 준비를 한다. 짐을 쉽게 버리지 못하면 아무리 수영을 잘하는 사람도 자칫 짐과 함께 물에 끌려들어 갈 수 있다.
- 지름 약 7.5㎝, 길이 2.1~2.4m의 단단한 지팡이가 있으면 강을 건널 때 도움이 된다. 지팡이를 잡고 상류 쪽을 단단히 찍어 물 흐름을 헤쳐나간다. 매 걸음마다 발을 단단히 딛고 지팡이로 약간씩 하류 방향을 향해 찍되 현재의 내 위치보다는 상류 쪽을 향한다. 지팡이를 적절히 기울여 물의 흐름이 어깨에 부담되지 않게 한다.(17-1)
- 강을 건널 때는 하류 방향 45도 각도로 진행한다.

17-1. 단독으로 급류를 건너는 경우

17-10 이 방법으로 혼자 건너기 어려운 물살이 강한 개천도 건널 수 있다. 등짐 무게는 걱정하지 않아도 된다. 몸이 무거우면 강을 건널 때는 오히려 도움이 된다.

17-11 동료가 있다면 함께 건넌다. 동료들의 짐과 피복도 앞의 설명대로 준비한다. 체중이 가장 무거운 인원을 막대의 하류 쪽 끝에, 가장 가벼운 인원을 상류 쪽 끝에 위치시킨다. 이 방법으로 상류 쪽 인원은 흐름을 뚫을 수 있고, 하류 쪽 인원은 상류의 인원이 일으킨 와류 덕에 비교적 쉽게 이동할 수 있다. 만약 상류 인원이 발을 헛디뎌도 다른 인원들이 자세를 회복할 때까지 안정을 유지하도록 돕는다.(17-2)

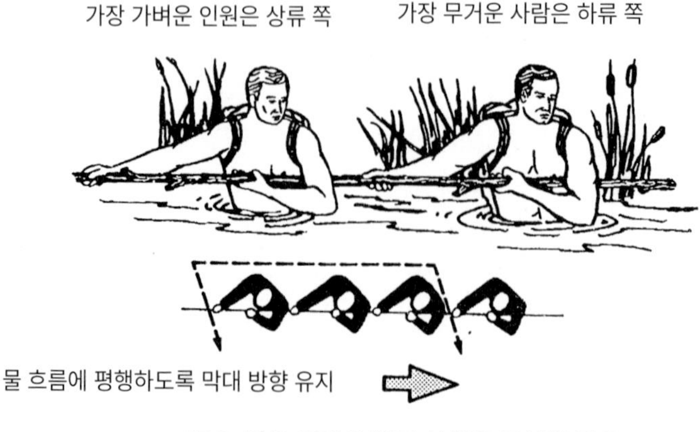

17-2. 많은 인원이 빠른 하천을 도섭할 경우

17-12 만약 세 명 이상의 인원과 긴 로프가 있다면 17-3에 기재된 방식을 사용해 도섭을 시도할 수 있다. 로프의 길이는 건너려는 개천 폭의 3배가 되어야 한다. 개천을 건너려는 사람은 로프를 가슴 둘레에 묶는다. 가장 체력이 좋은 인원이 먼저 건넌다. 나머지 두 사람은 로프를 몸에 묶지 않는다. 이들은 필요한 만큼 로프를 늘어트리는 동시에 건너는 사람이 물살에 휩쓸리지 않도록 붙잡는다.

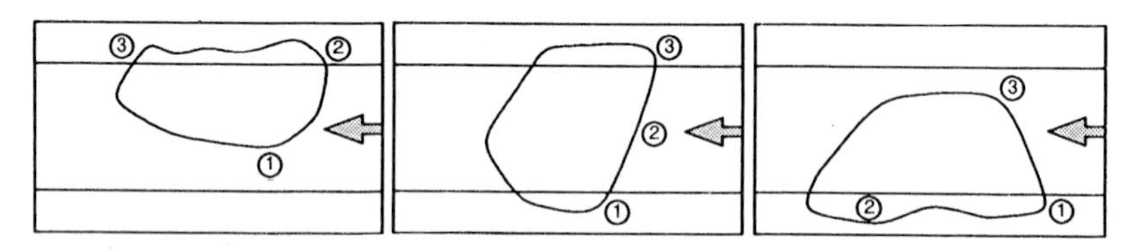

1번 도섭자는 건너편에 도달하면 로프를 풀며 2번이 로프를 몸에 묶는다.
2번은 다른 동료들의 도움을 받으며 건넌다.
2번이 건너편에 도달하면 3번이 몸을 묶고 건넌다.
3명 이상의 인원은 이 방식을 사용해 도하가 가능하다.
1번이 가장 부담이 크지만 문제가 생기면 2번이 언제든 도움을 줄 수 있다.

17-3. 로프로 몸을 묶는 다인 도섭법

뗏목

17-13 판초우의 두 장이 있다면 덤불 뗏목이나 오스트레일리아식 판초 뗏목을 만들어 천천히 이동하는 개천이나 강에서는 장비를 안전하게 띄워 건너보낼 수 있다.

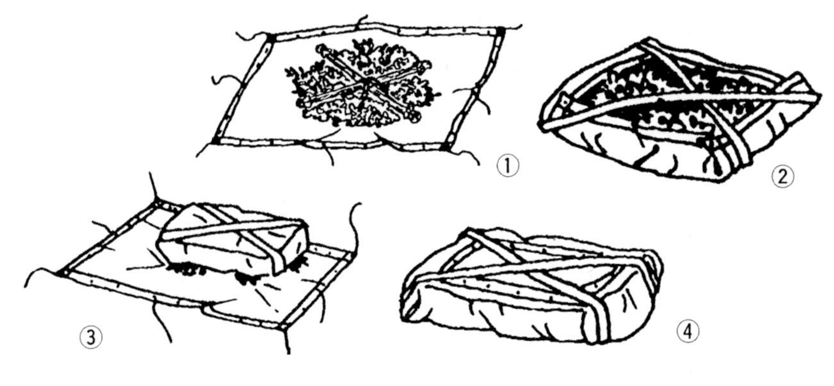

17-4. 덤불 뗏목

덤불 뗏목

17-14 덤불 뗏목은 적절하게 제작하면 최대 115kg의 무게를 지탱한다. 제작에는 판초 우의, 갓 잘라 푸른 잎이 붙은 덤불, 두 개의 어린나무 줄기, 로프나 덩굴 등이 필요하다. 제작법은 17-4를 참조한다.

- 판초우의의 모자를 안쪽으로 넣고 목은 조임끈을 최대한 조여 단단하게 조인다.
- 로프나 덩굴을 각 판초우의의 모서리에 있는 구멍에 꿴다. 로프나 덩굴의 길이가 판초의 반대편 구멍에 꿰어진 것과 문제없이 연결할 수 있는지 확인한다.
- 안쪽이 위를 향하도록 판초우의 1장을 펼친다. 갓 자른 덤불(굵은 가지는 제거한다)을 약 45㎝ 높이로 판초 위에 쌓는다. 목 조임끈을 덤불 가운데를 통하도록 조인다.
- 나무줄기를 X형 프레임으로 짜 덤불에 올리고 판초의 조임끈으로 고정한다.
- X자 프레임 위에 덤불을 45㎝ 더 쌓은 뒤 살짝 누른다.
- 판초우의로 덤불을 감싸 올린 뒤 구멍에 꿴 로프나 덩굴을 대각선으로 묶는다.
- 두 번째 판초우의를 안쪽이 위를 향하도록 방금 조립한 덤불 더미 옆에 펼친다.
- 덤불 더미를 두 번째 판초우의에 엎되, 묶인 쪽이 아래를 향하게 한다. 첫 번째 판초우의를 덤불 주위에 묶을 때와 같은 요령으로 두 번째 판초우의도 묶는다.
- 두 번째 판초우의가 위를 향하도록 물 위에 띄운다.

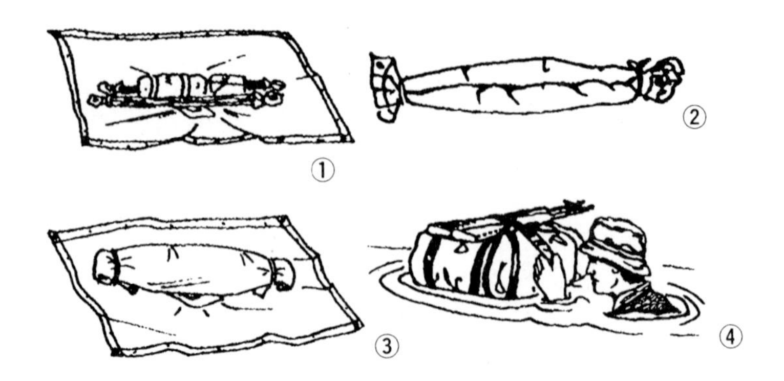

17-5. 오스트레일리아식 판초우의 뗏목

오스트레일리아식 판초우의 뗏목

17-15 덤불을 모아 뗏목을 만들 시간이 없다면 오스트레일리아식 판초우의 뗏목을 제작한다. 이 뗏목은 덤불 뗏목보다 방수성은 높으나 지탱 하중은 35kg가량으로 제한된다. 이 뗏목을 제작하려면 두 장의 판초우의와 두 개의 배낭, 1.2m가량의 막대 두 개나 나뭇가지, 로프, 덩굴, 신발끈, 혹은 비슷한 줄이 필요하다.(17-5)

- 각 판초우의의 모자를 안으로 넣고 목 조임끈으로 목 부분을 단단히 조인다.
- 안쪽이 위를 향하도록 판초우의 1장을 지면에 펼친다. 길이 1.2m의 막대 두 개를 판초우의 가운데 약 45cm 간격으로 놓는다.
- 배낭 등의 장비를 막대 사이에 놓는다. 판초우의의 측면을 잠근다.
- 동료의 도움을 받아 뗏목을 완성한다. 판초우의의 잠긴 부분을 들고 장비 주변에 단단하게 말아둔다. 판초우의 전체를 말아야 한다.
- 말아둔 판초우의의 양 끝을 돼지 꼬리 모양으로 매듭지어준다. 돼지 꼬리를 위쪽으로 접은 다음 로프나 신발끈, 덩굴 등으로 고정한다.
- 남은 판초우의를 안쪽이 위를 향하도록 펼친다. 추가 부력이 필요하면 덤불을 얹는다.
- 앞서 조립한 장비 묶음을 묶인 쪽이 아래가 되도록 두 번째 판초우의의 가운데에 둔다. 첫 번째 판초를 조립한 요령으로, 두 번째 판초우의로 장비 묶음을 감싼다.
- 로프나 신발끈, 덩굴, 기타 묶을 수 있는 재료를 이용해 양 끝의 돼지꼬리로부터 약 30cm지점을 묶는다. 뗏목 위에는 무기를 놓고 묶는다.
- 로프의 한쪽 끝을 빈 수통에, 다른 끝을 뗏목에 묶는다. 뗏목을 끌기가 편해진다.

17-6. 도넛형 판초우의 뗏목

도넛형 판초우의 뗏목

17-16 또 다른 형태의 뗏목이 도넛형 판초우의 뗏목이다. 제작 시간은 앞의 두 뗏목보다 오래 걸리지만 보다 효율적이다. 제작에 판초우의 한 장, 나무줄기, 버드나무 가지나 덩굴, 로프, 신발끈 등(17-6)을 이용해 아래 지침에 따른다.

- 몇 개의 말뚝을 땅에 박아 2중의 원 모양을 그려 도넛형 프레임의 기초를 만든다.
- 가지, 덩굴 등을 말뚝으로 만든 틀 안에 도넛 형태로 짠다.
- 앞서 만든 도넛 모양을 30~60㎝ 간격마다 여러 줄의 끈으로 단단하게 묶는다.
- 판초우의의 모자 부분을 안쪽으로 밀어 넣고 조임끈으로 목 부분을 조인다.
- 판초우의의 안쪽을 위로 향하도록 지면에 놓는다. 도넛을 판초 가운데에 얹는다. 판초우의를 그 위로 감싼 뒤 모서리의 구멍에 끈을 꿰어 도넛에 단단히 고정한다.
- 로프의 한쪽 끝을 빈 수통에, 다른 끝을 뗏목에 묶어 뗏목을 끌기 쉽게 한다.

17-17 위에 언급된 모든 뗏목은 땅에 끌다 파손되지 않도록 주의한다. 실제로 사용해 강을 건너기 전에 물에 몇 분간 띄워 쓸만한지 확인한다.

17-18 강이 너무 깊어 직접 걸어 건너는 도섭이 불가능하다면, 헤엄치는 동안 뗏목을 앞에 띄우고 민다. 위에 언급된 뗏목의 부력은 사람의 체중을 감당하지 못한다. 장비를 안전하게 띄워 보낼 수단으로만 활용해야 한다.

17-19 강이나 호수 등을 건너기 전에는 수온을 반드시 확인한다. 수온이 너무 차갑고 얕은 도섭지점을 발견하지 못했다면 함부로 몸을 담그지 않는다. 다른 도하 수단을 사용하는 편이 낫다. 예를 들어 강 위에 나무를 쓰러트려 다리를 급조하거나, 혹

은 장비와 인원 모두를 띄울 수 있는 뗏목을 제작한다. 그러나 이런 작업을 위해서는 도끼, 나이프, 로프나 덩굴, 시간이 필요하다.

17-7. 버팀목을 이용하는 방법

통나무 뗏목

17-20 새로 벤 나무, 죽은 나무, 마른 나무 등 다양한 목재로 통나무 뗏목을 만들 수 있다. 극지방 및 아극지방에 서식하는 가문비나무가 가장 뗏목에 적합하다. 뗏목의 조립법은 여러 개의 통나무 양 끝에 버팀목을 단단히 고정하는 것뿐이다.(17-7)

다양한 부구(浮具)

17-21 수온이 수영 도하에 적합하고 판초우의형 뗏목을 만들 시간조차 없다면 임시로 다양한 부구를 활용한다. 부구로 쓸 수 있는 도구는 다음과 같다.

- 바지의 양 끝을 매듭지은 다음 지퍼와 단추를 닫는다. 양손으로 바지를 잡고 허공에 휘둘러 공기를 채운다. 허리를 재빨리 움켜쥐고 물속에 담가 공기가 새나가지 않게 한다. 이렇게 하면 바지가 구명조끼 역할을 한다.

공기를 넣기 전에 바지를 미리 적셔두는 편이 좋다. 넓은 강이나 호수를 건널 때는 바지에 공기를 몇 번 다시 넣어야 할 수도 있다.

- 빈 석유통이나 물통, 탄약통, 상자, 기타 공기를 담아둘 용기를 여럿 묶어 띄운다. 이런 종류의 부구는 유속이 느린 강이나 개천에서만 사용해야 한다
- 둘 혹은 그 이상의 비닐봉투에 공기를 채우고 주둥이 부분을 서로 묶어준다. 갓 자른

식물을 판초우의로 감싸 적어도 지름 20㎝의 두루마리가 되게 한다. 판초우의 양 끝을 단단히 묶는다. 이것을 허리에 감싸거나 어깨와 팔에 걸쳐 활용한다.

- 물 위에 떠다니는 통나무나 강 주변에 굴러다니는 통나무를 이용한다. 일단 두 개의 통나무를 60㎝ 간격으로 묶는다. 등은 통나무에 기대고 다리는 반대편 통나무에 걸치는 식으로 통나무 사이에 앉는다.(17-8) 건너기 전에 통나무가 제대로 뜨는지 확인한다. 몇몇 통나무 -예를 들어 야자수- 는 나무가 죽은 뒤에도 가라앉는다.
- 부들개지 줄기를 모아 25㎝, 혹은 그 이상의 두께로 묶는다. 각각의 줄기에 함유된 공기가 부력을 제공한다. 건너기 전에 체중을 지탱하는지 확인한다.

17-8. 통나무 부구

17-22 창의력을 발휘하면 다양한 부구를 만들 수 있다. 다만 사용하기 전에 꼭 실험을 거쳐야 한다.

기타 수성(水性) 장애물

17-23 늪, 진창, 유사, 늪지대 등도 수성 장애물에 속한다. 이런 장애물들은 걸어서 건너면 안 된다. 이런 지형에서는 똑바로 서면 오히려 더 가라앉으므로 최대한 우회한다. 만약 우회할 수 없다면 통나무나 나뭇가지 등으로 다리를 만든다.

17-24 습지대를 건너려면 얼굴을 아래로 향하고 사지를 펼치며 부구나 공기를 가둔 옷으로 부력을 얻는다. 헤엄치거나 천천히 움직이며 몸은 수면과 평행을 유지한다.

17-25 늪에서도 식물이 자라는 곳의 지면은 대개 체중 지탱이 가능하다. 하지만 개

방된 진흙탕이나 못 한가운데는 대개 식물이 없다. 만약 수영을 할 줄 안다면 늪지대나 습지대에서 수 ㎞가량을 헤엄치거나 기어서 이동할 수 있다.

17-26 유사는 움직이는 물과 모래의 혼합물이다. 압력을 버티지 못하며 위에 얹힌 물체를 빠르게 빨아들인다. 깊이가 다양하며 형성범위는 국지적이다. 유사는 평평한 해안이나 물의 흐름이 변하기 쉽고 침적물이 쌓인 강, 큰 강의 하구 등에 발견된다. 만약 특정 지면이 유사인지 의심스럽다면 작은 돌을 던져본다. 유사라면 돌이 가라앉는다. 유사는 진흙이나 흙탕물보다 흡입력이 강하지만 습지대를 건너는 요령으로 건널 수 있다. 얼굴을 아래로 향하고 팔다리를 펼친 뒤 천천히 이동한다.

수생식물의 장애

17-27 수성장애물에는 수중 및 수상 식물의 방해도 포함된다. 하지만 서두르지 않으면 비교적 울창한 수생식물도 헤쳐 나갈 수 있다. 최대한 수면 가까이 머물며 평영으로 손발의 움직임을 줄여 헤쳐나간다. 옷을 벗듯 주변의 식물을 제거한다. 피곤해지면 체력이 회복될 때까지 물 위에 떠서 쉬거나 배영으로 이동한다.

17-28 맹그로브 늪지대는 열대 해안선의 장애물이다. 맹그로브 나무나 덤불은 울창한 뿌리가 특징이다. 맹그로브 늪지대를 통과하려면 썰물을 기다린다. 내륙 쪽에 있다면 나무가 드문 곳을 찾아 그 틈을 통해 바다로 나가거나 나무의 틈에서 수로나 개천 등을 찾아 바다로 향한다. 바다 쪽에 있다면 거꾸로 수로나 개천을 통해 내륙으로 이동한다. 얕은 물과 수로 사이에 서식하는 악어에 주의한다. 주변에 악어가 있다면 맹그로브 뿌리 위로 기어오른다. 맹그로브 늪지대를 통과할 때는 조수간만의 차로 물이 고인 곳이나 뿌리 틈에서 식량을 채집할 수 있다.

17-29 늪지대 통과에는 시간과 노력이 많이 필요하다. 따라서 반드시 건널 수밖에 없다면 어떤 형태로든 뗏목을 만든다.

제18장 야외에서의 방위 확인

서바이벌 환경에서 지도와 나침반을 소지하고 있다면, 그 자체가 엄청난 행운이다. 만약 이 두 가지 도구가 있다면 구조를 기대할만한 방향으로 이동할 수 있다. 만약 지도와 나침반 사용에 익숙하지 않다면 반드시 숙달해야 한다. 햇빛과 별을 이용해 방위를 파악하는 방법도 몇 가지가 있다. 그러나 이 방법으로는 대략적인 방향만 알 수 있다. 해당 지역의 지형을 숙지하면 보다 정확한 방위를 파악하는데 도움이 된다. 따라서 활동하는 지역의 지형에 대해 사전에 최대한 숙지하고, 특히 눈에 띄는 지형지물을 파악할 필요가 있다. 이런 지형에 대한 지식은 아래 단원에서 설명할 수단들과 함께 활용한다면 상당히 정확한 위치 파악수단이 될 수 있다.

태양과 그림자의 활용

18-1 지구와 태양의 상대적 위치는 지표면의 방위 확인에 활용할 수 있다. 태양은 항상 동쪽에서 뜨고 서쪽으로 지지만 항상 정확하지는 않으며, 계절에 따라 조금씩 차이가 있다. 그림자는 태양의 반대편으로 움직인다. 북반구에서는 그림자가 서에서 동으로 움직이며 정오에 북쪽을 향한다. 남반구에서는 정오에 그림자가 남쪽을 향한다. 잘 연습하면 그림자로 시간과 방위를 모두 파악할 수 있다. 그림자로 방위를 파악하는 데는 그림자 끝을 이용하는 방법과 시계를 이용하는 방법이 있다.

그림자 끝 이용법

18-2 먼저 길이 1m가량의 곧은 막대와 막대의 그림자를 드리울 평평한 장소를 찾는다. 이 방법은 단순하지만 정확하며 네 단계를 거쳐 진행된다.

- 막대를 그림자를 드리울 평평한 지면에 박는다. 그림자의 끝을 돌이나 나뭇가지

등으로 표시한다. 이 첫 번째 표시를 언제나 서쪽으로 간주한다- 지구 어디에서든 동일하다.

- 그림자 끝이 몇 ㎝가량 움직일 때까지 10~15분을 기다린다. 첫 번째 단계와 같이 새로운 그림자 끝 위치를 표시한다. 이 표시를 동쪽으로 간주한다.
- 두 표시 사이를 잇는 직선으로 동-서 축선 표시를 확보한다.
- 첫 번째 표시(서쪽)가 왼쪽에, 두 번째 표시(동쪽)가 오른쪽에 보이도록 선다. 이제 북쪽을 향해 선 셈이다. 지구 어디에서든 동일하다.

18-1. 그림자 이용법

18-3 더 정확한 방법이 있으나 시간이 필요하다. 먼저 막대를 준비하고, 아침에 처음 그림자가 나타날 무렵 첫 번째 표시를 한다. 실을 이용해 이 표시와 막대 주변에 깨끗한 원을 그린다. 정오 무렵에 그림자는 줄어들고 사라질 것이다. 오후에는 다시 그림자가 길어지는데, 그림자가 원에 닿을 무렵 두 번째 표시를 한다. 두 표시 사이에 직선

을 그리면 정확한 동-서 축선을 얻을 수 있다.(18-1)

시계 이용법

18-4 아날로그 시계, 즉 바늘이 있는 시계로도 방위를 파악할 수 있다. 서머타임을 적용하지 않은 현지 시각을 사용하면 정확한 방위 확인이 가능하다. 적도에서 멀어질수록 정확해진다. 디지털 시계밖에 없다면 종이에 원과 시계판을 그리고 시간을 기입한 뒤 해당 시각의 방위를 파악하는 데 사용한다. 보다 정확한 확인이 필요하면 지면에 시계판을 그리거나 시계를 지면에 놓고 확인한다.

18-5 북반구에서는 시계를 수평으로 잡고 시침을 태양에 향하게 한다. 시침과 12시 방향 사이의 각도를 반으로 나눠 남북 축선을 얻는다.(18-2) 만약 어느 쪽이 북쪽인지 애매하다면 해는 늘 동쪽에서 떠 서쪽에서 지고 정오에는 남쪽을 향한다는 사실을 상기한다. 정오 이전의 태양은 동쪽에, 이후에는 서쪽에 떠 있다.

만약 서머타임에 시계가 맞춰져 있다면 시침과 1시 방향 사이의 중간을 남북 축선으로 잡는다.

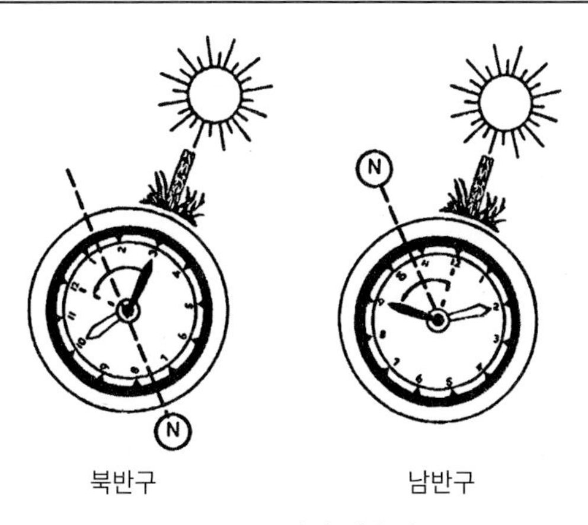

18-2. 시계 이용법

18-6 남반구에서는 시계의 12시 방향을 태양을 향하게 한다. 12시와 시침 사이의 중간 지점이 남북 축선이 된다.(18-2)

18-7 또 다른 방법으로 24시간 시계 방법이 있다. 현지의 군용 시각을 2로 나누고,

이 시각을 시침의 방향으로 상상한다. 북반구에서는 이렇게 얻은 시침의 위치가 태양을 향하게 하면 12시 방향이 북쪽이 된다. 예를 들어 1400에 1400을 2로 나누면 700, 즉 7시가 된다. 시계를 수평으로 잡고 7시 방향을 태양으로 향하게 하면 12시 방향이 북쪽이다. 남반구에서는 12시 방향을 태양을 향해 맞추면 같은 방식으로 계산한 시각의 시침이 남쪽을 향하게 된다.

달 이용법

18-8 달은 자체 발광을 하지 않으며 태양광을 반사할 뿐이다. 지구 주변을 공전하는 28일 주기 동안 달의 형태는 빛의 반사에 의해 변화한다. 태양을 기준으로 달이 지구의 반대편에 있으면 달이 뜨지 않는다. 달이 지구의 그림자에서 벗어나면 오른쪽 면부터 빛을 반사하며 보름달이 되고, 차츰 위치가 변하면 왼쪽에서 빛을 반사하여 초승달이 된다. 이를 통해 방위 확인이 가능하다.

18-9 해가 지기 전에 달이 뜬다면 달이 비치는 방향이 서쪽이다. 달이 자정 이후에 뜬다면 달의 방향이 동쪽이다. 이를 통해 야간에도 방위를 확인할 수 있다.

별 이용법

18-10 남반구와 북반구의 위치 확인은 어떤 별자리를 기준으로 잡는가에 좌우된다.

북반구 상공

18-11 먼저 기억해야 할 별자리는 북두칠성과 카시오페이아자리다.(18-3) 이 별자리들을 이용해 북극성을 확인한다. 북극성은 북극을 중심으로 1.08도 공전할 뿐이므로 언제나 북쪽에 고정된 것으로 간주된다. 북극성은 소북두칠성의 '손잡이' 끝에 위치한 별이며 종종 북두칠성과 혼동된다. 하지만 소북두칠성은 7개의 상대적으로 희미한 별들로 구성되며 도시로부터 상당히 떨어져야 볼 수 있다. 따라서 북두칠성과 카시오페이아를 동시에 확인해야 혼동을 예방할 수 있다. 북두칠성과 카시오페이아는 마주 보고 있으며 북극성을 중심으로 반시계방향 공전을 한다. 북두칠성은 7개의 별로 구성된 국자 모양의 별자리다. 이 국자의 바깥쪽을 구성하는 '지표성'이라 불리는 두 개의 별이 북극성을 가리킨다. 북두칠성의 '국자'형상에서 지표성 사이에 선을 그린다. 그리고 가상의 선을 다섯 배로 늘려보면 선 끝에 북극성이 있다. 그리고 지평

선 및 수평선과 북극성의 각도는 언제나 관측 지역의 위도와 동일하다. 예를 들어 북위 35도에 위치할 경우 지평선으로부터 35도 상공에서 북극성을 찾을 수 있다. 이 방법을 통해 북두칠성, 카시오페이아, 북극성을 찾는 수고를 덜 수 있다.

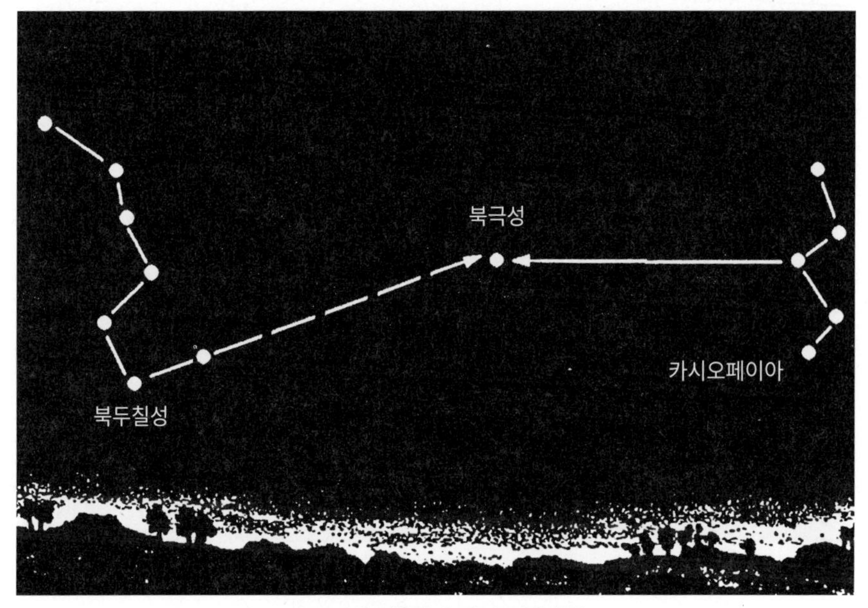

18-3. 북두칠성과 카시오페이아

18-12 카시오페이아는 5개의 별로 구성된 W자 형태의 별자리로, 한쪽이 다소 늘어져 보인다. 이 늘어진 쪽의 각도를 반으로 나눈 방향에서 북극성을 찾을 수 있다. 이 선을 W자의 아래와 위 사이 거리의 다섯 배로 늘린다. 북극성은 북두칠성과 카시오페이아 사이에서 발견된다.

18-13 북극성을 발견하면 북극성과 지구 사이에 선을 그어 북극을 확인한다.

남반구 상공

18-14 남극을 지향하는 대표적인 별이 없으므로, 여기서는 남십자성으로 알려진 별자리를 사용한다. 이 방법을 통해 남쪽 방위를 확인할 수 있다.(18-4) 남십자성은 5개의 별로 구성되며 4개의 밝은 별들이 십자 모양을 그리고 있다. 십자의 긴 축선을 형성하는 두 개의 별이 일종의 기준선이다. 남쪽을 확인하려면 이 두 별과 지평선 사이에 기준선보다 길이가 약 4.5~5배가량 긴 가상의 선을 가정한다.

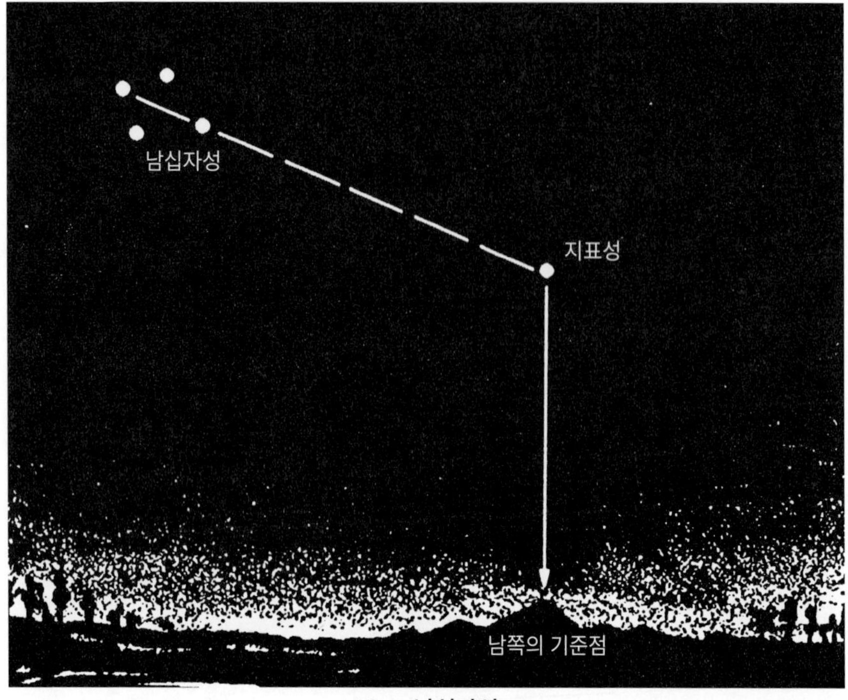

18-4. 남십자성

남십자성 왼쪽에 위치한 두 개의 지표성은 두 가지 용도로 쓰인다. 먼저 이 별들과 지면을 잇는 선이 남쪽을 향하는 또 다른 기준이 된다. 그다음 이 지표성들은 진짜 남십자성과 가짜 남십자성을 구분하는 기준이 된다. 남십자성과 두 지표성 사이는 매우 어둡고 별이 없다. 이 영역을 '석탄자루'라 부른다. 이 가상의 지점 아래의 지표면을 보고 기준으로 삼을 지형지물을 찾는다. 야간 이동을 하지 않는 상황이라면 야간에 이 방향으로 말뚝을 박은 후, 주간에 기준점으로 활용하면 된다.

급조 나침반 제작법

18-15 철분이 함유된 바늘 모양의 금속이나 양날형 면도날, 실을 사용해 급조 나침반을 만들 수 있다. 금속을 비단 조각 위에서, 혹은 머리카락 위에서 한 방향으로 천천히 여러 차례 두드리면 자성을 띤다. 또 금속 조각의 한쪽 끝을 자석 위에서 여러 차례 두드리는 방식으로 양극화시킬 수도 있다. 늘 같은 방향으로만 두드려야 한다. 만약 배터리와 전선이 있다면 전기적 양극화도 가능하다. 이때 전선은 절연되어있어

야 한다. 만약 그렇지 않다면 금속 조각을 종이조각이나 잎 등으로 감싸 접촉을 막는다. 배터리는 최저 2볼트는 되어야 한다. 전선으로 코일을 만든 뒤 양 끝을 배터리의 단자에 연결한다. 금속 물체를 코일에 여러 차례 넣고 빼면 해당 물체는 전자석이 된다. 이렇게 자기화, 혹은 양극화된 금속을 비자성 실에 매달거나 작은 나무, 코르크 혹은 잎 등에 얹어 물 위에 띄우면 자북 방향을 가리킨다.

18-16 재봉 바늘이나 기타 가느다란 금속 물체, 펜촉, 비자성 용기(잘라낸 플라스틱 용기나 음료수병 바닥)가 있다면 보다 정교한 나침반을 만들 수 있다. 먼저 재봉 바늘을 반으로 꺾는다. 절반은 방향 표시 바늘, 나머지 절반은 회전축이 된다. 회전축으로 쓰일 부분을 용기 바닥 가운데에 꽂는다. 이 부분은 바닥에서 돌출되거나 뚜껑과 간섭하면 안 된다. 방향 표시 바늘로 쓰일 부분에 풀이나 나무 수액, 녹은 플라스틱 등으로 펜촉을 붙인다. 이 바늘의 한쪽 끝을 자성화시킨 뒤 회전축 위에 얹는다.

방위를 확인하는 다른 방법

18-17 이끼는 방향에 관계없이 나무 둘레 전반에 걸쳐 서식하므로, 나무의 이끼를 보고 북쪽을 찾으라는 속설은 무시한다. 북반구에서는 나무의 남쪽에, 남반구에서는 그 반대쪽에 이끼 서식이 활발하지만 대체로 부정확하다. 만약 주변에 쓰러진 나무가 여럿 있다면 밑동을 보면 된다. 나무의 성장은 적도 방향으로 보다 활발한 편이므로, 나이테의 간격도 북반구라면 남쪽, 남반구라면 북쪽이 더 넓다. 나이테 간격은 극지방을 향하는 방향일수록 더 좁아진다.

18-18 풍향이 일정하다면, 풍향의 방위를 파악하는 방법도 지속적인 방위 확인에 도움이 된다.

18-19 남쪽과 북쪽을 향하는 경사면의 식물 분포나 습도를 파악할 수 있다면 방위 확인에 참고가 된다. 북반구에서 북쪽을 향하는 경사면은 남쪽을 향하는 경사면보다 햇빛을 덜 받으며, 상대적으로 더 춥고 습하다. 이런 북향 경사면은 여름에도 눈이 남아있을 경우가 있다. 겨울에는 남향 경사면 및 바위의 남쪽부터 먼저 눈이 녹는다. 이곳에는 쌓인 눈의 양도 비교적 적다. 물론 남반구에서는 모든 방위가 반대다.

제19장 신호 기술

서바이벌 환경에서 동료 및 아군과의 통신은 매우 중요하다. 일반적으로 통신은 정보를 주고받는 행동을 의미한다. 생존자는 먼저 구조자의 시선을 끌고, 동시에 구조자가 이해할 수 있는 메시지를 보내야 한다. 인공적으로 만든 원이나 직선, 삼각형, X 등의 기하학적 형태가 사람이 살지 않는 곳에 있다면 시선을 끌기 마련이다. 규모가 큰 불이나 빛, 천천히 움직이는 크고 밝은 물체, 대조적인 그림자나 색상 등도 마찬가지다. 신호의 종류는 조난자의 주변 환경과 적 상황에 따라 좌우된다.

신호 기술 적용

19-1 비전투 상황이라면 최대한 높고, 최대한 넓고 평평하며 장애물이 없는 곳을 고른다. 만들 수 있는 범위 내에서 가장 크고 분명한 신호를 만들어야 한다. 반면 전투 상황에서는 보다 은밀하게 행동하여 신호를 통해 적의 시선을 끌지 않도록 주의한다. 이 경우 공중에서는 볼 수 있지만 주변에 은신처가 있는 곳을 고르고, 신호를 만들 장소와 적 사이에 언덕 등의 은폐물을 두어 적에게 신호가 보이지 않게 한다. 신호 제작 이전에 주변에 적이 없는지 철저하게 정찰해 확인하도록 한다.

19-2 사용할 신호 기술이나 장비를 모두 숙지하고 효과적으로 사용할 수 있도록 준비한다. 가능하다면 사용자에게 직접 피해를 줄 가능성이 있는 신호는 사용하지 않는다. 그리고 아군에게 보내는 신호가 주변의 적에게 노출되어 내 위치와 장소를 폭로할 가능성도 주의한다. 신호를 보내기 전에 적에게 붙잡힐 위험성을 감안해 신중하게 결정할 필요가 있다.

19-3 무전기는 내 위치를 알리고 상대의 메시지를 받는데 가장 확실하고 빠른 통신 수단이다. 소속 부대의 무전기 사용법을 익히고, 친숙해져야 한다.

19-4 다른 종류의 신호 기술 및 장비에 대한 설명을 숙지하고, 다양한 환경에서 신호를 사용할 방법을 미리 생각해두자. 신호 기술 및 도구의 사용법은 사용하기 전에 미리 배워야 한다. 사전에 잘 준비된 신호 기술은 구조 확률을 높여준다.

신호 수단

19-5 시선을 끌거나 통신을 하는 두 가지 주된 방법으로 시각적 방법과 청각적 방법이 있다. 신호수단의 선택은 주변의 상황 및 입수 가능한 자재에 따라 결정된다. 어떤 방법으로든 시청각적 신호를 사용 가능하도록 준비하고 있어야 한다.

시각적 신호

19-6 구조자에게 나의 위치를 알려줄 시각적 신호 장비나 자재 등을 준비한다. 시각적 신호에는 불, 연기, 조명탄 등의 수단 등이 있다. 이 장에서는 '셋으로 구성된 집단'에 대한 언급이 자주 나온다. 자연계에는 똑같은 물체 셋이 한데 모이는 경우가 거의 없기 때문이다. 이처럼 '세 개의 물체'는 종종 인공적인 음성이나 시각적 신호를 지칭하는 경우가 일반적이다.

불

19-7 어두운 시간대에는 불이 효과적인 시각적 신호가 된다. 각각 25m 간격으로 피워 올린 세 곳의 불로 삼각형(국제 조난 신호)이나 직선을 만든다. 상황이 허락하는 한 최대한 빨리 불을 피울 준비를 해 두고, 불을 최대한 주변 환경으로부터 보호한다. 단독으로 고립되었다면 세 곳에 불을 유지하기는 쉽지 않으므로, 하나의 신호용 불이라도 계속 유지한다. 불을 피운 뒤 남은 뜨거운 숯이나 석탄 등도 열상 장치나 적외선 센서 등을 갖춘 항공기라면 탐지할 수 있다.

19-8 신호용 불을 피울 때는 지리적인 위치를 감안한다. 정글에서는 자연적인 개활지나 강변 등, 정글의 수풀이 불을 가리지 않을 곳을 찾는다. 경우에 따라서는 나무나 수풀을 제거해야 할 수도 있다. 눈으로 덮인 곳이라면 지면에서 눈을 치우거나 불 피울 자리를 따로 만들어 눈이 녹으며 불을 꺼트리지 않게 해야 한다.

19-1. 나무를 태우는 신호

19-9 나무를 태우는 방법도 시선을 끄는 데 적합하다.(19-1) 수지를 함유한 나무라면 파릇한 잎이 있어도 잘 탄다. 마른 나무를 낮은 가지에 매달고 불을 붙여 아래쪽부터 불이 올라오게 하면 태울 수 있다. 나무줄기가 타기 전에 작고 파릇파릇한 나무를 잘라다 불에 넣어 더 많은 연기가 올라가도록 한다. 불을 붙일 나무는 외따로 떨어진 나무를 골라 숲 자체에 불이 옮겨붙어서 자신이 위험에 처하지 않게 한다.

연기

19-10 낮에는 연기 발생수단을 만들어 연기로 시선을 끈다.(19-2) 국제 표준 조난신호는 세 개의 연기다. 가능하면 배경과 대비되는 색깔의 연기를 만들어야 한다. 밝은 배경이라면 어두운 연기를 쓰고 어두운 배경에서는 밝은 연기를 써야 한다. 푸른 잎이나 이끼, 혹은 약간의 물을 활활 타는 불에 뿌리면 흰 연기가 나온다. 반대로 고무나 기름에 적신 천을 불에 넣으면 검은 연기가 나온다.

19-11 사막에서는 연기가 흩어지지 않고 지면 주변에 머무는 경향이 있다. 탁 트인 사막이라면 항공기에서 관찰이 가능하다.

대량의 마른 나뭇가지나 부싯깃 등을 동원해 빨리 불이 붙게 만든다.

19-2. 연기 생성 방법- 지상

19-12 연기 신호는 상대적으로 맑고 바람이 잔잔한 날에만 효과적이다. 바람이 세거나 비와 눈이 오는 날에는 연기가 흩어지므로 발견 확률이 낮아진다.

연막 수류탄

19-13 연막 수류탄은 불과 동일한 방식으로 활용한다. 연막탄은 꼭 필요할 때 사용할 수 있도록 건조 상태를 유지한다. 사용 시 수풀에 불이 붙지 않도록 주의한다. 붉은 연기는 국제 표준의 조난신호지만, 다른 색도 잘 사용하면 시선을 끌 수 있다.

펜형 조명신호탄

19-14 M185 조명신호탄은 항공기 승무원용 서바이벌 조끼에 들어있으며, 지름 3㎝의 펜 모양의 발사기와 나일론 끈으로 연결된 조명탄으로 구성된다. 발사되면 마치 권총 같은 소리를 내며 150m 상공까지 조명신호탄을 쏘아 올린다.

19-15 펜형 조명신호탄을 즉각 사용하려면 포장에서 꺼내 발사기에 살짝 돌려 끼우고, 조명탄의 공이는 당겨놓지 않는다. 그리고 조명신호탄을 매단 줄을 목에 건다. 위협적이지 않은 방향으로, 항공기의 진행방향 전방에 충분한 여유를 두고 발사하며, 미리 재장전을 준비해야 한다. 또한 조종사가 적의 대공포화로 오인할 경우에 대비해 엄폐할 준비도 해야 한다. 펜형 조명신호탄이 나뭇가지나 수관에 튕길 가능성에도 대비해야 한다. 지면으로 되돌아오거나 삼림 화재로 연결될 수도 있다. 상공에 조명신호탄을 방해할 장애물이 없는지 확인하고 사용해야 한다.

자이로젯

19-16 자이로젯은 신형 조명신호탄이다. 기존의 펜형 조명신호탄이 단순히 발사되는 타입이라면, 자이로젯은 자체 추진력이 있으며 최대 300m 고도까지 치솟는다. 장전 시 기존 신호탄처럼 나사 홈에 돌리는 대신, 발사기에 끝까지 눌러 끼운다. 나뭇잎 등의 장애물을 구형보다 더 잘 관통하지만, 관통을 확신하고 사용해서는 안 된다. 상공으로 쏘는 로켓 류는 언제나 발사경로 상에 장애물이 없을 때 사용해야 한다. 세 발을 단시간 내에 발사하는 것이 국제 표준 조난신호다.

예광탄

19-17 소총이나 권총에서 예광탄을 발사해 구조신호를 보낼 수도 있다. 다만 대공사격으로 오인할 수 있으므로 항공기의 정면을 향해 발사하면 안 된다. 그리고 대공사격으로 오인한 조종사의 공격에 대비해 엄폐 준비도 해야 한다. 이 역시 세 발을 발사해야 국제 표준 조난신호가 된다.

오성 신호탄

19-18 붉은색이 국제 표준 조난신호다. 따라서 가능하면 붉은색을 사용해야 하나, 다른 색으로도 위치를 알릴 수는 있다. 오성 신호탄은 200~215m 고도에서 6~10초간 연소하며 초당 14m의 속도로 낙하한다.

낙하산 조명신호탄

19-19 낙하산 조명신호탄은 200~215m 고도에서 낙하산을 펼쳐 초당 2.1m의 속도로 낙하한다. M126(붉은색)은 50초, M127(백색)은 25초간 연소한다. 야간에는 이 신호탄의 불빛을 48~56㎞ 밖에서도 관측할 수 있다.

Mk-13과 Mk-124

19-20 이 신호장비는 항공기나 구명보트에 탑재되며, 한쪽 끝에 주간용 연막 신호를, 반대편에 야간용 섬광 신호를 발생시킨다. 연기는 약 15초간, 섬광은 약 20~25초간 지속된다. 이 장비는 구명보트에 적재되지만 물에 뜨지는 않는다. 손에 쥔 신호기를 몸에서 최대한 떨어트려 화상을 방지해야 한다. 한쪽을 쓰더라도 다른 쪽은 사용이 가능하므로 양쪽 모두 소모되기 전에는 버리면 안 된다. 오작동을 막기 위해 장황한 표식이 붙어있으므로 낮과 밤 모두 확실하게 사용할 수 있다. 뚜껑은 색도 다르고 쉽게 식별하기 위한 돌출부 등이 있어 주간-야간용의 분별도 쉽다.

Mk-3 신호용 거울 사용법

1. 거울로 햇빛을 주변의 표면(구명보트나 손 등)에 반사시켜 비춘다.
2. 천천히 눈 높이로 들어올린 뒤 가운데의 조준 구멍을 통해 본다. 아마도 밝은 광점을 볼 수 있을 것이다. 이것으로 조준한다.
3. 거울을 눈 높이로 들고 천천히 돌려 광점이 원하는 표적에 위치하게 한다.
4. 아군에 의한 구조만이 기대되는 우호지역에 있다면 거울을 자유롭게 써도 좋다. 설령 항공기나 선박에 시야에 들어오지 않더라도 계속해서 수평선이나 지평선을 훑어본다. 흐린 날씨에도 거울에 의한 반사광은 멀리서도 보인다. 적대지역에서는 거울을 꼭 필요한 방향으로만 겨눠야 한다.

19-3. Mk-3 신호용 거울

거울 혹은 반사물체

19-21 밝은 햇빛이 있다면 거울은 최고의 신호장비가 된다. 거울이 없다면 수통 컵이나 허리띠 버클, 기타 금속물체를 잘 닦아 빛을 반사하게 한다. 빛은 적에게 탐지되지 않는 방향으로 지향한다. 거울이나 반사물체를 이용한 신호는 연습이 필요하다.

신호기술이 필요한 상황까지 기다리면 안 된다. 만약 Mk-3 신호용 거울이 있다면 뒷면에 적힌 지침에 따라 사용한다.(19-3) 신호용 거울을 원하는 방향으로 겨누는 또 다른 방법은 손바닥이나 V자를 그린 양 손가락 사이에 반사광을 비추는 것이다 손을 천천히 움직여 겨누는 장소나 항공기의 바로 아래를 손가락의 V자 사이에 위치시키고, 빛은 계속 손바닥에 반사되도록 한다. 거울을 천천히, 주기적으로 흔들어 손이 아닌 목표 지점으로 빛이 반사되게 한다.(19-4와 19-5)

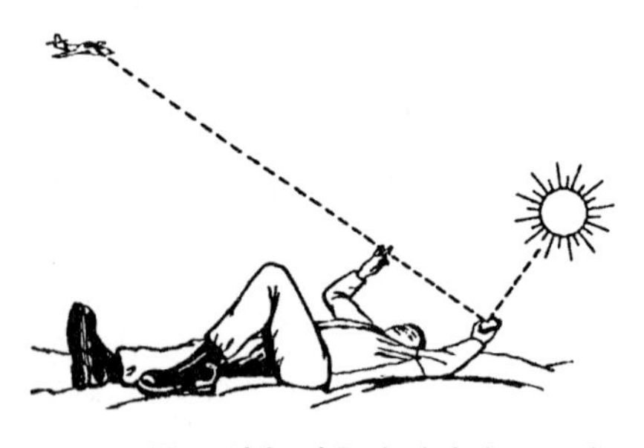

19-4. 급조 신호 거울의 반사광 조준법

19-5. 고정 물체를 이용해 급조 신호용 거울을 조준하는 방법

Mk-3 신호용 거울 사용법

19-22 신호용 거울은 목에 끈이나 사슬로 걸어 언제나 사용할 수 있도록 준비해야 한다. 대신 평소에는 거울이 몸을 향하게 두어 반사광이 밖으로 비치지 않도록 해야 한다. 적에게 발견될 우려가 있다.

신호용 거울을 너무 빨리 움직이면 조종사가 대공사격으로 오인할 수 있다. 또 조종석에 계속 빛을 비추면 조종사가 일시적으로 시력을 잃을 수도 있다.

19-23 아지랑이, 지면의 안개, 신기루 등은 상공의 조종사가 지면의 자연 반사광과 반사신호를 구분하기 어렵게 한다. 따라서 최대한 높은 곳에 올라 신호를 보낸다. 항공기의 위치 파악이 어렵다면 비행음이 들리는 쪽으로 신호광을 보내면 된다.

조종사들은 이상적인 상황에서 반사광을 160㎞ 밖에서 볼 수 있다.

손전등, 혹은 스트로브(점멸 신호등)

19-24 야간에는 손전등이나 스트로브를 이용해 항공기에 SOS신호를 보낸다. 스트로브를 사용할 때는 조종사가 지대공 사격으로 오인하지 않도록 주의한다. 스트로브는 분당 60번 점멸한다. 몇몇 스트로브에는 적외선 필터가 있거나 청색 필터를 장착이 가능해서 총구 화염과 식별이 가능하며, 빛이 지향성을 띄게 해 준다.

레이저 장비

19-25 총기에 장착되는 레이저 표적지시기도 시인성이 높다. 민수용의 레이저 지시봉도 마찬가지다.

파이어플라이

19-26 파이어플라이는 가로세로 3㎝, 두께 1㎝ 크기의 소형 전등으로, 9볼트 배터리에 곧바로 장착하면 된다. 가시광선 및 적외선, 지속점등 및 점멸 등 다양한 버전이 있다. 가시거리 및 점등시간도 종류에 따라 다르다. 4초간 프로그램 가능한 메모리가 있어, 원하는 점멸 형태를 입력할 수 있는 버전도 있다.

VS-17 패널

19-27 주간에는 VS-17패널을 이용해 신호를 보낼 수 있다. 패널의 오렌지색 면이 위를 향하도록 두는 편이 보라색 면보다 발견될 확률이 높다. 패널을 흔드는 행동은 항공기에서 발견될 확률을 더욱 높여준다. VS-17대신 밝은 오렌지색이나 보라색 천을 이용해도 된다.

피복

19-28 피복을 지면이나 나무 위에 펼치는 것도 신호수단이다. 주변 환경과 대비되는 색의 옷을 고른다. 기하학적 형태의 배열은 시선을 끄는데 더 효과적이다.

자연 소재

19-29 다른 수단이 없다면 자연 소재를 이용해 하늘에서 보이는 상징이나 메시지를 만들 수 있다. 그림자를 드리울 수 있는 돌출부를 만드는 것도 방법이다.

19-30 눈이 쌓인 곳이라면 글자나 상징을 눈을 파서 만들고 눈을 판 자리에 나뭇가지 등 대비되는 색상의 물체를 채워 발견 확률을 높인다. 모래 위에는 바위나 식물,

해초 등으로 상징이나 메시지를 적는다. 덤불로 뒤덮인 곳이라면 식물을 베어 형태를 만들거나 지면을 태운다. 툰드라에서는 구덩이를 파거나 풀을 뒤엎는다.

19-31 어떤 지형에서든 주변과 대조되는 색상의 소재를 이용해 하늘에서 발견되기 쉽게 해야 한다. 신호를 남북 방향으로 배열해 햇빛을 최대한 활용해야 한다.

해난용 표식 염료

19-32 해상이나 그 주변에서 작전하는 항공기가 탑재한 생존키트는 대부분 해난용 표식 염료가 포함되어 있다. 수상에서는 주간에 염료를 풀어 자신의 위치를 표시한다. 거친 바다가 아니라면 염료는 세 시간가량 그 자리에 머문다. 염료는 아군 지역 내에서만 사용하고, 사용 전에는 포장을 그대로 유지한다. 해난용 염료는 고도 700m의 항공기가 11km 밖에서 식별할 수 있으므로 항공기를 발견하기 전에는 사용을 자제한다. 그리고 다음 신호에 대비해 염료를 한 번에 전부 풀지 않는다. 사용 시 염료 주머니를 바다에 담그고 염료가 30m가량 확산될 때까지 그대로 유지하면 된다. 이 염료는 눈 덮인 지면에 구조신호를 그리는 경우에도 유용하다.

해난용 염료가 상어를 부른다는 설도 있지만, 해군의 조사 결과 아무런 과학적 근거도 없었다. 상어는 물체가 있으면 호기심에 접근하며, 염료와 무관하게 바다에 빠진 사람을 잠재적 식량으로 살펴본다. 따라서 해난용 염료 사용을 두려워할 이유는 없다. 어쩌면 염료 사용이 유일한, 그리고 마지막 구조 기회가 될 수도 있다.

청각적 신호

19-33 또 다른 구조신호 방법은 청각적 신호다. 무전기, 호루라기, 총성은 자신의 위치를 알리기 위한 방법들 가운데 일부다.

무전기

19-34 AN/PRC-90 비상용 무전기는 육군 항공기 승무원의 서바이벌 조끼에 포함되어 있다. AN/PRC-112는 조만간 90을 완전히 대체할 예정이다. 두 무전기를 포함해 군용 무전기들은 모두 음성과 신호음을 전송할 수 있다. 무전기는 수신하는 항공기의 고도, 지형, 주변의 식물, 기상, 배터리 출력, 무전기 종류, 전파 간섭 등에 따라

교신거리가 바뀐다. 무전기가 최대 효율을 얻으려면 다음 사항을 따른다.

- 주변에 장애물이 없는 트인 곳에서만 송신하도록 노력한다. 무전기는 직선적인 통신수단이므로 송신과 수신국 사이의 모든 장애물이 통신을 방해한다.
- 안테나를 구조 항공기와 적절한 각도로 유지한다.
- 안테나 혹은 안테나가 고정된 고정쇠 부분이 피복, 신체, 지면, 식물 등에 닿지 않게 한다. 이런 접촉만으로도 통신거리가 크게 줄어든다.
- 쓰지 않을 때는 전원을 꺼 배터리를 아낀다. 송수신을 자주 하지 않는다. 적대지역에서는 적의 전파 발신 추적을 피하기 위해 최대한 짧게 송신한다.
- 추운 기후에서는 쓰지 않는 배터리를 꺼내 옷 안에 품는다. 추위는 배터리를 빨리 소모시킨다. 사막의 햇빛 같은 과도한 열에도 배터리를 노출시키지 않는다. 고열은 배터리를 폭발시킬 수 있다. 군용 무전기는 방수장비지만 최대한 물에 노출시키지 않도록 한다. 물은 회로를 파괴시킬 수 있다.
- 최근에는 생존자 발견을 위한 국제적인 위성 감시 시스템이 국제 구조기구에서 운용되고 있다. 이 인공위성 보조식 탐색구조 추적체계(SARSAT)을 평상시에 가동하려면 송신기의 송신 버튼을 최소 30초간 눌러준다.

호루라기 및 휘파람

19-35 휘파람과 호루라기는 근거리 신호능력이 월등하다. 몇몇 상황에서는 1.6㎞ 밖에서 휘파람이 들린 사례도 있다. 양산되는 호루라기는 인간의 휘파람보다 더 가청거리가 길다.

총성

19-36 상황에 따라 총성으로 신호를 보낼 수도 있다. 뚜렷한 간격으로 세 발을 쏘면 구조신호가 된다. 다만 적대지역에서는 총성을 들은 적이 모여든다.

기호 및 신호

19-37 내 위치를 알릴 방법을 숙지했다면 이제 그 이상의 정보를 전달할 차례다. 원하는 메시지 전체보다는 하나의 상징으로 급한 정보부터 전달하는 편이 쉽다. 따라서 모든 항공기 조종사들이 쉽게 이해할 수 있는 기호와 상징을 배워야 한다.

SOS

19-38 깃발이나 빛을 이용해 SOS 신호를 송출할 수 있다. 세 번의 점, 세 번의 줄, 그리고 다시 세 번의 점으로 구성된다. SOS는 무선 모스 기호로는 국제 공인 구조신호다. 점은 짧은 신호, 줄은 긴 신호로 대체될 수 있다. 이 신호를 반복해서 보낸다. 깃발을 사용할 경우 깃발을 왼쪽으로 들면 줄, 오른쪽으로 들면 점이 된다.

지상의 대 항공기 비상 기호

19-39 이 기호(19-6)는 다섯 종류의 분명한 의미가 있다. 기호들을 최소 폭 4m, 길이 6m로 만든다. 더 크게 만든다면 2:3의 비율을 지킨다. 기호의 획은 폭 1m, 높이 1m 범위 안에 들어가야 상공에서 확인하기 쉽다. 또 이 기호들은 배경과 뚜렷이 대조되어야 한다. 신호 제작에 주변에서 구할 수 있는 모든 재료를 사용한다. 항공기 부속, 통나무, 낙엽 등이 대표적이다. 크기와 비율, 각도, 직선, 각진 모서리 모두 자연계에서 볼 수 없음을 고려해 작업한다. 들판에서는 곡식이나 키 큰 풀을 꺾거나 쓰러트려, 혹은 눈이나 모래밭에 홈을 파 기호를 만들 수도 있다. 가능하면 상공에서 확인이 쉬운 개활지에 설치한다. 도피중이라면 지면을 파서 기호를 그려 지상에서는 확인이 어렵게 할 수 있다.

19-6. 지상의 대 항공기 비상 기호

지원 요청	V
의료 지원 요청	X
부정 (No)	N
긍정 (Yes)	Y
이 방향으로 진행	↑

신체 신호

19-40 항공기가 조난자를 뚜렷이 식별 가능한 위치까지 접근했다면 몸 자체를 움직이거나 자세를 바꿔 메시지를 전달한다.(19-7)

신호 패널

19-41 구명보트에 커버나 돛이 있다면, 혹은 전시 부상자용 담요 등 대용품이 있다면 19-8에 나온 기호들을 이용해 메시지를 보낸다.

19-7. 신체 신호

항공기 측의 인지 신호

19-42 고정익 항공기의 조종사가 당신을 발견했다면 조종사는 저공으로 비행하며 19-9와 같이 발견 여부를 당신에게 통보할 것이다. 일단 조종사가 당신의 첫 번째 메시지를 이해했다면 다음 메시지를 보낼 준비를 해야 한다. 가능하면 무전기를 이용하고, 무전기가 없다면 앞서 언급된 방법들로 메시지를 전달한다.

지상, 혹은 해상에 착륙(착수) 가능
화살표는 착륙 방향 표시

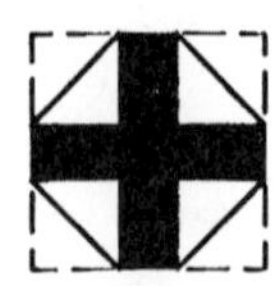

지상 혹은 해상에서 의료 지원 요청

지상 혹은 해상에 착륙(착수) 불가

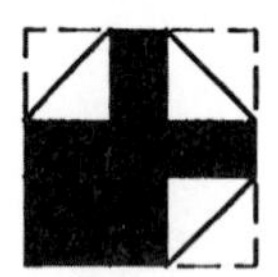

지상 혹은 해상에 응급 의약품 요망

지상 혹은 해상의 항공기가 비행 가능, 수리 도구 요망

항공기 연료 및 윤활유 요망, 항공기 비행 가능

지상:보온 피복 요청
해상:방한복이나 기타 요청피복 요망

지상: 가장 가까운 거주지역 방향 표시
해상: 구조선이나 구조 항공기의 방향 표시

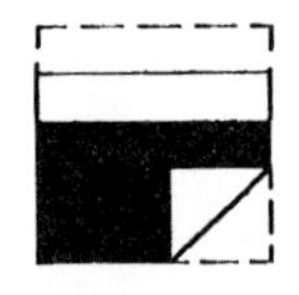

항공기를 포기한 상태
지상: 이 방향으로 걸어감
해상: 표류 중

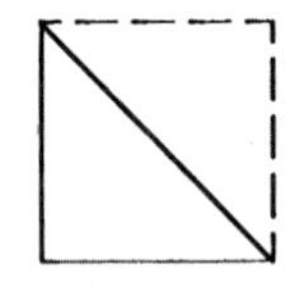

식량 및 식수 요망

지상: 구조 항공기 대기 여부 문의
해상: 구조 기관에 조난자 위치 통보를 바람

해상: 특정 장비를 요청함
혹은 추가 신호 보냄

지상: 키니네나 아타브린 요망
해상: 그늘막 필요

청색 황색
생존자가 구명보트의 돛을 이용해 신호를 보내는 방법

19-8. 패널 신호법

메세지 수신 및 이해

항공기는 지상에서의 신호를 발견하고 이해했다는 것을 아래처럼 알려준다.

주간, 혹은 월광 하: 좌우로 날개를 흔든다.

야간: 신호 등화로 녹색 등을 점멸한다.

신호는 수신했으나 이해 불가

항공기는 지상에서의 신호를 받았으나 이해할 수 없다면 아래처럼 알려준다.

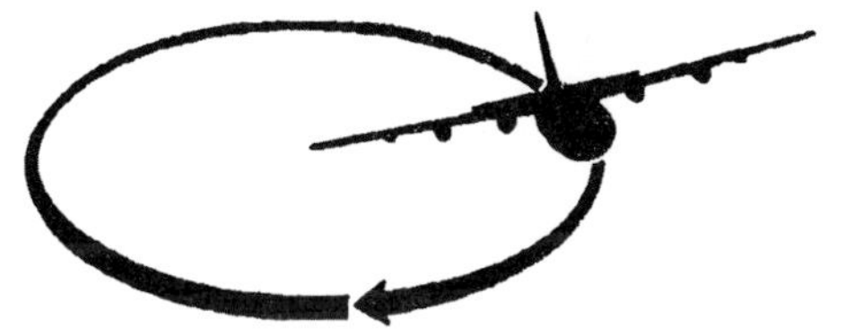

주간 혹은 월광 하: 오른 쪽으로 한 바퀴 선회.

야간: 신호 등화로 적색 등을 점멸한다.

19-9. 항공기의 신호인지

항공기 유도 순서

19-43 항공기와 접촉에 성공했다면 전파 비컨을 15초가량 켜 놓고 음성을 15초간 송신(메이데이, 메이데이, 메이데이- 이것이 콜사인이 된다)한 뒤 15초간 상대의 반응을 청취한다. 무선으로 아군 항공기와의 접촉에 성공했다면 조종사에게 내 위치를 알려준다. 조종사를 유도하는 데는 다음 순서를 따른다.

- 콜사인이 있다면 알려준다.
- 관등성명을 제시한다.
- 위치(시계 방향 및 항공기로부터의 거리)
- 적의 존재여부와 위치
- 구조 요망 인원 확인
- 착륙지점의 유무
- 즉각 필요한 지원, 예를 들어 의료지원 등에 대한 언급
- 조종사의 관점을 기준으로 한 방향 지시 - 이는 실수를 최소화하는 데 필요하다. 예를 들어 항공기가 당신의 상공을 통과하기 위해 좌측으로 선회해야 한다면 조종사에게 좌측 선회를 요청한다. 조종사가 정확한 방향으로 접근하기 시작하면 '계속 진행'을 요청한다. 항공기가 당신의 위치와 정렬될 때까지 방향 수정을 계속한다. 또한 조종사에게 현재 당신과의 대략의 거리를 알려주고 내 위치에 접근할 때까지 카운트다운도 준비한다. 예를 들면 다음과 같다. '현재 약 1마일(1.6km) 거리… 0.5마일 거리… 10초 뒤에는 내 위치에 도달함. 9, 8, 7, 6, 5, 4, 3, 2, 1, 도달.' 이렇게 하면 조종사가 당신과 항공기 기수 사이의 거리를 가늠하기 쉽다. 항공기의 각도나 형태 등에 따라 조종사가 바로 아래가 아닌 정면을 통해서만 당신을 볼 수도 있다는 사실을 상기해야 한다.

19-44 구조자와 접촉에 성공했다고 안전해졌다는 보장은 없다. 구조자 측의 지침을 따르고, 구조가 완료될 때까지 적절한 생존 및 탈출 기술을 계속 적용한다.

제20장 적대지역에서 살아남기

'무슨 수를 써서라도 구조한다'는 과거 전쟁들의 원칙이 미래에도 적용되기는 어렵다. 잠재 적국들은 방공 수단 및 무선 위치추적 기술을 크게 발전시켰다. 미래의 아군 병력이 적진 후방에 고립되었을 때 과거와 같은 신속한 구출을 기대하기는 어렵다고 봐야 한다. 아군의 구출 가능성이 높은 장소로 이동하기 위해서는 병사들이 오랜 시간 장거리를 주파해야 할 확률이 높다. 그리고 구조방식 역시 불투명해졌다. 조난 상황과 가용 자원이 구조방식을 결정할 것이다. 아무도 구조 노력이 시작될 때까지 확신할 수 없는 만큼 아군으로부터 고립될 가능성이 있는 병사들은 모든 종류의 구조 방법 및 각각의 문제, 그리고 구조 노력을 도울 방법을 숙지해야 한다. 준비와 훈련은 생존 가능성을 높여준다.

계획 단계

20-1 모든 임무에는 준비가 필수적이다. 생존 계획 수립을 위해 적의 포획을 피하고 원대로 복귀할 방법을 고려해야 한다. 도피 계획은 해당 부대의 표준 작전 수순(SOP) 및 해당 시기 연합 작전 원칙에 따라 준비해야 한다. 또 해당 부대 및 해당 인원이 선택할 행동 수순(COA: Course of Action)에 대해서도 고려해야 한다.

도피 실행 계획

20-2 성공적인 도피는 효과적인 사전 계획에 좌우된다. 그 책임은 결국 해당 개인에게 달려있다. 효과적인 도피 계획에는 정보가 필요하다. 도피 지역 선정 및 해당 지역의 정보 제공, 탈출 및 저항 지역 연구, 생존-도피-저항-탈출(SERE) 지침 및 최신 정보, 고립 인원에 대한 보고, 도피 실행 계획(EPA) 등이 여기에 해당한다.

20-3 EPA에 수립에 필요한 연구를 통해 작전 구역의 상황을 파악할 수 있다. EPA는 구원부대가 당신이 포획을 피해 어떻게 행동할지 예측할 수 있게 한다.

20-4 작전 사전계획을 수립하기 전부터 준비를 해야 한다. 부대의 SOP는 EPA의 일부가 된다. EPA를 훈련에 포함시킨다. 매일의 훈련 중에 계획 작성을 포함한다.

20-5 EPA는 우호 지역으로 복귀하기 위한 전체 계획이다. EPA는 작전 명령 형식으로 작성된 5개 절로 구성된다. 제1절 '상황'은 임무 상황에서 대부분을 적용할 수 있다. 부록 I은 EPA의 양식 및 임무에 따라 EPA의 어떤 부분을 적용할지 알려준다.

20-6 EPA는 적 후방에 고립되어 포획을 피하려는 병사들에게 귀중한 자산이다. 제1절을 완수하려면 소속 부대의 관할지역에 대해 파악하거나 잠재적 작전지역에 대해 알아야 한다. EPA 작성에는 다양한 공개-비공개 정보를 활용해야 한다. 공개된 정보는 신문, 잡지, 여행 가이드북, TV, 라디오, 인터넷, 현지 지식이 충분한 인원, 도서관 등이 있다. 신빙성이 보장되지 않으므로 공개 정보 활용은 주의해야 한다. 비공개 정보에는 지역 연구 및 분석자료, SERE 비상행동지침, 비밀 인터넷 프로토콜 라우터 서비스, 다양한 비공개 야전교범, 정보분석 보고서 등이 있다.

20-7 EPA는 세 단계로 준비한다. 일반적인 훈련에는 제1절, 즉 '상황'을 준비한다. 작전 사전 준비단계에서는 2, 3, 4, 5절을 준비한다. 현지에 파견된 뒤에는 상황 및 임무 변화, 정보 갱신 등에 따라 EPA를 상향시킨다.

20-8 EPA는 하나의 지침이다. 임무에 따라 특정 분량을 추가하거나 제거할 수 있다. 당신이 도주를 시작한 뒤에는 EPA만이 구조 부대에게 당신의 위치와 의도를 알려줄 지침이 될 수도 있다. EPA야말로 생존 및 원대복귀를 위한 필수 도구다.

표준 작전 수순

20-9 소속 부대의 SOP(표준 작전 순서)는 EPA를 계획하는데 소중한 도구가 된다. 즉각적인 조치가 필요한 위험 상황에 직면하면 무엇을 선택할지 고민할 여유가 없다. 최대한 신속하게 행동해야 한다. 소부대 전술상황에서 사용되는 대부분의 기술은 아군 지역으로 복귀하는데 적용될 수 있다. SOP에는 이하의 사항들을 기본적으로 기재해야 하며, 그 이상의 정보도 기록한다.

- 이동집단의 규모(3~4명)
- 팀 간 통신수단(기술적-비기술적 사항들)
- 필수 장비
- 위험지역에서의 행동요령
- 통신 기술
- 즉각 조치 훈련
- 아군과의 연계 수순
- 헬리콥터에 의한 구조 장비 및 절차
- 행동 중, 그리고 은신처에서의 보안 기준
- 집결 지점

20-10 SOP를 익히는 데는 사전 연습이 매우 유용하며, 이를 통해 평가와 개선의 기회를 얻을 수 있다.

이동 통지 및 포획 회피

20-11 고립된 부대는 집단, 혹은 개인의 포획을 피하기 위한 몇 가지 COA를 취할 수 있다. 부대 지휘관은 원래 임무 대신 COA를 선택해서는 안 된다. 이는 부대장이 자의적으로 임무를 포기하는 것이나 다름없다. (전투력 소모 등으로 인해) 원래 부여받은 임무의 수행이 불가능하거나, 현재 위치에서 부대를 철수시키라는 명령을 받았을 경우에는 해당 COA 선택이 가능하다. 이처럼 임무 수행이 불가능한 상황이 되면 지휘관은 부대를 이동시켜 포획을 피하고 아군 지역으로 복귀를 시도할 수 있다. 어떤 상황에서도 상부와 통신이 유지된다면 상부의 결정에 따라야 한다.

20-12 만약 부대장과 상부의 연락이 두절되었다면 이동과 대기 가운데 한쪽을 선택해야만 한다. 이 결정은 임무나 식량, 탄약, 사상자, 아군에 의한 구원 가능성, 전술적 상황 등에 좌우된다. 고립된 부대의 지휘관은 다른 문제에도 직면한다. 어떤 COA가 적에게 최대한의 피해를 입힐 것인가? 어떤 COA가 상부가 작성한 전체 임무를 완수하는 데 도움이 될 것인가?

20-13 이동집단은 상부의 지시에 따라, 혹은 상부와의 연락이 두절되었을 때 현장 최상급자의 결정에 따라 부대가 포획이나 전멸을 피해 탈출해야 할 경우, 계획의 실천을 담당한다. 이동집단의 팀장은 사전에 조율된 신호를 통해 지시를 받는다. 일단 포획을 피하라는 신호를 받으면 모든 인원에게 최대한 신속하게 전파해야 한다. 가능하면 상부에도 보고한다. 상부와 통신이 두절되었다면 팀장들은 조직적인 저항이 불가능하고 조직적인 통제도 중지되었음을 인식한다. 지휘와 통제는 이제 이동 팀, 혹은 개인 단계에서 이뤄져야 하며, 아군 전선에 도달한 뒤에야 상부 조직의 통제가 가능해진다.

실행

20-14 포획 회피 지시가 떨어지면 모든 이동집단의 구성원들은 초기 탈출 지점(IEP)에 집결을 시도한다. 이 위치가 구성원들이 집결하여 회피를 시작하는 곳이다. 지도상에서 관측을 통해 계획 단계의 IEP를 신중하게 고른다. 일단 현장에 도달하면 이동집단은 IEP를 활용하거나 보다 적절한 장소로 옮긴다. 모든 구성원이 IEP를 숙지해야 한다. IEP는 쉽게 발견될 수 있는 장소이므로 하므로 최소한의 시간만 머무른다.

20-15 일단 IEP에 팀이 집결하면 아래 사항들을 실천한다.

- 응급처치
- 보유 장비 점검(어떤 것을 버릴지, 파괴할지, 가지고 이동할지 정한다)
- 위장 적용
- 전원이 은신처를 숙지하는지 확인한다.
- 은신처까지의 주요 경로, 대체 경로, 집결지 등을 전원이 숙지하게 한다.
- 항상 보안을 유지한다.
- 팀을 더 작은 크기로 나눈다. 이상적인 인원은 2~3명이다. 하지만 장비나 경험 등에 따라 인원을 추가할 수도 있다.

20-16 아군 지역으로 이동하는 과정은 가장 위험하고 취약하다. 대부분의 경우 이동은 은폐에 유리한 야간에 진행한다. 다만 정글이나 산악, 울창한 삼림지대와 같이 위험한 지형을 이동하는 경우는 예외로 한다. 이동 중에는 설령 우회에 많은 시간과 노력이 필요하더라도 다음과 같은 지형지물들은 피한다.

- 각종 장애물
- 각종 도로
- 수평선이나 지평선의 윤곽선
- 거주지역
- 수로와 교량
- 인공 구조물
- 모든 군인/민간인

20-17 적진에서의 이동은 느리고 신중해야 한다. 느릴수록, 신중할수록 좋다. 가능한 안전하게 이동하려면 감각을 최대한 활용한다. 눈과 귀로 상대를 먼저 발견해야

한다. 자주 멈추고 주변의 소음을 듣는다. 주간에는 이동 전에 이동 경로를 관찰한다. 은신하기 전에 이동하는 거리는 적의 상황, 당사자의 건강상태, 지형, 은폐 및 엄폐물의 유무, 해가 뜨는 시간 등에 따라 좌우된다. 22장을 참조해 이동 및 반격 기술을 습득한다.

20-18 일단 은신하기로 예정한 지역에 이동하면 은신처를 선정한다. BLISS라는 단어를 은신처 선정의 원칙으로 삼는다.

B	주변 환경에 융화된다 (Blend)
L	최대한 자세를 낮춘다 (Low)
I	형상을 불규칙하게(Irregular) 유지한다.
S	크기를 최대한 작게(Small) 줄인다.
S	주변으로부터 은둔(Secluded)한다.

20-19 기존의 건물이나 피난처 사용은 피한다. 일반적으로 가장 좋은 선택지는 최대한 울창한 수풀로 들어가는 것이다. 은신처 내의 피난처 건설은 한랭기후나 사막 환경에서만 실시한다. 만약 피난처를 만들어야만 한다면 BLISS를 따른다.

은신처에서의 행동

20-20 은신처를 선정한 뒤에 곧바로 들어가서는 안 된다. 버튼훅과 같은 기만술을 사용해 이동한 뒤 은신처로 들어가야 한다. 은신처에 한 명씩 순차적으로 들어가되, 들어가기 전에 멈추고 소음을 청취한다. 일단 은신처를 점유하면 행동은 보안 유지, 휴식, 위장, 다음 이동의 계획으로 제한한다.

20-21 시각적 관측과 청각을 통해 보안을 유지한다. 적을 발견하면 모든 동료에게 알린다. 계획상 적을 발견해도 움직이지 않기로 결정했더라도 적의 존재는 전파해야 한다. 이를 통해 전원이 위험을 숙지하고 필요할 때 행동하도록 준비한다.

20-22 집단에서 한 명이라도 이탈해야 한다면 그에게 5가지 원칙으로 구성된 비상

계획을 제시한다. 이 계획에는 다음 사항들이 포함되어야 한다.

- 누가 가는가?
- 어디로 가는가?
- 복귀까지 얼마나 걸리는가?
- 헤어진 당사자가 피격되거나 제시간에 돌아오지 않으면 어떻게 하는가?
- 누군가 피격되면 어디로 가야 하는가?

20-23 도피 중에는 건강을 유지하고 경계를 늦추지 않아야 한다. 최대한 휴식을 취하되 안전을 위협할 행동은 하지 않는다. 순번을 정해 보초를 서고, 모든 동료들이 휴식을 취하게 한다. 모든 부상은 경상이라도 반드시 처치한다. 건강 문제는 도피 능력의 상실과 직결된다.

20-24 위장은 이동과 은신처의 안전에 모두 중요하다. 항상 동료를 통해 자신의 위장을 점검한다. 모든 집단구성원은 은신처에 녹아들어야 한다. 인공물과 자연물 모두를 활용하되, 은신처에 추가 위장을 할 때 근처의 식물을 꺾거나 베지 않는다.

20-25 은신처에서 다음 행동을 계획한다. 은신처를 점유하면 즉시 계획을 시작한다. 모든 구성원들에게 현재 위치 및 비상 은신처의 위치를 숙지시킨다. 이후 팀의 후속 행동을 계획한다.

20-26 팀의 행동 계획은 지도를 통한 정찰로부터 시작된다. 먼저 다음 은신처를 정한다. 그다음 은신처로 향하는 주요 및 대체 경로를 선정한다. 이동경로 선정 시에는 절대 직선 코스를 선정하지 않고, 한 번, 혹은 두 번 방향이 급격히 바뀌게 한다. 은신처는 최대한 은폐와 엄폐를 제공하며 장애물이 적고 타인과의 접촉 가능성도 최소화되는 곳을 고른다. 또한 경로상에 식수 확보가 가능한 곳이 있어야 한다. 팀의 길 찾기를 돕기 위해 방위, 거리, 검문소, 이정표, 회랑 등을 표시한다. 집결지 및 재결합 지점을 경로상에 미리 지정한다.

20-27 계획상의 다른 고려사항은 팀의 SOP에 이미 포함된 내용을 바탕으로 한다. 즉각 조치, 적 발견 시 조치, 수신호 등이 여기에 해당한다.

20-28 계획을 수립했다면 구성원 모두가 계획 전체를 숙지하게 한다. 구성원들은 다음 은신처까지 모든 경로상의 방위와 거리를 알고 있어야 한다. 또한 지도를 통해 이동경로의 지형을 숙지해 지도가 없더라도 이동이 가능하게 해야 한다.

20-29 한 은신처에 24시간 이상 있으면 안 된다. 대부분의 경우 주간에는 은신하고 야간에 이동한다. 은신처에서는 위에 기재된 것 이상의 행동을 하지 않는다. 특히 은신처 주변에서 지표면 45㎝ 이상의 높이로 몸이 돌출되는 행동을 최대한 자제한다. 불을 피우거나 음식을 준비해서도 안 된다. 연기와 음식 냄새로 위치가 발각될 수 있다. 은신처를 떠나기 전에는 추격을 막기 위해 흔적을 지운다.

은신휴식처

20-30 며칠(보통 3~4일)에 걸쳐 이동과 은신을 반복한 후, 개인, 혹은 팀 전체가 은신휴식처로 이동한다. 은신휴식처는 휴식, 회복, 식량 확보 및 조리가 가능한 식수원 주변으로 선정해야 한다. 이후 식수 확보가 가능한 곳, 낚시가 가능한 곳, 덫을 놓을 수 있는 곳 등으로 우선순위를 설정한다. 수로 주변은 통행이 잦으므로 은신처는 수로 방면에서 잘 보이지 않는 위치로 선정해야 한다.

20-31 은신휴식처는 해당 지역 및 주변 지역으로부터 충분한 은엄폐를 제공해야 한다. 휴식처 내에서도 충분한 보안을 유지하며, 사용하는 동안은 늘 누군가를 휴식처에 남겨둬야 한다. 이곳의 행동요령은 은신처와 같으나, 필요하다면 그곳을 떠나 식량을 조달하고 조리할 수 있어야 한다. 은신처에서는 다음과 같은 활동이 가능하다.

- 다음 은신처의 선정과 점유(여전히 아군 지역이 아닌 위험지역에 있음을 상기한다)
- 활용 가능한 자원 및 대체은신처로 향하는 은폐 이동경로 탐색을 위한 주변 정탐.
- 식량 채집: 나무 열매 및 채소류 등, 해당 지역에서 식량을 채집하기 위해 이동할 경우 보안을 유지하고 발자국 등의 흔적을 남기지 않는다. 덫을 놓을 때도 잘 위장하고 다른 사람들이 찾지 못할 곳에 놓는다. 현지인들은 식수원 주변에 자주 출몰할 수 있다는 점을 주의한다.
- 은신휴식처 주변에서 식수를 확보한다. 이때 물가 주변에 발자국 등의 흔적을 남기지 않는다. 단단한 바위나 통나무 위로 움직여 물이 흔적을 지우도록 한다.
- 통발 등 수면 아래에 설치되어 발견이 힘든 어획 도구를 설치한다.
- 은신처에서 충분히 먼 곳에 불 피울 장소를 마련한다. 여기서 음식을 조리하거나 물을

끓인다. 매번 쓴 뒤에는 장소를 위장하고 흔적을 지운다. 연기와 불빛이 은신휴식처를 발각시키지 않게 조심한다.

20-32 은신휴식처에 있을 때는 보안이 최우선이다. 구성원들은 각자 고유 임무를 분담시킨다. 해당영역 내에서의 행동을 제한하기 위해 2인조 팀이 하나 이상의 임무를 수행해야 한다. 예를 들어 식수를 조달하러 간 팀이 그 김에 어획도구를 설치하면 된다. 은신휴식처에는 72시간 이상 머무르지 않는다.

아군 지역으로 복귀

20-33 아군 전선, 혹은 아군 초계부대와의 접촉 확보는 이동 및 아군 통제지역으로 복귀하는 과정에서 가장 중요한 부분이다. 만약 아군의 최전선 부대와 접촉할 때 주의하지 않는다면 그동안의 인내와 계획, 고난이 물거품이 된다. 실제로 아군 초계부대가 적 후방에서 탈출한 아군을 오인 사살한 사례도 적지 않다. 몇 가지 단순한 절차를 거치고 주의 깊게 행동했다면 이들은 대부분 목숨을 건졌을 것이다. 많은 경우 아군을 발견하면 경계심을 풀어버린다. 당신은 이런 실수를 저지르지 말고 아군과의 접촉이 매우 민감한 상황이 될 수 있음을 상기한다.

월경

20-34 만약 중립국, 혹은 우방국에 도달하기 직전이라면 국경을 넘어 건너편의 아군이나 우호적 군대와 연결하기 위해 아래 절차를 따른다.

- 국경 주변의 은신처를 만든 뒤 국경을 넘을만한 장소를 탐색할 인원을 보낸다.
- 적의 상황에 따라 다르지만 월경 예정장소를 최소 24시간 감시한다.
- 현장을 스케치하고 지형과 장애물, 보초의 일과 및 교대시간, 각종 센서나 인계철선 등을 기록한다. 정찰이 끝나면 정찰팀은 은신처로 돌아와 나머지 구성원들에게 상황을 설명하고 야간 월경계획을 세운다.
- 국경을 넘은 후 국경 너머에 은신처를 만들고 아군의 위치를 찾도록 한다. 이때도 존재를 드러내서는 안 된다.
- 이동집단의 크기에 따라 다르지만, 가능하면 아군과 만날 장소에 두 명의 정찰조를 파견하고 현장의 인원들이 아군이 맞는지 확인한다.
- 아군과의 접촉은 주간에 실시한다. 접촉을 위해 선발된 인원은 비무장에 장비가 없는

상태로, 신원 확인이 가능해야 한다. 또한 실제 아군과 만나는 인원은 가장 적으로 보일 여지가 없는 인원이어야 한다.

- 실제 접촉은 한 명이 전담한다. 나머지 인원은 적당히 거리를 두고 주변을 경계하며 접촉 지역을 관찰한다. 이 관찰자는 상황이 잘못될 경우 다른 동료들에게 경고를 보낼 수 있을 정도의 거리를 둔다.
- 접촉하기로 한 상대 집단을 마주 볼 때까지 기다려 상대가 놀라지 않게 한다. 엄폐물 뒤에서 천천히, 손을 머리 위로 들고 자신의 신원을 밝힌 후, 상대의 지시에 따른다. 이 단계에서도 전술적인 질문은 최대한 답을 피하고 다른 동료들이 있다는 사실을 드러내지 않는다.
- 동료의 존재를 밝히는 행동은 접촉자가 신원확인을 마치고 아군과 접촉했음을 확신한 이후로 미룬다.

20-35 신원 확인이 곤란하거나 언어 문제가 발생할 수도 있다. 이동 팀은 언제나 안전을 확보해야 하며 끈기 있게 기다리며 항상 비상 대책을 마련해야 한다.

중립국이라면 해당 국가 당국에 투항하여 구속되는 편이 좋다.

교전 지역의 외곽, 혹은 아군 최전선에서의 연결

20-36 치열한 교전이 벌어지는 지역에서 적과 아군 사이에 놓였다면 숨어서 아군 전선이 도달할 때까지 기다린다. 아군이 해당 지역을 점령했다면 아군의 후방에서 주간에 아군과 연결되어야 한다. 만약 해당 지역에 적군에게 점령당했다면 교전 중의 소강상태를 틈타 교전지역의 외곽이나 아군 최전선으로 이동한다. 그렇지 않다면 전선을 따라 다른 곳으로 이동한다.

20-37 실제 아군과의 연계는 월경과 마찬가지 요령으로 이뤄진다. 유일한 차이점은 초반 접촉에 훨씬 신중해야 한다는 것이다. 최전선에서는 일단 총부터 쏘고 보는 경향이 있으며, 교전이 극심한 상황이라면 더욱 그렇다. 아군과 접촉을 시도할 때는 엄폐물 주변, 혹은 뒤에 있어야 한다.

아군 초계부대와 연결

20-38 아군의 전선이 원형이거나 고립된 주둔지라면 어느 방향으로 이동해 접근하더라도 적진으로부터 접근하는 것으로 간주된다. 이 경우 전선을 넘어 아군 후방에

들어가 아군과 접촉하려는 시도는 매우 위험하다. 한 가지 방법은 아군 외곽지역을 계속 관찰하다 아군 초계부대가 자신의 방향으로 접근할 때 접촉의 기회를 만드는 것이다. 또 아군 지역 외곽에 자리를 잡고 아군의 시선을 끄는 것도 방법이 될 수 있다. 이상적인 방법은 무엇이든 흰 물체를 들거나 피복류를 높이 흔드는 것이다. 어떤 방식이든 엄폐한 상태에서 아군의 시선을 끌면 된다. 일단 아군이 신호에 반응을 보이고 호출한다면 지시에 따르도록 한다.

20-39 아군 초계부대에는 늘 이목을 집중한다. 이들이 아군 진영으로 돌아가는 열쇠이기 때문이다. 해당 지역에서 가장 큰 시계를 제공할 엄폐된 장소를 찾는다. 모든 지형을 외우고, 필요하다면 야음을 틈타 아군 진영으로 침투할 준비를 한다. 다만 야음을 틈탄 침투는 지극히 위험하다.

20-40 초계부대의 임무는 정찰과 전투이며 교전지역의 최전선에서 활동하는 만큼 이들과의 접촉은 매우 위험해질 수 있다. 만약 초계부대와의 접촉을 포기한다면 이들의 이동경로를 관측하고 같은 장소를 통해 아군 진영으로 이동한다. 이렇게 하면 지뢰 및 부비트랩을 피할 수 있다.

20-41 일단 초계부대를 발견하면 그 자리에 머물고 가능하다면 초계부대가 내 쪽으로 오도록 한다. 초계부대가 내 위치로부터 약 25~50m 거리에 도달하면 신호를 보내고 자신의 소속을 드러내는 인사를 건넨다.

20-42 흰 천이나 흰 물건이 아무것도 없다면 피복류를 이용해 상대의 주의를 끈다. 만약 거리가 50m보다 멀다면 정찰 초계부대는 접촉을 피하고 내 위치를 우회하고, 25m보다 가깝다면 초계부대는 즉각 반응해 조준사격을 가할 것이다.

20-43 접촉을 시도하는 시간대에는 상대방이 내가 누구인지 알 수 있을 정도의 빛이 있어야 한다.

20-44 어떤 방법으로 아군과 연계되더라도 매우 조심해야 한다. 아군 초계부대나 아군 외곽부대는 내 신원이 확실해지기 전까지는 적으로 간주하기 때문이다.

제21장 위장

서바이벌 환경에서는, 특히 적대지역에서는 장비 및 신체, 이동과정 전반에 모두 위장이 필수적이다. 효과적인 위장은 생존과 적에 의한 포획의 갈림길이 된다. 위장과 이동 기술은 원시적인 무기를 이용해 사냥을 통한 식량 확보에도 도움을 줄 수 있다.

개인 위장

21-1 개인 위장을 할 경우에는 인간에게만 발견할 수 있는 특정한 윤곽을 고려한다. 적은 이 특징에 주목해 수색할 것이다. 모자, 철모, 전투화 등은 쉽게 발견된다. 동물들조차 인간의 윤곽을 알아채고 도망친다. 주변에서 식물을 베어 전투복, 장비, 모자 등에 덧붙여 윤곽을 없앤다. 피부나 장비의 반사광도 최소화한다. 주변의 색과 질감에 최대한 녹아들도록 해야 한다.

형태와 윤곽

21-2 병기와 장비에 천 조각이나 식물을 매달아 윤곽을 바꾼다. 해당 장비의 작동이 위장으로 인해 지장을 받지 않게 한다. 은신할 때는 사람과 장비를 잎, 풀, 기타 다른 물체로 덮는다. 통신장비는 잘 숨기되, 언제나 사용이 가능하도록 준비한다.

색상과 질감

21-3 세계 각지의 자연환경에는 기후(극지/동계, 온대/정글, 늪/사막 등)와 환경에 따라 독특한 색상 및 질감이 존재한다. 이 가운데 설명이 불필요한 색상과 달리, 질감은 해당 물체나 자연지물 등의 표면 특성에 따라 달라진다. 표면의 질감은 부드럽거나, 거칠거나, 바위투성이거나 잎이 무성한 것 등 다양한 조합으로 변한다. 색상과 질감을 조합해 효과적인 개인위장을 완성해야 한다. 푸른 수풀이 우거진 곳에서 나 홀로 죽은 갈색 식물을 뒤집어쓰면 위장이 되지 않는다. 반대로 사막이나 바위투성이 환경에서

푸른 수풀을 사용하는 위장은 무용지물일 뿐이다.

21-4 특정 지역에 숨어 자신을 위장하려면 인근 환경의 색상과 질감을 적용해야 한다. 자연적, 혹은 인공적 재료를 이용해 위장을 실시한다. 위장 물감, 종이나 나무를 태운 재나 숯, 풀, 잎, 천 조각, 소나무껍질, 위장 전투복 등이 위장 재료가 될 수 있다.

21-5 얼굴, 손, 목, 귀 등 모든 노출된 피부를 덮는다. 위장 물감, 숯, 재, 진흙 등을 사용한다. 돌출되고 빛을 많이 모으는 곳(이마, 코, 뺨, 광대뼈, 귀 등)을 더 어두운색으로, 움푹 들어가거나 그늘진 곳(턱 아래나 눈 주변)은 밝은색으로 칠한다. 색을 칠할 때 불규칙한 패턴을 사용한다. 주변의 식물, 혹은 적절한 색의 천 조각 등으로 피복과 장비를 위장해야 한다. 식물을 위장에 사용한다면 식물이 시들기 전에 교체하며, 특히 해당 지역을 통과하며 주변 색상의 변화를 잘 보고 위장색을 필요에 따라 교체한다.

21-6 표 21-1은 다양한 지역과 기후에 따른 위장 방식이다. 주변환경에 적합한 색을 사용하며, 얼룩으로 더럽히거나 식물을 베어 붙이면 주변 질감 모사에 도움이 된다.

빛

21-7 빛을 반사하는 물체는 시선을 끌고 위치를 노출시키므로, 거울, 유리, 쌍안경, 망원경 등의 반사에 주의한다. 이런 도구는 사용하지 않을 때 유리 표면을 덮어야 한다. 기름이 낀 피부, 도색이 닳거나 표면이 매끄러운 도구도 빛이 반사된다.

21-8 피부의 기름기는 위장을 벗겨내므로 틈틈이 닦아낸 후 재위장해야 한다. 그리고 안경을 반드시 써야 한다면 렌즈에 먼지를 엷게 바른다. 먼지층이 빛 반사를 감소시킬 것이다. 장비의 반사는 도색으로 억제한다. 진흙을 덮거나 천을 감아도 좋다. 전투화의 신발 끈 꿰는 구멍, 장비의 버클류, 시계, 지퍼, 장신구, 전투복 기장류의 빛 반사도 주의한다. 신호용 거울은 전용 주머니나 호주머니에, 반사면이 몸을 향하도록 휴대한다.

그림자

21-9 은신하거나 이동할 때, 항상 그림자의 가장 어두운 영역 머문다. 그림자도 바깥쪽이 밝고 안쪽이 어둡다. 충분히 많은 식물이 서식하는 곳이라면 적과 자신 사이에 수풀이 가장 많은 곳으로 움직여 자신을 최대한 은닉할 수 있다. 여러 겹의 식물 사이

로 관찰해야 하는 상황 자체가 적의 눈을 피로하게 한다.

21-10 이동 중일 때, 특히 인공구조물이 많은 지역을 야간에 통과할 때는 어디에 그림자가 비치는지 주의한다. 그림자가 건물 구석을 넘어 위치를 폭로할 수도 있다. 또 그림자 안에 있어도 주변에 광원이 있다면 반대편의 적이 윤곽을 볼 수 있다.

행동

21-11 행동, 특히 빠른 이동은 주의를 끈다. 가능하면 적 주변에서는 움직임 자체를 삼간다. 만약 현 위치에서 포획당할 가능성이 높고 반드시 이동해야 한다면 천천히 움직이며 소음을 최소화한다. 서바이벌 환경에서는 느리게 움직일수록 탐지 가능성이 줄고 장기간의 생존이나 장거리 도피에 필요한 에너지도 절약할 수 있다.

21-12 장애물을 통과할 때는 직접 넘지 않도록 한다. 장애물을 타넘을 수밖에 없는 상황이라면 장애물의 정점에서 최대한 몸을 낮춰 윤곽이 드러나는 상황을 피한다. 언덕이나 능선을 넘을 때는 공제선 위로 윤곽이 떠오르지 않도록 주의한다. 이동 중에는 타인의 움직임을 감지하기 어렵다. 종종 멈춰 주변을 찬찬히 살펴보고 소리를 들으며 위험이 없는지 확인한다.

소음

21-13 소음, 특히 나뭇가지가 부러지는 등의 큰 소음은 시선을 끈다. 가능하다면 어떤 소음도 내지 않는다. 최대한 발걸음을 느리게 옮기며 잠재적 위험을 회피하는 동안 소리가 나지 않게 한다.

21-1. 해당 지역별 위장법

영역	위장방법
온대 낙엽수림	염색이나 얼룩
침엽수림	다량의 식물로 위장
정글	다량의 식물로 위장
사막	소량의 식물로 위장
극지방	염색이나 얼룩
풀밭, 혹은 개활지	소량의 식물로 위장

21-14 자신이 이동할 때 발생하는 소음을 감추기 위해 주변의 소음을 적극적으로 활용한다. 항공기, 트럭, 발전기, 강풍, 사람의 대화소리 등은 이동 소음을 전부, 혹은 일부 덮어준다. 비는 이동 소음을 대부분 감춰주지만, 동시에 상대방의 소음을 탐지할 능력도 제한한다.

냄새

21-15 동물을 사냥하거나 적을 피하는 상황에서는 인간 특유의 냄새를 감추는 편이 좋다. 먼저 비누 없이 몸과 피복을 씻어 체취와 비누냄새를 모두 없앤다. 마늘 등의 향이 강한 식품을 자제해 체취를 줄인다. 담배, 사탕, 껌, 화장품도 피한다.

21-16 향이 강한 허브나 기타 식물을 이용해 몸이나 피복 등을 씻거나 문지르는 방법도 있다. 혹은 이런 식물을 씹어 채취를 위장할 수도 있다. 솔잎, 민트, 기타 다른 향기 있는 식물들은 나의 냄새를 동물과 인간 모두로부터 감춰준다. 불에서 나온 연기를 쬐어도 동물들로부터 냄새를 감출 수 있다. 동물은 불에서 갓 나온 연기는 무서워하지만 오래된 연기는 산불 뒤에 흔히 나는 냄새여서 두려워하지 않는 편이다.

21-17 이동 중에는 후각을 이용해 인간을 피한다. 담배나 불, 휘발유, 기타 석유제품, 비누, 식량 등 인간 특유의 냄새에 주의한다. 이런 냄새는 바람의 방향이나 속도에 따라 직접 상대를 보거나 듣기 전에 탐지될 수 있다. 풍향에 늘 주의하고 가능하면 바람의 반대 방향에서, 혹은 바람 방향을 우회해서 인간이나 동물에게 접근한다.

추적 방법

21-18 적에게 들키지 않고 이동해야 할 때는 위장 이상의 요소가 필요하다. 갑작스러운 움직임 없이, 혹은 큰 소음 없이 이동하거나 추적하는 능력은 탐지를 피하는데 필수적이다. 언제나 은폐가 가능한 경로를 선택한다. 구덩이나 살짝 솟은 지형, 울창한 수풀 등으로 몸을 숨긴다. 상대방의 전방을 가로지르는 이동은 완벽하게 은폐되는 경우를 제외하면 절대 하지 않고, 최대한 상대방을 곧바로 향해 추적한다.

21-19 은밀추적 기술은 연습을 통해 연마해야 한다. 다음 기법들을 활용한다.

직립 추적

21-20 직립, 즉 선 채로 은밀하게 추적하는 상황이라면 보폭을 평시의 절반으로 줄인다. 필요하면 언제든 멈추고 그곳에서 충분히 오래 머물러야 한다. 발을 디딜 때는 발가락을 위로 향하고, 발 볼의 바깥쪽을 먼저 딛는다. 체중을 실을 때는 부러질 나뭇가지 등이 없는지 주의한다. 발 볼의 바깥쪽과 지면이 접촉하면 발 안쪽에도 무게를 싣고 뒤꿈치를 땅에 내린 다음 발가락을 딛는다. 그리고 체중을 천천히 앞발로 옮긴다. 뒷발을 무릎 높이만큼 든 뒤 앞선 과정을 반복한다.

21-21 손과 발은 최대한 몸 가까이 두고 휘두르지 않아야 식물과의 충돌을 막을 수 있다. 몸을 숙이고 움직일 때는 손을 무릎 위에 얹어 몸을 더 지탱할 수 있다. 한 걸음 떼는 데 1분이 소요되지만 소요 시간은 상황에 따라 바뀐다.

낮은 포복

21-22 주변의 수풀이 몸을 가리지 못할 만큼 낮다면 손과 무릎으로 포복이동한다. 사지를 한 번에 하나씩 움직이고, 땅을 디딜 때는 천천히, 무엇이든 소리가 날 것이 없는지 촉각에 집중하며 움직인다. 동시에 사지가 식물에 걸리지 않도록 주의한다.

높은 포복

21-23 속도를 내려면 손과 발가락으로 변형 팔굽혀펴기 자세를 취한 뒤 약간 앞으로 움직이고 다시 자세를 낮춘다. 지면에 끌리며 긁히지 않도록 주의한다. 복부나 다리가 지면에 끌리면 상당한 소음과 흔적이 발생한다.

동물 은밀추적

21-24 동물을 추적하려면 최적의 이동경로를 정해야 한다. 동물이 움직이면 이동을 막을 경로가 필요하므로, 동물과 자신 사이를 가릴 물체가 있는 경로를 확보하여 몸을 숨긴다. 이 방식으로 목표를 지나칠 때까지 빠르게 이동한다. 큰 바위나 나무 등은 자신을 완전히 가려주지만, 수풀이나 풀섶의 효과는 제한적이다. 최적의 은폐가 가능한 경로를 선정하되, 최소의 노력으로 이동 가능한 곳을 고른다.

21-25 시선을 동물에 집중하고 동물이 내 방향을 보거나 귀를 내 쪽으로 돌릴 때, 특히 동물이 내가 있을지도 모른다고 의심할 때 멈춘다. 가까워지면 눈을 가늘게 떠 눈 흰자와 눈동자 사이의 대비 및 빛 반사를 막는다. 또한 입을 닫아 이빨의 흰색, 혹은 빛 반사를 보지 못하게 한다.

추적 방지

21-26 적의 시각적 추적에 대응해 몸의 위장은 물론 움직임도 위장해야 한다. 이때 추적 방지 대책을 적용해야 한다. 상대방이 도피자의 위치나 경로를 정확히 파악할 수 있으므로, 역추적 기술은 도피자에게는 거의 쓸모가 없다. 이동 중에는 다음과 같은 수단을 이용해 추적을 방지할 수 있다.

- 식물 회복: 이동 중에 부러진 식물을 막대 등으로 다시 세운다. 하지만 진행 속도를 늦추는 데다 효과적으로 작업했는지 단언하기 어렵다.
- 흔적 쓸어내기: 나뭇가지로 지면의 흔적을 쓸어내거나 두드린다. 일행의 숫자를 감출 수는 있지만 그 자체가 분명한 흔적을 남긴다.
- 단단한, 돌투성이 지면 활용: 이런 지형의 활용은 시각적 추적을 위한 흔적을 최소한으로 줄인다.
- 급격한 방향전환: 단단한 돌, 혹은 돌투성이 지면과 함께 이 방법을 사용하면 적의 시각적 추격 지연에 효과적이다. 방향 전환의 탐지가 현격히 어려워진다.
- 자주 쓰이는 길 사용: 이미 존재하는 길의 사용은 바람직하지 않지만, 상황에 따라서는 효과적이다. 예를 들어 통행 패턴을 충분히 파악했다면 농부가 소 떼를 몰기 직전에 길을 사용해 나의 흔적을 지울 수도 있다.
- 발을 감싼다: 이 방법은 자신의 흔적을 줄이거나 지울 수도 있다. 모래주머니, 천 조각, 낡은 양말, 모조 양가죽을 사용한 시판 신발 커버(이쪽이 가장 효과적인 듯하다) 등이 좋은 사례다.
- 신발 갈아신기: 이 방법은 단단한, 혹은 돌투성이 지면에서 활용한다. 특히 신발 바닥의 무늬 패턴을 바꾸는 편이 효과적이다.
- 특별 제작 신발 사용: 각국 군대는 제식 전투화를 사용하지만 경제상황의 변화로 인해 이 추세도 바뀌고 있다. 만약 작전지역의 군대에 제식 전투화가 있다면 그것을 신거나 바닥 무늬 패턴을 내 전투화 바닥에 붙일 수 있다면 좋다.
- 뒤로 걷기: 유용한 방법이지만 저지르지 말아야 할 실수를 범할 수도 있다. 절대 발을 바깥쪽으로 돌려서는 안 된다. 왼쪽 어깨너머로 무언가를 살펴볼 때는 왼발이 바깥쪽을 향하며 오른쪽도 마찬가지다. 흙을 뒤로 끌지 않도록 주의한다. 발을 바닥에 디딜 때도 발가락을 뒷굽보다 더 깊이 밟으며 앞으로 가는 걸음으로 위장한다.
- 시작지점 혼동: 특정 지점부터 도피를 시작할 경우, 클로버 잎 패턴으로 해당 지점을 오가며 적이 어느 지점에서 출발했는지 혼동하게 한다. 적의 추적견을 혼동시키는 효과도 제공한다.
- 강이나 호수, 수로 이용: 현장의 관찰에 근거한 판단이 필요하다. 하천은 자신이 향하는 방향으로 흐르는가? 물 흐름이 빠른가, 느린가? 도하하면 적을 멀리 따돌릴 수 있는가? (물에서 나올 때 많은 흔적이 남는다는 점에 주의한다)
- 통행의 흐름에 따라 길을 건너기: 길을 건널 때는 이동하는 방향으로 건너야 하며, 수직으로 가로질러서는 안 된다. 이렇게 하면 다른 사람이나 차량의 이동흔적과 내 흔적이 섞여 추적이 더 어려워진다.

- 발가락이나 뒷굽의 흔적을 덜 남기기: 최대한 흔적을 줄인다. 또 다양한 기술을 활용하여 상대가 내 흔적을 놓쳤을 때 어떻게 행동했을지 예상할 기회를 주지 않는다. 그밖에 다른 다양한 방법을 궁리해 활용한다.

추적견 따돌리기

21-27 추적견을 따돌릴 때는 자신이 따돌려야 할 진정한 대상은 추적견이 아니라 추적견을 다루는 군견병이라는 점을 잊어서는 안 된다. 어떤 행동을 하더라도, 항상 군견병의 피로를 유도하거나, 개에 대한 신뢰를 잃도록 하는 데 주력한다. 이하의 내용은 추적견 교란 기법 가운데 일부다.

- 개활지: 비록 위험하지만 바람이 강하게 불면 냄새를 수풀이 우거진 쪽으로 옮긴다. 따라서 추적견 팀은 내 이동경로를 곧바로 탐지하지 못해 느려진다.
- 수풀이 우거진 곳: 지그재그 패턴으로 움직이면 군견병이 피로를 느끼고, 군견병의 개에 대한 신뢰도 떨어질 수 있다.
- 단단하거나 돌로 뒤덮인 지면: 바람이 많거나 온도가 높다면 냄새가 빨리 흩어지면서 개가 추적에 실패할 기회가 높아진다.
- 인구 밀집지역: 개가 특정 냄새에 반응하도록 훈련되지 않았다면 다른 사람이 근래에 자주 통과하는 지역을 이동하는 것으로 개의 추적을 방해할 수 있다.
- 갓 경작된 밭, 혹은 갓 거름이 투입된 밭: 개는 이런 지역에서 갓 갈아낸 흙 및 거름으로 사용되는 인분 및 동물 분뇨의 냄새에 압도되어 추적에 혼란을 겪을 수 있다.(다만 이를 맹신해선 안 된다)
- 속도: 지속적으로 속도를 유지한다. 가급적 뛰지 않도록 한다. 뛸수록 냄새가 늘어난다. 땀과 아드레날린에 의해 체취 자체도 늘어나며 더 많은 흙에 흔적이 남고 더 많은 식물이 훼손되기 때문이다.
- 교통수단: 차량 사용은 시간과 거리를 압도적으로 유리하게 바꾼다. 비록 이것이 추적 자체를 중단시키지는 못하나 추적이 훨씬 늦어질 수 있다.

제22장 현지인과 접촉하기

현지인과의 접촉에서 가장 자주 사용되고 가장 바람직한 충고는 현지인의 문화와 생활방식을 존중하고 받아들이는 것이다. '로마에 있을 때는 로마 법을 따르라'는 뛰어난 충고이지만 실천하는데 고려해야 할 사항도 있다.

현지인과 접촉할 때

22-1 현지인과의 접촉할 때는 매우 신중해야 한다. 문화가 원시적인가? 농업에 종사하는가? 혹은 어업인가? 우호적인가? 적대적인가? '이문화간 교류'는 지역에 따라, 인종이나 민족에 따라 극적으로 변할 수 있다. 매우 원시적인 문화를 고수하는 사람들도, 비교적 현대적인 사람들도 접촉할 수 있다. 문화는 그 사회의 구성원들이 적절하다고 여기며 받아들이는 기준으로 정리될 수 있지만, 우리가 그 기준을 받아들일 수 있는가는 별개의 문제다. 이들에게도 독자적인 법과 사회적-경제적 가치, 그리고 정치적-종교적 신념이 있으며, 이런 요소가 크게 다를 가능성을 염두에 두고 작전지역에 투입되기 전에 문화적 차이를 공부해야 한다. 사전 연구 및 준비는 현지인과 접촉을 피하거나 접촉이 필요할 때 큰 도움이 된다.

22-2 현지인들은 우호적일 수도, 적대적일 수도, 때로는 우리를 무시할 수도 있다. 이들의 태도는 예측하기 힘들다. 만약 이들이 우호적이라면 예의 바르게 행동하고 이들의 종교, 정치, 사회적 관습, 버릇, 기타 다른 문화적 측면들을 존중하여 우호적 태도를 유지한다. 만약 이들이 적대적이거나 성향을 알 수 없다면 최대한 이들을 피하며 흔적도 남기지 않는다. 현지인들의 일상생활 속 습관을 기본적인 수준이라도 숙지해야 한다. 만약 신중한 관찰 끝에 현지인이 우호적 성향으로 판명되면, 반드시 도움이 필요할 때 이들과 접촉한다.

22-3 일반적으로 우호국이나 중립국의 국민에게 주의 깊게, 상대를 존중하며 접촉할 수 있다면 두려워할 것은 없고 얻을 것은 많다. 만약 현지 문화에 익숙해지고 상대의 문화와 관습을 존중한다면 분명 마찰을 피하고 도움을 얻을 수 있을 것이다. 현지인과 접촉하려면 먼저 한 사람만 주변에 있을 때 접촉한 뒤, 가능하면 이 사람이 직접 다른 사람들에게 접촉 여부를 알리게 한다. 대다수 사람들은 도움을 필요로 하는 사람을 도와주려 한다. 하지만 현지의 정치적 성향, 선전, 상부의 지시 등은 원래 우호적이었을 현지인의 태도를 바꿀 수 있다. 역으로 적대적인 국가에서도 외딴곳의 주민들은 자국의 정치인들을 혐오하고 우리에게 우호적일 수도 있다.

22-4 현지인을 상대로 한 성공적인 접촉의 열쇠는 우호적이고 예의 바르며 끈기 있는 자세다. 공포를 보이거나 무기를 내밀거나, 갑작스러운, 혹은 위협적인 언동을 보이면 현지인의 두려움과 적대적 반응을 이끌어낸다. 접촉을 시도할 때는 최대한 웃는다. 많은 현지인은 수줍어하거나 접근을 어려워 할 것이다. 아니면 아예 무시할 수도 있다. 이들과 천천히 접근하며 절대 접촉을 서두르지 않는다.

생존 행동

22-5 현지인과 거래할 때는 소금, 담배, 은화, 기타 다른 물품을 선별적으로 사용한다. 지폐는 세계 대부분의 지역에서 인지되고 있다. 거래 시 과도한 금액을 지불하지 않는다. 상대가 당황스러워하는 것은 물론, 위험한 상황을 야기할 수도 있다. 언제나 현지인을 존중해야 한다. 절대로 비웃거나 겁을 줘서는 안 된다.

22-6 손짓 발짓, 제스처는 효과적인 대화 수단이다. 많은 사람들이 바디랭귀지를 이해하거나 사용한다. 다만 작전지역과 주변 언어를 일부라도 알아두는 편이 좋다. 해당 지역의 언어를 사용하려는 노력은 문화에 존중을 표하는 최선의 방법 중 하나다. 영어가 널리 사용되는 만큼 일부 현지인이 약간의 영어를 이해할 수도 있다.

22-7 일부 지역은 출입이 터부시될 수 있다. 이런 곳은 종교적이거나 죽은 자를 위한 신성한 곳, 혹은 위험한 곳이다. 몇몇 지역에서는 특정 동물을 죽이면 안 된다. 규칙을 최대한 배우고 따라야 한다. 이런 노력이 현지인과의 유대관계를 강화하고 차후 중요하게 작용할 지식과 기술을 습득하게 한다. 현지인들에게 어떤 위험이 있는지, 누가 적대적이고 우호적인지 분별할 방법을 배운다. 단, 사람들은 상대방이 먼 곳에

서 왔고 다른 문화를 이해하지 못한다는 이유만으로 적대시할 수도 있음을 상기한다. 사람들이 즉각 신뢰하는 것은 –우리들이 그렇듯– 인근의 주민들뿐이다.

22-8 종종 현지인들도 우리처럼 전염병에 시달린다. 이 경우, 가능하면 격리된 피난처를 만들고 상대방에게 무례하다는 인상을 주지 않으며 신체접촉을 피하려 노력해야 한다. 상대를 모욕하지 않고 가능한 직접 식량과 음료수를 준비한다. 현지인들은 '개인적, 혹은 종교적 이유'를 들어 타인과의 접촉을 피하면 비교적 쉽게 받아들인다.

22-9 원시사회에서는 물물교환이 일반적이다. 동전도 좋다. 실제 교환가치도 있지만 장신구 등으로 유용하기 때문이다. 외딴곳이라면 성냥, 담배, 소금, 면도날, 빈 그릇, 천 등은 돈 못지않은 가치가 있다.

22-10 사람을 만질 때는 매우 주의해야 한다. 어떤 부족에게는 신체접촉이 터부시되며 자칫 위험을 초래할 수 있다. 성적 접촉도 피한다.

22-11 일부 문화권에서는 친절이 지나치게 중시되어 현지인들이 자신의 식량을 접대로 허비할 수도 있다. 이들이 권하는 것을 받아들이되, 모든 선물을 동등하게 배분한다. 그들과 같은 방식으로, 권하는 모든 것을 먹도록 노력한다.

22-12 무엇이든 약속했다면 지켜야 한다. 개인 자산과 현지 관습, 예절은 아무리 이상해 보여도 존중한다. 음식과 보급품에 대해서는 어떻게든 값을 치른다. 사생활도 존중한다. 초청받지 않았다면 집에 들어가지 않는다.

정치적 동맹의 변화

22-13 현대의 급변하는 국제정치 환경에서는 국가 간의 정치적 태도는 급변할 수 있다. 많은 국가의 현지인들, 특히 정치적으로 적대적인 국가들의 주민들은 설령 대놓고 적대적인 태도를 보이지 않아도 우호적인 존재로 간주해서는 안 된다. 이런 주민들과는 별도 지시가 없는 한 모든 접촉을 피해야 한다.

제23장 인공적 위험요소 속에서 생존하기

화생방(NBC)병기는 현대전에서 현실적 위협으로 자리 잡았다. 아프가니스탄, 캄보디아, 기타 분쟁지역에서 화학 및 생물학 무기(진균독 등)의 사용이 확인되었다. NATO나 과거 바르샤바 조약기구의 작전계획에도 화학 및 핵무기 사용이 포함되었다. 이런 대량살상무기의 사용 가능성은 화학 및 생물학 무기 공격이나 낙진 노출로 이어지므로 생존을 더욱 어렵게 한다. 만약 이런 인공적 위험요소에서 생존해야 한다면 특히 주의할 필요가 있다. 만약 화생방전의 위험에 노출될 가능성이 있다면 이 장의 지식이 목숨을 구할 것이다. 이 장은 각각의 위협에 대한 기본 배경지식을 통해 그 본성을 깨닫게 할 것이다. 각 위험요소에 대한 지식을 적용해 생존을 유지하자.

핵 환경

23-1 핵 환경의 생존에 대비하고, 이런 상황에서 무엇에 어떻게 대응할지 확인한다.

핵무기의 영향

23-2 핵무기의 영향은 즉각적 영향과 잔류영향으로 나뉜다. 즉각적 영향은 폭발, 그리고 폭발 직후의 작용을 지칭한다. 즉각적 영향의 주된 요소는 폭풍과 방사능이다. 잔류영향은 며칠, 혹은 몇 년에 걸쳐 작용하며 상황에 따라 목숨도 위협한다.

폭발

23-3 핵무기의 폭발은 폭심지 주변에 발생하는 강력한 기압차와, 이 기압차로 발생하는 폭심지 주변 대기의 짧고 강력한 운동을 통칭한다. 그리고 이 폭발은 막대한 파편과 폭풍을 형성시킨다. 핵폭발에 직접 노출되지 않더라도 폭풍에 직면한다면 폐와 고막이 파괴되며 중상을 입거나 사망할 수 있다.

방사열

23-4 폭발의 섬광 이후 고열과 함께 가시광선과 자외선, 적외선이 대량으로 방출된다. 이로 인해, 혹은 이 과정에서 발생한 화재로 화상을 입거나 실명당할 수 있다.

방사능

23-5 방사능은 두 가지 범주, 초기 방사능 및 잔류 방사능으로 나뉠 수 있다.

23-6 초기 방사능은 폭발 직후 발생하는 고농도 감마선과 중성자로 구성된다. 이 방사능은 체내의 세포들에 심각한 피해를 유발한다. 노출된 방사능의 양에 따라 두통, 현기증, 구토, 설사, 사망 등의 피해를 입는다. 또 초기 방사능은 보호조치를 취하기 전에 죽거나 불구가 될 수 있는 양의 방사능에 피폭되기 쉽다는 점에서 특히 위험하다. 치사량의 초기 방사능에 노출된 인간은 아마도 폭풍이나 열에 직접 노출되어 죽거나 치명상을 입을 것이다.

23-7 폭발 1분 후에 생성되는 모든 방사능은 잔류 방사능에 속한다. 잔류 방사능은 초기 방사능보다 더 많은 영향을 끼친다. 잔류 방사능에 대한 정보는 다음 문단에서 정리한다.

핵폭발의 유형

23-8 핵폭발에는 표면 폭발, 공중 폭발, 표면하 폭발의 세 종류가 있다. 폭발의 유형은 생존 확률에 직접적인 영향을 주는 요소다. 표면하 폭발은 지중, 혹은 수중에서 발생하며, 폭발의 여파는 지하, 혹은 폭발로 함몰된 지표면 주변으로 한정된다. 이 경우, 폭발로 형성된 함몰부에 직접 출입하지 않는 한 방사능의 영향은 극히 적거나 사실상 없다.

23-9 공중 폭발은 목표 상공에서 발생하는 폭발이다. 공중 폭발은 표적 주변에 가장 광범위한 방사능 피해를 입히므로, 핵폭발의 여파를 기준으로 본다면 가장 위험한 유형에 속한다.

23-10 표면 폭발은 지면이나 수면을 기점으로 한 폭발이다. 대량의 낙진이 발생하므로 표면 폭발은 장기적인 잔류 방사능의 위협이 가장 심각한 유형의 폭발이다.

핵 부상

23-11 핵폭발로 인한 부상은 대부분 폭발 초기에 발생한다. 이 부상들은 폭풍, 열, 방사능 부상으로 나뉜다. 낙진에 대한 조치가 없다면 그 이상의 방사능 부상을 입을 수 있다. 폭심지 주변에 있으면 이 세 유형의 부상을 모두 입을 가능성이 매우 높다.

폭풍 부상

23-12 폭풍 부상은 일반 고폭탄 폭발로 입는 부상과 흡사하다. 강렬한 폭압이 폐와 내장을 파열시키고, 심각한 파편상을 입을 수도 있다. 대형 파편은 팔다리뼈 골절이나 심각한 내상의 원인이 된다. 또한 폭풍이 인체를 멀리 날려 보낼 경우, 착지나 충돌로 인해 심각한 부상을 입을 수도 있다. 충분한 엄폐물, 그리고 폭심지와의 충분한 거리가 폭풍 부상을 막는 최선책이다. 그리고 폭풍 부상을 입을 경우, 부상 부위를 재빨리 덮어 방사능 낙진을 막아야 한다.

열 부상

23-13 핵폭발의 화구에서 발생하는 열과 섬광에 노출되면 1도, 2도, 3도 화상을 입을 수 있다. 섬광에 의한 실명 위험도 있는데, 일시적 실명과 영구적 실명은 안구의 폭발광 노출량에 좌우된다. 폭심지와 거리를 두고 엄폐해야 부상을 막을 수 있다. 피복도 부상에 대한 좋은 보호수단이 된다. 핵폭발 이전에 노출된 피부를 최대한 가려야 한다. 열 부상의 응급처치 수순은 화상과 동일하다. 2도나 3도 화상으로 발생한 화상부위는 최대한 덮어 방사능 낙진을 막고, 덮기 전에 모든 화상부를 씻는다.

방사능 부상

23-14 중성자, 감마선, 알파선, 베타선은 인체에 방사능 부상을 입힌다. 관통력이 매우 높은 고속 중성자는 체세포를 파괴한다. 감마선은 X선과 흡사하며 관통력이 매우 높다. 핵폭발로 화구가 형성되는 초기 단계에는 감마선과 중성자가 가장 큰 위협이다. 베타와 알파선은 대부분 폭발 후 낙진에서 방사되는 방사선으로, 방사거리가 짧다. 주의 깊게 행동하면 이들은 비교적 쉽게 피할 수 있다. 방사성 부상의 증세에 대해서는 '방사능에 대한 신체반응'을 참조한다.

잔류 방사능

23-15 폭발 1분 이후 발생하는 모든 방사능은 잔류방사능에 속한다. 잔류 방사능은 다시 유발 방사능과 낙진으로 나뉜다.

감응방사선

23-16 핵폭발의 화구 직하방에는 상대적으로 작은 영역에 강렬한 방사선이 발생한다. 이 지역의 토양은 매우 오랜 기간 동안 방사능에 오염된다. 감응방사선이 방출되는 지역에는 절대 진입하면 안 된다.

낙진

23-17 낙진은 방사능에 오염된 토양과 물 입자, 그리고 폭탄 자체의 파편으로 구성된다. 표면 폭발이나 공중 폭발 시 발생하는 화구가 지면에 닿는 순간 대량의 토양과 물이 폭탄 자체의 파편과 함께 기화되면서 고도 25,000m 혹은 그 이상으로 치솟는데, 이 기화된 입자가 냉각되면서 200종 이상의 다양한 방사능 물질을 형성한다. 기화된 폭탄 파편은 미세한 방사능 입자로 변하면서 바람에 실려 날아가다 지표면에 낙하해 낙진이 된다. 낙진에서는 알파선과 베타선, 감마선이 방출된다. 알파선과 베타선은 상대적으로 대응하기 쉬우며, 잔류성 감마선 방사능은 폭발 후 1분 뒤에 방출되는 감마선보다 상대적으로 약하다. 만약 폭발 초반에 치사량의 방사능에 노출되지 않았다면 낙진은 가장 큰 방사능 위협이 된다.

방사능에 대한 신체반응

23-18 방사능의 여파는 급속과 만성으로 구분된다. 만성은 방사능에 노출된 뒤 수년에 걸쳐 진행되며, 암이나 유전자 변이 등이 여기에 해당된다. 만성은 방사능 환경에서 즉각적인 생존에 영향을 주지 않는 한 큰 문제가 아니다. 반면 급속한 반응은 생명에 즉각적인 영향을 끼친다. 방사능이 직접 세포를 훼손시키며 발생하는 증세는 대게 피폭 후 몇 시간 내에 발생한다. 방사능 질환과 베타선 화상이 대표적인 사례다. 현기증, 설사, 구토, 피로, 쇠약, 탈모도 방사능 질환에 해당한다. 베타선의 침투는 방사능 화상의 원인이 되며, 증상은 일반 화상과 흡사하다.

회복력

23-19 신체 손상은 신체의 어느 곳이, 얼마나 오래 방사능에 노출되었는가에 따라, 그리고 회복력에 따라 좌우된다. 뇌와 신장은 회복력이 거의 없다. 상대적으로 다른 부분(피부와 골수)의 회복력은 매우 높다. 보통 600센티그레이(cGy)의 방사능을 전신에 쐬면 거의 확실히 즉사한다. 만약 같은 양을 손에만 쬔다면 비록 손에는 심각한 부상을 입지만 전체적인 건강에 끼치는 영향은 의외로 크지 않을 것이다.

체외 및 체내 방사능 위험

23-20 체외 및 체내의 방사능은 신체손상으로 이어진다. 투과성이 높은 감마선이나 비교적 투과성이 낮은 베타선은 화상의 원인이 된다. 체내에 알파선이나 베타선 방출 낙진 입자가 들어오면 체내 손상을 유발한다. 체외 방사능은 전신을 방사능으로 조사(照射)하며 베타선 화상을 유발한다. 체내 방사능은 소화기관, 갑상선, 뼈 등의 내장기관들에 방사능을 조사한다. 오염된 물이나 식량의 섭취, 혹은 상처를 통한 낙진 흡입이 그 원인이다. 호흡을 통해 흡입되는 낙진에 의한 체내방사능 위험은 미약하므로, 개인 위생 유지와 물-식량의 제독으로 위협을 줄일 수 있다.

증상

23-21 방사선 부상은 현기증, 설사, 구토 증상으로 이어진다. 이런 증세는 주로 방사능에 극히 민감한 소화기관의 반응이 원인이다. 노출 후 증상의 심각성과 악화속도는 방사선 손상의 정도를 나타내는 중요한 지표다. 소화기관의 손상은 체내, 체외 방사선이 모두 원인이 될 수 있다.

체외 방사능의 투과에 대한 대응책

23-22 앞서 언급된 방사성 위협에 대한 지식은 낙진 오염지역 생존에 매우 중요하다. 특히 가장 위험한 잔류방사선인 투과성 체외방사선을 피하는데 필수적이다.

23-23 투과성 체외 방사선으로부터 몸을 지키는 수단은 시간과 거리, 차폐물이다. 방사능 노출 시간을 통제하면 방사능 노출을 줄이고 생존 확률을 높일 수 있다. 또 가능하다면 방사능 물질에서 최대한 멀리 도망쳐야 한다. 마지막으로 자신과 방사능 사이에 방사능을 흡수하거나 차폐하는 물질을 두어 보호받을 수 있다.

시간

23-24 서바이벌 환경에 체류하는 시간은 두 가지 측면에서 중요하다. 먼저 방사선 피폭량은 시간이 흐를수록 축적된다. 오래 노출될수록 피폭량도 늘어난다. 최대한 오염지역에서 보내는 시간을 줄여야 한다. 그리고 방사능은 시간에 따라 감소하거나 약해진다. 이런 방사능의 변화를 '반감기'라는 용어로 표현한다. 방사능 물질은 특정 시간이 지나면 방사능이 절반으로 줄어든다. 방사능 감소의 기본 원칙은 최고치에 비해 7배수의 시간이 흐를수록 1/10로 줄어든다는 것이다. 예를 들어 낙진이 모두 떨어진 후 오염 지역에서 시간당 최대 200cGy가 피폭된다면, 7시간 뒤에는 20cGy, 49

시간 뒤에는 2cGy까지 줄어들 것이다. 비전문적인 사람조차 낙진의 최대 위협은 폭발 직후가 가장 크며, 비교적 짧은 시간만 지나면 위협이 빠르게 감소함을 알 수 있다. 방사선량이 안전한 수준으로 감소할 때까지 오염지역 내 이동을 삼가야 한다. 만약 낙진지역을 충분한 시간 동안 피할 수 있다면 생존 확률은 크게 상승한다.

거리

23-25 방사능의 강도가 거리의 제곱에 반비례하므로, 충분한 거리는 감마선 등 방사능에 대한 효과적 보호수단이다. 예를 들어 방사능 진원지로부터 30㎝떨어진 곳에서 1,000cGy가 피폭된다면 60㎝에서는 250cGy로 감소한다. 따라서 거리가 두 배 늘어날수록 방사선량은 1/4로 감소한다. 이 공식은 방사능 물질이 작고 밀집된 상황에는 유효하지만, 오염지역이 광범위한 경우에는 다소 복잡해진다.

차폐

23-26 차폐는 투과성 방사선에 대한 가장 중요한 보호수단이다. 투과성 방사선에 대한 세 가지 대응책인 시간, 거리, 차폐 가운데 차폐는 가장 뛰어난 보호 효과를 제공한다. 만약 차폐가 불가능하다면 다른 두 대응책을 최대한 활용한다.

23-27 차폐물은 투과성 방사선을 흡수하거나 약화시켜 실제로 피폭되는 방사선량을 크게 감소시킨다. 납이나 철, 콘크리트 등 차폐물로 사용되는 물질은 밀도가 높을수록 차폐효과가 우수하다. 충분한 양의 물도 좋은 차폐물이 된다.

의학적 측면

23-28 주변에 낙진이 있어도 기본적인 응급처치 절차에는 차이가 없다. 모든 상처는 방사능 낙진의 흡입과 오염을 막기 위해 덮어야 한다. 베타선 화상은 먼저 상처를 씻은 후 일반 화상과 마찬가지로 처치한다. 방사능에 의한 혈액 변성으로 환자의 면역체계가 약해지므로, 감염 예방을 위한 추가적인 조치도 취한다. 감기나 호흡기 질환 감염에 특히 주의한다. 감염 예방을 위해 개인위생에 집중해야 한다. 보안경 등을 급조해 눈을 통한 먼지 흡입을 예방한다.

대피소

23-29 앞서 언급했듯 차폐물의 효과는 밀도와 두께가 클수록 강해진다. 충분한 두께의 차폐물은 방사능 수준을 무시해도 좋은 수준까지 낮출 수 있다.

23-30 대피소를 발견하거나 건설하는 주된 이유는 최대한 빨리 폭발 초반의 고농도 감마선으로부터 보호받기 위해서다. 5분 내에 대피소를 선정해야 한다. 대피소 확보에 있어 시간은 결정적인 요소다. 대피소가 없다면 폭발 후 수 시간 내에 피폭되는 방사선량은 그 뒤에 오염지역에서 1주일간 피폭될 방사선량을, 폭발 후 제1주차의 피폭량 누적은 동일 지역에서 평생 피폭될 방사선량을 능가한다.

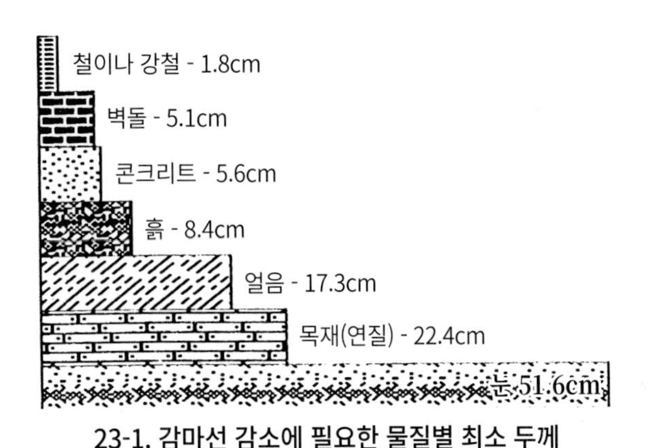

23-1. 감마선 감소에 필요한 물질별 최소 두께

차폐물 재료

23-31 낙진에서 방출되는 감마선 피폭량을 줄이는데 필요한 차폐물의 두께는 폭발 초반에 방출되는 감마선을 줄이는데 필요한 차폐물의 두께보다 훨씬 얇다. 낙진 방사능은 폭발 직후 방출되는 방사능보다 훨씬 적다. 따라서 낙진 방사능에 적절히 대응한다면 상대적으로 소량의 차폐물로도 적절한 보호를 받을 수 있다. 23-1은 잔류성 감마선의 투과량을 절반으로 줄이는데 필요한 소재의 두께다.

23-32 반감 두께의 원칙은 다양한 물질의 감마선 흡수 특성을 이해하는 데 큰 도움이 된다. 이 원칙에 따르면 벽돌 5㎝는 감마선의 양을 반감시키며, 여기에 5㎝의 벽돌을 덧대면 방사선량은 다시 50%가 감소한다. 즉 10㎝의 벽돌이 감마선을 총 1/4까지 감쇄하는 셈이다. 15㎝의 벽돌은 1/8로, 20㎝의 벽돌은 1/16로 감마선 낙진 방사선량을 줄여준다. 같은 원리로 1m 두께의 흙으로 만들어진 대피소는 시간당 1,000cGy의 방사선량을 0.5cGy로 감소시킬 수 있다.

자연적 대피소

23-33 긴급시에는 자연적 차폐물인 도랑, 바위틈, 언덕, 강둑 등 자연지형을 이용해

효과적으로 대피소를 건설한다. 엄폐물이 없는 개활지에서는 참호를 판다.

참호

23-34 참호를 팔 때는 몸을 일부라도 가릴 수 있는 깊이로 땅을 파낸 후, 재빨리 안으로 들어가 몸을 숨긴 채로 더 굴착하여 피폭 시 전신이 노출되지 않게 한다. 개활지에서는 엎드린 상태에서 굴착하고 흙을 참호 주변에 고르게 쌓는다. 평지에서는 흙을 몸 주변에 쌓아 추가적인 차폐재를 확보한다. 흙의 상태에 따라 대피소 구축은 몇 분에서 몇 시간이 소요된다. 최대한 빨리 팔수록 피폭량을 줄일 수 있다.

기타 대피소

23-35 1m, 혹은 그 이상의 흙으로 덮인 지하 대피소의 낙진 보호 능력이 가장 뛰어나지만, 다른 건물이나 구조물도 대피소로 적합하다.

- 1m 이상의 흙으로 덮인 동굴이나 터널
- 버려진 건물의 지하실
- 폭풍 대피용 지하실, 혹은 지하 창고
- 돌이나 진흙으로 건축된 건물
- 배수구 등의 도랑

지붕

23-36 대피소에서 지붕은 필수적인 요소가 아니다. 외부의 오염에 단시간만 노출되어도 지붕 설치가 가능할 만큼 주변에 충분한 재료가 있을 경우에 한해 지붕을 얹는다. 대피소에 지붕을 얹는 작업이 투과성 방사능 피폭 시간을 크게 늘린다면 포기하는 편이 현명하다. 매우 두꺼운 지붕이 아니라면 차폐효과는 거의 없다.

23-37 흙이나 돌, 기타 다른 무게추로 판초우의를 고정해 대피소에 간단한 지붕을 만들 수 있다. 이런 판초 지붕은 일정 간격으로 안에서 판초를 두드려 지붕 위에 쌓인 먼지와 파편을 털어낸다. 이미 판초 표면에 떨어진 낙진의 방사능은 막지 못하지만, 낙진과의 거리를 벌리고 대피소의 추가적인 오염도 줄일 수 있다.

대피소 위치 선정 및 준비

23-38 방사능 노출 시간과 피폭량을 줄이려면 대피소 위치를 결정하고 설치하는 과정에서 다음 요소들을 고려한다.

- 먼저 허술하더라도 보완 가능한 대피소를 찾는다. 찾지 못했다면 구덩이라도 판다.
- 대피소는 충분한 보호가 가능한 수준까지 파낸 다음, 편의를 위해 확장한다.
- 개인호나 참호는 손에 닿는 재료로 덮은 후, 그 위에 두텁게 흙을 깐다. 단, 자리를 벗어나지 않고도 작업할 수 있을 경우에만 작업을 실시한다. 지붕 작업은 방호에 도움이 되지만, 참호 밖의 방사능에 노출될 위험을 감수하기보다는 지붕을 포기하는 편이 낫다.
- 대피소를 건설할 경우, 모든 신체부위를 옷으로 덮어 베타선 화상을 막는다.
- 나뭇가지 등 버릴 수 있는 물체로 대피소의 표면에 쌓인 먼지 등을 털어낸다. 곧 들어갈 장소에서 오염물질을 제거할 때도 같은 방법을 사용한다. 청소작업은 대피소를 기점으로 최소 1.5m 범위 이상 진행해야 한다.
- 대피소로 가지고 들어가는 모든 물자는 제독해야 한다. 잠자리에 깔 풀이나 겉옷(특히 신발)도 마찬가지다. 겉옷이 심하게 오염되었을 경우, 날씨가 좋은 경우에 한해 벗은 후 대피소 끝자락에 30㎝가량 땅을 파고 묻는다. 이 옷은 차후 방사능 수치가 내려가서 대피소를 떠날 때 다시 파내면 된다. 옷이 마른 상태라면 대피소 입구 밖에서 최대한 털어내면서 방사성 먼지를 제거한다. 심지어 오염된 물이라도 과도한 낙진 입자를 씻어내는 용도로는 사용 가능하다. 물에 제독할 물건을 담궜다 꺼낸 후, 물을 털어내면 된다. 입자가 남을 수 있으므로 잔존 수분은 짜내지 않는다.
- 가능하면 대피소를 떠나지 않고 물과 비누로 몸을 철저히 씻는다. 설령 물이 오염되었다 해도 씻는다. 몸을 씻으면 베타선 화상이나 기타 손상을 유발할 수 있는 유해 방사능 입자를 대부분 제거할 수 있다. 물이 없다면 `얼굴과 그밖에 노출된 피부를 쓸어내고 오염된 먼지와 흙을 닦는다. 깨끗한 천이나 약간의 오염되지 않은 흙으로 닦는 방법도 있다. 오염되지 않은 흙은 지표면의 흙을 몇 센티미터가량 걷어내면 그 아래쪽에서 얻을 수 있다.
- 일단 대피소를 설치하면 누워서 체온을 유지하고, 대피소에 있는 동안 최대한 수면을 취하며 휴식한다.
- 휴식을 취하지 않을 때는 향후 계획을 궁리하고 지도를 읽거나 대피소를 더욱 안락하고 효과적인 형태로 개선한다.
- 현기증 및 기타 방사성 질환을 겪어도 혼란에 빠져선 안 된다. 방사성 질환의 최대 위험은 감염이며, 이에 대한 응급조치 방법은 없다. 휴식, 수분 보충, 구토를 막을 의약품 섭취, 음식 섭취, 추가 피폭 방지가 감염 회피 및 회복에 도움이 된다. 아주 약간의 방사능도 증상을 유발할 수 있지만, 단시간 내에 사라질 것이다.

피폭 시간표

23-39 다음 시간표는 심각한 피폭을 피하고 생존을 유지하는데 필요한 정보다.

- 마지막 핵폭발로부터 4~6일간 외부로부터 완전히 격리된다.
- 3일 차에 식수 조달을 위해 극히 단시간 외부로 나갈 수 있으나, 30분 이상 활동하지 않는다.
- 7일까지 외부활동은 1회당 30분 미만으로 한정한다.
- 8일부터 외부활동 1회당 1시간 미만에 한해 활동한다.
- 9일부터 12일까지 2~4시간의 외부 노출이 가능하다.
- 방호된 대피소에서 최대한 휴식한다. 일상 행동은 13일부터 가능하다.
- 어떤 경우에도 외부에 대한 노출은 최단시간으로 제한해야 한다. 꼭 필요한 이유가 있을 때만 노출한다. 멈출 때마다 반드시 제독한다.

23-40 상기 시간표는 보수적인 여유를 두고 있다. 만약 1-2일 차에 반드시 움직여야 할 이유가 있다면 행동으로 옮기는 편이 좋지만, 노출은 반드시 필요한 수준을 절대 넘기지 않게 한다.

식수 조달

23-41 낙진으로 오염된 지역에서는 식수원도 오염되었을 가능성이 높다. 물을 마시기 전에 48시간 동안 방사능이 저하되기를 기다려 가장 안전한 식수원에서 물을 마신다면 위험 수준의 방사능을 섭취할 확률은 크게 줄일 수 있다.

23-42 비록 다양한 요소(풍향, 강우, 침전물)가 식수원 선정에 영향을 끼칠 수 있지만, 가능한 아래의 지침을 따르도록 한다.

가장 안전한 식수원

23-43 샘물, 우물, 기타 다른 지하 식수원은 자연 정수능력 덕분에 가장 안전한 식수원이다. 버려진 집이나 가게 등의 파이프나 용기 안에 담긴 물도 방사성 입자로부터 안전할 것이다. 다만 이런 물에 박테리아 등이 없는지 주의해야 한다.

23-44 약 15㎝ 이상의 깊이에서 채취한 눈도 낙진에 오염되지 않은 식수원이다.

개천과 강

23-45 개천과 강에서 얻은 물은 마지막 핵폭발을 기준으로 며칠 후라면 희석되어 낙진의 영향이 대부분 사라진다. 물론 가능하다면 이런 물도 여과해 마셔야 방사능 섭취를 피할 수 있다. 가장 좋은 여과법은 식수원 옆에 구덩이를 파 물이 스며들게 하는 방법이다. 물이 구덩이로 흙을 통해 스며들면서 물에 남아있는 방사능 입자가 여과된다. 이 방법으로 99%의 방사능을 여과할 수 있다. 다만 추가 오염을 막기 위해 구덩이를 덮어야 한다. 이후 정수 방법은 6-9를 참조한다.

고인 물

23-46 연못, 수영장, 호수, 기타 고인 물은 심하게 오염되었을 가능성이 높다. 하지만 가장 무겁고 반감기가 긴 동위원소는 바닥에 가라앉으니 침전법으로 물을 정화하면 된다. 먼저 오염된 물을 용기에 3/4가량 담는다. 지표면으로부터 약 10㎝, 혹은 더 깊은 곳의 흙을 파서 물에 풀고 저어준다. 깊이 10㎝당 약 2.5㎝ 두께의 흙이 쌓여야 한다. 물을 잘 저어 흙 입자 대부분이 물에 섞이게 한다. 이 혼합물을 최소 6시간 놔둔다. 바닥에 가라앉은 흙이 대부분의 낙진 입자를 붙잡고 바닥으로 가라앉은 후, 입자 위에 덮여 있을 것이다. 이후 깨끗한 물을 퍼내고 정수장치로 정화해 사용한다.

추가적인 주의사항

23-47 수인성 질병에 주의한다. 생존 키트의 정수제를 사용하거나 끓여 소독한다.

식량 조달

23-48 방사능으로 오염된 지역에서는 식량 조달이 매우 어렵지만 불가능하지는 않다. 이런 상황에서 식량을 조달하려면 몇 가지 절차를 거쳐야 한다. 전투식량은 잘 포장되어 있다면 안전하다고 간주할 수 있으며, 대피소 밖에서 발견한 식량을 곁들여 먹으면 된다. 버려진 건물에 보관된 가공식품은 제독한 후 먹으면 된다. 포장식품, 혹은 통조림은 용기나 포장지를 반드시 제거하거나 낙진 등을 깨끗이 씻어내고 먹어야 한다. 밀폐된 용기, 혹은 지하실 등 보호된 공간에 보관된 식품도 가공식품으로 간주하여 먹을 수 있지만, 먹거나 다루기 전에 잘 씻어야 한다.

23-49 가공된 식품이 주변에 없다면 현지의 동식물로 영양을 보충해야 한다.

동물성 식량

23-50 모든 동물은 방사능에 노출되었다고 여겨야 한다. 동물에 대한 방사능의 영향은 사람과 비슷하며, 낙진지역에 서식하는 야생동물은 대부분 핵폭발 후 1개월 내에 방사능으로 죽거나 병들게 된다. 동물도 방사능 문제로부터 자유롭지는 못하지만 다른 식량이 없다면 동물을 사냥할 수밖에 없다. 몇 가지 중요 원칙을 지켜 조심스럽게 가공하고 조리한다면 동물은 안전한 식량 공급원이 될 수 있다.

23-51 병들어 보이는 동물은 잡아먹지 않는다. 병든 동물은 방사능 중독의 영향으로 박테리아에 감염되었을 가능성이 있다. 오염된 고기는 잘 조리해도 질병이나 사망의 원인이 된다.

23-52 모든 동물의 가죽은 신중하게 벗겨 피부나 털의 방사성 입자가 고기에 섞이지 않게 한다. 뼈와 관절에 가까운 고기는 먹지 않는다. 동물의 체내 방사능은 90%가 골격에 밀집된다. 하지만 그밖의 근육 세포는 먹어도 좋다. 조리하기 전에 고기를 뼈로부터 떼어내고, 뼈 주변에 최소 3㎜ 두께로 살을 남겨놓는다. 배타선과 감마선 위험을 고려해 모든 내장(심장, 간, 신장)은 떼어낸다.

23-53 모든 고기는 완전히 익힌다. 고기를 확실히 익히기 위해 13㎜ 미만의 토막으로 잘라 조리한다. 여러 토막을 내면 조리 시간과 연료도 절약할 수 있다.

23-54 어류 및 수중 생물은 심각하게 오염되었을 가능성이 높다. 수중 식물, 특히 해안의 수중식물도 동일하다. 식량 사정이 심각한 경우에 한해 섭취한다.

23-55 달걀과 같은 알은 설령 낙진이 떨어지는 동안 낳은 것이라도 안전하다. 반면 동물들은 방사능 오염지역에서 섭취한 풀에서 대량의 방사능을 흡수하므로, 낙진 낙하 지역에 서식하는 동물로부터 채집한 젖은 무조건 피한다.

식물성 식량

23-56 식물 오염은 외부 표면에 낙진이 축적되거나 뿌리를 통해 방사능을 흡수하며 진행된다. 먼저 감자, 당근, 순무 등 먹을 수 있는 부분이 지하에서 자라는 식물을 찾고, 이 식물들을 잘 닦고 껍질을 벗기면 가장 안전한 식물 먹거리가 된다.

23-57 다음으로 껍질을 벗겨야 먹을 수 있는 식물을 고른다. 바나나, 사과, 토마토, 배, 기타 비슷한 과일이나 채소 등이 여기에 해당한다.

23-58 껍질이 매끈한 채소나 과일 등, 쉽게 껍질을 벗기기 힘들거나 효과적으로 닦아서 제독하기 힘든 식물들은 비상식량의 세 번째 선택이 된다.

23-59 제독효과는 과일 표면의 거칠기에 따라 다르다. 표면이 매끈한 과일은 씻으면 90%의 오염물이 떨어지지만, 표면이 거친 식물은 50%만이 제독된다.

23-60 표면이 거친 식물은 껍질을 벗기거나 씻는 방식으로 효과적 제독이 어려운 만큼, 최후의 수단으로 간주한다. 물로 씻어 제독하기 힘든 식물로는 말린 과일(무화과, 자두, 복숭아, 배 등)과 콩 등이 있다.

23-61 효과적인 제독만 가능하다면 수확을 앞둔 작물은 모두 먹을 수 있다. 하지만 식물의 재배는 성장 과정에서 잎과 흙을 통해 방사능을 흡수할 가능성을 고려해 피한다. 특히 낙진 낙하 기간이나 비가 내리는 시간대의 재배는 방사능 흡수 가능성이 더욱 높다. 이런 작물들은 심각한 상황이 아니라면 섭취를 피한다.

생물학적 환경

23-62 생물학 병기의 사용 가능성은 결코 낮지 않다. 병사 공통 임무 교범(SMCTs)에 실린 임무들을 숙달하여 생명의 위기에 대비한다. 생물학 작용제들로부터 자신을 보호하기 위해 어떻게 행동해야 하는지 숙지하자.

생물학 작용제 및 그 여파

23-63 생물학 작용제는 인원, 동물, 식물 등에 질병을 유발하는 미생물로, 물자를 변질시키기도 한다. 이런 작용제에는 크게 두 가지, 즉 흔히 세균이라 불리는 병원균과 독소가 있다. 병원균은 살아있는 미생물로, 인간을 사망, 혹은 무력화시키는 질병의 원인이다. 박테리아, 곰팡이, 바이러스, 리케차 등이 여기에 속한다. 독소는 식물, 동물, 미생물 등이 자연적으로 생성하는 독성 물질이다. 생물학 병기로 쓸 독소로는 다양한 신경독소(신경중추에 작용)와 세포독(세포 괴사를 유발)이 있다.

세균

23-64 세균은 살아있는 유기체다. 몇몇 국가들은 과거에 세균을 병기로 사용했다. 감염, 특히 폐로 흡입된 뒤 감염을 유발하는 세균은 몇 종류에 불과하다. 세균은 매우 작고 가볍기 때문에 바람을 타고 멀리까지 날아간다. 또 여과되지 않거나 밀폐되지 않은 장소에도 자유롭게 들어갈 수 있다. 밀폐된 건물과 벙커는 세균의 밀도가 높아질 수도 있다. 세균은 신체에 즉각 영향을 끼치지는 않으며, 체내에서 증식해 신체의 면역체계를 공격한다. 이 증식기간을 배양기라고 부른다. 배양기는 몇 시간에서 몇 개월까지 매우 다양하다. 대부분의 세균은 인체 등 다른 생명체(숙주) 안에서 기생해야 살아남는다. 바람, 비, 추위, 햇볕 등의 기상 조건은 세균을 빠르게 죽인다.

23-65 일부 세균은 보호막이나 포자 등을 생성해 숙주 바깥에서도 생존할 수 있다. 포자를 생성하는 균은 장기적 위협이므로 오염된 환부나 인원을 반드시 소독해야 한다. 다행히 대부분의 생체 작용제는 포자를 생성하지 않는다. 이런 작용제들은 살포 후 1일 이내에 숙주를 찾지 못하면 죽는다. 세균은 체내에 호흡기, 피부, 소화기 등 세 가지 주요 경로로 침투하며, 증상은 질병에 따라 제각각이다.

독소

23-66 독소는 식물, 동물, 혹은 세균이 생성하는 성분으로, 박테리아가 아닌 독소가 인체에 해를 끼친다. 보툴리누스 독소를 생성하는 보툴리누스균이 대표적 사례다. 현대 과학은 독소를 생성하는 세균 없이도 독소를 대량으로 생산할 수 있다. 독소의 효과는 화학 작용제와 흡사하다. 하지만 독소 감염자는 화학 작용제에 사용되는 응급처치 수단으로 대응하지 못할 수 있다. 세균과 독소는 인체 침투경로가 동일하지만 세균과 달리 일부 독소는 훼손되지 않은 피부를 통해서도 침투할 수 있다. 독소는 배양기가 없으므로 증상은 거의 즉각 나타난다. 많은 독소는 매우 치명적이며, 극소량만 노출되어도 사망할 수 있다. 독소 노출의 증상은 다음과 같다.

- 어지럼증
- 정신적 혼동
- 흐리거나 분열되는 시야
- 감각이 없거나 얼얼한 느낌
- 마비증세
- 경련
- 발진이나 물집
- 기침
- 발열
- 근육통
- 피로
- 현기증, 구토, 설사

- 몸의 구멍에서 출혈 발생
- 소변, 항문, 침 등에 섞인 피
- 쇼크
- 사망

생물학 작용제의 탐지

23-67 생물학 작용제는 그 특성상 탐지가 어려우며, 인간의 오감으로 탐지해 내기란 불가능하다. 대부분의 경우, 생물학 작용제의 첫 징후는 작용제에 노출된 피해자의 증상이 된다. 피해가 발생하기 전에 생물학 작용제를 감지하는 방법은 투발 수단을 식별하는 것뿐이다. 생물학 작용제의 3대 투발수단은 다음과 같다.

- 폭발형 탄약: 폭탄이나 포탄이 폭발은 했는데 주변 피해는 경미하고, 폭발로 소량의 액체, 혹은 분말 구름이 형성되며, 이 구름이 곧 분산된다. 분산 속도는 지형 및 기후에 따라 다르다.
- 분사장치: 항공기, 차량, 지상 거치형 분무기 등에서 기화된 생물학 작용제가 구름처럼 분출된다.
- 숙주: 모기, 이, 벼룩, 빈대 등은 병원균을 옮긴다. 이런 해충들이 갑작스럽게 늘어나면 생물학 작용제로 살포되었을 가능성이 있다.

23-68 생물학 무기 공격의 또 다른 징후는 지표면이나 식물의 표면에 있다. 정체불명의 물질이 묻어있거나 작물, 곡물, 동물 등이 병들어 보이면 주의한다.

날씨와 지형의 영향

23-69 날씨와 지형이 생물학 작용제에 영향을 끼치는 원리를 파악한다면 오염을 피할 수 있다. 생물학 작용제에 영향을 주는 기후적 요인은 햇빛, 바람, 눈/비 등이다. 분무된 작용제는 마치 이른 아침의 이슬처럼 저지대에 모이는 경향이 있다.

23-70 햇빛은 가시광선과 자외선으로 생물학 작용제의 세균을 대부분 살균한다. 하지만 세균이 자연적, 혹은 인공적 보호막에 의해 보호될 가능성도 고려해야 한다. 인위적으로 변이된 세균은 햇빛에 저항력을 지니는 경우도 있다.

23-71 빠른 바람은 생물학 작용제를 확산시키지만 동시에 밀도를 떨어트리고 수분을 앗아간다. 작용제가 확산될수록 세균의 사망과 농도 저하로 치사성은 낮아진다. 하지만 바람에 의해 확산된 생물학 작용제의 피해범위도 결코 무시해서는 안 된다.

23-72 소량, 혹은 다량의 비는 대기 중에서 생물학 작용제를 씻어내려 피해지역을 감소시킨다. 하지만 지면에 축적된 생물학 작용제도 위험할 수 있다.

생물학 작용제에 대한 방호

23-73 만약 건강을 유지하고 있으며 생물학 작용제에 대한 충분한 지식을 갖췄다면 혼란에 빠질 이유가 없다. 생물학 작용제에 대한 감염 가능성은 지속적으로 예방 접종을 받고, 오염지역을 회피하며, 쥐나 해충을 통제하는 방식으로 크게 줄일 수 있다. 부상에 대한 응급처치도 적절하게 실시하고 안전이 확인되었거나 적절히 제독된 식수 및 식량만을 섭취해야 한다. 또 적절한 수면을 취해 탈진을 막는다. 늘 적절한 야전 위생 요령을 실시하는 것도 잊어서는 안 된다.

23-74 방독면이 없다면 생물학 작용제 분무에 대비해, 항상 천으로 얼굴을 가리도록 한다. 먼지에 생물학 작용제가 포함되었을 가능성이 있다. 따라서 먼지가 있다면 어떤 형태라도 마스크를 착용한다.

23-75 전투복과 장갑은 모기나 빈대 등 질병을 함유한 숙주들에 물리지 않도록 막아준다. 옷의 단추를 완전히 잠그고 바지도 전투화 안에 단단히 밀어 넣는다. 가능하다면 화학전용 보호장구를 착용한다. 전투복은 일반 피복보다 보호효과가 높다. 피부를 가리는 복장 역시 상처를 통해 작용제가 침투할 가능성을 줄여준다. 숙주의 번식을 막기 위해 언제나 높은 수준의 개인 위생을 유지한다.

23-76 가능하면 비누와 물을 사용해 자주 목욕하고, 살균 비누를 사용해야 한다. 몸과 머리를 철저히 씻고 손톱 밑도 닦아내고, 이빨, 혀, 잇몸, 입천장도 깨끗이 씻는다. 구할 수 있다면 뜨거운 비눗물로 피복도 세탁한다. 세탁할 여건이 아니라도 밝은 날에 일광소독으로 미생물을 제거한다. 독소 공격이 있었다면 미군의 M258A2와 같은 제독 키트(보유했을 경우)로 제독하거나 비눗물로 씻는다.

대피소

23-77 생물학 무기의 공격에 대한 대피소나 피난처는 5장에 묘사된 것과 같은 요령으로 만들면 된다. 하지만 생물학 무기의 오염 가능성을 줄이기 위해 약간의 변화를 주어야 한다. 지면의 함몰된 곳이나 저지대에 피난처를 만들어서는 안 된다. 수풀지역도 피해야 한다. 이곳의 그늘과 습도가 어느 정도 생물학 작용제를 보존하기 때문

이다. 따라서 같은 지역의 식물은 피난처 재료로도 활용해서는 안 된다. 피난처의 입구는 평균적인 풍향의 90도 각도로 설치한다. 이렇게 되면 대기를 따라 확산되는 작용제의 침입은 물론 피난처 내의 공기가 머무는 것도 예방할 수 있다. 그리고 늘 피난처를 깨끗이 유지한다.

식수 조달

23-78 생물학 병기가 사용된 상황에서 식수를 조달하기 어렵지만, 완전히 불가능한 것은 아니다. 가능하다면 밀봉된 용기에 든 물을 마신다. 이런 물은 오염되지 않았다고 간주할 수 있다. 밀봉을 뜯기 전에 용기를 비눗물로 철저하게 씻거나 최소 10분간 끓인다.

23-79 밀봉된 용기에 담긴 물이 없다면 비상시에 한해 샘에서 나오는 물을 마신다. 마시기 전에 10분간 끓인다. 또 끓이는 동안 물을 덮어 대기 중의 세균에 오염되지 않게 한다. 최후의 수단이자 다른 식수원이 전혀 없는 최악의 상황이라면 고인 물을 마실 수밖에 없다. 세균과 숙주는 고인 물에 쉽게 살아남을 수 있다. 최대한 오래 끓여 모든 미생물을 죽인다. 물을 철저하게 여과해 죽은 숙주의 시체도 완전히 제거한다. 어떤 경우라도 정수제를 사용한다.

식량 조달

23-80 식량 역시 식수와 마찬가지로 조달이 불가능하지는 않으나 각별히 주의해야 한다. 전투식량은 밀봉되어 있으므로 오염되지 않았다고 간주하면 된다. 밀봉된 용기에 들어있거나 포장된 가공식품도 안전하다고 간주할 수 있다. 안전을 보장하기 위해 모든 식품 용기는 비눗물로 닦거나 10분간 물로 끓인다.

23-81 현지의 식물이나 동물은 식량상황이 극히 나쁠 경우에만 식량으로 사용한다. 아무리 잘 조리해도 모든 생물학 작용제가 제독된다는 보장이 없다. 생사의 갈림길에 놓일 경우에만 현지의 식량을 활용한다. 식량이 없어도 비교적 장기간 생존이 가능하며, 식량이 사망의 원인이 될 수 있는 상황이라면 더욱 참아야 한다.

23-82 만약 현지 식량을 섭취해야만 한다면 건강해 보이는 식물과 동물만을 섭취한다. 쥐나 기타 유해동물 같은 잘 알려진 숙주는 피한다. 방사능 오염지역과 같은 요령으로 식물을 선정하고 조리한다. 동물도 마찬가지다. 언제나 재료 취급 시에는 장

갑 및 보호피복을 착용한다. 모든 식물과 동물은 삶아서 조리한다. 최소한 10분을 끓여야 모든 세균이 죽는다. 재료의 모든 부위가 모든 세균류를 죽일 온도에 도달한다는 보장이 없으므로 튀김, 구이, 오븐구이 등 다른 조리법은 피한다. 날 음식은 절대로 먹지 않는다.

화학전 상황

23-83 화학전의 가능성은 매우 높다. 화학전이 심각한 위기 상황임은 분명하지만 적절한 장비와 지식, 훈련으로 극복이 가능하다. 화학 작용제에 대한 최초의 방어선은 평시의 NBC(화생방전) 훈련, 특히 방독면 및 방호복 착용, 개인 제독, 화학 작용제의 증상 인식, 화학 작용제 오염 상황의 개인 제독법 등에 대한 효율적인 훈련이다. SMCT에는 이 주제가 다뤄져 있다. 만약 이런 능력들에 숙달되지 않는다면 화학전에서 생존할 가능성은 거의 없다.

23-84 여기서 언급할 주제는 각 개인이 효과적으로 수행해야 할 기본 임무를 대체하는 것이 아니다. SMCT는 다양한 화학 작용제 및 그 여파, 그리고 각 작용제에 대한 응급처치 요령을 기재하고 있다. 이하의 정보는 독자가 화학전 방호장비에 숙달되어 있고, 다양한 화학 작용제의 증상을 숙지했다는 전제하에 작성되었다.

화학 작용제의 탐지

23-85 화학 작용제를 탐지하는 가장 좋은 방법은 탐지기를 사용하는 것이다. 하지만 서바이벌 환경에서는 이런 장비 없이 오감에만 의존해야 할 가능성이 높다. 따라서 신경을 곤두세우고 화학 작용제 사용을 시사하는 모든 징후를 포착해야 한다. 일반적으로 눈물, 호흡곤란, 질식, 가려움, 기침, 현기증 등이 대표적인 징후다. 탐지가 매우 어려운 작용제들은 다른 사람의 증상을 보고 사용여부를 알아내야 한다. 주변 환경은 화학 작용제 사용여부를 알려줄 수 있다. 죽거나 고통스러워하거나 비정상적으로 행동하는 동물이나 사람이 대표적 징후다.

23-86 일부 화학작용제는 냄새로 파악할 수 있으나, 대부분은 냄새가 없다. 갓 자른 풀이나 짚 냄새는 질식 작용제, 아몬드 냄새는 혈액 작용제일 가능성이 있다.

23-87 시각적으로도 화학 작용제를 파악할 수 있다. 대부분의 화학 작용제는 고체

거나 액체상태일 경우 색이 있다. 기화된 상태라면 몇몇 화학작용제는 저장된 폭탄이나 포탄이 폭발한 직후에 안개 형태가 된다. 투발 수단 및 다른 사람들의 증상을 함께 관찰하면 화학 작용제에 대한 제한적 경보가 가능하다. 겨자 가스는 액체 상태라면 잎이나 건물 등에 기름처럼 묻게 된다.

23-88 적탄의 탄착음도 화학 작용제 사용의 암시가 될 수 있다. 평소보다 작은 듯한 폭탄이나 포탄의 파열음은 좋은 지표가 된다.

23-89 코나 눈, 피부 등이 가려우면 즉각 화학 작용제로부터 몸을 보호하라는 신호다. 물, 식량, 담배 등에서 이상한 맛이 나는 것도 오염의 경고가 된다.

화학 작용제로부터의 보호

23-90 아래 기재된 순서대로 화학 작용제 공격에서 몸을 보호한다.

- 방호 장비를 사용한다.
- 화학 작용제에 오염된 지역을 피한다.
- 오염시 신속정확하게 응급처치한다.
- 최대한 빨리 몸과 장비를 제독한다.

23-91 방독면과 방호복은 생존의 열쇠다. 이 장비들 없이는 생존 가능성이 거의 없다. 파손되지 않도록 철저히 관리해야 한다. 또 화학 작용제에 노출되기 전에 적절한 자가 응급조치 요령도 터득해야 한다. 화학 작용제의 탐지와 오염지역 회피도 생존에 극히 중요하다. 모든 탐지 장비 및 도구는 최대한 활용한다. 생명의 위기에 직면한 만큼 오염지역은 최대한 피한다. 만약 오염되었다면 어떤 도움도 기대하기 힘들다. 만약 오염되었다면 적절한 절차로 최대한 빨리 자가 제독을 실시한다.

피난처(대피소)

23-92 만약 오염지역 내에 있다면 최대한 빠져나오도록 노력한다. 최대한 바람을 마주 보고 이동해 바람에 의해 확대되는 위험지역에서 체류하는 시간을 최소화한다. 만약 즉각 해당 지역을 떠날 수 없고 피난처를 확보해야 한다면 통상적인 피난처 설치법을 사용하되 약간의 변화를 준다. 피난처는 개활지에, 수풀로부터 떨어진 곳에 짓는다. 피난처 건설지역의 모든 표면 토양을 걷어내어 오염을 제거한다. 피난처의 출입구는 늘 닫은 상태로 두며, 바람으로부터 90도 각도를 유지한다. 또한 피난처에 들어갈 때는 오염물질을 피난처 안으로 들여보내지 않게 각별히 주의한다.

식수 조달

23-93 방사능/생물학전 환경과 마찬가지로 화학전 상황에서는 식수를 얻기 어렵다. 밀봉된 용기의 식수가 최선의 선택이다. 이런 식수는 최대한 안전을 유지해야 한다. 열기 전에 용기를 제독하는 절차를 잊으면 안 된다.

23-94 밀봉된 물을 확보할 수 없다면 지하의 수도 파이프 등 밀폐된 식수원을 확보하며, 오염징후가 없다면 빗물과 녹은 눈도 사용한다. 느리게 흐르는 하천의 물도 필요하다면 사용하되, 오염징후를 확인하고 방사능 환경과 같은 절차로 물을 정화한다. 물이 외부 물질로 오염된 징후는 마늘이나 겨자, 제라늄, 쓴 아몬드 등의 냄새나 수면 혹은 그 주변의 기름기, 죽은 동물이나 어류 등이다. 이런 징후가 보이면 그 물은 쓰지 않는다. 식수는 항상 끓이거나 정화해 박테리아 오염을 막는다.

식량 확보

23-95 오염지역에서는 식량 섭취가 극히 어렵다. 식사를 위해서는 방독면을 벗어야 한다. 식사가 필요하다면 안전하게 방독면을 벗을 장소를 찾아야 한다. 가장 안전한 식량공급원은 밀봉된 전투식량이다. 밀봉된 병조림이나 통조림도 안전하다. 모든 밀봉된 식량 용기는 개봉 전에 제독한다. 아니면 식량 자체를 제독해야 한다.

23-96 만약 전투식량에 현지의 동물이나 식물로 보충한다면 절대로 오염된 지역 내에서 자라거나 병들어 보이는 동물을 수집하면 안 된다. 식물이나 동물을 다룰 때는 언제나 방호 장갑 및 피복을 착용한다.

부록 A 생존 키트

미 육군은 몇 가지 기초 생존 키트를 항공기 승무원용으로 조달하고 있다. 생존 키트는 크게 열대 및 한대, 기타 기후용 키트로 나뉜다. 일반 개인 생존 및 의료 키트도 있다. 열대 및 한대, 수상용 키트는 캔버스제 운반주머니에 담겨 있다. 이 키트들은 헬리콥터의 적재구획에 보관된다. 헬리콥터 승무원의 생존 조끼(SRU-21P)도 생존 장비들을 담고 있다. 사출좌석을 갖춘 고정익 항공기의 승무원들은 SRFU-31/P 생존 조끼를 착용하며, 개인 생존 키트는 좌석에 설치된다. 경질 좌석용 생존 키트(RSSK) 역시 작전지역에 따라 별도의 키트가 존재한다. 키트 구성요소들은 보급체계를 통해 별도 조달이 가능하다. 모든 생존 키트/조끼는 공통 지급장비 50-900 규정에 기재되어 있으며, 인가 부대에서 보급 요청이 가능하다. 이하의 표A-1부터 A-6는 다양한 생존 키트의 내역이다.

식량 팩	톱/나이프/삽 자루	방충망
올가미용 와이어	프라이팬	고정끈
연기 및 조명 신호탄	조명용 양초	사출형 고리
방수 성냥 통	압축 고체연료	키트의 속포장
톱/나이프 날	신호용 거울	키트의 겉포장
나무 성냥	생존용 낚시 키트	삽
응급 처치 키트	플라스틱 스푼	물 주머니
MC-1 자성 나침반	생존 교범(AFM 64-5)	생존 키트 포장목록
주머니 칼	판초우의	

표 A-1. 한대용 키트

깡통 밀봉 식수	플라스틱 스푼	리버서블 방서모
방수 성냥	비상식량	도구 세트
플라스틱 호루라기	압축 고체연료	생존 키트 포장 목록
연막 신호탄	낚시 도구	방수포
주머니칼	MC-1 자성 나침반	생존 교범 (AFM 64-5)
신호용 거울	올가미용 와이어	사출형 고리
비닐 물 주머니	프라이팬	키트의 속포장
응급처치 키트	나무 성냥	키트의 겉포장
썬 크림	방충망	고정멜빵

표 A-2. 열대용 키트

키트 포장목록	스폰지	프라이팬
구명보트 노	썬 크림	해수 담수화 키트
생존 교범(AFM 64-5)	나무 성냥	압축 고체연료
방충망	응급처치 키트	연막/조명 신호탄
리버서블 방서모	플라스틱 스푼	신호용 거울
물 보관용 주머니	포켓 나이프	낚시 도구
MC-1 자성 나침반	비상식량	방수 성냥 통
물 퍼내는 삽	해상용 형광 염료	구명보트 수선 키트

표 A-3. 수상용 키트

표 A-4. 일반용-의료용 개인 생존 키트 내용물

NSN	해설	수량
1680-00-205-0474	개인용 생존 조끼(OV-1) 수납용 생존 키트, 대형 : SC1680-97-CL-A07	
1680-00-187-5716	개인용 생존 조끼(OV-1) 수납용 생존 키트, 소형 : SC1680-97-CL-A07	
	상기 키트는 다음 구성품으로 구성됨	
7340-00-098-4327	사냥용 나이프, 5인치 길이 칼날, 가죽 핸들, 칼집 포함	1
5110-00-850-8655	포켓 나이프, 3-1/16인치 길이의 절단용 칼날 1개, 1-25/32인치 길이의 갈고리형 칼날 1개, 안전 고정장치 및 고리 장착	1
4220-00-850-8655	구명조끼, 겨드랑이 장착: 가스 혹은 구강 공기주입으로 팽창. 가스통 포함. 성인용, 10인치 높이, 오렌지색, 어깨 및 가슴 끈 고정. 신속해제 버클과 클립 사용.	1
6230-00-938-1778	구조용 점멸등. 플라스틱 몸통, 원형, 지름 1인치, 1개의 섬광관 포함. 1개의 5.4v 건전지 필요.	1
6350-00-105-1252	비상용 거울: 유리, 중앙부에 조준용 구멍 뚫림. 3인치 길이, 2인치 지름, 1.8인치 두께, 별도 케이스 없으며 고정끈 있음.	1
1370-00-490-7362	개인용 구조 신호 키트: 7개의 신호탄 탄약 및 발사기	1
6546-00-478-6504	해당 키트는 하기 구성품으로 구성됨	
4240-00-152-1578	개인 생존 키트, 일반 구성품: 의무 구성품 주머니. 1팩씩의 커피와 과일맛 사탕, 3팩의 추잉검, 1개의 물 주머니, 2개의 손전등 보호대, 적외선 및 청색 필터 포함, 1개의 방충망 및 보호 장갑, 1개의 사용자 교육 카드, 1개의 비상용 신호거울, 1개의 점화제 및 부싯깃, 5개의 안전 옷핀, 1개의 소형 직선형 메스, 1개의 구조/신호/의료 지침 패널, 1개의 핀셋, 1개의 손목용 나침반 및 고정끈, 멜빵.	1
6545-00-231-9421	개인 생존 키트용 의료 구성품. 운반 주머니, 1개의 튜브형 방충제 및 썬 크림, 1개의 의료 지침 카드, 1개의 방수 용기, 1개의 비누 및 하기 구성품들.	1
6510-00-926-8881	의료용 접착 테이프. 백색 고무 코팅. 폭 1/2인치, 길이 360인치. 다공성 직조로 제작.	1
6505-00-118-1948	아스피린 알약. 0.324g. 개별 포장된 뒤 말린 상태로 용기포장됨.	10
6510-00-913-7909	접착 붕대: 피부용. 비닐 코팅. 3/4인치 폭, 3인치 길이.	1
6510-00-913-7906	거즈형 붕대, 신축성: 백색, 폭 2인치, 길이 180인치.	1
6505-00-118-1914	염산염 디페녹실레이트와 황산염 아트로핀 정제. 0.025mg의 황산염 아트로핀과 2.5mg의 활성 염산염 디페녹실레이트 성분으로 제작. 개별 포장된 뒤 말려있는 상태로 용기포장됨.	10
6505-00-183-9419	염화술파아세타미드 안연고, 10%농도	3.5gm
6850-00-985-7166	아이오딘계 정수제, 8mg	50

	나일론제 생존용 조끼	
8415-00-201-9098	대형	1
8415-99-201-9097	소형	1
8465-00-254-8803	구슬형 플라스틱제 호루라기, 올리브드랍 색. 휴대용 멜빵 포함	1

표 A-5. 항공기 승무원용 생존 키트 SRU-21P

NSN	해설
8465-00-177-4819	생존용 조끼
6516-00-383-0565	압박붕대
5820-00-782-5308	AN/PRC-90 생존용 무전기
1305-00-301-1692	.38구경 예광탄
1305-00-322-6391	.38구경 일반탄
1005-00-835-9773	.38구경 리볼버
9920-00-999-6753	부탄 가스 라이터
6350-00-105-1252	신호용 거울
6545-00-782-6412	개인용 열대 생존 키트
1370-00-490-7362	삼림 관통형 신호 키트
6230-00-938-1778	구조용 조명신호등 SDU-5/E
8465-00-634-4499	식수 보관 주머니
5110-00-162-2205	주머니칼(포켓나이프)
4240-00-300-2138	낚시용 그물
6605-00-151-5337	자성 렌즈형 나침반

표 A-6. OV-1 경질 좌석용 생존 키트

NSN	해설
1680-00-148-9233	한랭지용 생존키트(RSSK OV-1)
1680-00-148-9234	열대지용 생존키트(RSSK OV-1)
1680-00-965-4702	수상용 생존키트(RSSK OV-1)

부록 B 식용 및 의료용 식물

서바이벌 환경에서는 식물이 식량 및 의약품의 원천이 된다. 식물을 안전하게 사용하려면 명확하게 식별법과 안전한 조리방법을 숙지하고 잠재적 위험에 대해서도 파악해야 한다. 각 식물의 식물학적 구조 및 어디에서 서식하는지에 대한 지식은 찾아내고 식별하는 데 큰 도움이 된다. 이 부록은 비교적 쉽게 마주치는 식물들에 대한 사진과 해설, 서식지역 및 분포, 식용 가능한 부분에 대한 지식을 나열한다.

칼리고눔

Calligonum comosum

해설 칼리고눔은 사막지역에 서식하는 몇 안 되는 덤불식물 중 하나다. 최대 1.2m 가량 자라며 가지의 모양은 빗자루 털과 비슷하다. 단단한 녹색 가지에 3-4월 동안 많은 꽃을 피운다.

서식지 및 분포 이 식물은 사막 및 다양한 기후대의 황무지에서 발견된다. 대부분의 북아프리카 사막지대에서 볼 수 있으며 중동의 모래사막 및 서부 인도의 라지푸타나 사막에서까지도 볼 수 있다.

식용 부위 이 식물은 일견 쓸모가 없어 보이지만 봄에 피우는 꽃은 신선한 상태라면 먹을 수 있다. 칼리고눔의 꽃은 당분 및 질소화합물이 풍부하다. 칼리고눔은 서식지역 대부분에서 흔히 볼수 있다.

아카시아
Acacia farnesiana

해설 아카시아는 대체로 키가 작고 줄기에 가시가 있으며 엇갈린 형태로 둥근 잎이 뭉쳐나는 나무다. 실제 잎 하나하나는 작다. 꽃은 공 모양의 밝은 노란색이며 매우 향이 강하다. 껍질은 옅은 회색이며 열매는 진한 갈색에 깍지처럼 생겼다.

서식지 및 분포 아카시아는 열대지역 전반에 걸쳐, 볕이 잘 드는 개활지에 서식한다.

주의 아카시아에는 500종 이상의 변종이 있다. 이 식물들은 아프리카, 남부 아시아, 오스트레일리아 등에 많지만 미 대륙의 더 덥고 건조한 곳에서도 다수가 발견된다.

식용 부위 어린잎, 꽃, 열매 깍지 등은 조리 여부에 관계 없이 식용이다.

용설란
Agave

해설 굵고 두툼한 잎뭉치 형태로, 지면에 밀착해 자라며, 줄기를 중심으로 잎이 모여있다. 용설란은 단 한 번 꽃을 피우고 죽는데, 이때 매우 큰 꽃줄기가 생긴다.

서식지 및 분포 용설란은 건조한 개활지를 선호한다. 중미, 카리브 해 연안, 미국 및 멕시코 서부 사막지대 등에서 광범위하게 발견된다.

식용 부위 꽃과 꽃망울 모두 삶아 먹을 수 있다.

기타 용법 큰 꽃줄기를 잘라 즙을 채취해 마신다. 용설란 가운데 몇 종운 잎의 섬유질이 매우 강하다. 이런 잎에서 채취한 섬유질로는 로프를 만들 수 있다. 대부분 잎끝에 두껍고 날카로운 가시가 있는데, 이 가시들도 바느질을 하거나 기타 도구로 사용 가능하다. 또 몇몇 종의 진액에는 비누로 사용하기에 적합한 화학물질이 함유되어있다.

일부 용설란 즙은 사람에 따라 피부염을 유발하기도 한다

아몬드
Prunus amygdalus

해설 아몬드 나무는 12.2m 가량 자라며, 복숭아나무를 닮았다. 덜 익은 복숭아를 닮은 아몬드 열매는 뭉쳐 열린다. 아몬드 자체는 두껍고 건조한, 털에 뒤덮인 껍질에 싸여있다.

서식지 및 분포 아몬드는 열대의 덤불 및 가시나무 숲, 온대지방의 상록수 덤불, 그리고 사막의 덤불 및 모든 기후의 황무지, 남부 유럽의 건조지대, 동부 지중해 연안, 이란, 중동지역 등에 서식한다. 중국, 아조레스 군도, 카나리아 제도에서도 재배한다.

식용 부위 완전히 익은 아몬드 열매는 껍질이 벌어지면서 견과를 노출한다. 겉껍질은 쉽게 깨서 벗길 수 있다. 껍질째 끓여도 겉껍질이 떨어지고 흰 과육만 남는다. 아몬드 과육은 영양이 풍부해 아몬드만 먹어도 비교적 장시간 생존이 가능하므로, 대량으로 수확하면 장기간 섭취가 가능하다.

아마란서스
Amaranthus

해설 이 식물은 세계 각지에 서식하는 잡초로, 90~150㎝까지 성장한다. 모든 아마란서스의 잎은 단순한 형태로 엇갈려 난다. 일부는 줄기에 붉은빛이 감돌기도 한다. 아마란서스는 작은 녹색 꽃을 줄기 끝에 뭉쳐 피운다. 씨앗은 검은색이나 갈색이지만 재배되는 종은 보다 옅은 색이다.

서식지 및 분포 길가나 사람의 발이 닿는 황무지, 밭작물 틈에 서식한다. 몇몇 아마란서스는 일종의 곡식으로 재배되며, 남아메리카 일대에서는 원예작물로 재배되기도 한다.

식용 부위 모든 부위를 먹을 수 있으나 먹기 전에 제거해야 할 날카로운 가시가 있다. 어린 아마란서스, 혹은 오래된 아마란서스에서 새로 나는 순은 훌륭한 채소다. 순은 날것으로 먹어도, 삶아도 된다. 씨앗의 영양분도 훌륭하다. 오래된 아마란서스는 끝을 털어 씨를 얻는다. 씨앗은 조리 없이 먹어도 되고, 삶거나, 갈아서 가루를 내거나, 팝콘처럼 튀겨도 된다.

북극 버드나무
Salix arctica

해설 북극 버드나무는 60㎝이상 자라는 경우가 드문 덤불식물이며 툰드라 지방의 지면에 붙어 자란다.

서식지 및 분포 북극 버드나무는 북아메리카, 유럽, 아시아의 툰드라 지역에 분포해 있다. 온대지방의 산악지대에서도 가끔 발견된다.

식용 부위 이른 봄에는 즙이 많은 어린줄기를 채집한다. 겉껍질을 벗기고 안쪽의 살을 그대로 먹으면 된다. 상당수의 북극 버드나무는 땅속줄기를 조리하지 않고 섭취할수 있다. 순이나 어린 잎은 오렌지의 7~10배에 달하는 비타민C가 함유되어 있다.

칡
Maranta & Sagittaria

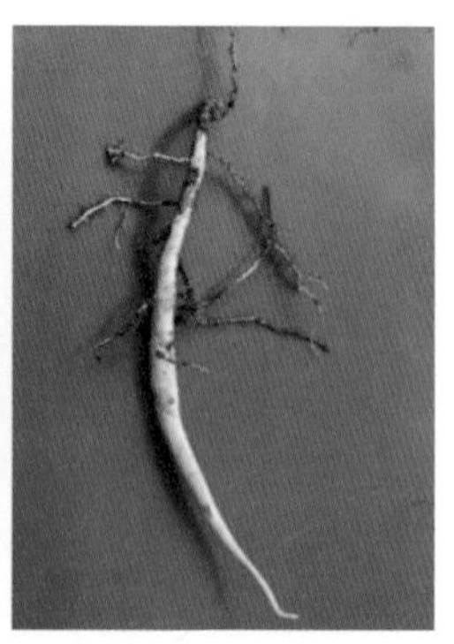

해설 칡은 감자처럼 흙 속에 구근이 자라는 식물이다. 잎은 화살촉을 닮았다.

서식지 및 분포 칡은 온대지방 및 열대지방에서 두루 발견된다. 습한 곳에서 주로 발견된다.

식용 부위 칡의 구근에는 질 좋은 녹말이 풍부하게 함유되어 있다. 구근은 익혀서, 잎은 다른 채소들과 같은 방식으로 먹는다.

아스파라거스
Asparagus officinalis

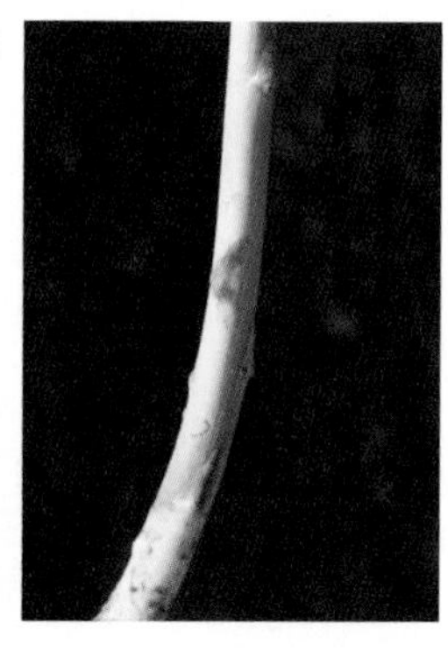

해설 봄에 자라는 아스파라거스는 녹색 손가락을 닮았다. 완전히 자라면 고사리같은 형태가 되며, 성긴 잎이 나고 붉은 열매가 맺히며, 녹색의 작은 꽃을 피운다. 아스파라거스 가운데 몇몇 종은 날카로운 가시 같은 부위가 자라기도 한다.

서식지 및 분포 아스파라거스는 온대지방의 들판, 오래된 집터, 울타리 같은 곳에 자란다.

식용 부위 어린 줄기에서 잎이 나기 전에 먹는다. 생 아스파라거스는 현기증이나 설사를 유발할 수 있으나 10~15분 동안 삶으면 먹을 만해진다. 뿌리에는 비교적 녹말이 풍부하다.

열매는 독이 있으니 절대로 먹어서는 안된다

벨 나무
Aegle marmelos

해설 이 나무는 2.4~4.6m까지 자라며, 줄기에 가시가 돋는다. 열매는 지름이 5~10cm이며 회색이거나 노란색이고 씨앗이 많다.

서식지 및 분포 벨 나무는 열대 우림 지역에서 많이 발견되고, 열대의 반 상록수 계절림에도 서식한다. 인도와 미얀마 등지에는 야생나무도 있다.

식용 부위 열매는 12월까지 익고, 갓 익은 열매가 가장 좋다. 익은 과일의 즙은 물과 희석한 뒤 약간의 설탕이나 꿀, 그리고 타마린드와 함께 먹으면 시지만 상큼하다. 다른 감귤류 열매들과 마찬가지로 비타민 C가 풍부하다.

대나무

Bambusa, Dendrocalamus, Phyllostachys & etc

해설 대나무는 나무처럼 보이는 풀이며, 최대 15m까지 자란다. 풀을 닮은 잎이 나고, 줄기는 가구나 낚싯대 등의 제작에 주로 사용된다.

서식지 및 분포 대나무는 정글, 저지대, 산악지대 등 덥고 습한 기후에 주로 서식한다. 대나무는 극동지역(온대 및 열대)에 자연서식하지만 세계 각지로 퍼져 있다.

식용 부위 갓 나온 순, 즉 죽순은 그대로,혹은 조리해서 먹을 수 있다. 생 죽순은 약간 쓴맛이 있으나 겉껍질을 제거하고 삶으면 날아간다. 꽃이 핀 대나무의 씨앗도 먹을 수 있다. 씨앗은 쌀처럼 찌거나 삶아 먹고, 가루로 만든 뒤 물과 섞어 반죽으로 만들어도 된다.

다른 용법 다 자란 대나무는 구조물, 그릇, 수저, 국자, 기타 주방용품을 만드는데 적합하다. 도구와 무기로도 쓸 수 있다. 대나무를 쪼갠 뒤 몇 조각을 덧붙이면 단단한 활이 된다.

녹색 대나무(청죽)는 그대로 태우면 마디가 터진다. 청죽에는 식기나 물 담는 용기로 사용하기 전에 제거해야 할 내부의 막이 있다.

야생 및 재배종 바나나

Musa

해설 나무처럼 보이는 식물로, 몇 장의 큰 잎이 난다. 꽃은 뭉쳐 핀다.

서식지 및 분포 야생/재배종 바나나는 주로 습한 열대지방의 숲 가장자리 개활지에 재배된다.

식용 부위 열매는 그대로 먹거나 굽거나 삶아 먹을 수 있다. 꽃은 채소처럼 삶아서, 뿌리줄기와 잎도 조리해서 먹는다. 속줄기도 계절에 관계없이 식용으로 구분된다.

다른 용도 줄기 아래쪽 1/3가량의 껍질은 숯이나 석탄을 덮어 조리할 때 유용하다. 줄기에서 식수를 얻을 수 있다.(6장 참조) 잎은 다른 음식을 보관하거나 익힐 때 사용한다.

바오바브
Adansonia digitata

해설 바오바브나무는 최대 18m까지 자라며 밑둥의 지름도 9m에 달하는 매우 큰 나무다. 가지는 짧고 굵으며 회색빛이 도는 껍질도 매우 두텁다. 매우 복잡한 형태의 잎이 야자나무의 잎처럼 뭉쳐난다. 직경이 수㎝에 불과한 작고 흰 꽃은 높은 가지 끝에서 피어난다. 바오바브의 열매는 길이가 45㎝에 육박하는 미식축구공 형태로, 표면은 짧고 짙은 털로 덮여있다.

서식지 및 분포 이 나무들은 주로 사바나 지대에 서식한다. 분포지역은 아프리카, 오스트레일리아의 일부, 마다가스카르 섬 등이다.

식용 부위 바오바브의 어린잎은 스프로 끓여 먹을 수 있다. 과육과 씨도 식용으로 구분된다. 어린 바오바브나무의 연한 뿌리도 채취해 먹을 수 있다. 바오바브 과일의 과육을 한 컵의 물에 넣어 마시면 상쾌한 음료가 된다. 씨앗을 구워 갈면 요리에 쓸 수 있는 훌륭한 가루가 된다.

다른 용도 과육과 물을 섞어 마시면 설사병이 낫는다. 속이 빈 줄기는 좋은 식수원이 된다. 껍질은 여러 갈래로 잘라 두드리면 로프를 만들 수 있는 단단한 섬유가 된다.

이나무
Flacourtia inermis

해설 이나무는 작은 나무나 덤불처럼 자라며, 짙은 녹색을 띈 단순한 형태의 잎이 엇갈려 난다. 과일은 밝은 붉은색을 띄며, 여섯 개, 혹은 그 이상의 씨앗이 들어 있다.

서식지 및 분포 이 식물은 필리핀이 원산지로 알려져 있지만, 다른 지역에서도 과실을 얻기 위해 재배하는 경우가 많다. 이나무는 아프리카 및 아시아의 열대우림 주변의 개활지에서 주로 발견된다.

식용 부위 과일은 다양한 방법으로 먹을 수 있다.

베어베리, 혹은 우와우르시

Acrtostaphylos uvaursi

해설 이 식물은 비교적 흔한 상록 덤불식물로, 가장 큰 특징은 붉은 기가 도는 비늘같은 형태의 껍질과 두껍고 단단한, 길이 4cm, 폭 1cm가량의 잎이다. 꽃은 흰색이며 열매는 밝은 적색이다.

서식지 및 분포 극지대 및 아극지대, 그리고 온대지방에 서식하며 바위투성이, 혹은 모래투성이의 척박한 토양에서도 자란다.

식용 부위 열매는 그대로 먹을수 있고, 조리를 해도 나쁘지 않다. 어린잎을 끓이면 상큼한 맛이 나는 차가 된다.

너도밤나무

Fagus

해설 너도밤나무는 작게는 9m, 크게는 24m까지 자라는 대형목으로, 비대칭으로 자라는 가지와 회색빛이 감도는 부드러운 껍질, 그리고 짙은 녹색 잎이 특징이다. 껍질과 가시투성이 씨앗 깍지를 통해 야외에서도 쉽게 발견할 수 있다.

서식지와 분포 이 나무는 주로 온대지역에서 발견된다. 미국, 유럽, 아시아, 북아프리카 일대에서 야생목으로, 주로 숲의 습한 지역에 서식한다. 남동부 유럽이나 아시아의 온대지방에서도 비교적 흔하게 볼수 있다. 너도밤나무의 유사종은 칠레, 뉴기니, 뉴질랜드 등에도 상당수가 서식한다.

식용 부위 잘 익은 열매는 깍지로부터 쉽게 떨어진다. 짙은 갈색의 삼각형 열매는 얇은 껍질을 손톱으로 까서 흰색 속살을 까낸 뒤에 그대로 먹으면 된다. 너도밤나무 열매는 야생 견과류중 가장 맛있는 부류에 속한다. 또 지방 함량이 높아 영양이 부족한 서바이벌 환경에 매우 요긴하다. 열매를 연한 갈색으로 단단히 굳을 때까지 볶고, 구운 열매를 가루로 빻아 뜨거운 물에 끓이거나 담그면 커피 대용품이 된다.

비그나이
Antidesma bunius

해설 비그나이는 작은 나무, 혹은 덤불처럼 자라며 높이는 3~12m다. 15cm가량의 뾰족한 잎은 표면이 매끄럽고, 작은 꽃을 뭉쳐 피운다. 열매는 짙은 붉은색이나 검은색이고 과육이 두텁고 씨 하나가 들어있다. 열매는 지름 1cm가량으로 매우 작다.

서식지 및 분포 비그나이는 열대우림 및 열대의 반상록수림에서 서식한다. 개활지에서 발견되며 2차 삼림에서도 발견된다. 히말라야로부터 스리랑카에 이르기까지 야생으로 서식하며 동쪽으로는 인도네시아로부터 북부 오스트레일리아에 이르기까지 분포한다. 하지만 열대라면 어디에서도 재배될 수 있다.

식용 부위 과일은 조리 없이 먹어도 좋다. 그러나 다른 부위는 먹으면 안 된다. 아프리카의 비그나이는 뿌리에 독이 있으며, 다른 부위에도 독이 있을 가능성이 있다.

과일도 많이 먹으면 설사를 유발한다

블랙베리, 라즈베리, 듀베리
Rubus species

해설 이 식물은 가시가 난 줄기가 위로 향해 솟다 지면을 향해 휜다. 복잡한 형태의 잎이 엇갈려 난다. 적색, 흑색, 황색, 오렌지색 등 열매의 색이 다양하다. 이 식물은 특정 계절에는 옻과 혼동되기도 하지만, 줄기에 난 가시의 유무로 구분이 가능하다.

서식지와 분포 이 식물은 주로 온대지방의 숲 경계나 호수, 하천, 도로 주변 등의 볕이 잘 드는 개활지에 서식한다. 다만 예외적으로 극지 라즈베리 같은 종도 있다.

식용 부위 열매와 갓 나온 어린줄기를 먹을 수 있다. 맛은 종에 따라 크게 다르다.

기타 용도 잎은 끓여서 차로 마신다. 블랙베리 덤불의 뿌리껍질을 말려 차로 달여 마시면 설사를 치료할 수 있다.

블루베리와 허클베리

Vaccinium 및 *Gaylussacia*속

해설 이 덤불식물은 30cm에서 3.7m까지 자라며, 단순한 형태의 잎이 엇갈려난다. 열매는 짙은 청색, 흑색, 혹은 적색이며, 열매 안에 수많은 씨앗들이 있다.

서식지 및 분포 이 식물은 햇볕이 잘 들고 트인 지형을 선호한다. 북반구의 온대지역 및 중부 아메리카의 고고도 지역에 주로 서식한다.

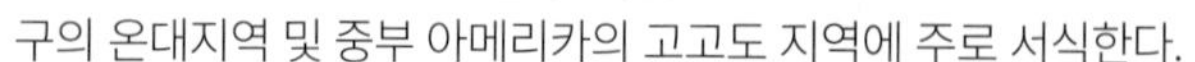

식용 부위 열매는 먹을 수 있다.

빵나무

Atrocarpus incisa

해설 이 나무는 9m까지 자란다. 길이가 75cm, 폭은 30cm 가량인 커다랗고 여러 갈래로 나뉜 짙은 녹색의 잎이 난다. 열매는 커다란 녹색의 공 형태고, 완전히 익으면 지름이 30cm에 달한다.

서식지 및 분포 습한 열대지방의 숲 가장자리 및 거주지역 부근에서 발견된다. 남태평양 지역이 원산지이지만 서인도 제도와 폴리네시아 지역에도 재배된다.

식용 부위 열매의 과육은 별다른 조리 없이 먹을 수 있다. 또 열매를 잘라 말린 뒤 가루로 빻아서 사용하면 매우 유용하다. 씨앗도 요리해 먹을 수 있다.

다른 용도 이 나무에서 채집되는 끈적한 수액은 풀이나 틈새를 메우는 재료로 쓸 수 있다. 또한 새가 잘 앉는 나뭇가지에 발라 새를 붙잡는 용도로도 사용 가능하다.

우엉

Arctium lappa

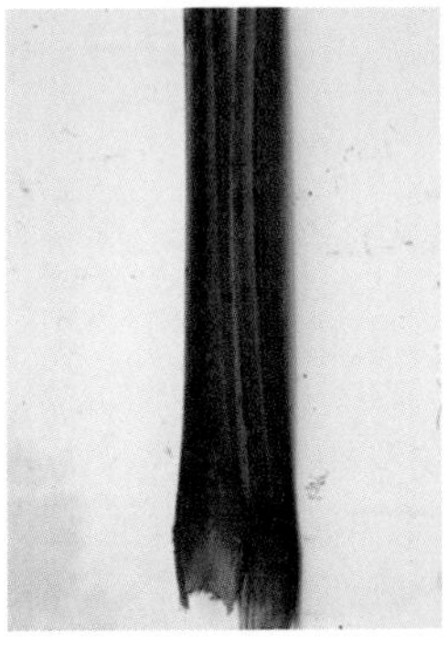

해설 이 두해살이 풀의 줄기는 2m 가량 자라며, 잎은 가장자리가 물결치는 화살촉 형태다. 분홍색이나 자주색 꽃이 뭉쳐 핀다. 뿌리도 두텁다.

서식지 및 분포 우엉은 북반구의 온대지방에 광범위하게 분포한다. 봄과 여름의 황무지에서도 많이 자란다.

식용 부위 부드러운 잎줄기 껍질을 벗긴 뒤 조리 없이, 혹은 녹색 채소들과 같이 조리해 먹는다. 뿌리도 삶거나 구워서 먹을 수 있다.

다른 용도 뿌리에서 추출한 액체는 땀과 소변의 양을 늘리는 데 도움이 된다. 뿌리를 말려 물에 담근 뒤 액체를 짜내 마신다. 말린 줄기에서 추출한 섬유질은 줄을 꼬는 데 사용한다.

우엉과 유독성 잎이 나는 대황을 혼동해서는 안 된다

부리 야자

Corypha elata

해설 이 나무는 최대 18m까지 자란다. 잎은 길이가 3m에 달하는 커다란 부채 모양이며, 거의 100갈래로 갈라진다. 나무 위에는 커다란 덤불처럼 꽃이 모여 핀다. 꽃이 핀 뒤에는 나무가 죽는다.

서식지 및 분포 이 나무는 주로 동인도 제도의 해안지대에 서식한다.

식용 부위 줄기에는 조리 없이 먹을 수 있는 녹말성분이 있다. 줄기의 끝부분도 조리 없이, 혹은 조리 후 먹을 수 있다. 꽃줄기 부분을 꺾으면 나오는 다량의 수액나 열매도 먹을 수 있다.

다른 용도 잎의 섬유질로 천 등을 짤 수 있다.

씨의 껍질은 일부 사람들에게 피부염을 일으킬 수도 있다

칸나
Canna indica

해설 칸나는 다년생 허브로, 높이는 90㎝~3m가량이다. 식용으로 구분되는 굵은 뿌리줄기와 바나나 잎을 닮은 커다란 잎이 특징이다. 꽃은 밝은 적색이나 황색, 오렌지색이지만 야생 칸나의 꽃은 작고 잘 눈에 띄지 않는다.

서식지 및 분포 야생의 칸나는 모든 열대지방, 특히 하천, 샘, 도랑, 숲의 가장자리 등 습한 지역에 서식한다. 또 습한 온대지방이나 산악지방에도 발견될 수 있다. 미국의 정원에서도 많이 키우는 편이므로 쉽게 알 수 있다.

식용 부위 크고 가지가 많이 뻗은 뿌리줄기에는 식용 녹말이 가득하다. 어린 부분은 잘게 썰어 삶거나 가루로 빻아 먹을 수 있다. 캐비지 야자나무의 어린줄기와 섞어 맛을 낼 수 있다.

구주콩나무
Ceratonia siliqua

해설 이 큰 나무에는 뻗어나가는 왕관과 같은 형태의 가지와 잎이 있다. 복잡한 모양의 잎이 엇갈려 난다. 성 요한의 빵이라 불리는 깍지는 45㎝까지 자라며 둥글고 단단한 씨앗들과 굵은 과육으로 가득 차 있다.

서식지 및 분포 이 나무는 지중해, 중동, 일부 북아메리카 지역에 분포한다.

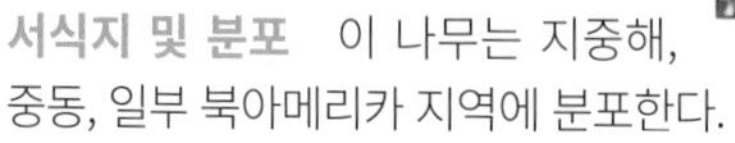

식용 부위 어리고 부드러운 깍지는 조리 없이, 혹은 삶아 먹을 수 있다. 다 익은 깍지의 씨앗은 가루로 빻아 죽으로 요리해 먹는다.

캐슈넛
Anacardium occidentale

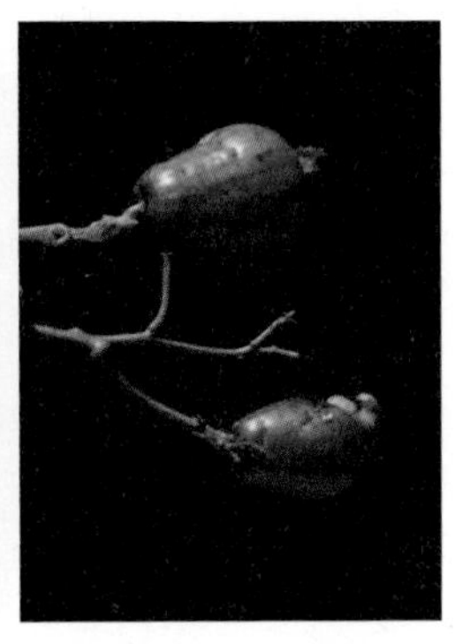

해설 캐슈넛은 옆으로 퍼져 자라는 높이 12m 내외의 상록수로, 잎은 길이 20㎝, 폭 10㎝가량이고, 꽃은 노란빛이 도는 분홍색이다. 열매는 독특한 모습 덕에 쉽게 식별된다. 열매는 두텁고 배 모양이며 익으면 붉은색이나 노란색이 되고 과육이 풍부하다. 열매에는 콩팥 모양의 단단한 녹색 견과가 끝에 있다. 이 견과는 부드럽고 매끈하며 익은 정도에 따라 녹색이거나 갈색이다.

서식지 및 분포 캐슈넛은 서인도제도 및 남아메리카의 북부가 원산지다. 하지만 모든 열대기후 지역에서 재배된다. 구대륙에서는 재배되던 캐슈넛이 야생화되기도 했으며 적어도 아프리카와 인도의 일부에서는 그렇다.

식용 부위 열매에 씨앗 하나가 들어있다. 씨앗은 볶아 먹을 수 있다. 배 모양의 열매는 시고 달고 떫은 즙이 많다. 안전하며 대부분의 사람은 맛있다고 간주한다.

견과를 둘러싼 녹색 껍질에는 수지성의 자극적 독소가 있으며 마치 옻처럼 혀와 입술을 붓게 한다. 볶으면 열에 의해 독소가 파괴된다

흰털선인장
Cereus 속

해설 이 선인장은 가느다란 직경에 비해 키가 큰 편이며, 수많은 가시가 돋아 있다.

서식지 및 분포 이 선인장은 사막 및 건조하고 일조량이 많은 개활지에 주로 서식한다. 분포지역은 대부분 카리브 해 연안, 중부 아메리카, 미국 서부지역 등지다.

식용 부위 열매는 먹을 수 있으나 일부는 설사를 유발한다.

기타 용도 선인장의 과육은 좋은 식수원이 된다. 줄기를 꺾어 과육을 파낸다.

부들개지
Typha latifolia

해설 부들개지는 멜빵을 닮은 폭 1.5㎝ 내외의 잎이 특징인 풀이다. 대게 1.8m 까지 자란다. 수꽃은 암꽃 위에 빽빽하게 피어난다. 수꽃은 극히 단시간만 피어나며 암꽃은 핀 후 얼마 지나지 않아 갈색 부들개지로 변한다. 수꽃의 노란색 꽃가루는 종종 대량으로 분출되는 모습을 볼수 있다.

서식지 및 분포 부들개지는 세계 전역에서 흔히 발견되곤 한다. 호수, 하천, 운하, 강, 해변의 물가나 강가 등 물과 가까운 곳, 그리고 햇볕이 밝게 비치는 곳을 찾아보면 쉽게 부들개지를 찾을수 있다.

식용 부위 어리고 부드러운 가지는 날것으로, 혹은 조리해서 먹을 수 있다. 뿌리줄기는 매우 거칠지만 녹말이 풍부해 서바이벌 환경에서는 매우 가치가 크다. 뿌리줄기를 두들겨 녹말을 추출하면 밀가루처럼 쓸 수도 있다. 이 꽃가루에도 녹말이 풍부하다. 부들개지가 충분히 자라지 못한 상태라면 꽃가루를 받는데 집착하기보다는 암꽃 부분을 삶아 옥수수처럼 먹는 방법이 더 효과적이다.

다른 용도 말린 잎은 뗏목 등을 만드는 직조용 재료가 될 수 있다. 솜 질감의 씨앗은 훌륭한 베갯속 및 단열재가 된다. 또 솜털은 훌륭한 부싯깃이다. 말린 부들개지는 태우면 훌륭한 방충제가 된다.

밤
Castanea sativa

해설 유럽 밤나무는 최대 18m까지 자란다.

서식지 및 분포 밤나무는 온대지방의 활엽수림과 침엽수림에서 모두 발견된다. 열대지방에서는 반상록수 계절림에 서식한다. 중부 및 남부 유럽 전체와 아시아 중앙부를 가로질러 중국과 일본에서도 발견된다. 숲에서도, 초원에서도 상대적으로 많이 서식한다. 유럽 밤나무가 그중 가장 흔한 종에 속한다. 아시아의 야생 밤과도 연관이 있다.

식용 부위 밤은 생존 식량으로서 매우 유용하다. 익은 밤은 보통 가을에 수확되지만 덜 익은 밤도 식량으로 쓸 수 있다. 가장 쉬운 조리법은 익은 밤을 잔불에 굽는 것이다. 이렇게 조리된 밤은 맛있고 대량 섭취도 가능하다. 또 다른 선택지는 껍질을 까 삶는 방식이다. 삶은 다음의 밤은 찐 감자처럼 으깰 수 있다.

치커리

Cichorium intybus

해설 약 1.8m까지 자라며, 잎은 줄기 밑동에 모여 나지만 줄기에도 몇 장이 붙는다. 아랫잎은 민들레 잎과 비슷하다. 꽃은 하늘색이며 맑은 날에만 핀다. 치커리의 즙은 우유처럼 보인다.

서식지 및 분포 치커리는 오래된 들판, 황무지, 잡초밭, 도로변에 난다. 유럽과 아시아 원산이지만 아프리카 및 북아메리카의 대부분에서도 잡초로 자라난다.

식용 부위 모든 부위를 먹을 수 있다. 어린잎은 샐러드로 먹거나 채소처럼 삶아먹는다. 뿌리는 채소처럼 조리하면 된다. 커피 대용품으로 쓰려면 뿌리가 진한 갈색이 될 때까지 볶은 뒤 가루로 빻는다.

방동사니

Cyperus esculentus

해설 이 매우 흔한 식물은 삼각형 단면의 줄기와 풀을 닮은 잎이 특징이다. 약 20~60㎝까지 자라며 다 자란 식물은 부드럽고 털가죽 같은 꽃이 핀다. 뿌리 끝에 지름 1~2.5㎝가량의 구근이 자란다.

서식지 및 분포 전 세계의 습한 모래땅에 자란다. 특히 경작지에 흔하다.

식용부위 구근은 조리 없이, 또는 삶거나 구워서 먹을 수 있다. 갈아서 커피 대용품으로도 쓸 수 있다.

코코넛

Cocoas nucifera

해설 코코넛 나무는 하나의 가늘고 긴 줄기와 맨 위의 매우 큰 잎으로 구성된다. 잎은 길이가 6m에 달할 수 있고 약 100쌍의 가느다란 갈래로 나뉜다.

서식지 및 분포 코코넛 야자는 열대 지방에, 특히 해안에서 발견된다.

식용부위 열매는 귀중한 식량이다. 어린 코코넛의 즙은 당분과 비타민이 풍부한 식수원이다. 과육도 영양이 풍부하나 기름기가 많다. 보관하려면 완전히 말린다.

다른 용도 코코넛 기름은 조리용으로도, 금속재질의 부식방지용으로도 쓰인다. 소금물로 생긴 부종이나 햇볕 화상, 건조한 피부 등을 치료할 수 있다. 기름은 응급 횃불에도 쓸 수 있다. 나무줄기는 건축자재로 사용 가능하고 잎도 지붕을 잇는 데 쓰인다. 코코넛 열매의 껍질은 물에 잘 뜨며 껍질의 섬유로는 로프 등 다양한 도구를 만들 수 있다. 거즈와 같은 잎 밑동의 섬유는 고정용 끈으로도 쓸 수 있고 부상자를 위한 붕대 대용으로도, 모기를 막는 방충망으로도 쓸 수 있다. 코코넛 기름을 불에 떨어트려 생기는 연기로 모기를 쫓을 수도 있다. 코코넛 기름을 짜내려면 코코넛 과육을 햇빛에 말린 뒤 약한 불 위에 놓고 데우거나 물에 끓인다. 바다에 떠내려온 코코넛은 해상 생존자에게 훌륭한 식수원이 된다.

시로미

Empetrum nigrum

해설 이 작은 상록 덤불식물은 짧은 바늘모양 잎이 난다. 작고 부드러우며 검은 열매는 겨울 내내 남아있는다.

서식지 및 분포 북아메리카 및 유라시아 지역의 툰드라 전체에 걸쳐 자생한다.

식용 부위 열매는 그대로 먹어도 좋고 나중에 먹기 위해 말려도 된다.

대추나무
Ziziphus jujuba

해설 대추나무는 서식지의 수자원에 따라 높이 12m까지 자라는 낙엽수가 될 수도, 커다란 덤불식물이 될 수도 있다. 가지에는 보통 가시가 있다. 적갈색 혹은 녹황색 열매는 타원형이나 계란 모양이며 지름은 3cm혹은 그 이하다. 겉 표면은 매끈하며 달지만 비교적 물기가 없는 과육이 큰 씨앗을 둘러싼다. 꽃은 녹색이다.

서식지 및 분포 대추나무는 온대지역의 삼림지대나 사막의 덤불지대, 황무지 등에 세계 각지에서 분포한다. 구대륙의 열대 및 아열대 지방들에 많은 편이다. 아프리카에서는 지중해 연안지역에 흔하고, 아시아에서는 인도 및 중국의 건조한 지역에 많다. 대추나무는 동인도 제도 전반, 주로 사막지역 인근에서 발견된다.

식용 부위 과육은 으깨서 물에 타면 상큼한 음료가 된다. 시간이 허락한다면 익은 과일은 대추야자처럼 말린다. 대추 열매에는 비타민A와 C가 풍부하다.

크랜베리
Vaccinium macrocarpon

해설 크랜베리는 작은 잎이 엇갈리게 나고, 줄기는 지면 주변에 낮게 깔리며 열매는 작게 맺힌다.

서식지 및 분포 햇빛이 많고 축축한 개활지에서만 자라고 북반구의 추운 지역에 분포한다.

식용 부위 열매는 그대로 먹으면 시다. 약간의 물과 함께 끓여 먹고, 설탕이 있다면 조리 중에 넣어 젤리처럼 만든다.

기타 용도 크랜베리는 이뇨 효과가 있어 소변을 통해 감염된 질병에 효과적이다.

쿠이포
Cavanillesia platanifolia

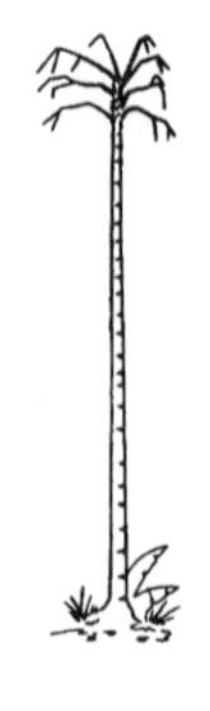

해설 이 나무는 다른 나무보다 높이 솟으므로 쉽게 발견된다. 높이는 45~60m에 달하며 맨 위에만 잎이 있고 연중 11개월은 잎이 없다. 껍질에는 링 모양 무늬가 있고 맨 위까지 이 링이 죽 늘어있어 쉽게 구분된다. 껍질은 붉은색, 혹은 회색이다. 뿌리는 옅은 적갈색이거나 황갈색이다.

서식지 및 분포 쿠이포는 중부 아메리카 산악지대의 열대우림 지역에 분포한다.

식용부위 이 나무에서 물을 얻으려면 뿌리 한 줄기를 자른 뒤 한쪽 끝의 흙을 닦아내고 껍질을 벗겨낸 뒤 뿌리를 수평으로 든다. 껍질을 벗기고 닦아낸 쪽을 입이나 용기에 댄 뒤 다른 쪽을 든다. 여기서 나오는 물은 감자 삶은 맛이 날 것이다.

민들레
Taraxacum officinale

해설 민들레 잎은 가장자리가 울퉁불퉁하며 땅에 달라붙어 자라며 20㎝를 넘지 않는다. 꽃은 밝은 노란 색이며 몇 가지 종이 있다.

서식지 및 분포 민들레는 북반구 전체에 걸쳐 밝은 개활지에서 자란다.

식용 부위 모든 부분을 먹을 수 있다. 잎은 조리 없이, 혹은 익혀서 먹을 수 있다. 뿌리는 채소로서 삶아 먹을 수 있다. 뿌리를 볶아 갈면 커피 대용품으로도 좋다. 민들레에는 비타민A, C, 그리고 칼슘이 풍부하다.

다른 용도 꽃줄기에서 나오는 흰 진액은 풀 대용으로 쓸 수 있다.

대추야자

Phoenix dactylifera

해설 대추야자는 크고 가지가 없으며 맨 위에 복잡한 모양의 큰 잎이 모여있다. 열매는 익으면 노란색이다.

서식지 및 분포 이 나무는 건조한 반열대지역에서 자란다. 북아프리카와 중동지역이 원산지이지만 다른 지역의 건조 반열대지역에 널리 재배된다.

식용 부위 열매는 조리 없이 먹을 수 있지만 익기 전에 먹으면 매우 쓰다. 열매는 햇빛에 말려 오랫동안 보존할 수 있다.

다른 용도 줄기는 사막지역처럼 다른 목재를 발견하기 힘든 곳에서 소중한 건축자재다. 잎은 질기므로 지붕이나 기타 직조 재료로 사용할 수 있다. 잎의 밑동은 거친 천과 비슷하므로 뭔가를 닦는데 쓸 수 있다.

옥잠화

Hemerocallis fulva

해설 옥잠화는 하루만 피는 황갈색 꽃이 있다. 잎은 길고 녹색의 칼 모양이다. 뿌리는 길고 부어오른 구근 여럿으로 나뉜다.

서식지 및 분포 옥잠화는 열대 및 온대지역 곳곳에서 발견된다. 이들은 동양 지역에서 채소로 키우지만 다른 곳들에서 관상용으로도 재배한다.

식용 부위 어린잎과 구근은 모두 조리 없이도, 혹은 적당한 조리과정을 거쳐 먹을 수 있다. 꽃 역시 그대로 먹을 수 있으나 요리해 먹으면 맛이 좋아진다. 그리고 꽃을 볶으면 일정 기간 보관이 가능하다.

꽃을 과도하게 먹으면 설사를 유발한다

인도 딸기(산딸기)

Duchesnea indica

해설 인도 딸기는 가지와 세 갈래로 갈라진 잎이 특징이다. 꽃은 노란색이고 열매는 딸기와 비슷하다.

서식지 및 분포 남부 아시아가 원산이지만 온대의 비교적 따뜻한 곳들에 흔하다. 잔디밭이나 정원, 도로변 등에서 볼 수 있다.

식용 부위 열매는 먹을 수 있다. 신선할 때 먹는다.

딱총나무

Sambucus canadensis

해설 딱총나무는 여러 줄기를 가진 복잡한 모양의 잎을 가진다. 높이는 6m까지 자라며 흰색에 향기가 강한 작은 꽃은 30㎝에 달하는 평평한 군집을 형성한다. 또 열매는 익으면 진한 청색이거나 검은색이다.

서식지 및 분포 늪지대나 강, 도랑, 호수 등의 물가 주변 축축한 곳에 주로 서식한다. 북아메리카의 동부지역 대부분에도 서식한다.

식용 부위 열매와 꽃은 먹을 수 있다. 꽃을 8시간 물에 담근 뒤 꽃을 버리고 물을 마시면 좋은 음료가 된다.

다른 부위는 독성이 있으므로 먹으면 위험하다

분홍바늘꽃

Epilobium angustifolium

해설 이 풀은 1.8m까지 자란다. 큰 분홍색 꽃과 칼 모양 잎으로 식별되며 30~60cm까지 자라는 난쟁이 분홍바늘꽃(Epilobium latifolium)과 유사 종이다.

서식지 및 분포 높은 분홍바늘꽃은 성근 숲이나 언덕, 강변, 극지방의 해변 등에 서식한다. 특히 불에 탔던 지역에 많이 난다. 난쟁이 분홍바늘꽃은 강변, 모래톱, 호숫가 및 알프스 및 극지대의 경사면에 주로 서식한다.

식용 부위 잎, 줄기, 꽃은 봄에 먹을 수 있지만 여름에는 질겨진다. 오래된 풀에서는 줄기를 갈라서 속의 심을 조리 없이 그대로 먹으면 된다.

양배추야자

Caryota urens

해설 양배추야자는 18m까지 자라는 높은 나무다. 잎은 다른 야자수들과는 전혀 다르다. 작은 잎 갈래는 불규칙한 형태로, 위쪽 가장자리가 톱날처럼 되어있다. 다른 야자나무는 부채꼴, 혹은 깃털모양의 잎이 난다. 거대한 꽃줄기는 나무 맨 위에서 솟아 아래로 처진다.

서식지 및 분포 양배추야자는 인도의 열대기후 지역, 아잠, 미얀마 등의 원산지다. 몇몇 관련종은 동남아시아와 필리핀에도 서식한다. 이 야자나무는 정글 및 언덕지역의 개활지에 서식한다.

식용 부위 주요 식용부위는 대량의 녹말을 저장한 줄기다. 여기서 나오는 수액도 영양이 많지만 꽃줄기를 잘라 나오는 액을 재빨리 마셔야 한다. 수액은 끓여 당분 시럽을 만들면 된다. 설탕 야자도 같은 방법으로 액을 얻는다. 어린 싹 부분은 조리 없이, 혹은 익혀서 먹을 수 있다.

조
*Setaria*속

해설 이 잡초 같은 풀은 좁고 원통형 머리 부분에 긴 털이 나 있어 쉽게 식별이 가능하다. 씨앗의 크기는 매우 작으며, 커도 6㎜ 이하다. 씨앗이 많이 난 머리는 익으면 종종 아래로 굽혀진다.

서식지 및 분포 조는 길가나 들판의 가장자리의 밝은 개활지에 주로 서식한다. 몇몇 종은 습지대에서도 분포한다. 유사종들은 미국, 유럽, 서아시아, 아프리카 열대지역 등에 서식한다. 몇몇 곳에서는 식용으로 재배한다.

식용 부위 씨앗은 곡식으로서 식용이 가능하나 매우 단단하고 때로는 쓴맛이 난다. 삶으면 쓴맛이 어느 정도 사라지고 먹기도 쉽다.

고아 콩
Psophocarpus tetragonolobus

해설 고아 콩은 물체를 타고 오르는 덩굴식물로 작은 덤불이나 나무에 붙어 서식한다. 깍지는 길이가 22㎝에 달하며 잎은 15㎝, 꽃은 연한 청색이다. 다 자란 깍지는 네 모서리에 울퉁불퉁한 날개가 달려있다.

서식지 및 분포 이 식물은 아프리카, 아시아, 동인도제도, 필리핀, 대만 등의 열대지방에서 자란다. 이 계열의 콩류 식물은 구대륙의 열대지방에 흔히 마주치는 식용 콩의 대표적인 사례다. 이 종류의 야생 식용 콩류는 버려진 정원이나 개활지 등에서 종종 발견된다. 삼림지역에서는 상대적으로 드물다.

식용 부위 어린 깍지는 먹을 수 있다. 다 자란 씨앗은 볶거나 바짝 말려 먹으면 귀중한 단백질 공급원이 된다. 또 씨앗을 다른 콩들과 마찬가지로 습한 곳에 두었다 나오는 싹(나물)을 먹거나, 두터운 뿌리를 조리 없이 먹을 수 있다. 약간 단맛이 나고 사과와 질감이 비슷하다. 또한 어린잎은 채소처럼 조리유무에 관계없이먹을 수 있다.

팽나무

*Celtis*속

해설 팽나무에는 부드러운 회색 껍질과 코르크 질감의 사마귀나 돌기처럼 보이는 부분이 있다. 이 나무는 39m까지 성장할 수 있다. 팽나무는 길고 뾰족한 잎이 두 줄로 자란다. 이 나무는 작고 둥근 열매가 열리며, 익어서 나무에서 떨어지면 먹을 수 있다. 뽕나무의 목재는 노란 기운이 돈다.

서식지와 분포 이 식물은 미국, 특히 연못 주변에 많이 서식한다.

식용 부위 열매는 익어서 나무에서 떨어지면 먹을 수 있다.

헤이즐넛

Corylus 속

해설 헤이즐넛은 덤불에서 1.8~3.6m 높이로 자란다. 터키와 중국에는 각각 큰 나무로 자라는 종도 있다. 열매 자체는 매우 털이 많은 껍질 속에서 자라며, 껍질이 긴 목처럼 열매를 감싼다. 열매와 껍질의 크기와 모양은 종에 따라 매우 다르다.

서식지 및 분포 헤이즐넛은 미국의 동부, 태평양 연안에서도 널리 분포한다. 유럽과 아시아, 특히 히말라야부터 중국과 일본에 이르는 동아시아에도 흔하다. 헤이즐넛은 강변이나 개활지에서 밀집해 서식한다. 단 빽빽한 숲에서 자라는 식물은 아니다.

식용 부위 헤이즐넛은 가을에 열매가 익는다. 껍질을 까서 안에 있는 견과를 먹는다. 말린 견과는 매우 맛있다. 열매는 지방질이 풍부해 생존용으로 매우 유용하다. 덜 익은 경우라도 껍질을 까 속을 먹으면 된다.

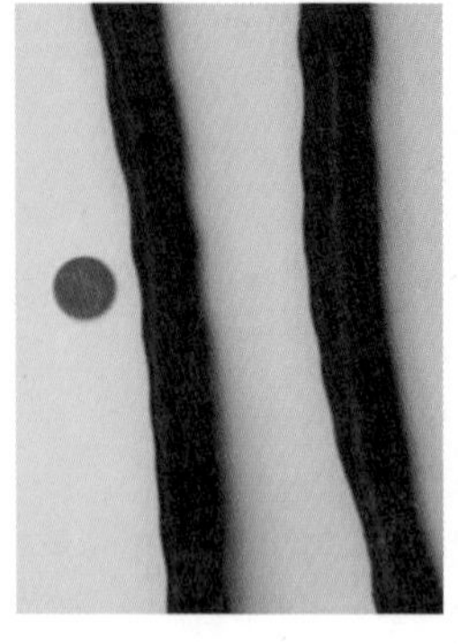
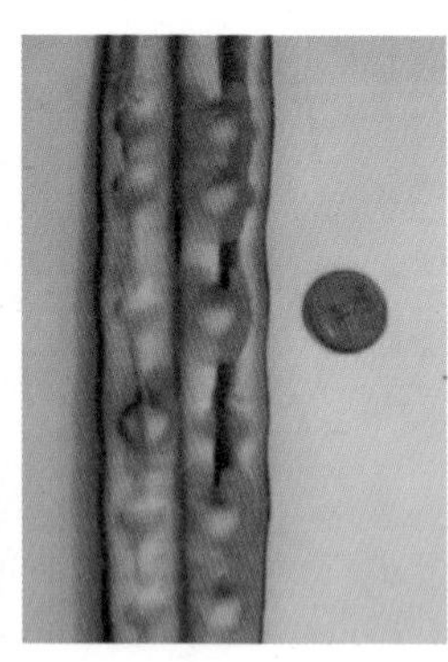

양고추냉이
Moringa pterygosperma

해설 양고추냉이는 4.5~14m로 성장한다. 잎은 이끼 같은 형태다. 꽃과 긴 시계추 같은 열매는 가지 끝에서 자란다. 열매(깍지)는 큰 콩을 닮았다. 깍지는 25~60cm까지 자라며 단면은 삼각형이고 뼈대 같은 부분이 있다. 뿌리는 자극적인 냄새가 난다.

서식지 및 분포 이 나무는 인도, 동남아시아, 아프리카, 중부 아메리카의 열대우림 및 반상록수 계절림에서 발견된다. 들판이나 버려진 정원, 숲에서도 자란다.

식용 부위 잎은 먹을 수 있으며, 먹는 방법은 단단함에 따라 좌우된다. 어린 깍지를 잘게 썰어 삶거나 구워 먹는다. 어린 열매를 삶은 다음 물 표면의 기름을 걷어 조리용 기름으로도 쓸 수도 있다. 꽃은 샐러드에 넣어 먹는다. 어리고 신선한 깍지는 씹어서 부드러운 씨앗을 먹는다. 뿌리는 갈아서 겨자와 비슷한 양념으로 쓸 수 있다.

아이슬란드 이끼
Cetraria islandica

해설 이 이끼는 지면에서 불과 10cm 정도만 자란다. 색깔은 회색이거나 흰색이고, 붉은빛이 감돌 수도 있다.

서식지 및 분포 개활지를 찾아보라. 극지방에서만 발견된다.

식용 부위 모든 부위를 먹을 수 있다. 겨울이나 건조기에는 마르고 바삭하지만 젖으면 부드러워진다. 쓴맛을 지우기 위해서는 삶아야 한다. 삶은 뒤에는 그대로 먹거나 우유 혹은 곡물과 함께 넣어 양을 늘린다. 말린 상태에서는 보관하기도 좋다.

인도 감자
*Claytonia*속

해설 모든 인도감자속 식물은 높이가 수 cm에 불과하며 꽃의 크기는 2.5 cm 가량이다.

서식지 및 분포 몇몇 종은 울창한 숲에 서식하며, 잎이 나기 전에도 쉽게 눈에 띈다. 서반구에서의 종은 대부분의 미국 북부 및 캐나다에서 발견된다.

식용 부위 구근은 먹을 수 있지만 먹기 전에 삶아야 한다.

향나무
*Juniperus*속

해설 향나무는 나무, 혹은 덤불로, 크기가 매우 작고 비늘처럼 생긴 잎이 가지 주변에 밀집해 난다. 잎은 1.2cm 이하로 자라며 독특한 향이 난다. 열매는 주로 푸른색이며 흰색의 왁스 같은 물질로 뒤덮여있다.

서식지 및 분포 주로 북아메리카 및 북부 유럽 등지의 마르고 볕이 잘 드는 개활지에 서식한다. 몇몇 종은 남동부 유럽, 아시아와 일본 일대, 북아메리카의 산악지대 등에서 발견된다.

식용 부위 열매와 가지를 먹을 수 있다. 씨앗은 볶으면 커피 대용품이 되며 말린 뒤 으깬 열매는 고기의 양념으로도 유용하다. 어린 가지를 모아 차를 끓일 수도 있다.

많은 식물이 향나무로 불리지만 향나무와 관계가 없으며 위험할 수도 있다. 열매와 바늘 같은 잎, 향이 나는 수액으로 향나무인지 확인한다.

연

*Nelumbo*속

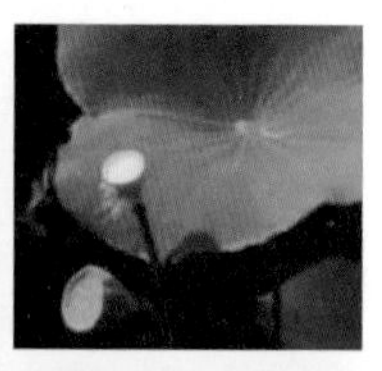

해설 연에는 두 종류가 있다. 하나는 노란 꽃을, 다른 하나는 분홍색의 크고 눈에 띄는 꽃이 핀다. 잎은 물 위에 뜨거나 수면 위로 솟아오르며 종종 지름이 1.5m까지 자란다. 열매에는 독특한 평면이 있고 최대 20개의 단단한 씨앗이 있다.

서식지 및 분포 노란 꽃이 피는 연은 북미지역이 원산지다. 분홍색 꽃이 피는 연은 아시아 지역에 널리 분포되어 있으며, 다른 곳에서도 재배된다. 연은 잔잔한 민물에서 자란다.

식용 부위 모든 부위를 조리여부에 관계없이 먹을 수 있다. 물속에서 자라는 부위에는 풍부한 녹말이 있다. 진흙에서 살이 굵은 부분을 캐내어 굽거나 삶아 먹는다. 어린잎은 삶아서 채소로 먹는다. 씨에서는 좋은 냄새가 나며 영양가도 좋다. 조리 없이 먹어도 좋지만 굽거나, 갈아서 가루를 내도 먹을 수 있다.

말랑가

Xanthosoma caracu

해설 이 식물은 부드럽고 화살 같은 잎이 나며, 잎 길이는 60㎝에 달한다. 잎에는 지상으로 나오는 줄기가 없다.

서식지 및 분포 이 식물은 카리브해 연안에 널리 분포한다. 개활지의 햇볕 잘 드는 곳을 살펴본다.

식용 부위 구근에는 녹말이 풍부하다. 먹기 전에 익혀서 포함된 독소를 제거한다.

먹기 전에 반드시 조리한다

망고

Mangifera indica

해설 이 나무는 최대 30m까지 자란다. 단순하고 매끈하며 진한 녹색 잎이 엇갈려난다. 꽃은 작고 눈에 띄지 않는다. 열매에는 큰 씨앗 하나가 있다. 과육은 붉거나 노란색, 오랜지색이며 섬유질이 많고 약간의 석유 맛이 난다.

서식지 및 분포 이 나무는 따뜻하고 습한 지역에 서식한다. 북부 인도, 미얀마, 서부 말레이시아가 원산지다. 현재는 열대지방 전반에서 재배된다.

식용 부위 열매는 좋은 영양 공급원이다. 덜 익은 과일은 껍질을 벗겨 과육을 으깨거나 샐러드로 먹는다. 익은 열매는 껍질을 벗겨 먹는다. 볶은 씨앗도 먹을 수 있다.

옻 알러지가 있다면 망고를 먹지 말 것. 심각한 반응을 유발한다

카사바

Manihot utillissima

해설 카사바는 다년생의 덤불식물로, 1~3m까지 자라며 마디가 있는 줄기와 진한 녹색의 손가락을 닮은 잎 뭉치로 구성된다. 또한 굵고 살이 많은 뿌리줄기가 있다.

서식지 및 분포 카사바는 모든 열대기후에 분포하며 습한 곳에 많다. 재배량도 많지만 버려진 정원에도 종종 보이며 야생으로도 자란다.

식용 부위 구근에 녹말이 풍부하며, 단맛과 쓴맛, 두 종류의 카사바 모두 먹을 수 있다. 쓴 카사바에 청산이 있으므로, 뿌리를 갈아 흐물하게 만든 후 최소 한 시간을 익혀 독성을 날려보낸다. 이후 얇게 펴 반죽한 후 빵처럼 굽는다. 카사바 가루나 반죽은 습기와 해충을 막으면 장기 보존이 가능하므로 바나나 잎으로 싸서 보관한다.

안전을 위해 반드시 익혀 먹어야 한다

금잔화
Caltha palustris

해설 짧은 줄기에 금잔화는 둥글고 진한 녹색 잎이나며 밝은 노란색 꽃이 핀다.

서식지 및 분포 이 식물은 늪지대나 호수, 느린 하천 등에서 서식한다. 극지대 및 아극지방에 풍부하며 미국 북동부 일대에서 흔히 볼 수 있다.

식용 부위 삶으면 사실상 모든 부위가 식용이다.

모든 수생식물이 그렇듯 금잔화도 조리 없이 먹으면 안 된다. 수생식물은 조리 없이 먹으면 익혀야 제거 가능한 위험한 미생물을 옮길 수 있다

뽕나무
*Morus*속

해설 이 나무에는 단순한 형태의 잎이 엇갈려 나며, 잎 표면은 거칠다. 열매(오디)는 검거나 푸른색이고 씨가 많다.

서식지 및 분포 뽕나무는 북아메리카, 남아메리카, 유럽, 아시아, 아프리카의 온대 및 열대 지역에서 숲, 도로변, 버려진 경작지 등에 서식한다.

식용 부위 열매는 조리 여부에 관계없이 먹을 수 있다. 건조 저장도 가능하다.

다른 용도 이 나무의 속껍질을 찢어서 줄을 만들 수도 있다.

쐐기풀

Urtica 및 *Laportea*속

해설 이 식물은 1~2m가량 자라며, 작고 눈에 띄지 않는 꽃을 피운다. 가늘고 머리카락 같은 잔털이 줄기와 잎줄기, 잎 아래를 덮고 있다. 피부에 이 털이 닿으면 심하게 따끔거린다.

서식지 및 분포 쐐기풀은 숲의 가장자리나 강변의 습지대에서 잘 자란다. 북아메리카, 중부 아메리카, 카리브 해, 북유럽 등에 분포되어 있다.

식용부위 어린줄기와 잎은 먹을 수 있다. 약 10~15분간 삶아야 털의 쏘는듯한 느낌이 사라진다. 영양가는 풍부하다.

다른 용도 다 자란 줄기에는 섬유층이 있으며 이를 갈라 실 대용으로 쓸 수 있다.

참나무

*Quercus*속

해설 참나무는 엇갈려 나는 잎과 도토리가 특징이다. 참나무에는 적색참나무와 백색참나무 두 종이 있다. 적색참나무의 도토리는 성숙에 2년이 걸린다. 백색 참나무는 잎에 잔털이 없고 윗부분이 거칠다. 백색 참나무의 도토리는 1년이면 성숙한다.

서식지 및 분포 참나무는 북아메리카, 중부아메리카, 유럽, 아시아에 자생한다.

식용 부위 모든 부위가 식용이지만 대부분 쓴맛이 난다. 백색참나무의 도토리가 적색참나무보다 맛있다. 도토리는 모아 껍질을 벗긴다. 붉은참나무의 도토리는 물에 1~2일 담가 쓴맛을 제거한다. 물에 재를 넣으면 보다 빨라진다. 도토리를 삶거나 갈아 밀가루처럼 쓸 수 있다. 도토리를 색이 진해지도록 구우면 커피 대용품이 된다.

도토리의 쓴맛을 내는 타닌은 많이 먹으면 신장에 해롭다. 사전에 타닌을 걸러야 한다.

다른 용도 참나무는 땔감으로도, 건축자재로도 좋다. 작은 참나무는 길고 가는 조각(두께 3~6㎜, 폭 1.2㎝)으로 잘라 매트나 바구니, 배낭이나 가구, 썰매 등의 틀 등을 만들 수 있다. 참나무껍질은 물에 담그면 가죽을 보존하는 타닌 용액이 된다.

니파 야자
Nipp fruticans

해설 이 야자는 짧은 몸통과 매우 크고 6m까지 곧추서는 잎으로 구성된다. 잎은 다시 잎 갈래로 나뉜다. 꽃이 피는 머리 부분은 잎 사이에서 짧게 곧추서는 짧은 줄기 위에 생긴다. 열매는 진한 갈색 봉우리에 열리며 지름 30㎝까지 자라난다.

서식지 및 분포 이 야자는 동아시아의 해안지대에 흔하며, 진흙 해변에도 자란다.

식용 부위 어린 꽃줄기의 즙은 당분이 풍부하고 씨앗도 단단하지만 먹을 수 있다.

다른 용도 잎은 지붕 재료나 재봉 재료 등으로 요긴하다.

갯능쟁이
*Atriplex*속

해설 이 식물은 덩굴처럼 자라며 5㎝가량의 화살촉을 닮은 잎이 엇갈려 난다. 어린 잎의 표면이 은색을 띄기도 한다. 잎과 꽃은 작고 잘 눈에 띄지 않는다.

서식지 및 분포 갯능쟁이종은 염분이 함유된 토양에서만 자란다. 북아메리카의 해안지대 및 내륙의 알칼리성 호수 주변에 주로 서식하며, 지중해 국가의 해안지대나 북아메리카의 내륙지대, 그리고 터키 동부 및 중부 시베리아 등지에서도 발견된다.

식용 부위 식물 전체가 조리 여부에 관계 없이 식용으로 구분된다.

팔메토 야자

Sabal palmetto

해설 팔메토 야자는 높고 가지가 없는 나무로, 곧은 줄기에 빼곡히 잎이 돋는 자리가 있다. 여기에서 손바닥 모양으로 갈라지는 커다란 잎이 난다. 열매는 진한 청색 혹은 검은색이며 씨앗은 단단하다.

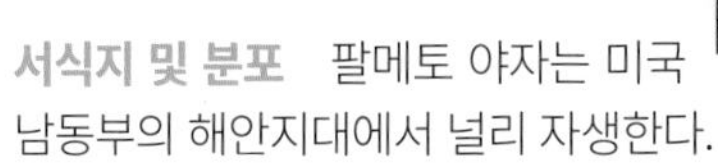

서식지 및 분포 팔메토 야자는 미국 남동부의 해안지대에서 널리 자생한다.

식용 부위 열매는 조리 없이도 먹을 수 있다. 단단한 씨앗은 가루로 빻아 먹으면 좋은 보존식이 된다. 야자의 심 부분도 영양이 풍부해 식량으로 활용 가능하다. 심을 얻으려면 나무의 맨 위를 자르면 된다.

파파야

Carica papaya

해설 파파야는 1.8~6m까지 자라는 작은 나무로, 가지는 부드럽고 속이 비어 있으며, 자르면 우윳빛 진액이 나온다. 줄기는 거칠고 잎은 상부에 모여있다. 열매는 줄기에서 직접 나며 익기 전에는 녹색이다.

서식지 및 분포 파파야는 열대우림 및 열대의 반상록수림과 일부 온대지방에 서식한다. 습지대나 원래 사람이 살던 곳, 개간지였던 곳 등을 찾아보면 된다. 정글 속의 탁 트인 볕이 잘 드는 곳에 자라는 경우도 있다.

식용 부위 잘 익은 열매에는 비타민C가 풍부하다. 덜 익은 열매는 햇빛을 쬐어 빨리 익게 한다. 어린 파파야 잎과 꽃, 줄기 등은 조심스레 삶고, 삶는 물은 갈아준다.

다른 용도 덜 익은 과일의 즙은 고기를 연하게 할 때 쓰인다. 수액을 고기에 문지르면 된다.

익지 않은 열매에서 나온 즙이 눈에 닿지 않게 주의해야 한다.
격심한 통증과 일시적인(때로는 영구적인) 실명의 가능성이 있다.

감

Diospyros virginiana 및 유사속

해설 감나무에는 짙은 녹색의 타원형 잎이 엇갈려 난다. 꽃은 눈에 잘 띄지 않는다. 열매는 오렌지색으로, 끈끈한 과육과 몇 개의 씨앗을 품고 있다.

서식지 및 분포 감은 숲 가장자리에 일반적으로 볼 수 있는 식물이다. 아프리카, 동북부 아메리카, 극동지역 등에 분포한다.

식용 부위 잎은 훌륭한 비타민C 공급원이다. 열매는 조리 없이, 혹은 구워서 먹는다. 잎을 말린 뒤 뜨거운 물에 담그면 차로 마실 수 있다. 씨앗 역시 구워 조리하면 된다.

몇몇 사람들은 감의 과육을 소화시킬 수 없다.
덜 익은 감은 매우 써서 먹을 수 없다.

미국자리공

Phytolacca americana

해설 이 식물은 최대 3m까지 자라난다. 잎은 1m 가량의 타원형이고, 늦봄에 많은 보라색 열매를 맺는다.

서식지 및 분포 북아메리카, 중부 아메리카, 카리브 해 연안에, 숲속의 공터나 들판, 도로변의 볕이 잘 드는 개활지를 중심으로 서식한다.

식용 부위 어린잎과 줄기는 익혀서 먹을 수 있다. 단, 두 번 삶은 뒤 처음 삶은 물은 버린다. 열매는 익혀도 독성을 그대로 유지한다.

이 식물의 모든 부위는 독성이 있다. 특히 땅속 부위의 독성이 강하며,
25cm 이상 자랐거나 붉은색이 보이는 경우에도 절대 먹지 않는다.

다른 용도 신선한 열매의 즙은 염료로 쓴다.

소나무
*Pinus*속

해설 소나무는 바늘을 닮은 잎이 뭉쳐있는 형태로 쉽게 구분된다. 각 잎 뭉치에는 하나 혹은 다섯 가락의 잎이 나고, 잎의 수는 종에 따라 다르다. 소나무 특유의 향기와 끈끈한 수액은 소나무와 비슷한 잎을 가진 다른 나무를 구분하는 특징이다.

서식지 및 분포 소나무는 볕이 잘 드는 개활지에서 자라며, 북-중부 아메리카 여러 곳, 카리브 해 연안 대부분, 북아프리카, 중동, 유럽, 아시아 등에 서식한다.

식용 부위 모든 종의 씨앗을 먹을 수 있다. 어린 수컷의 솔방울은 봄에만 자라며 생존식량으로 취급된다. 어린 가지와 속껍질도 먹을 수 있다. 이 껍질에는 당분과 비타민이 풍부하다. 씨앗도 조리 없이, 혹은 익혀서 먹을 수 있다. 푸른 소나무 잎을 달인 차는 비타민C가 풍부하다.

다른 용도 소나무 수액(송진)은 방수재료와 접착제로 사용 가능하다. 나무에서 수액을 모으면 된다. 양이 적다면 껍질에 홈을 파 더 많은 수액이 나오게 한다. 수액을 용기에 담아 가열한다. 뜨거운 송진은 접착제가 된다. 그대로 써도 좋고 약간의 재를 섞어 보강해도 된다. 단, 가열한 뒤 즉각 써야 한다. 송진은 굳으면 응급용 치아 충전재로 쓸 수 있다.

핀쿠션 선인장
*Mammilaria*속

해설 이 선인장 및 유사종들은 둥글고 짧고 두툼하며 잎이 없다. 표면 전체에 가시가 박혀있다.

서식지 및 분포 이 선인장은 미국 서부 및 중부 아메리카의 사막지대에서 발견된다.

식용 부위 사막에서 활동할 경우 좋은 식수원이 된다.

플랜틴
*Plantago*속

해설 형태는 생소하지만 과학적으로 플랜틴과 바나나 사이의 차이점은 없다. 잎이 넓은 종은 지면에 붙어 자라나며, 잎 폭이 약 2.5cm를 넘는다. 꽃은 잎 군집의 가운데로 솟아나는 줄기 끝에서 핀다. 잎이 좁은 종은 길이 12cm, 폭 2.5cm 가량 자라나며 잎에 털이 난다. 잎은 장미를 닮았으며, 꽃은 작고 눈에 띄지 않는다.

서식지 및 분포 북부 열대지방의 풀밭과 도로변에서 흔히 발견된다. 이 식물은 작물로 재배되기도 하며, 그 외에도 세계 여러 곳에서 자생한다.

식용 부위 어린 부드러운 잎은 조리하지 않고도 먹을 수 있다. 다만 오래된 잎은 익혀야 한다. 씨앗은 조리 여부에 관계없이 식용이다.

다른 용도 상처와 부종의 고통을 덜기 위해 식물 전체를 씻은 뒤 잠시 적셔 환부에 붙인다. 설사병을 예방하려면 28g의 잎을 0.5ℓ의 물에 끓여 차를 달여 마신다. 씨앗과 그 깍지는 설사제로도 쓸 수 있다.

쇠비름
Portulaca olearacea

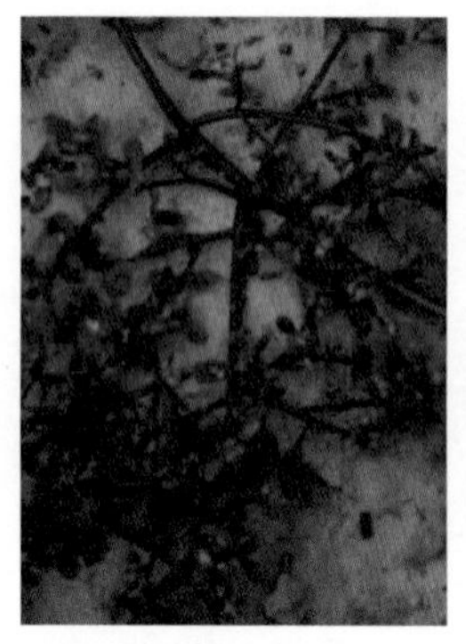

해설 이 식물은 지면 가까이 자라난다. 몇 cm 이상 자라는 경우가 드물다. 줄기와 잎은 통통하고 종종 붉은빛을 띤다. 잎은 2.5cm,혹은 그보다 짧은 넓적한 모양이며 줄기 끝에 뭉쳐있다. 꽃은 노랗거나 분홍색이며 씨앗은 작고 검은색이다.

서식지 및 분포 경작지나 벌판의 가장자리, 다른 풀이 많은 지역에서 전 세계적으로 서식한다.

식용 부위 모든 부위를 먹을 수 있다. 채소처럼 씻고 삶거나 그대로 먹는다. 씨앗은 조리 없이 먹어도 되지만 가루를 빻으면 밀가루 대용품이 된다.

오푼티아
*Opuntia*속

해설 이 선인장은 넓적한 녹색 줄기가 특징이다. 여기에 박힌 수많은 점에서 날카로운 바늘 같은 털이 자라난다.

서식지 및 분포 이 선인장은 건조, 혹은 반건조 지역에 서식하며, 건조하고 모래가 많거나 그보다 다소 습한 곳에서 자란다. 미국 및 중부, 그리고 남아메리카 각지에 서식한다. 몇몇 종은 건조 및 반건조, 그 외 지역에 재배되기도 한다.

식용 부위 모든 부위를 먹을 수 있다. 열매의 껍질을 벗겨 그대로 먹거나 으깨서 음료로 마시면 된다. 가시는 피해야 한다. 씨는 볶아 가루를 빻아 사용한다.

비슷하게 생겼으나 우유 같은 진액이 나오는 식물은 피한다

다른 용도 줄기는 좋은 식수원이다. 다만 먹기 전에 조심스럽게 껍질을 까 모든 가시를 벗겨야 한다. 줄기는 치료용으로도 쓸 수 있다. 반으로 나눠 살을 상처에 바른다.

라탄 야자
*Calamus*속

해설 라탄 야자는 단단하고 거친 덩굴식물이다. 잎 가운데 갈고리가 있어 나무를 붙잡고 타오르는 형태로 자란다. 때로는 다 자란 줄기가 90m까지 늘어난다. 잎은 복잡한 형태로 엇갈려 나며 흰색 꽃을 피운다.

서식지 및 분포 라탄 야자는 열대 아프리카로부터 아시아 및 동인도제도, 그리고 오스트레일리아에 서식한다. 주로 열대우림에서 자라난다.

식용 부위 라탄 야자는 어린줄기 끝에 많은녹말을 저장한다. 종별로 젤라틴 성의 달고 시큼한 과육이 있어 먹을 수 있다. 심 부분은 조리 여부에 관계 없이 식용이다.

다른 용도 긴 줄기의 끝부분을 잘라 대량의 식수를 얻을 수 있다.(6장 참조) 줄기는 바구니와 물고기 잡는 통발 등을 짜는데 쓸 수 있다.

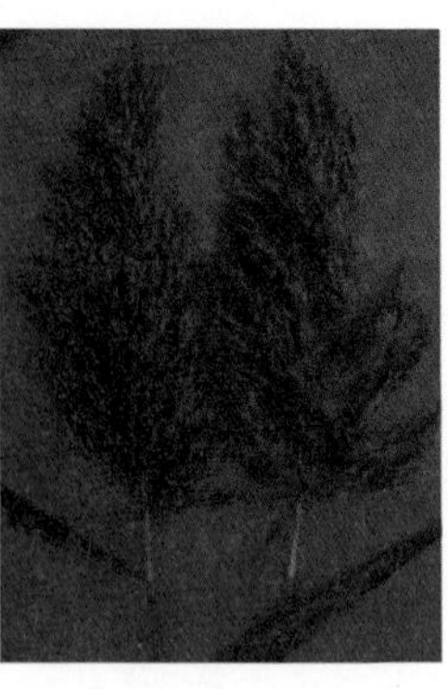

갈대

Phragmites australis

해설 이 크고 성긴 풀은 3.5m까지 자라며 녹회색 잎은 폭 4cm로 자란다. 초여름에는 갈색의 꽃 군집이 크게 피어난다. 알곡이 붙는 경우는 거의 없고 늦여름에는 회색의 털투성이 물체로 바뀐다.

서식지 및 분포 갈대는 탁 트이고 축축한 곳, 특히 준설로 헤집어진 곳에 많이 있다. 갈대는 남북반구 모두 온대지방에서 폭넓게 서식한다.

식용 부위 계절에 관계없이, 모든 부위가 식용이다. 새로 돋은 줄기는 뽑아서 삶아먹거나, 꽃이 피기 전에 거둬서 말린 후 가루로 빻아도 된다. 또 땅속줄기를 파내어 삶아 먹을 수도 있으나 조리해도 대체로 질기다. 씨앗은 조리 여부에 관계없이 식용으로 구분되나, 씨앗이 생기는 경우는 매우 드물다.

순록이끼

Cladonia rangifernia

해설 순록이끼는 낮게 깔려 자라는 식물로 높이가 수 cm에 불과하다. 꽃은 피지 않으나 밝은 붉은색의 재생산 기관이 자란다.

서식지 및 분포 이 조류식물은 건조한 개활지에서 찾을 수 있다. 북아메리카 지역 대부분에 매우 흔하다.

식용 부위 모든 부위를 먹을 수 있으나 식감이 뻑뻑하고 부서지기 쉽다. 물에 적신 뒤 약간의 나무 재를 섞어 쓴맛을 없앤 후 말린다. 말린 순록이끼를 으깨서 우유나 다른 음식과 섞는다.

바위버섯

*Umbilicaria*속

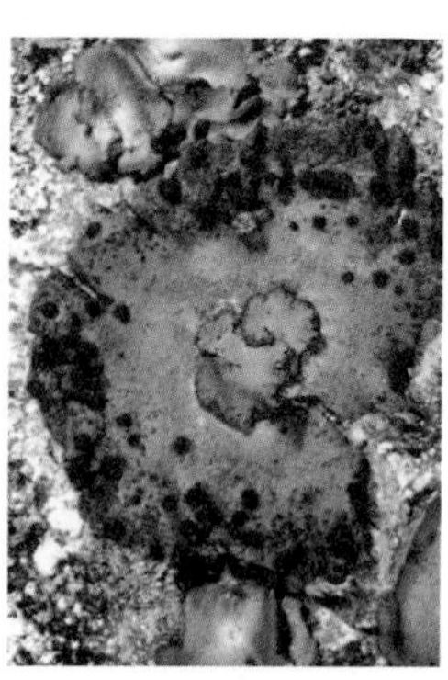

해설 이 버섯은 크고 넓적하며 가장자리가 물결치는 형태가 가장 큰 특징이다. 윗부분은 대개 검고, 아래는 더 밝은색이다.

서식지 및 분포 바위를 관찰하면 발견할 수 있다. 북아메리카 지역에 일반적이다.

식용 부위 전체를 먹을 수 있다. 바위에서 떼어낸 뒤에 잘 닦아낸다. 원래는 말라서 잘 부서지므로 물에 담가 부드럽게 한다. 다량의 쓴맛 성분이 함유되어 있으므로 물에 잘 담그거나 삶되 여러 차례 물을 갈아 쓴맛을 제거한다.

중독된 사례도 있다. 먹기 전에 국제 표준 가식성 테스트를 해 볼 것.

로즈 애플

Eugenia jambos

해설 이 나무는 최대 3~9m까지 자란다. 대칭으로 나는 단순한 형태에 색이 짙은 잎으로 다른 식물과 구분할수 있다. 솜털이 돋은 황록색 꽃이 피고, 붉은색이나 자주색을 띄는 달걀 모양의 열매가 뭉치 형태로맺힌다.

서식지 및 분포 이 나무는 열대지방 전반에 걸쳐 재배된다. 또한 짙은 덤불이나 황무지, 2차 삼림에 반 야생 상태로 서식한다.

식용 부위 열매는 식용이다.

소철
Metroxyln sagu

해설 소철은 대부분 9m를 넘지 않는다. 줄기는 단단하고 가시가 있다. 바깥껍질의 두께는 5㎝에 달하며 대나무만큼 단단하다. 반면 안쪽 심은 부드럽고 대량의 녹말이 함유되어 있다. 줄기 끝에 전형적인 야자잎 형태의 잎이 난다.

서식지 및 분포 소철은 열대우림 지역에 흔히 발견된다. 말레이 반도, 뉴기니, 인도네시아, 필리핀, 그 인접 도서지역의 습한 저지대의 늪지대나 호수, 하천 등에 있다.

식용 부위 발견된다면 생존자에게 아주 요긴하다. 줄기는 꽃피기 직전에 자르면 사람 하나를 1년은 먹여 살릴 양의 사고(sago) 녹말을 얻을 수 있다. 여기서 먹을 수 있는 부위를 얻으려면 껍질을 세로로 줄기의 절반 정도 갈라낸 다음 안쪽을 최대한 부드러워질 때까지 두드린다. 물속에서 안쪽 심을 주무른 뒤 성긴 천에 담아 짜서 물기를 빼고 말린 뒤 팬케이크나 오트밀처럼 조리해 먹는다. 2kg의 사고 녹말은 1.5kg의 쌀에 맞먹는 영양가가 있다. 줄기 윗부분의 심은 사고 녹말이 없지만 구워 먹을 수 있다. 또 어린 열매와 자라나는 싹 등도 먹을 수 있다.

사사프라스
Sassafras albidum

해설 이 덤불식물, 혹은 작은 나무는 같은 식물 안에서도 다른 모양의 잎이 나온다. 어떤 잎은 통짜인데 다른 잎은 두 갈래, 혹은 한 갈래다. 꽃은 이른 봄에 피며 작고 노란색이다. 열매는 진한 청색이다. 독특한 냄새가 난다.

서식지 및 분포 사사프라스는 도로 및 숲의 가장자리에서 나며, 주로 볕이 잘 드는 개활지에 서식한다. 미국 북동부 지역에서 흔한 나무다.

식용 부위 어린 가지와 잎은 신선한 상태로도, 말려서도 먹을 수 있다. 어린 가지와 잎은 말려 스프와 함께 먹는다. 땅속 줄기는 캐내서 껍질을 벗기고 마를 때까지 기다린다. 그리고 물에 삶아 사사프라스 차로 마신다.

다른 용도 어린 가지를 잘게 썰어 칫솔 대용으로도 쓴다.

삭솔
Haloxylon ammondendron

해설 이 식물은 작은 나무로, 혹은 큰 덤불로 발견되며, 무겁고 성긴 나무에 축축한 껍질이 달려있다. 어린 나무의 가지는 선명한 녹색이며 매달려 늘어져 있고 꽃은 작고 노랗다.

서식지 및 분포 삭솔은 사막 및 건조지역에서 발견된다. 중앙 아시아, 특히 투르키스탄 지역 및 카스피 해 방면의 건조한 소금 사막 일대가 서식지로 꼽힌다.

식용 부위 두꺼운 껍질이 물을 보관하는 역할을 한다. 짜내면 물을 얻을 수 있다. 서식지역에서는 매우 요긴한 식수원의 역할을 한다.

판다누스
*Pandanus*속

해설 판다누스는 독특한 식물로, 지표면에 돌출된 뿌리에 의해 지탱되므로 마치 공중에 매달린 것처럼 보인다. 이 식물은 덤불, 혹은 나무 형태로 자라며, 높이는 3~9m가량이고 단단한 톱니 모양의 잎이 난다. 열매는 크고 울퉁불퉁한 공 모양이며 파인애플처럼 생겼으나 끝에 잎이 나 있지는 않다.

서식지 및 분포 판다누스는 열대우림 및 반상록 계절수림에서 서식한다. 주로 해안 주변에서 발견되나 일부 종은 내륙에서도 자라며, 마다가스카르로부터 남부 아시아 및 남서 태평양 일대의 섬들에서 발견된다. 약 180여 종이 존재한다.

식용 부위 다 익은 열매를 지면에 두들겨 속과 겉껍질을 분리한다. 안쪽의 살을 씹어먹는다. 다 익지 않은 열매는 흙으로 만든 임시 오븐에 구워 먹는다. 조리하기 전에 열매 전체를 바나나 잎이나 빵나무 열매, 기타 비슷한 굵고 단단한 잎에 싸 먹는다. 약 두 시간을 익힌 뒤에는 익은 열매의 살처럼 씹어 먹는다. 설익은 열매는 먹을 수 없다.

갯능쟁이
Atriplex halimus

해설 갯능쟁이는 허브계 식물로, 작은 회색 잎이 난다. 갯능쟁이는 명아주와 비슷하며 미국의 정원에 가장 흔한 잡초 중 하나다. 좁고 빽빽하게 모인 가시같은 꽃을 가지 끝에 피운다.

서식지 및 분포 갯능쟁이는 지중해 연안부터 북부 아프리카, 터키나 중부 시베리아의 알칼리성 토양에서 자란다. 열대 덤불이나 가시나무 숲, 온대지방의 스텝 기후에서도 자란다. 사막 및 황무지에서도 많이 서식한다.

식용 부위 잎은 먹을 수 있다. 서식지역에서는 필요할 때 사람의 생존을 보장할 몇 안 되는 식물로 평가받는다.

애기수영
Rumex acerosella

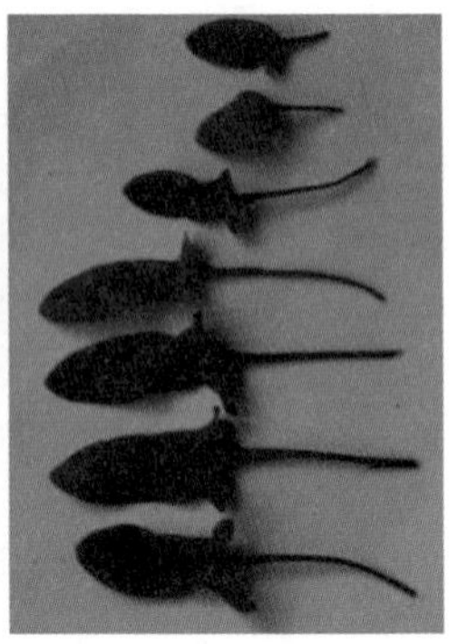

해설 이 식물은 30㎝를 넘지 않는다. 잎은 엇갈려 나며, 종종 화살 같은 밑부분에 아주 작은 꽃을 피우며, 줄기는 붉은빛을 띤다.

서식지 및 분포 오래된 경작지 및 기타 경작된 지역에 서식하며 북아메리카 및 유럽에 분포한다.

식용 부위 모든 부위가 식용이다.

많이 먹으면 몸에 좋지 않은 옥살산을 함유한다.
익히면 이 성분도 파괴되는 듯하다.

수수
*Sorghum*속

해설 수수는 다양한 종류가 있으며 식물 끝에 곡식 형태의 씨앗이 열린다. 여기서 열리는 곡물은 갈색, 백색, 적색, 혹은 흑색이다. 수수는 많은 지역에서 주식으로 재배되는 곡물이다.

서식지 및 분포 수수는 세계적으로 널리 분포되어 있으나, 따뜻한 기후가 적합하다. 모든 종은 햇볕이 잘 드는 개활지에서 자란다.

식용 부위 곡식은 어느 단계에서도 먹을 수 있다. 여물지 않은 곡식은 유제품 느낌이 나며, 조리 없이 먹을 수 있다. 자란 곡식은 삶아 먹는다. 수수는 영양가가 높다.

다른 용도 수수 줄기(수수깡)로 다양한 물건을 만들 수 있다.

황수련
*Nuphar*속

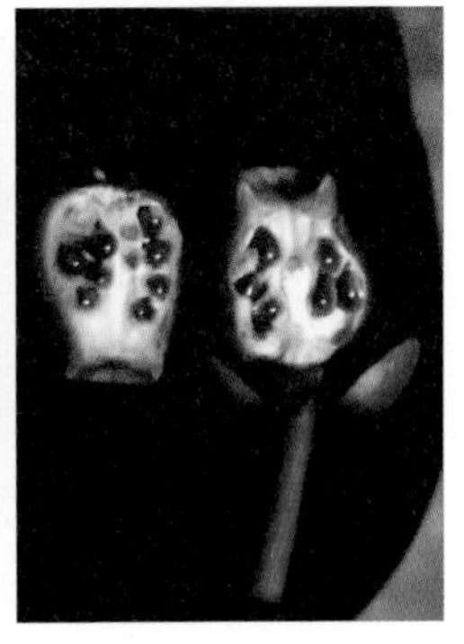

해설 이 식물의 잎은 길이가 60㎝ 가량으로, 잎 아래쪽에는 세모꼴 홈이 나 있다. 잎 모양은 다양하다. 약 2.5㎝ 크기의노란색 꽃이 피고, 병 모양의 열매가 맺힌다. 완전히 익은 열매는 녹색이다.

서식지 및 분포 이 식물은 북아메리카 전반에 걸쳐 서식한다. 이들은 조용하고 얕은(절대 1.8m 이상의 깊이에서 자라지 않는다) 민물에서 자란다.

식용 부위 모든 부위를 먹을 수 있다. 열매에는 몇 개의 진한 갈색 씨앗이 있으며 굽거나 볶은 뒤 가루로 빻으면 된다. 큰 뿌리줄기에는 녹말이 있다. 진흙에서 캐낸 뒤 바깥쪽을 벗겨내고 속살을 삶는다. 때로는 뿌리줄기에 쓴맛 성분이 대량으로 함유된다. 물을 갈아가며 몇 차례 삶으면 쓴맛을 뺄 수 있다.

벽오동
Sterculia foetida

해설 벽오동은 키 큰 나무로 때로는 30m이상 자라기도 한다. 잎은 갈라져 나는 경우도 있다. 붉은색이나 자주색 꽃이 핀다. 열매는 종이와 비슷한 질감의 갈라진 붉은 깍지에 먹을 수 있는 검은 씨앗이 여럿 들어있다.

서식지 및 분포 약 100종 이상의 벽오동이 온대 혹은 열대지역에 분포한다. 이들은 주로 숲속에서 자란다.

식용 부위 크고 붉은 깍지에 먹을 수 있는 씨앗들이 들어있다. 모든 씨앗은 먹을 수 있고 코코아와 비슷한 좋은 맛이 난다. 견과류처럼 조리 여부에 관계 없이 식용으로 구분된다.

너무 많이 먹지 말 것. 설사가 날 수 있다.

딸기
*Fragaria*속

해설 딸기는 세 장의 잎이 나는 작은 식물이다. 작고 흰 꽃이 봄 동안 핀다. 열매는 붉은색이고 살이 많다.

서식지 및 분포 딸기는 북반구 온대지역 및 남서반구의 고산지대에 서식한다. 딸기는 볕이 잘 드는 개활지를 선호하며 다량으로 재배된다.

식용 부위 열매는 그대로 먹을 수 있지만, 건조하거나 조리해서도 먹을 수 있으며 비타민C 공급에 적합하다. 잎도 그대로 먹거나 말려서 차로 달일 수 있다. 단, 딸기나 딸기와 유사한, 표면에 씨앗이 있는 작물들을 먹을 때는 감염에 주의해야 한다. 인분이 비료로 쓰이는 지역에서는 표백제로도 모든 박테리아를 없앨 수 없다.

흰 꽃이 피는 진짜 딸기만 먹을 것. 비슷하게 생겼지만
흰 꽃이 피지 않는 경우는 독성일 가능성이 높다.

사탕수수
Saccharum officinarum

해설 이 식물은 4.5m까지 자란다. 풀로 구분되며 잎도 풀 모양이다. 녹색 혹은 붉은색 줄기는 잎이 자라는 곳에서 부풀며, 재배되는 사탕수수는 거의 꽃이 피지 않는다.

서식지 및 분포 벌판에서 찾을 수 있다. 세계 각지에 퍼져있으나 열대 지방에서만 자란다. 재배작물이므로 발견한다면 양은 많을 것이다.

식용 부위 훌륭한 당분의 원천으로, 영양가가 풍부하다. 바깥쪽을 이빨로 벗겨낸 뒤 조리 없이 먹을 수 있다. 즙을 짜도 된다.

사탕야자
Arenga pinnata

해설 이 나무는 15m 정도 자라며, 길이 6m가량의 거대한 잎이 난다. 잎의 밑부분에는 바늘 같은 조직이 돋는다. 꽃은 잎 바로 아래 쪽에서 피며 커다란 털투성이 조직으로 변해 열매를 맺는다.

서식지 및 분포 이 식물은 동인도 제도 원산식물이지만 열대지방 각지에서 재배된다. 숲의 가장자리에서 발견된다.

식용 부위 주로 설탕 추출을 위해 재배된다. 하지만 씨앗 및 줄기 끝부분은 비상식량으로도 쓸 수 있다. 어린 꽃줄기를 돌이나 비슷한 것으로 두들긴 뒤 여기서 나오는 즙을 모으면 훌륭한 당분덩어리다. 씨앗은 삶으면 되고, 줄기는 끝 부분을 채소처럼 먹는다.

다른 용도 잎 밑의 털 부분은 훌륭한 로프 재료다. 단단한 데다 쉽게 썩지 않는다.

잎을 둘러싼 살은 피부염을 일으킬 수도 있다.

스위트솝(슈가애플)

Annona squamosa

해설 이 작은 나무는 다 자라도 6m를 넘지 않으며 많은 가지가 뻗어 있다. 진한 녹색의 잎은 길고 단순한 형태로, 가지에 엇갈려난다. 둥근 열매는 껍질이 거칠고 다 익으면 녹색을 띤다. 흰 과육에서 크림 느낌이 난다.

서식지 및 분포 스위트솝은 벌판의 경계, 마을 주변, 열대지역 거주구 인근에 있다.

식용 부위 과육은 그대로 먹으면 된다.

다른 용도 씨앗은 잘게 갈아 방충제로 쓸 수 있다.

갈려 있는 씨앗은 눈에 매우 위험하다

타마린드

Tamarindus indica

해설 타마린드는 크고 가지가 울창한 나무다. 25m까지 자라며, 깃털처럼 10~15갈래로 갈라진 잎이 뭉쳐난다.

서식지 및 분포 타마린드는 아프리카, 아시아, 필리핀의 건조지대에서 자란다. 아프리카가 원산이지만 인도에서 오랫동안 재배되어 마치 인도가 원산지처럼 여겨진다. 아메리카 대륙의 열대지역, 서인도 제도, 중부 아메리카, 남아메리카의 열대지역 등에서 재배된다.

식용 부위 씨앗을 둘러싼 과육은 비타민C가 풍부한 중요 비상식량이다. 과육을 물과 꿀이나 설탕과 섞은 뒤 며칠간 놔두면 시큼하고 맛있는 음료가 된다. 과육을 빨면 갈증도 해소된다. 어리고 덜 익은 열매나 깍지를 고기와 함께 요리한다. 어린잎은 스프에 사용한다. 씨앗은 반드시 익혀 먹어야 한다. 불이나 잿불에 볶는다. 씨앗 껍질을 벗긴 뒤 소금물과 같은 코코넛에 24시간 담궜다 꺼내 조리한다. 타마린드의 나무껍질을 벗겨 씹어먹어도 된다.

타로(코코얌, 코끼리 귀, 에도, 다신)

Colocasia 및 *Alocasia*속

해설 이 종에 속하는 모든 식물은 매우 잎이 크고, 높이도 1.8m까지 자란다. 그러나 줄기는 매우 짧다. 뿌리줄기가 굵고 두툼하며 녹말이 가득하다.

서식지 및 분포 습한 열대지방, 대체로 마을 및 주택지 주변의 경작지에 자란다.

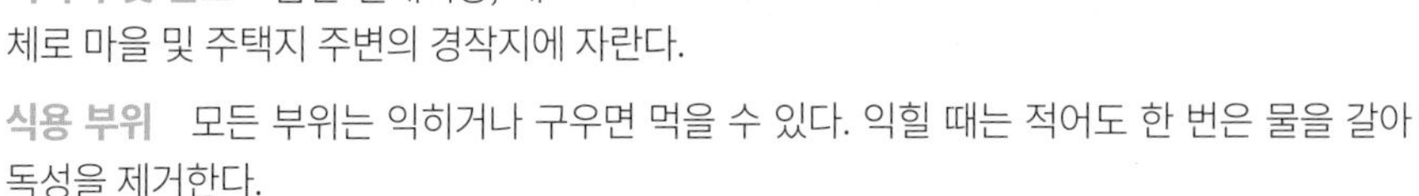

식용 부위 모든 부위는 익히거나 구우면 먹을 수 있다. 익힐 때는 적어도 한 번은 물을 갈아 독성을 제거한다.

조리 없이 먹으면 입과 목에 심한 염증을 유발할 수 있다

엉겅퀴

*Cirsium*속

해설 이 식물은 1.5m까지 자란다. 잎은 길고 뾰족하며 가시투성이다.

서식지 및 분포 세계 어디에서든 마른 숲 및 벌판에서 자란다.

식용 부위 줄기를 벗겨 잘게 토막 낸 다음 삶아 먹는다. 뿌리는 조리 여부에 관계없이 먹을 수 있다.

일부 엉겅퀴는 독성이다

다른 용도 줄기의 섬유로 단단한 끈을 만들 수 있다.

코르딜리네
Cordyline terminalis

해설 코르딜리네는 가지가 없는 줄기에 멜빵같은 잎이 모여있다. 잎은 녹색이거나 붉은 기가 도는 등 다양하다. 꽃은 맨 위에 군집을 이뤄 피어난다. 코르딜리네는 4.5m까지 자라난다.

서식지 및 분포 열대 지역의 주택지 주변이나 숲의 가장자리에서 자란다. 극동지역에서 자생했으나 최근에는 세계 각지의 열대 지방에서 재배된다.

식용 부위 뿌리와 부드러운 어린 잎은 훌륭한 비상식량이다. 식물의 아랫부분에서 발견되는 짧고 굵은 뿌리를 굽거나 삶아 먹는다. 이 식물은 귀중한 녹말의 공급원이며 어린잎도 삶아 먹을 수 있다. 잎은 다른 음식을 싸 군불이나 증기에 익히는데 사용한다.

다른 용도 잎은 피난처 지붕으로 쓰거나 비옷을 만들 수 있다. 또 잘라서 신발 밑창처럼 사용하면 특히 물집이 있을 때 효과적이다. 잎이 완전히 펼쳐지지 않았다면 맨 위의 잎은 반창고 대용으로도 쓸 수 있다. 잎을 여러 줄기로 잘라 로프를 꼬는 것도 가능하다.

나무고사리
*genera*속

해설 나무고사리는 길고 가는 줄기가 매우 거친 나무껍질처럼 보이는 외피로 둘러싸여있다. 큰 레이스처럼 생긴 잎은 맨 위에서 펼쳐지듯 자라난다.

서식지 및 분포 나무고사리는 열대우림의 습한 곳에서 자란다.

식용 부위 어린잎과 줄기 속의 부드러운 안쪽 부분은 먹을 수 있다. 어린잎은 삶아서 먹는다. 줄기 안쪽도 식용으로 구분된다.

열대 아몬드
Terminalia catappa

해설 이 나무는 9m까지 자라는 상록수이며 잎은 대략 길이 45cm에 폭 15cm가량으로, 가죽 같은 질감이 특징이다. 작은 황록색 꽃을 피운다. 넓적한 열매가 10cm 길이로 자라는데, 폭은 그리 넓지 않다. 열매는 익으면 녹색이 된다.

서식지 및 분포 이 나무는 주로 바다 주변에서 서식한다. 중부와 남부 아메리카의 주변에 흔하며 숫자도 많다. 또한 동남아시아, 북부 오스트레일리아, 폴리네시아의 열대우림 지역에서도 발견된다.

식용 부위 씨앗은 좋은 식량이 된다. 녹색 겉껍질을 벗긴 뒤 씨를 조리 없이, 혹은 익혀서 먹을 수 있다.

호두
*Juglans*속

해설 호두는 매우 큰, 종종 18m까지 자라는 나무다. 특유의 잎은 모든 호두종의 특성이다. 호두 열매의 딱딱한 속껍질에 도달하려면 바깥 껍질을 반드시 깨야 한다.

서식지 및 분포 영국 호두는 야생 상태에서 남동부 유럽부터 아시아의 중국까지 분포하며 히말라야 인근에 특히 풍부하다. 중국 및 일본에도 몇몇 다른 종이 있다. 검은 호두는 동부 미국에 흔하다.

식용 부위 가을에는 열매의 속 부분이 익는다. 껍질을 벗기면 과육을 먹을 수 있다. 호두의 과육은 지방과 단백질 성분이 풍부하다.

다른 용도 호두는 끓인 뒤 그 물로 항 곰팡이 용제를 만들 수 있다. 덜 익은 호두의 껍질은 위장에 쓸만한 진한 갈색 염료의 재료가 된다. 껍질을 부순 뒤 느린 하천이나 연못 등에 뿌리면 물고기 잡는 독약으로도 사용 가능하다.

마름

Trapa natans

해설 마름은 뿌리가 진흙 속에 있고 가늘게 갈라지는 잎도 수중에서 나는 수생식물이다. 떠오르는 잎도 나는데, 이것은 더 크고 성긴 톱니 모양이다. 열매도 물속에서 열리며 네 개의 날카로운 가시가 있다.

서식지 및 분포 마름은 맑은 민물에서만 서식한다. 아시아 원산이지만 온대 및 열대의 세계 각지에 퍼져 있다.

식용 부위 뿌리는 조리여부에 관계없이 좋은 식량이다. 씨앗도 활용이 가능하다.

천남성

*Ceratopteris*속

해설 천남성의 잎은 양배추와 비슷하며 매우 부드럽고 즙이 많다. 천남성을 구분하는 가장 쉬운 방법은 잎의 가장자리에서 나는 작은 봉오리다. 이 봉오리는 마치 장미 꽃봉오리처럼 보인다. 천남성은 넓은 면적에서 군집으로 자라는 경우가 많다.

서식지 및 분포 아프리카 및 아시아의 열대 전반에 걸쳐 발견된다. 플로리다 및 남아메리카의 열대지방에서도 다른 종이 발견된다. 천남성은 매우 습한 곳에서만 발견되며 종종 부유 수생식물로 서식한다. 잔잔한 호수나 연못, 강여울 등이 주 서식지다.

식용 부위 어린잎은 양배추처럼 먹을 수 있다. 잎을 자라고 있는 오염된 물에 담그지 않게 한다. 물 밖으로 충분히 나와 있는 잎만을 먹도록 한다.

이 식물에는 발암물질이 있으니 최후의 수단으로만 먹는다

수련
Nymphaea odorata

해설 이 식물은 삼각형의 큰 잎이 물에 떠 있다. 크고 향긋한 흰색이나 붉은색 꽃이 핀다. 굵고 살이 많은 뿌리줄기가 진흙 속에 여문다.

서식지 및 분포 수련은 온대 및 아열대 지방에 널리 분포한다.

식용 부위 꽃과 씨앗, 뿌리줄기는 조리 없이, 혹은 익혀서 먹을 수 있다. 뿌리줄기를 먹기 위해 준비하려면 코르크 같은 질감의 껍질을 벗겨낸다. 조리 없이 그대로 먹거나 얇게 썰어 말린 뒤 갈아서 가루를 빻는다. 씨앗도 말린 뒤 두들겨 가루로 빻는다.

다른 용도 두터운 뿌리를 물에 삶은 뒤 그 물을 지사제(설사 중지 약)나 아픈 목을 치료하는 데 쓸 구강청정제로 쓸 수 있다.

질경이택사
Alisma plantago-aquatica

해설 이 식물은 작고 흰 꽃과 심장 모양 끝이 뾰족한 잎을 가지고 있다. 잎은 이 식물의 밑동 쪽에 군집해 있다.

서식지 및 분포 온대 및 열대지방의 맑은 민물이나 습하고 볕이 드는 곳에 자란다.

식용 부위 뿌리 줄기는 좋은 전분 공급원이다. 끓이거나 데쳐서 쓴맛을 제거한다.

수생식물은 기생충 예방을 위해 언제나 삶아먹어야 한다

야생 케이퍼

Capparis aphylla

해설 건조기에 잎이 떨어지는 가시덤불식물이다. 줄기는 녹회색, 꽃은 분홍색이다.

서식지 및 분포 이 식물은 덤불 및 가시나무 숲, 그리고 사막의 덤불 및 황무지 등에서 자란다. 주로 북아프리카 및 중동지역에 흔하다.

식용 부위 열매와 어린줄기의 봉오리가 식용으로 구분된다.

야생 사과

*Malus*속

해설 대부분의 야생 사과는 재배종 사과와 유사하므로 생존자들도 쉽게 구분할 수 있다. 야생 사과류는 재배종에 비해 상당히 작다. 가장 큰 것도 지름 5~7.5㎝를 넘지 않으며 대부분 그보다 작다. 단순하고 작은 형태의 잎이 가지에 엇갈려 나며, 종종 가시가 돋기도 한다. 꽃은 흰색이거나 분홍색, 열매는 노란색이거나 붉은색이다.

서식지 및 분포 열대의 사바나 기후에서 발견된다. 온대지방에서는 주로 삼림지대에서 발견된다. 가장 흔한 장소는 벌판이나 숲의 가장자리다. 자생지는 북반구 전반에 걸쳐 발견된다.

식용 부위 재배종과 동일한 방법으로 먹는다. 익었다면 조리 없이도 먹을 수 있다. 저장해야 한다면 얇게 자른 뒤 건조시킨다. 좋은 비타민 공급원이다.

사과 씨앗에는 청산 화합물이 들어있으므로 먹지 않는다

박과
Citrullus colocynthis

해설 박과는 수박의 한 갈래로, 땅에 붙어 자라는 2.4~3m가량의 덩굴 형태로 자란다. 둥근 열매의 크기는 오렌지와 비슷하다. 익은 열매는 노란색이다.

서식지 및 분포 온대지역에서 널리 발견되고 사막의 덤불이나 황무지에서도 자란다. 사하라 일대에 풍부하며, 아랍 국가들이나 인도의 남동부 해안, 에게 해 연안의 일부 섬들에서도 자란다. 야생 사막 박과는 매우 더운 곳에서도 자란다.

식용 부위 익은 열매의 씨앗은 매우 쓴 과육과 완전히 분리하면 먹을 수 있다. 씨앗을 굽거나 삶아 섭취할 수 있고, 기름 성분도 많다. 꽃도 먹을 수 있다. 즙이 많은 줄기의 끝은 씹어서 물을 얻는다.

야생 소루쟁이와 야생 괭이밥
Rumex crispus 와 *Rumex acetosella*

해설 야생 소루쟁이의 잎은 대부분 15~30cm가량이며 잎이 줄기의 밑동에 있다. 이 식물은 길고 굵은, 당근을 닮은 뿌리가 있다. 매우 작은 녹색, 혹은 자줏빛에 가까운 꽃은 자두 같은 군집을 형성한다. 야생 괭이밥은 야생 소루쟁이와 비슷하나 약간 작다. 이 식물들은 대부분은 잎이 화살 형태다. 야생 소루쟁이보다 잎은 작고 시큼한 즙이 들어있다.

서식지 및 분포 이 식물들은 거의 모든 기후에 서식한다. 강우량이 적은 곳에서도, 많은 곳에서도 자란다. 많은 종들이 도로변, 벌판, 황무지 등에서 잡초로 자란다.

식용 부위 군집을 형성하는 특성 때문에 매우 유용하며, 특히 사막에서 그렇다. 즙이 많은 잎은 그대로 먹거나, 살짝 익혀 먹을 수 있다. 강한 맛을 없애려면 조리하는 동안 물을 한두 번 갈아준다. 이 방법은 다른 야생초를 조리할 때도 요긴하다.

야생 무화과
*Ficus*속

해설 이 나무는 단순한 형태의 잎이 엇갈려난다. 잎은 진한 녹색이고 매끈하다. 모든 무화과에서는 끈끈하고 우윳빛이 나는 진액이 나온다. 열매는 종에 따라 크기가 다르지만 보통 익으면 황갈색이 된다.

서식지 및 분포 무화과는 열대 및 반열대지방에서 자란다. 이들은 울창한 숲, 숲의 가장자리, 사람의 거주지역 주변 등 다른 다양한 서식지에서도 자란다.

식용 부위 열매는 조리 여부와 관계없이 식용으로 구분된다. 다만 일부 무화과류는 맛이 거의 느껴지지 않는다.

야생 조롱박
Luffa cylindrica

해설 야생 조롱박은 널리 분포된 야생 호박의 일종이다. 야생 호박류는 열대지역에 수십 종이 분포한다. 대부분의 호박류는 7.5~20cm가량의 잎이 달린 덩굴이며, 몇몇 호박류의 잎은 두 배가량 크다. 열매는 타원형이나 원통형이고 표면이 매끈하며 씨앗이 많다. 꽃은 밝은 노란색이다. 열매는 다 익으면 갈색이고 오이와 비슷한 형태다.

서식지 및 분포 호박류의 일종으로 수박이나 오이, 멜론과도 관계가 있다. 열대지역에서 재배되며, 우림 및 반상록 계절림의 개간지나 버정원 등에도 반야생 상태로 서식하곤 한다.

식용 부위 어린(반쯤 익은) 열매를 삶아 채소처럼 먹는다. 여기에 코코넛 밀크를 추가하면 맛이 좋아진다. 다 익은 야생 조롱박은 안쪽에 먹을 수 있는 스펀지 같은 과육이 생긴다. 어린줄기나 꽃, 어린잎도 익혀 먹을 수 있다. 다 익은 씨앗은 살짝 볶아서 땅콩처럼 먹는다.

야생 포도덩굴
*Vitis*속

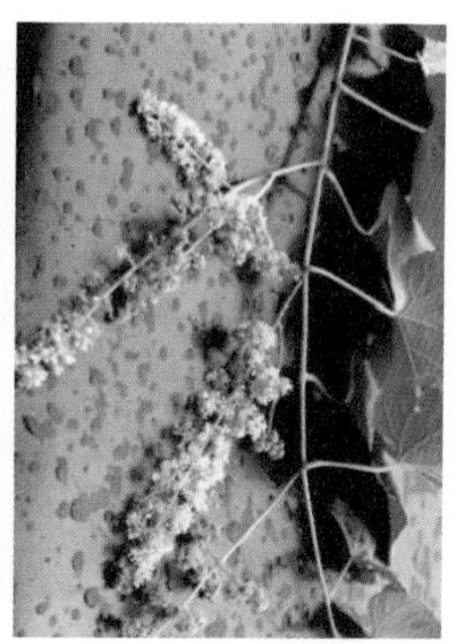

해설 야생 포도덩굴은 덩굴손으로 벽이나 나무를 타오른다. 포도덩굴은 재배종 포도와 잎이 비슷하다. 야생 포도는 짙은 남색이나 황색이고 때로 익으면 흰색이 된다.

서식지 및 분포 야생 포도는 세계적으로 퍼져 있다. 몇몇 종은 사막에서도 발견되며 온대 삼림지대와 열대에서도 자생한다. 야생 포도는 미국 동부나 남서부의 사막지대, 멕시코에서도 발견된다. 지중해, 아시아, 동인도제도, 오스트레일리아, 아프리카에도 몇 종류가 자생한다. 대부분 다른 식물을 타고 오른다. 삼림지역의 가장자리에 자주 보인다.

식용 부위 익은 포도는 먹을 수 있다. 포도에는 천연 당분이 풍부하며 이로 인해 에너지를 제공하는 야생 식품으로서 높게 평가된다. 독성은 없다.

기타 용도 포도 덩굴에서 식수를 얻을 수 있다. 덩굴을 밑에서 자른 뒤 잘린 곳을 용기에 넣는다. 그 뒤 위쪽 1.8m 지점에 비스듬하게 흠집을 낸다. 이렇게 하면 물이 아래쪽으로 흐르게 된다. 물이 줄어들면 더 밑에도 흠집을 또 낸다.

중독을 피하려면 포도를 닮았지만 씨앗이 하나인 과일은 먹지 않는다

야생 피스타치오
*Pistacia*속

해설 몇몇 피스타치오 나무는 상록수지만, 다른 종의 피스타치오 나무는 건기에 잎이 떨어진다. 잎은 줄기에 엇갈려 나며, 세 장의 큰 잎이나 여러 장의 작은 잎으로 나뉜다. 열매나 견과는 대체로 익을수록 마르고 단단해진다.

서식지 및 분포 지중해 주변 및 터키, 아프가니스탄 등의 사막 및 반사막 지대에 서식하는 약 7종의 야생 피스타치오가 있다. 피스타치오는 주로 상록수의 덤불 숲이나 가시나무숲에서 발견된다.

식용 부위 숯불에 볶은 견과는 먹을 수 있다.

야생 양파와 마늘
*Allium*속

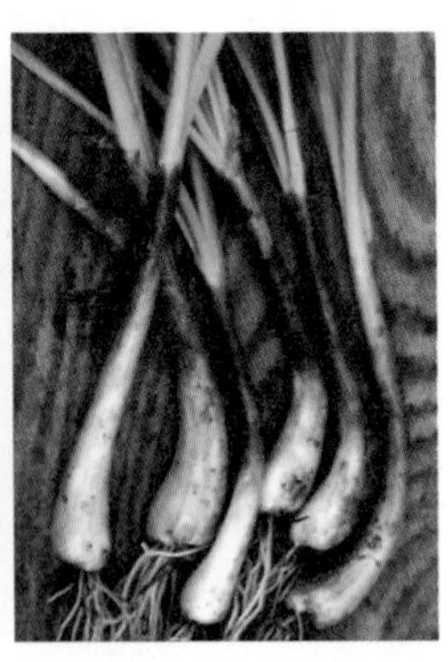

해설 다양한 야생 양파 및 마늘의 일종이며, 독특한 냄새로 쉽게 구분할 수 있다.

서식지 및 분포 야생 양파와 마늘은 온대지방의 볕이 잘 드는 개활지에서 발견된다. 세계 각지에 재배종도 발견할 수 있다.

식용 부위 구근과 어린잎은 조리 없이, 혹은 익혀서 먹을 수 있다. 스프에 사용하거나 고기의 양념으로 쓴다.

기타 용도 다량의 양파를 먹으면 체취로 인해 벌레가 꾀지 않는다. 마늘즙은 상처에 대한 일종의 항생제 역할을 한다.

양파와 같은 구근이 있지만 독성이 매우 강한 식물도 몇 종류 있다. 먹으려는 식물이 정말 양파나 마늘류인지 확인해야 한다. 양파 냄새가 나지 않는 구근은 먹지 않는다.

야생 쌀
Zizania aquatica

해설 야생 쌀은 1~1.5m가량 자라는 풀이며, 경우에 따라서는 4.5m까지 자랄 수도 있다. 씨앗은 식물 위쪽에 매우 성글게 맺히며 익히면 진한 갈색이거나 검은색에 가깝게 변한다.

서식지 및 분포 야생 쌀은 열대 및 온대의 매우 습한 곳에서만 자란다.

식용 부위 봄과 여름 사이에 아래 줄기의 가운데와 어린 뿌리를 먹을 수 있다. 먹기 전에 거친 겉껍질을 제거한다. 늦여름과 가을 사이에 곡식을 수확한다. 쌀겨를 제거하고 쌀알을 꺼낸다. 쌀알은 삶거나 찌고, 볶아서 가루를 빻을 수도 있다.

들장미
*Rosa*속

해설 이 관목은 60~25cm까지 자란다. 테두리가 톱니 형태인 잎이 엇갈려 나고, 꽃은 빨강, 분홍, 노란색이 많다. 영어권에서 로즈힙이라 불리는 들장미 열매는 연중 붙어있다.

서식지 및 분포 북반구 전역의 건조한 들판과 숲 가장자리에 자란다.

식용 부위 긴급시에는 줄기의 새싹도 껍질을 벗겨 먹을 수 있다. 또 어린잎을 요리하거나 차로 끓여 마시고, 열매 역시 식용이 가능하다. 특히 열매의 과육은 매우 영양가가 뛰어난 비타민 C의 원천이다.

일부 종의 씨앗을 과다섭취할 경우 신체가 손상될 경우도 있다. 가급적 과육만을 먹는다.

괭이밥
Oxalis species

해설 괭이밥은 세잎, 혹은 네잎 클로버와 유사한 형태로, 종 모양의 분홍색, 노란색, 혹은 흰색 꽃이 핀다.

서식지 및 분포 괭이밥은 온대지역 전반에서 볼 수 있으며, 잔디밭, 개방된 공간에 많이 자라고, 일부는 숲속에 자생한다.

식용 부분 사실상 모든 부분을 조리해 먹을 수 있다.

이 식물에는 인체에 해로운 옥살산이 함유되어 있으니 소량 이상을 먹어서는 안 된다

얌
Dioscorea species

해설 이 식물은 땅을 따라 덩굴 형태로 자란다. 잎은 화살촉, 혹은 하트 모양이며 줄기를 따라 난다. 덩이줄기가 매우 커서, 수kg 에 달하는 경우도 많다.

서식지 및 분포 대부분 열대 기후의 주요 작물로 재배된다. 밭, 개척지, 방치된 정원 등지에 자랄 수 있다. 그밖에 열대의 나무가 드문 숲이나 관목림, 침엽수와 활엽수가 섞인 숲 등지에서도 발견된다.

식용부위 덩이줄기를 끓여 채소들과 함께 먹는다.

히카마
Pachyrhizus erosus

해설 히카마는 콩과 같은 덩쿨식물로, 세 장씩 뭉쳐나는 잎과 순무를 닮은 뿌리가 식별점이다. 푸른색, 혹은 보라색의 완두콩꽃을 닮은 꽃이 핀다. 이 식물이 자라는 곳 일대에서는 다른 식물들에 비해 확연히 많이 자라곤 한다.

서식지 및 분포 히카마는 아메리카 열대지방이 원산지지만, 아시아 및 태평양 제도군에 옮겨 재배된지 오래다. 현대에는 삼림 내에서 야생 상태로 자라는 경우도 있다. 이 식물은 대체로 열대의 습한 장소를 선호한다.

식용 부위 덩이 뿌리는 물기가 많고 단맛이 나며, 아삭하게 씹히고 견과류와 같은 냄새가 난다. 영량이 풍부하며 수분을 함께 섭취할 수 있다. 주로 삶아서 먹고, 가루로 만든다면 삶은 덩이뿌리를 썰고 햇볕에 말린 후 가루로 빻아준다. 전분이 풍부하므로 스프를 끓이면 스프가 짙어진다.

씨앗에 독이 있다

부록 C 독성식물

유독성 식물은 기본적으로 피부 접촉, 혹은 섭취를 통해 인체에 흡수, 또는 흡입되는 형태로 인체에 영향을 미친다. 만지기만 해도 피부에 다양한 자극이 오는 독극물이 먹거나 피부에서 흡수되거나 호흡으로 빨려 들어가면 다양한 문제가 발생한다. 많은 독성식물은 가식성 식물과 닮았고, 독성에 따라서는 사망의 원인이 되기도 한다. 명령을 받은 후 작전임무 준비과정에 목표지역에서 자생하는 유해식물에 대한 학습을 포함시킬 필요가 있다. 자신감 있게 독성식물을 구분할 수 있다면 독성식물에 의한 예상밖의 위험을 배제할 수 있다. 낯선 땅에서 그 식물의 독성을 일일이 확인할 여유는 거의 없기 때문이다.

피마자

Ricinus communis

해설 피마자는 커다란 별 모양의 잎이 나며, 열대에서는 목본식물, 온대에서는 단년생 초본식물로 생육한다. 꽃은 매우 작게 핀다.

서식지 및 분포 이 식물은 모든 열대지방에서 볼 수 있으며, 온대지방에서는 일부만 발견된다.

이 식물은 모든 부위가 맹독성이다

멀구슬나무

Melia azedarach

해설 이 나무는 위를 향해 왕관형으로 펼쳐진 형태로 14m까지 자란다. 둘레가 톱니를 닮은 잎이 복엽으로 자라난다. 꽃은 중앙이 어둡고 끝으로 갈수록 밝아지는 보라색이다.

서식지 및 분포 히말라야와 동아시아가 원산지이지만 관상목 등의 목적으로 열대-아열대지역에 널리 확산되었다. 또 미국 남부에 도입되는 과정에서 벌판이나 관목림에서 자생하는 경우도 확인되었다.

줄기 부분은 먹으면 위험하다. 잎은 과일이나 곡류를 벌레들로부터 보호하는 자연살충제로 사용한다. 단 잎을 먹지 않도록 주의한다.

벨벳빈

Mucuna pruritum

해설 보라색 꽃을 꽂은 털 모양의 이삭과 세 장씩 겹친 타원형 잎이 특징인 식물이다. 종자는 갈색에 털로 덮여 있다.

서식지 및 분포 열대지역과 미국.

꼬투리나 꽃이 눈에 들어갈 경우 시력상실의 우려가 있다

데스카마스

Zigadenus species

해설 이 식물은 땅속줄기를 통해 자라므로, 먹을 수 있는 야생파와 혼동하기 쉽다. 잎은 갸름하고 여섯 장 꽃잎 위로 보이는 녹색 하트 문양이 특징이다.

서식지 및 분포 햇빛이 비치는 습한 장소에서 잘 자라지만 건조한 바위지대에 자생하는 경우도 있다. 미국 서부에서는 매우 흔하고, 미국 동부와 북아메리카 서부의 아한대 지방에서도 몇몇 종을 볼 수 있다.

이 식물의 모든 부위에는 매우 강한 독이 있다.
데스카마스는 파를 닮았지만 양파 냄새가 나지 않는다

란타나

Lantana camara

해설 란타나는 45㎝까지 자라는 관목형 식물이다. 둥그스름한 인상의 잎과 뭉쳐서 피는 작은 꽃이 특징이다. 꽃의 색깔은 지역별로 변화가 많은데, 흰색, 노란색, 오렌지색, 핑크색, 붉은색이 주종이다. 열매는 어두운 청색이나 흑색이다. 이 식물의 또 다른 특징은 모든 부위에서 나는 강한 냄새다.

서식지 및 분포 란타나는 열대와 온대에서 관상용으로 재배되며, 화단 외에 도로변이나 밭두렁에서도 잡초처럼 자란다.

이 식물의 모든 부위에 독이 있으며, 과민성인 사람은
식물을 만지는 것 만으로도 피부가 상할 수 있다

만치닐

Hippomane mancinella

해설 만치닐은 높이가 15m에 달하는 나무로, 광택이 있는 진한 녹색의 잎이 어긋난 형태로 나며, 녹색의 작은 꽃이 핀다. 열매는 녹색 또는 녹색을 띤 노란색이다.

서식지 및 분포 이 나무는 해안에서 잘 자란다. 남플로리다, 카리브 해, 중앙아메리카, 남아메리카 북부에서 볼 수 있다.

이 나무는 극히 치명적인 독성을 띄고 있다. 반 시간만 인근에 있어도 치명적인 피부 손상을 일으킬 수 있다. 잎에서 떨어진 물방울이 피부에 닿는 것만으로도 피부가 상하며, 이 나무가 탈 때 나오는 연기는 눈을 상하게 한다. 이 식물에서 섭취 가능한 부분은 전혀 없다.

협죽도

Nerium oleander

해설 이 작은 관목은 약 9m까지 자라고 암녹색의 가느다란 잎이 어긋난 형태로 자라난다. 꽃은 흰색, 노란색, 빨간색, 분홍색, 또는 그 중간색이다. 과실은 갈색이며 작은 씨가 많이 들어 있는 구조다.

이 식물은 모든 부분에 강한 독이 있다. 조리용으로도 이 나무를 불태워서는 안 된다. 음식을 유독화하는 유독 가스가 발생한다.

서식지 및 분포 지중해 지방이 원산지이며 현대에는 열대와 온대지방에 감상용으로 분포되어 있다.

북미 옻나무, 덩굴옻나무

Toxicodendron radicans and Toxicodendron diversibba

해설 이 2종은 외형이 매우 유사하고, 두 종 사이에 교잡종이 생기는 경우도 많다. 2종 모두 3장의 잎이 어긋난 형태로 나는 복엽이다. 북미 덩굴옻나무의 경우 잎 모서리가 톱니 모양이 되기도 한다. 북미 옻나무의 경우 잎 끝이 뾰족해 떡갈나무를 닮았다. 북미 덩굴옻나무는 붉은 줄기를 따라 넓게 펴지거나 나무를 기어오른다. 옻나무는 덤불처럼 성장한다. 작고 수수한, 녹색을 띤 백색 꽃이 피고, 이후 흰색이나 노란색으로 변한다.

연중 내내, 어떤 부위를 만지더라도 심각한 피부 상해가 발생한다.

서식지 및 분포 북미옻나무와 북미 덩굴옻나무는 북아메리카 대부분의 지역에서 자생한다.

독당근

Conium maculatum

해설 단년생으로 최대 2.5m까지 자란다. 매끈하고 가운데가 빈 줄기에는 자주색과 빨간색의 줄무늬, 혹은 얼룩무늬가 간간이 박힌다. 줄기 끝에 백색의 작은 꽃이 뭉쳐 핀다. 긴 순무를 닮은 딱딱한 뿌리가 특징이다.

이 식물은 매우 독성이 강하고, 소량만 섭취해도 사망할 수 있다. 외형만 보면 야생 당근으로 착각하기 쉽고, 생육 초기의 형태가 특히 닮았다. 야생 당근은 잎에 털이 많고 잎과 줄기에서 당근 냄새가 나지만, 독당근에는 이런 특성이 없다.

서식지 및 분포 독당근은 늪지대, 습한 목초지, 하천 둑, 배수로와 같은 축축한 땅에 서식하고, 유라시아가 원산지지만 미국과 캐나다에도 퍼져있다.

팡기

Pangium edule

해설 이 나무는 하트 형태의 잎이 있고, 최대 18m까지 자란다. 꽃은 녹색이고, 열매는 갈색이며 럭비공과 같은 형태다.

서식지 및 분포 주로 동남아시아 일대에 서식한다.

모든 부위에 독성이 있으며 특히 열매에 주의한다

피직 넛

Jatropha curcas

해설 이 나무는 다섯 갈래로 갈라진 잎이 엇갈려난다. 노란색의 작은 꽃이 피며, 사과를 닮은 조그만 열매에 커다란 씨앗 세 개가 들어있다.

서식지 및 분포 열대 전역과 미국 남부에 서식한다.

씨앗은 달콤하지만 먹으면 격렬한 설사를 유발한다.
식물의 모든 부위가 극히 유독하다.

옻나무

Toxicodendron vernix

해설 옻나무는 8.5m까지 자라는 관목이다. 복엽 형태의 잎자루는 7~8개의 소엽으로 구성된다. 꽃은 녹색을 띤 노란색, 혹은 흰색, 옅은 노란색 등이다.

서식지 및 분포 옻나무는 북아메리카의 습지나 산성 늪지대 일대에 서식한다.

연중 어느 부위와 접촉하더라도 심각한 피부 손상을 유발한다.

홍두

Abrus precatorius

해설 이 식물은 복엽 넝쿨 형태로 자라며, 꽃은 밝은 보라색이고, 붉은색과 검은색의 씨앗을 품는다.

서식지 및 분포 북미 중부와 동부 전역의 습한 삼림, 혹은 덤불.

이 식물은 가장 위험한 식물 가운데 하나다. 씨 하나에 성인 한 명을 죽일 만한 독극물이 함유되어 있다.

마전자나무

Nux vomica

해설 마전자나무는 중간 크기의 상록수다. 대략 12m까지 자라며, 줄기는 두텁고 비틀린 형태다. 짙은 줄무늬가 있는 타원형의 잎이 어긋난 형태로 난다. 작고 푹신한 덩어리 같은 꽃은 가지 끝에서 피고, 직경 4㎝가량의 두툼한 적색 열매가 맺힌다.

열매가 품은 원반 모양의 씨앗은 독성 스트리크닌을 함유한다. 식물의 모든 부위가 유독하다.

서식지 및 분포 동남아시아와 오스트레일리아의 열대, 아열대 지역에 서식한다.

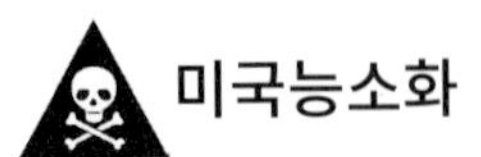

미국능소화

Campsis radicans

해설 이 목질 덩굴은 2m까지 자라고, 콩 같은 두과를 맺으며, 잎은 우상복엽으로 1개 엽병마다 7~11장의 모서리가 톱니 형태인 잎이 붙는다. 트럼펫 모양의 주홍색 꽃이 핀다.

이 식물은 접촉 시 피부염을 유발한다.

서식지 및 분포 이 덩굴 식물은 주로 습한 숲에서 발견되며, 북아메리카와 중북아메리카 전역에 분포한다.

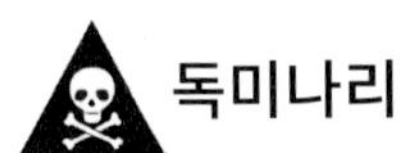

독미나리

Cicuta maculata

해설 이 다년생 식물은 1.8m까지 자란다. 줄기에는 버섯을 닮은 마디가 있고, 보라색과 빨간색 줄무늬, 또는 얼룩무늬가 드문드문 난다. 작은 흰색 꽃이 모여 피며, 윗면이 평평한 화병 형태가 되는 경우가 많다. 뿌리에도 속이 빈 공간이 있으며, 종종 황색 기름이 차오른다.

이 식물은 맹독을 품고 있어 극소량만 섭취해도 사망할 수 있다. 특히 뿌리를 파스닙과 착각하기 쉽다.

서식지 및 분포 독미나리는 주로 습지 주변에 자라며, 미국과 캐나다 전역에서 볼 수 있다.

부록 D 위험한 곤충과 절지동물

곤충들은 그리 위험하지 않다고 간과하기 쉽지만, 미국에서는 매년 독사에 물려 죽는 사람보다 벌에 쏘여 과민성 쇼크로 죽는 사람이 더 많다. 상대적으로 수는 적지만 독이 있거나 병을 옮기는 위험한 곤충들도 많이 있다.

전갈

Scorpionidae order

해설 바닷가재를 닮은 집게, 항상 높이 들고 있는 독꼬리 등이 특징이다. 몸길이는 7.5~20cm 내외고, 칙칙한 갈색, 노란색, 흑색이 많다. 약 800종가량이 있다.

서식지 썩은 더미, 파편조각, 통나무, 바위 아래 살고, 주로 야간에 행동한다.

분포 전 세계의 열대, 온대 건조기후에 널리 분포한다.

꼬리의 독은 국부적 통증, 부종, 마비, 사망의 원인이 될 수 있다.

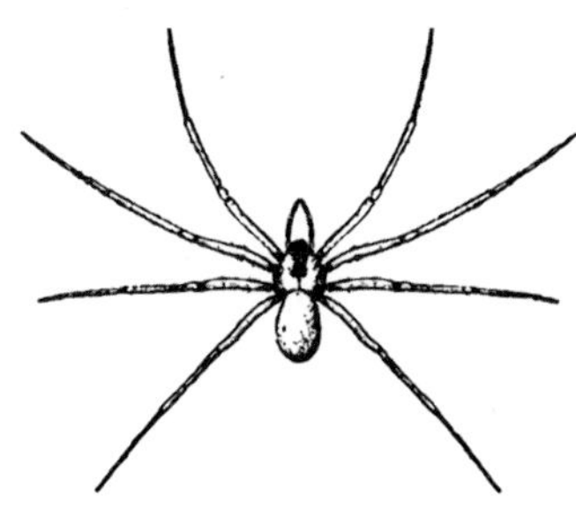

갈색 은둔 거미

Laxosceles reclusa

해설 갈색이나 흑색 거미로, 흉부와 머리 뒤에 뚜렷한 바이올린 무늬가 있다. 땅딸막한 몸에 2.5~4cm가량의 가늘고 긴 다리들이 달려있다.

서식지 바위, 통나무 밑, 동굴 등 어두운 곳

분포 북아프리카

깔때기그물거미

Atrax species (A. robustus, A. formidablis)

해설 갈색의 커다란 거미로, 매우 공격적이다.

서식지 숲 속 수풀에 깔때기 모양의 거미줄을 친다

분포 오스트레일리아 (아종들은 독이 없다)

타란툴라

Theraphosidae and Lycosa species

해설 매우 큰 갈색, 검은색, 붉은색 털이 무성한 거미. 물리면 매우 아프다.

서식지 사막지대, 열대

검은과부거미

Latrodectus species

해설 수컷의 배에 있는 적색 무늬를 제외하면 모두 검은색이다.

서식지 통나무, 바위 아래, 어두운 곳.

분포 세계적으로 널리 퍼져있다. 검은과부거미는 미국에, 붉은과부거미는 중동에, 갈색과부거미는 오스트레일리아 등지에 서식한다.

중동의 붉은과부거미는 인간에게 치명적인 독을 지닌 유일한 거미다.

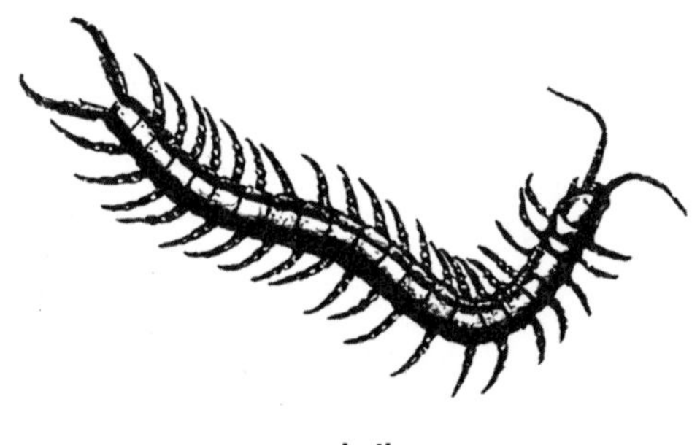

지네

해설 여러 마디로 이어진 몸은 대략 30㎝까지 자라며, 몸 끝에 있는 촉각에 검은 점 같은 눈이 있다. 세계적으로 2,800종이 있다.

서식지 주간에는 통나무나 돌 아래 머물고, 밤에 움직인다.

분포 전 세계

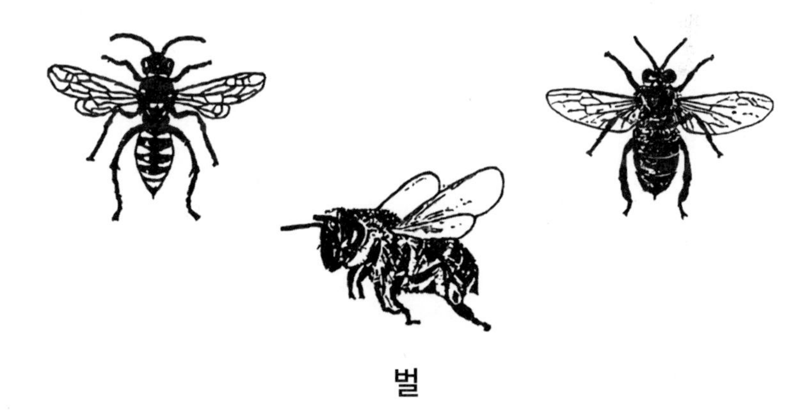

벌

해설 갈색이나 검은색의 짧은 몸에 부드러운 털이 나 있다. 대체로 무리 지어 생활하는 경우가 많으며, 밀랍으로 벌집을 짓는다.

서식지 숲이나 동굴, 인가 주변, 물가나 사막 변두리 지역의 가지나 천장을 선호한다.

분포 전 세계

벌들은 배에 독침을 가지고 있으며, 이 독침으로 목표를 쏘면 독침, 독주머니, 그리고 여기에 연결된 내장이 함께 떨려나가며 죽게 된다.

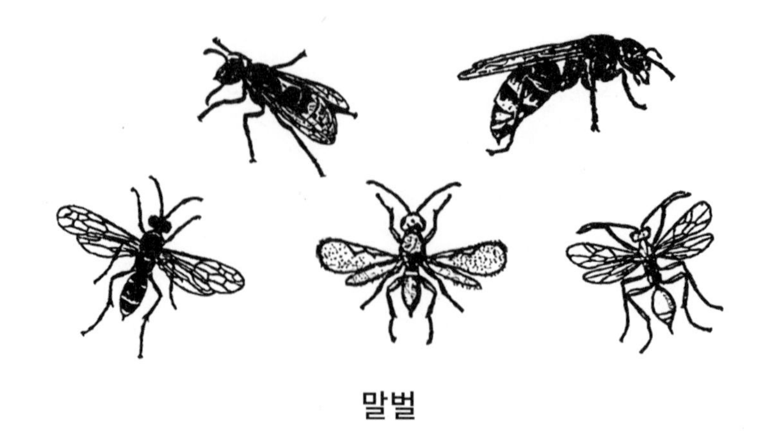

말벌

해설 마르고 매끈한 체형이다. 대부분의 말벌은 땅속으로 둥지를 파거나 펄프질의 속이 빈 둥지를 짓는다. 일반적인 벌과 달리 독침으로 여러 차례 공격이 가능하다.

서식지 다양한 환경에서 서식한다

분포 전 세계

일반적인 말벌과 달리 미국 남부에 서식하는 빨간색과 검은색 줄무늬의 벨벳 개미는 날 수 없다. 그러나 생물학적으로는 말벌로 구분된다.

진드기

해설 직경 2.5㎝ 내외의 둥그런 몸에 8개의 다리와 빨아들이는 입이 있다. 전 세계에 850종 가량이 분포한다.

서식지 주로 숲과 초원지대에 살지만 농지나 도시에도 많다.

분포 전 세계

부록 E 독사와 독 도마뱀

만약 뱀이 두렵다면, 뱀에 익숙하지 않거나 뱀에 대해 잘못된 지식을 가지고 있는 경우일 가능성이 높다. 이하의 사항을 알면 뱀을 두려워할 필요는 전혀 없다.

- 뱀의 서식지
- 위험한 종의 식별법
- 뱀에게 물리지 않도록 사전 주의
- 뱀에게 물렸을 때 취해야 할 행동 (제3장)

구두와 바지를 입고 캠프에서 생활하는 인간이 독사에게 물릴 가능성은 말라리아, 콜레라, 이질, 기타 중병에 걸릴 가능성보다 훨씬 작다. 거의 모든 뱀들은 가능한 인간을 피하며, 극소수의 예외로 동남아시아의 킹코브라, 남아메리카의 부시마스터와 열대방울뱀, 아프리카의 맘바가 인간을 공격하지만, 이런 뱀들도 한정적인 경우에만 그렇게 한다. 대부분의 뱀들은 인간으로부터 도망치므로 거의 보기 어렵다.

뱀에게 물리는 상황을 방지하는 법

뱀은 세계 전역에 서식한다. 모든 열대, 아열대, 난대림 대부분이 주 서식지다. 그리고 유독성 액체를 저장하는 특수한 독샘과 독을 주입하는 속이 빈 긴 이빨도 있다. 독사는 먹이를 얻기 위해 이 독액을 쓰지만, 자신을 지키기 위해서도 사용한다. 인간이 뱀에게 물리는 것은, 우리가 뱀의 모습을 보지 않고, 소리를 듣지 않고, 그 존재를 인식하지 못한 채로 뱀을 밟거나 너무 가까운 곳을 걷는 경우뿐이다. 우발적인 사고를 당할 가능성을 억제하려면 다음의 단순한 원칙을 지키는 편이 좋다.

- 덤불, 긴 풀숲, 큰 돌, 혹은 통나무 옆에서 자지 않는다. 이런 장소는 뱀의 은신처와 가깝다. 침낭 등은 공터에 둔다. 침낭 밑에 방충망을 두면 뱀을 막는 좋은 장벽이 된다.

- 자세히 조사하기 전에 바위틈이나 짙은 수풀, 속이 빈 통나무 등에 손을 넣지 않는다.
- 쓰러진 나무를 뛰어넘지 않는다. 통나무에 발을 올리고 반대편에 뱀이 없는지 살핀다.
- 거친 덤불이나 길게 자란 수풀을 내려다보지 않고 걷지 않는다. 자신이 걷고 있는 곳을 주시한다.
- 뱀을 죽였을 경우 머리 이외의 부위를 잡지 않는다. 신경계가 여전히 반응하고 있어 죽은 후에도 물 가능성이 있다.

뱀의 구분

인간에게 위험한 뱀은 보통 2개 그룹으로 나뉜다. 전아류와 후아류다. 이 두 종류는 이빨과 독으로 구분된다.(E-1 참조)

E-1. 종별 특성

구분	독니의 형태	독의 구분
전아류	고정	신경독
후아류	접힘	출혈독

이빨

전아류는 상악과 일반적인 이빨 앞에 고정된 독니가 있다. 후아류 역시 독니가 있지만, 이 이빨은 특정 위치에서 펼쳐진다.

독

전아류는 일반적으로 신경독을 지니고 있다. 이 독은 신경계에 영향을 미치고, 호흡 장애를 유발한다. 후아류는 일반적으로 출혈독을 지니고 있다. 이 독은 순환계에 영향을 끼치고 혈액 세포를 파괴하고 내부 조직에 손상을 입혀 출혈을 유발한다. 그러나 대부분의 독사는 신경독과 출혈독을 모두 가지고 있다는 점을 알아야 한다. 보통 어느 한쪽이 우세하고 다른 한쪽이 약할 뿐이다.

독사와 독이 없는 뱀의 구분

독니와 독선의 유무를 제외하면 무해한 뱀과 독사를 구별할 만한 특징은 없다. 결국 죽은 표본을 구해야 위험 없이 송곳니나 분비기관의 유무를 확인할 수 있다.

E-3. 종별 구분

살모사과	
북살모사	러셀 바이퍼
뿔뱀	모래살모사
가봉 살모사	톱비늘북살모사
사막독사	들북살모사
사막뿔살모사	팔레스타인 바이퍼
맥마흔 바이퍼	퍼프 에더
두더지독사	라이노 바이퍼
코브라과	
오스트레일리아 코퍼헤드	그린 맘바
코브라	킹코브라
산호뱀	크레이트
데스에더	타이판
이집트 코브라	타이거 스네이크
방울뱀아과	
아메리칸 코퍼헤드	말레이 피트 바이퍼
나무독뱀	모하비 방울뱀
숲살모사	팰러스 바이퍼
부시마스터	열대방울뱀
늪살모사	와글러 사원 피트바이퍼
동부 다이아몬드 방울뱀	악질방울뱀
속눈썹살모사	방울뱀
페르 드 랑스	푸른바다뱀
백순죽엽청	반시뱀
점핑 바이퍼	
바다뱀아과	
노란배 바다뱀	

독사에 대한 설명

세계 전역에는 다양한 독사들이 있지만, 동물원을 제외하면 여러 종류의 뱀을 접할 기회는 거의 없다. 본서에서도 독사에 관해 극소수의 예를 설명하고 있을 뿐이다. 다만 다음 지시에 따르면 독사를 구별할 수 있다.

- 먼저 두 과로 구분되는 뱀과 그 종에 대해 학습한다.(E2, E3, E4 에 자세한 내용이 있다)
- 부록에 실린 사진을 보고 설명을 읽는다.

E-2 독사에 물렸을 때 증상

종	과	국부적 증상	독의 유형
후아류 주로 순환계에 영향을 미치는 출혈독	**방울뱀아과** 접히는 독니	극심한 통증, 부종, 괴사	출혈, 내장 손상, 혈액세포 파괴를 포함해 주로 순환계에 영향을 끼침.
	살모사과 접히는 독니		
	반시뱀		
전아류 주로 신경계에 영향을 끼치는 신경독	**코브라과** 고정된 독니		
	코브라	다양한 통증 및 괴사	
	크레이트	국부적인 증세 없음.	호흡부전
	산호뱀	통증이나 국부적 증상이 작거나 없음.	호흡부전
	큰바다뱀속 및 바다뱀아과	큰 통증과 국부적 부기	

注: 가봉 바이퍼나 라이노 바이퍼, 트로피컬 래틀스네이크, 모하비 래틀스네이크 등은 강한 출혈독과 신경독을 모두 가지고 있다.

살모사과

북살모사, 또는 바이퍼는 굵은 몸통과 목보다 훨씬 넓은 머리가 특징이다. 다만 크기, 모양, 색과 문양은 매우 다양하다.

살모사과에 속하는 뱀들은 고도로 발달된 독니 구조를 가지고 있다. 속이 빈 기다란 송곳니가 주삿바늘처럼 작동하여 독을 깊숙히 주입한다. 이 과의 뱀들은 대개 이빨이 접힌다. 엄니는 위턱에 접혀 있으며, 뱀이 물 때 이빨이 앞으로 펼쳐져 대상에 찍힌다. 뱀은 의식적으로 이빨을 다루며, 자동으로 움직이지는 않는다. 통상적인 독은 출혈독이지만 다량의 신경독을 지닌 종도 몇 종류 있으며, 극히 위험하다. 이 종의 뱀들은 전 세계적으로 많은 사람들의 사인이 되고 있다.

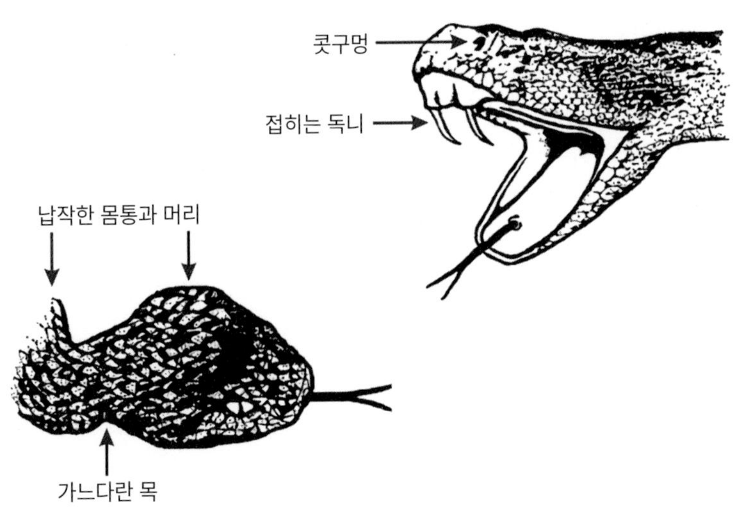

E-3 살모사과 구분법

방울뱀아과

방울뱀아과의 뱀(그림 E-4)는 길거나 굵은 몸, 목보다 넓은 머리가 특징이다. 이 과에 해당하는 뱀들은 눈과 콧구멍 사이에 깊은 구덩이(Pit)가 있어, 구분명(Pit Viper)의 어원이 되었다. 이 뱀들은 보통 진한 갈색에 검은 무늬가 있지만, 일부는 초록색이다. 중앙아메리카와 남아메리카, 아시아, 중국, 그리고 인도의 방울뱀, 코퍼헤드, 늪살모사 등 몇몇 위험한 뱀들이 이 아과에 속한다.

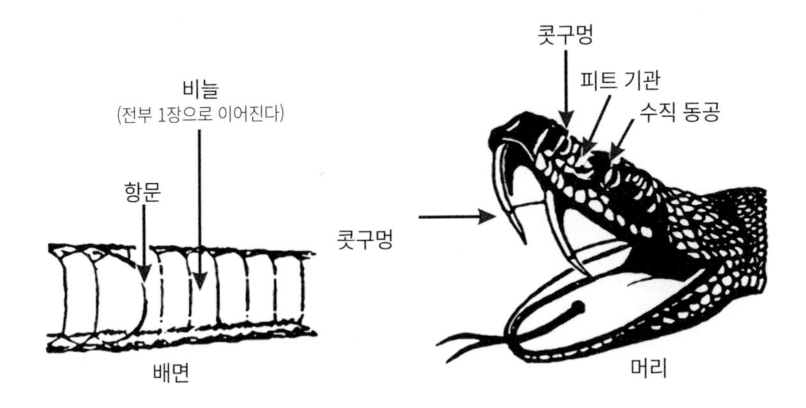

E-4 방울뱀아과 구분법

피트는 극히 미미한 온도변화도 감지할 수 있는 고감도 수용기관으로, 이 아과에 속하는 대부분의 뱀은 야행성이다. 이 뱀들은 완전한 어둠 속에서도 먹이의 위치를 파악할 수 있는 특수한 피트 기관의 도움을 받고 야간에 사냥을 한다. 그리고 방울뱀 계열들은 살모사과 가운데 꼬리 끝에 각질의 딸랑이를 지닌 유일한 뱀이다. 인도에는 이 과에 속하는 뱀이 다수 있어, 나무 위나 지상에서 쉽게 볼 수 있다. 나무 위에 있는 뱀은 날씬하고, 지상에 있는 뱀은 비교적 무겁다.

중국에는 북아메리카의 늪살모사와 비슷한 살모사들이 있다. 남중국 외지의 바위가 많은 지역이 주 서식지다. 길이는 1.4m에 달하지만 자극하지 않는 한 얌전하다. 또 중국 동부 평원에는 45㎝가량의 작은 살모사도 있다. 이 뱀은 작지만 신발을 신지 않으면 위험하다. 미국과 멕시코에는 방울뱀아과 27종이 서식한다. 작은 뱀도 있지만 다이아몬드 방울뱀들처럼 2.5m까지 성장하는 경우도 있다. 중앙아메리카와 남아메리카에도 5종의 방울뱀아과가 서식하나 열대방울뱀 뿐이다.

방울뱀아과를 구별하는 가장 큰 특징은 꼬리 끝의 방울이다. 대부분의 방울뱀아과는 다가가면 싸우지 않고 도망가려 하지만, 근처의 사람을 깨물 가능성은 언제나 있다. 항상 방울로 먼저 경고하는 것이 아니라, 물고 딸랑이를 울리거나, 전혀 소리를 내지 않을 수도 있다. 나무뱀들도 방울뱀아과에 속한다. 크기가 작은 아종들이 지상에서 생활하지만, 일반적으로는 나무 위를 더 좋아한다. 기본적으로 나무뱀들은 살모사과 뱀과 특성이 동일하며 극히 위험하다. 항상 머리, 목, 어깨, 팔 등을 노리는 데다 출혈독을 지니고 있다.

코브라과

코브라과는 신경계에 작용하여 호흡곤란을 일으키는 강력한 신경독을 지닌 극히 위험한 뱀들이다. 산호뱀, 코브라, 맘바, 오스트레일리아산 독사들이 여기에 해당한다. 산호뱀의 경우 작지만 인간을 죽일 수 있다. 오스트레일리아 데스 애더, 타이거스네이크, 타이판, 그리고 킹 브라운 스네이크 등은 많은 사람들을 죽인, 세계에서 가장 강한 독을 지닌 뱀들이다.

코브라, 또는 그 근연종(그림 E-5)은 죽은 뱀을 조사하는 방법 외에는 구별이 어렵다. 코브라, 우산뱀, 산호뱀은 눈과 콧구멍 사이에 입술 위로 3장의 비늘이 있다. 또 우산

뱀의 경우 등골 하방에 커다란 비늘줄이 있다. 아프리카와 근동의 코브라는 거의 모든 환경에 서식한다. 나무 위나 물가, 숲속에 다른 종이 분포하는 식이다.

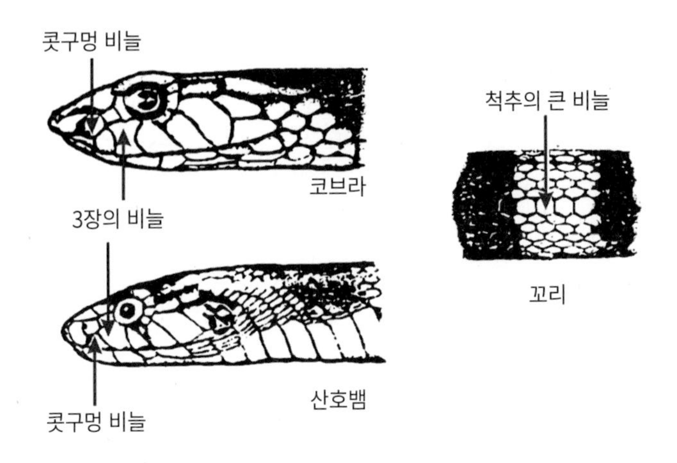

E-5 코브라, 산호뱀의 구분법

공격적인 종도 있다. 코브라가 물 수 있는 거리는 땅에서 든 머리의 높이와 같지만, 드물게 독액을 3~3.5m가량 뱉어내는 코브라도 있다. 이 독액은 눈에 들어가지 않는 한 무해하나, 눈에 들어갈 경우 즉각 조치하지 않으면 시각장애의 원인이 된다. 이 코브라는 구멍이나 바위틈에 거주하므로, 그런 장소를 섣불리 지나가는 것은 위험하다.

큰바다뱀속 및 바다뱀아과

코브라아과에 속하는 이 뱀들은 해양환경에 적응했다. 이 뱀들이 바다로 간 이유는 과학적으로 해명되지 않았다. 바다뱀은 수영에 적합한 형상의 꼬리를 지녔다는 점에서 다른 뱀과는 외모가 다르다. 바다뱀들은 코브라에 비해 몇 배나 강한 독을 가지고 있지만, 바다라는 환경의 특성상 인간과 거의 조우하지 않는다. 예외적으로 어부나 잠수부는 그물에 걸린 바다뱀이나 잠수중 헤엄치는 바다뱀을 만나게 된다.

바다뱀에는 많은 종이 있으며, 색과 무늬의 모양이 매우 다양하다. 이 뱀들은 비늘이 있으므로 비늘이 없는 장어와 구별이 가능하다. 바다뱀은 태평양 전역의 해안과 염수지역에 서식하며, 아프리카 동부 해안과 페르시아만에도 발견되지만 대서양에는 없다. 바다뱀을 두려워할 필요는 없다. 이 뱀들이 헤엄치고 있는 사람을 공격한 사례는 지금까지 보고되지 않았다. 어부가 그물 속의 바다뱀을 잡으려다 우발적으로 물리는 경우 정도가 예외적인 사례로 언급된될 뿐이다. 다만 물리면 극히 위험하다.

뱀과

전세적으로 분포되어 있으며, 여기에 속하는 뱀의 종과 수효면에서 가장 많은 과다. 뱀과는 후아류 종들로 구성되는데, 거의 모든 뱀이 인간에게 무해하다. 이 뱀들도 독을 생산하는 독샘과 커다란 이빨을 가지고 있지만, 인간의 생명을 위협할만한 수준은 아니다. 이 독은 대부분 개구리나 도마뱀 등 변온동물에게 효과가 있는 특수한 독이다. 그러나 아프리카의 나무독뱀이나 나뭇가지 뱀 등의 독은 치사성이 있다.

도마뱀

뱀은 물리지 않도록 사전에 최대한 주의할 필요가 있지만 도마뱀은 전혀 두려워할 필요가 없다. 독을 지닌 도마뱀은 단 2종뿐이다. 미국 독도마뱀과 멕시코 독도마뱀은 같은 과에 속하며 신경독을 지니고 있으나 얌전한 성격에 동작도 느리다.

코모도드래곤은 독이 없지만 체구가 큰 만큼 위험하다. 이 도마뱀은 몸길이가 3m에 달하며, 몸무게도 115kg 이 넘는다. 코모도드래곤은 사냥을 시도해서는 안 된다.

아메리칸 코퍼헤드
American Copperhead

해설 밤색 바탕에 강렬한 갈색 줄무늬가 특징이다. 이 줄무늬는 머리 쪽은 좁고 꼬리로 갈수록 넓다. 머리 끝은 구릿빛이다.

특성 환경에 동화되는 위장능력이 뛰어나고 서식영역이 매우 넓다. 늪살모사에 비해 얌전하지만 몸을 지킬때는 사납다.

위험 이 뱀은 발을 디딜때, 혹은 희생자가 뱀 옆에 누워있을 때 공격한다. 낙엽으로 만든 침대 위에 누워있을 경우 발견하기 어렵다. 그리고 매우 강한 독을 지니고 있다.

길이 평균 60㎝, 최대 120㎝

서식 텍사스, 오클라호마, 일리노이, 캔사스, 오하이오, 기타 미국 남동부. 그리고 대서양 연안의 노스 플로리다-매사추세츠.

산호뱀
Coral Snake

해설 광택이 나는 검은색, 빨간색, 노란색이 아름답게 조합된 뱀이다. 이 종 가운데 붉은색이 노란색으로 이어진다면 산호뱀임을 기억한다.

특성 서식지 주변에 많이 살지만, 조용히 숨어 있는 경우가 많아 좀처럼 보이지 않는다. 고정된 짧은 독니로 독을 주입하며, 몇 번이고 반복해서 문다. 독은 강력한 신경독이므로, 물린 후 호흡곤란을 일으키며 질식해 쓰러지게 된다.

서식 환경 숲, 늪지대, 야자나무와 관목의 혼합림을 비롯한 여러 장소에 있으며, 종종 주택 안으로도 들어간다.

길이 평균 60㎝, 최대 115㎝

분포 노스캐롤라이나의 동남부와 멕시코만 일대, 미시시피 주 중서부, 플로리다주와 플로리다키스 제도, 서쪽으로 텍사스주까지 분포한다. 애리조나주에는 산호뱀의 다른 아종이 있으며, 남아메리카 대부분과 중앙아메리카 전역에도 서식한다.

부시마스터
Bushmaster

해설 몸은 옅은 갈색이나 분홍색이며, 몸을 따라 뚜렷한 암갈색과 흑색 얼룩이 있다. 비늘은 매우 거칠다.

특성 방울뱀아과 가운데 가장 크고 위험한 뱀으로 알려져 있다. 서식지에서도 외딴곳에 살고, 행동은 대부분 야행성이다. 좀처럼 사람을 물지 않으므로, 공격당한 사례는 극히 드물다. 다만 물렸을 때 즉시 의료 처치가 이뤄지지 않는다면 매우 치명적이다. 통상적으로 부시마스터에게 공격을 당하는 위치가 의료기관으로부터 수 시간, 혹은 수일 거리에 떨어진 곳이므로 지원을 받기 어렵다. 큰 개체의 경우 독니가 3.8㎝에 달하는 데다 강력한 출혈독을 지니고 있다.

서식 환경 서식 분포지는 주로 열대 숲이다.

몸길이 평균 2.1m, 최대 3.7m

분포 니카라과, 코스타리카, 파나마, 트리니다드 토바고

늪살모사
cottonmouth

해설 이 뱀은 몸의 색이 다양하다. 성체는 올리브색에 가까운 갈색 바탕에 검은색이지만, 젊은 개체는 어두운 갈색에 가로무늬가 있다.

특성 이 뱀은 반쯤 물에서 살며, 서식환경이 같지만 무해한 일반 뱀들과 외형이 유사하므로, 비슷한 뱀에는 접근하지 않는 것이 최상의 대처법이다. 늪살모사는 인간이 접근해도 그 자리에서 움직이지 않으며, 거리에 반응해 머리를 당기고 입을 벌려 흰 입속을 드러낸다. 독은 강한 출혈독으로, 물린 자리에 심각한 괴저를 일으킨다.

서식환경 늪지대, 호수, 도랑 주변이다.

몸길이 평균 90㎝, 최대 1.8m

분포 버지니아주 동남부, 앨라배마주 중서부, 조지아 주 남부, 일리노이주, 켄터키주 중동부, 오클라호마주 중남부, 텍사스 주, 노스캐롤라이나 주와 사우스캐롤라이나 주. 플로리다 주 및 플로리다 키스 제도.

동부 다이아몬드 방울뱀
Eastern Diamondback Rattlesnake

해설 어두운 갈색이나 검은색 다이아몬드 무늬가 가장 눈에 띄는 특징이다. 이 무늬를 크림색이나 노란색을 띤 비늘이 테처럼 두르고 있다. 바탕색은 올리브색이나 갈색이다.

특성 몸길이를 기준으로 미국에서 가장 큰 독사다. 큰 개체는 고정된 독니의 길이가 2.5㎝에 달한다. 이 종은 처음에는 반응이 둔하지만 위협을 느낄 경우 곧 방어 행동을 개시한다. 독은 강력한 출혈독으로 통증과 세포손상을 유발환다.

서식환경 야자나무나 관목으로 구성된 혼합림, 늪지대, 소나무숲, 평지 일대에 거주한다. 플로리다 연안 섬으로 건너가기 위해 멕시코만을 수 마일가량 헤엄치는 경우도 확인되었다.

몸길이 평균 1.4m, 최대 2.4m

분포 노스캐롤라이나 연안, 사우스캐롤라이나 주, 루이지애나, 플로리다와 플로리다키스 제도.

속눈썹살모사
Eyelash pit viper

해설 이 뱀은 눈 위에 돋은 몇 개의 가시형 비늘이 특징이다. 몸의 색상은 매우 다양한데, 대체로 몸 전체는 밝은 노란색이며, 붉은빛의 얼룩점이 있다.

특성 좀처럼 지상에 내려오지 않고 나무 위에 사는 뱀으로, 나무 위로 올라오는 개구리와 새를 노리고 낮은 가지를 오가는 움직임을 선호한다. 나무위에 걸려있어 매우 위험한 뱀이다. 쉽게 흥분하고 작은 자극에도 즉시 공격한다. 출혈독을 지니고 있으며 심각한 세포손상을 야기한다. 지금까지 많은 사람들이 이 독에 사망했다.

서식환경 숲의 나무 위에서 볼 수 있다. 숲 외에 농장에 서식하는 경우도 있다.

몸길이 평균 45㎝, 최대 75㎝

분포 멕시코 남부, 중앙아메리카 전역, 콜롬비아, 에콰도르, 베네수엘라.

페르 드 랑스
Fer-de-lance

해설 이 뱀은 몇 종류의 근연종이 있다. 모두 극히 위험하다. 배색은 회색에서 올리브색, 갈색 또는 붉은빛을 띤 색까지 다양하지만, 밝은색 비늘로 덮인 어두운 색의 삼각형 무늬라는 공통점이 있다. 이 삼각형 무늬는 등 쪽으로 갈수록 좁고 배 쪽으로 갈수록 넓다.

특성 이 뱀은 극히 위험하다. 화를 잘 내는 기질에 약간의 자극만 받아도 공격 준비를 한다. 암컷은 몇 개씩 알을 낳는데, 알을 품을 때 특히 공격적이다. 독은 출혈독으로 강한 통증과 내출혈을 일으키고 세포를 파괴한다.

서식환경 지상, 특히 농장에서 자주 발견되며, 설치류를 찾다 집에 들어가는 경우가 많다.

길이 평균 1.4m, 최대 2.4m

분포 멕시코 남부부터 중-남미 일대

점핑 바이퍼
Jumping Viper

해설 바탕색은 갈색에서 회색까지 다양하고, 등에 어두운 갈색이나 검은색 얼룩 무늬가 있지만 머리에는 무늬가 없다.

특성 야행성 뱀으로, 어두워지면 도마뱀, 설치류, 개구리 등을 잡아먹기 위해 움직인다. 이름대로 공격할 때 도약하듯 달려든다. 독은 출혈독으로, 물리면 사망 위험이 크다. 그리고 쓰러진 나무 아래나 낙엽이 쌓인 곳 밑에 숨어 지내므로 모습을 찾기 힘들다.

서식환경 숲, 농장, 야산 비탈의 덤불 등에 서식한다.

길이 평균 60㎝, 최대 120㎝

분포 멕시코 남부, 온두라스, 과테말라, 코스타리카, 파나마, 엘살바도르

모하비 방울뱀
Mojave Rattlesnake

해설 이 뱀은 전반적으로 창백한 색에 어두운 다이아몬드형 무늬와 꼬리 주변의 검은 줄무늬가 특징이다.

특성 이 방울뱀의 몸길이는 동종의 뱀 가운데 평균적이지만, 물리면 매우 심각한 피해를 입는다. 이 뱀의 독은 중추신경에 영향을 주는 신경독을 다량 함유하고 있어 상당히 치명적이다.

서식환경 건조지대, 사막. 해발 0~2400m 내외의 비탈, 암벽에 서식한다.

몸길이 평균 75㎝, 최대 120㎝.

분포 미국 남서부, 캘리포니아의 모하비 사막 일대. 네바다, 남서애리조나, 텍사스, 멕시코.

열대방울뱀
Tropical rattlesnake

해설 몸의 색은 밝은 갈색에서 암갈색이며, 황갈색 줄무늬로 구분된 어두운색의 다이아형, 혹은 마름모형 무늬가 이어진다.

특성 쉽게 화를 잘 내는 성격으로 인해 경고음(꼬리방울)을 조금밖에 울리지 않고, 경고음 없이도 공격하는 경우가 많다. 이 종은 신경독과 출혈독이 섞인 강한 독액을 지니고 있어, 중추신경을 마비시키며 동시에 세포에도 큰 손상을 입힌다.

서식환경 모래자갈 지형, 농장, 건조한 동산이나 비탈에 서식한다

몸길이 평균 1.4m, 최대 2.1m

분포 멕시코 남부, 중앙아메리카와 남아메리카 전역. 칠레 등.

서부 다이아몬드 방울뱀
Western diamondback rattlesnake

해설 밝은 황갈색 바탕에 암갈색의 다이아몬드형 무늬가 뒤덮인 뱀이다. 꼬리는 탁한 검은색과 흰색의 가로줄무늬로 덮여 있다.

특성 매우 대범한 성향이며, 항상 자신을 방어할 준비가 되어 있다. 꼬리를 울려 경고하면서도 자리를 옮기지 않는 경우 방어(공격)준비 신호라고 보면 된다. 물었을 때 대량의 독액을 주입하는 가장 위험한 뱀 중 하나다. 출혈독은 상상 이상의 통증과 세포 손상을 일으킨다.

서식 환경 분포지역 일대에는 어디든 서식한다. 초원, 사막, 삼림지대에 계곡에서도 발견된다.

몸길이 1.5m, 최대 2m

분포 미국 남서부, 캘리포니아 동남부, 오클라호마, 텍사스, 뉴멕시코, 애리조나.

북살모사
Common adder

해설 몸의 색에 편차가 크다. 어떤 성체 표본은 완전한 흑색이고, 다른 표본은 등을 따라 어두운색의 지그재그 무늬를 지니는 식이다.

특성 이 뱀은 작은 살모사로 구분되며, 성미가 급하고 종종 예고 없이 공격한다. 출혈독을 지니고 있어 혈액세포를 파괴하고 세포손상을 일으킨다. 캠핑을 하거나 벌판을 걷는 사람들이 공격에 노출되기 쉽다.

서식환경 초원에서 바위가 많은 경사면, 농장, 경작지 등 다양한 환경에 서식한다.

몸길이 평균 45㎝, 최대 60㎝

분포 사실상 유럽 전역에 서식한다.

뿔뱀

Long-nosed adder

해설 회색, 갈색, 또는 붉은색 바탕에 암갈색과 흑색의 지그재그 무늬가 등으로 이어진다. 통상 두 눈 뒤에 어두운색 무늬가 있다.

특성 작은 뱀으로, 서식지 일대에서 대량으로 발견된다. 뿔뱀이라는 이름은 코에 있는 작은 비늘돌기에서 따왔다. 이 뱀은 인간을 공격한 사례가 많으며, 사망사고도 보고되었다. 독은 심한 통증과 세포손상을 일으키는 출혈독인데, 신속한 의료 조치만 받을 수 있다면 통증에 비해 구명률은 높다.

서식환경 경작지, 밭, 농장, 바위투성이 경사면.

길이 평균 45㎝, 최대 90㎝

분포 이탈리아, 유고슬라비아, 북알바니아, 루마니아.

팰러스 바이퍼

Pallas' viper (agkistrodon halys)

해설 몸의 색은 주로 회색, 황갈색, 또는 노란색이고 전반적으로 미국 살모사와 형태가 흡사하다.

특성 이 뱀은 내성적이며 좀처럼 공격하지 않는다. 출혈독을 지니고 있지만, 생명을 위협하는 경우는 거의 없다.

서식환경 밭, 야산, 비탈, 농경지대.

몸길이 평균 45㎝, 최대 90㎝

분포 유럽 전역

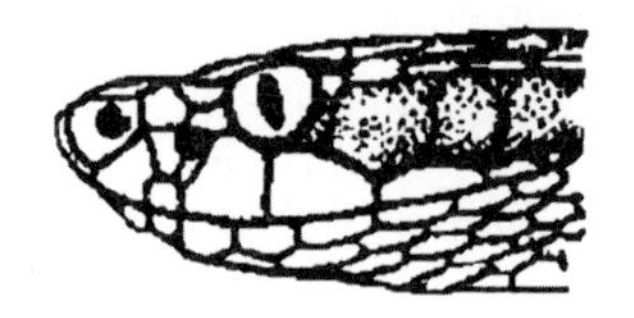

들북살모사
Ursini's Viper

해설 유럽살모사와 북살모사, 들북살모사는 기본적인 채색과 등의 지그재그 문양이 동일하다. 식별점은 북살모사와 들북살모사의 코끝에 있는 작은 비늘 모양의 돌기다.

특성 들북살모사는 성미가 급해 가까이 다가가면 즉시 공격을 준비한다. 출혈독을 지니고 있으며, 드물지만 사망사례도 있다.

서식환경 초원, 농경지, 바위투성이 언덕 중턱, 초지.

길이 평균 45㎝, 최대 90㎝

분포 유럽 대부분(그리스, 독일, 유고슬라비아, 프랑스, 이탈리아, 헝가리, 루마니아, 불가리아, 알바니아), 북모로코 일부.

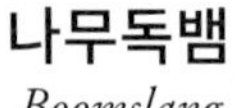

나무독뱀
Boomslang

해설 몸 색은 다양하지만 일반적으로 녹색이나 갈색이 많은데, 이 색이 서식환경에서 보호색으로 작용해 찾기가 매우 어렵다.

특성 공격을 선호한다. 나무독뱀의 출혈독은 소량으로도 심각한 내출혈을 유발하므로 매우 위험하다.

서식환경 항상 숲에 서식하고 대부분의 시간을 나무 위에서 쉬거나 덤불 속에서 먹이를 기다리며 보낸다.

길이 60㎝ 이하

분포 아프라카, 사하라 사막 둘레 지역에 분포

숲살모사
Bush viper

해설 리프 바이퍼라고도 불리는 이 뱀은 옅은 녹색부터 올리브색, 갈색까지 다양한 바탕색이 있다. 꼬리만으로 가지를 단단히 잡고 몸을 지탱할 수 있는 것이 특징이다.

특성 작은 설치류를 먹기 위해 종종 지상으로 내려오지만 기본적으로 나무 위에 서식한다. 공격적이지는 않지만 만지거나 잡으려고 하면 몸을 지키기 위해 공격한다. 독은 출혈독이지만 건강한 성인의 경우 물려도 사망 위험은 낮다.

서식환경 숲과 늪지대 주변 삼림 내에 서식한다. 종종 덤불이나 낮은 가지에서도 발견된다.

길이 평균 45㎝, 최대 75㎝

분포 아프리카 일대(앙골라, 카메룬, 우간다, 케냐, 콩고)

코브라
Cobra

해설 아시아 코브라로 알려진 이 뱀은 일반적으로 푸르스름한 회색이나 갈색이 대부분이며, 후드에 무늬가 있는 경우도 많다.

특성 매년 많은 사망사고의 원인이 된다. 코브라는 자극하거나 위협을 가할 경우 머리를 들어올리고 후드를 펼치며 맞선다. 코브라의 독은 고순도의 신경독으로 세포손상과 호흡마비를 일으킨다. 가급적 위협으로부터 도망치려 하지만, 퇴로가 막혔을 경우 극히 위험한 성향으로 변모한다.

서식환경 경작지, 늪지대, 개활지, 거주구역 등 분포지역 내에서는 어디든 발견된다.

길이 평균 1.2m, 최대 2.1m

분포 동남아시아와 서남아시아, 인도네시아.

이집트 코브라
Egiptian Cobra

해설 몸의 윗부분은 노랗거나 어두운 갈색, 혹은 검은색 바탕에, 어두운색의 가로무늬가 있다. 머리는 검은색이다.

특징 극히 위험한 뱀으로, 매년 많은 사망사고를 일으킨다. 자극을 가하면 이 뱀은 퇴로가 확보될 때까지 빈번히 공격한다. 인도코브라보다 몇 배나 강한 신경독을 지니고 있어, 물리면 호흡곤란으로 사망하게 된다.

서식환경 농경지, 개활지, 특히 설치류를 노리고 농가 일대 거주구에 출몰한다.

길이 평균 1.5m, 최대 2.5m

분포 아프리카, 이라크, 시리아, 사우디아라비아.

가봉 살모사
Gaboon Viper

해설 바탕색은 분홍색이나 갈색이고, 노릇하고 밝은 갈색의 무늬가 등을 따라 이어져 있으며, 옆구리에도 모래시계 모양의 무늬가 있다. 두 눈 뒤의 암갈색 가로무늬도 식별점이다. 이 뱀은 정면에서는 포착하기 어렵기 때문에 매우 위험하다. 1.8m급 가봉 살모사는 거의 16kg에 달한다.

특성 살모사 가운데 가장 크며, 가장 무거운 종이다. 삼각형의 머리도 매우 크고, 5㎝에 달하는 독니도 동종 가운데 가장 길며, 주입하는 독액의 양도 살모사 가운데 가장 많다. 독은 출혈독과 신경독이 섞여 있다. 밤에 주로 활동한다. 다행히도 공격적인 성향은 아니며, 가까이 다가가도 즉시 달아나지 않지만, 밟거나 잡을 경우에 공격한다.

서식환경 폐쇄적인 밀림, 한정적으로 개활지에서도 발견된다.

길이 평균 1.2m, 최대 1.8m

분포 아프리카 대부분

그린 맘바
Green Mamba

해설 대부분의 맘바는 몸 전체가 밝은 녹색이지만, 해당 종에서 가장 큰 블랙맘바의 경우 예외적으로 올리브색이나 검은색이다.

특성 맘바는 아프리카에서는 물론 전 세계에서 가장 위험한 뱀으로 여겨지고 있으며, 절대 안이하게 대응해서는 안 된다. 극히 위험한 신경독을 지니고 있으며, 공격적이고, 행동이 빠르며, 강하게 문다.

서식 환경 맘바는 덤불이나 나무에 서식하며, 낮게 늘어진 가지에서 일반적인 먹이인 새나 다른 동물을 찾는다.

길이 평균 1.8m, 최대 3.7m

분포 아프리카 대부분

백순죽엽청
Green tree pit viper

해설 몸 전체가 밝거나 어두운 녹색으로 무늬가 없으며 입술 주변만 밝은 황색이다.

특성 물리면 반드시 죽지는 않지만, 매우 위험한 뱀으로 구분된다. 이 뱀은 나무 위에 거주하며, 머리, 어깨와 같은 인간의 급소를 직접 공격한다. 따라서 독의 강약에 관계없이 위험하다. 이 뱀은 거의 당에 내려오지 않으며, 어린 새나 도마뱀, 나무개구리를 먹고 산다.

서식환경 폐쇄적인 밀림이나 농지에 서식한다.

길이 평균 45㎝, 최대 75㎝

분포 남아시아, 혹은 동남아시아. 인도, 미얀마, 말레이시아, 태국, 라오스, 캄보디아, 베트남, 중국, 인도네시아, 대만

반시뱀
Habu pit viper

해설 복부는 황색이나 초록색을 띤 흰색이며, 등은 검은색 무늬가 새겨진 밝은 갈색, 또는 올리브빛을 띤 황색이다.

특성 이 뱀은 많은 사망사고의 원인으로, 성격이 급하고 자신을 방어할 경우에 극히 공격적으로 돌변하므로 매우 위험하다. 반시뱀의 출혈독은 심각한 세포손상과 통증을 유발한다.

서식환경 서식지 내에서는 저지대부터 산악지대까지 다양한 환경에 서식한다. 종종 담벼락이나 실내에서도 마주칠 수 있다.

몸길이 평균 1m, 최대 1.5m

분포 오키나와와 인근 도서지역, 규슈 등.

사막뿔살모사
Horned desert viper

해설 옅은 황갈색 몸에 흐릿한 얼룩무늬가 있고, 눈 위로 날카롭게 뿔처럼 솟은 비늘이 특징적이다.

특성 사막에 서식하는 모든 살모사들이 그렇듯이 낮에는 구멍에 숨어 지내고 밤에 밖으로 나와 활동한다. 구멍에 들어가 있을 때는 모습이 보이지 않으므로, 이 뱀에 물리는 상황은 대부분 우연히 구멍을 밟는 과정에서 발생한다. 독은 출혈독으로, 혈액세포와 조직세포를 심각하게 훼손한다.

서식환경 서식분포지 내에서 매우 건조한 지역에 한해 거주한다.

몸길이 평균 45㎝, 최대 75㎝

분포 북아프리카와 중동지역.

킹코브라
King cobra

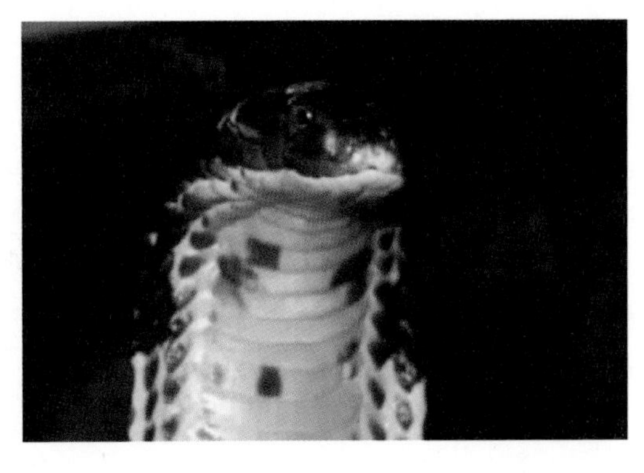

해설 몸은 올리브색, 갈색, 혹은 초록색이고, 고리 형태의 검은 가로줄무늬가 있다.

특성 세계 최대의 독사다. 다만 인간이 물리는 경우는 상대적으로 많지 않다. 지능이 우수한 편이어서 다른 독사들을 공격하지도 않고, 오직 해롭지 않은 동물들만 먹이로 삼는다. 암컷은 둥지를 틀고 알을 품으며, 둥지에 있을 때는 다가오는 모든 대상에게 극히 공격적인 반응을 보인다. 독은 극히 강한 신경독으로, 적절한 의료조치를 받지 않으면 확실히 죽는다.

서식환경 폐쇄된 정글과 경작지.

길이 평균 3.5m, 최대 5.5m

분포 남아시아와 동남아시아, 태국, 남중국, 말레이시아 반도, 필리핀 일대

크레이트
Krait

해설 몸은 흑색, 혹은 푸르스름한 검은색으로, 여러 개의 가느다란 가로줄무늬가 특징이다.

서식환경 이 극히 위험한 뱀은 아시아에만 서식하며, 코브라보다 15배는 더 치명적이다. 야간에 행동하고 낮에는 거의 움직이지 않는다. 현지 주민들은 종종 보행 중 이 뱀을 밟아 물리곤 한다. 그리고 침낭, 장화, 텐트 내에 들어가는 경향이 있어 이 역시 사고의 원인이 된다. 크레이트의 독은 호흡곤란을 유발하는 강력한 신경독이다.

서식환경 개활지, 인간의 거주지, 폐쇄적인 밀림

길이 평균 90㎝, 최대 1.5m

분포 남아시아, 동남아시아. 인도 일부, 스리랑카와 파키스탄.

사막독사
Levant viper

해설 바탕색은 회색이나 연갈색이며, 등 위에 암갈색의 큰 반점이 있고, 머리 위에도 역V 형 무늬가 있다.

특성 이 뱀은 살모사로는 큰 편에 속하며, 인간의 관점에서는 매우 위험하다. 강한 출혈독을 지니고 있어 이 뱀에 물려 사망한 사례도 많다. 매우 과격한 성향이며, 공격할 경우 상대를 위협하는 소리를 낸다.

서식환경 농지부터 산악지형까지, 매우 다양한 환경에 서식한다.

몸길이 평균 1m, 최대 1.5m

분포 아시아 일부와 남서아시아, 그리스, 이라크, 시리아, 레바논, 터키, 아프가니스탄, 극히 제한적이지만 소비에트 연방국가 일대와 사우디아라비아.

말레이 피트 바이퍼
Malayan pit viper

해석 붉은색 등에 옅은 분홍색의 밝은 비늘로 둘러싸인 갈색 삼각형 무늬가 특징이다. 삼각형 무늬의 밑변은 옆구리까지 내려간다. 또 머리 양쪽과 상부에도 암갈색의 무늬가 있다.

특성 이 뱀은 독니가 길고 성향도 공격적이어서 많은 인명사고의 원인이 되었다. 이 뱀의 출혈독은 혈액세포와 조직세포를 파괴하지만, 의료처치를 받은 환자의 생존률은 높은 편이다. 이 뱀은 지상에서 먹이를 찾아 배회한다. 따라서 맨발로 이 뱀을 밟을 경우 극히 위험하다.

서식환경 농장, 농촌, 숲 등

서식지 태국, 라오스, 캄보디아, 자바, 수마트라, 말레이시아, 베트남, 미얀마, 중국 일부

맥마흔 바이퍼
McMahon's viper

해설 전체적으로 모래색에 가까운 황갈색이며, 몸 양쪽으로 어두운 갈색의 반점이 줄지어 있다. 구멍을 파기 쉽도록 코에 보호조직이 있다.

특성 이 뱀은 사람 앞에 좀처럼 모습을 보이지 않아, 생태가 자세히 알려지지 않았다. 매우 흉폭한 성미로, 가까이 접근한 침입자는 무조건 공격한다. 강한 출혈독을 지니고 있어, 대상에게 심각한 통증과 세포 손상을 유발한다.

서식환경 건조지, 또는 사막 변두리. 해가 떠 있는 동안은 숨고 밤에 설치류 등을 사냥하러 움직인다.

길이 평균 45㎝, 최대 1m

분포 파키스탄 서부, 이란, 아프가니스탄.

두더지독사
Mole viper

해설 몸은 일정한 검은색이나 암갈색이며, 작고 긴 머리가 특징이다

특성 살모사처럼 보이지는 않지만 분류상 살모사로 구분된다. 체장과 머리가 작고, 독사로 보이지 않는 외형에 성향도 과격하지 않지만, 직접 만지거나 짓누를 경우 태도가 돌변한다. 크기는 작지만 강한 출혈독이 있고, 머리 크기에 비해 독니가 길어 뒷머리를 잡은 상태에서도 물릴 수 있다. 이 뱀은 가만히 두는 편이 좋다.

서식환경 농지, 혹은 건조한 토지.

몸길이 평균 55㎝, 최대 75㎝

분포 사하라 사막 일대를 제외한 아프리카 대부분.

팔레스타인 바이퍼
Palestinian viper

해설 바탕색은 올리브색이나 녹색에 가깝고, 머리에는 어두운 색의 V형 무늬가, 몸에는 등을 따라 갈색의 지그재그 무늬가 있다.

특성 팔레스타인 바이퍼는 아시아의 러셀 바이퍼와 근연종으로, 극히 위험한 뱀이다. 야간에는 활발하고 공격적이며, 낮에는 극히 조용하지만 몸의 위험을 인지할 경우 몸을 말고 크게 위협하는 소리를 내며 재빨리 공격한다.

서식환경 건조지대에 많이 서식하지만 헛간이나 축사 일대에도 출몰한다.

길이 평균 0.8m, 최대 1.3m

분포 터키, 시리아, 팔레스타인, 이스라엘, 레바논, 요르단 등.

퍼프 애더
Puff Adder

해설 몸은 노릇한 밝은 갈색이며, 전신에 암갈색이나 검은색의 무늬가 있다.

특성 퍼프 애더는 독을 지닌 살모사류 가운데 두 번째로 크다. 아프리카에서는 흔히 볼 수 있다. 주로 야행성이어서 낮에는 더위를 피해 숨어있으며, 다가서면 머리를 당겨 위협하는 소리를 내며, 침입자를 공격한다. 독은 강한 출혈독으로, 혈액 세포를 파괴하고 광범위하게 조직세포를 손상시킨다.

서식환경 늪지대, 숲, 정착지 주변 등

길이 평균 1.2m, 최대 1.8m

분포 아프리카, 사우디아라비아, 주변국 및 서남아시아.

라이노 바이퍼

Rhinoceros viper

해설 몸 색은 밝은 갈색이고, 보라색이나 붉은빛을 띤 갈색 무늬와 검은색, 올리브색 무늬가 몸을 덮고 있다. 삼각형 머리의 코끝에 솟아 있는 뿔을 닮은 비늘이 특징이다.

특성 외관은 매우 특징적이다. 뿔과 거친 비늘이 섬뜩한 인상을 준다. 성격이 급하고, 공격적이지는 않지만 방해를 받는다면 상대를 공격할 준비가 되어 있는 뱀이다. 독은 신경독과 출혈독이 섞여 있다.

서식환경 숲, 늪지대, 물가에 서식한다.

길이 평균 75㎝, 최대 1m

분포 중부아프리카

러셀 바이퍼

Russell's viper

해설 바탕색은 밝은 갈색으로, 흰색이나 노란색 테두리로 구분되는 암갈색, 혹은 검은색 반점이 3줄로 이어져 있다.

특성 이 위험한 뱀은 다양한 환경에 서식하고 있어,다른 독사들보다 인간에게 치명적이다. 성미가 급하고, 곧장 상대를 위협하며, 도망치기보다는 공격한다. 물리면 강한 출혈독이 조직세포와 혈액세포를 손상시킨다.

서식환경 농지부터 밀림까지 다양한 환경에 서식한다.

길이 평균 1m, 최대 1.5m

분포 남아시아-동남아시아, 스리랑카, 중국 남부, 인도, 말레이시아, 자바, 수마트라, 보르네오

모래살모사
Sand viper

해설 온몸이 균일한 밝은색이며, 3열의 암갈색 반점이 교차하는 형태로 등을 따라 이어진다.

특성 사막에 서식하는 매우 작은 뱀이다. 한낮에는 더위를 피해 모래에 파묻혀 지내며, 밤에는 사막에 서식하는 소형 설치류와 도마뱀을 사냥하기 위해 나온다. 성미가 급해 여러 차례 공격한다. 독은 출혈독이다.

서식환경 사막지대로 한정된다.

길이 평균 45㎝, 최대 60㎝

분포 북사하라, 알제리, 이집트, 수단, 나이지리아, 차드, 소말리아, 중앙아프리카.

톱비늘북살모사
Saw-scaled viper

해설 몸은 밝은 황갈색 바탕에 갈색과 칙칙한 적색, 또는 회색이 많다. 옆구리에 백색이나 그 밖의 밝은색 띠 무늬가 있다. 눈 뒤부터 시작되는 검은 줄무늬 두 줄은 꼬리까지 이어진다.

특성 작지만 극히 위험한 뱀이다. 모든 침입자들을 공격한다. 독은 고순도의 출혈독으로, 작용이 빨라 사망사례도 많다.

서식환경 다양한 환경에 서식한다. 농촌, 경작지, 임야, 헛간, 암벽, 비탈 등.

길이 평균 45㎝, 최대 60㎝

분포 아시아와 아프리카, 시리아, 인도, 이라크, 이란, 사우디아라비아, 파키스탄, 요르단, 레바논, 스리랑카, 알제리아, 이집트, 이스라엘 등.

와글러 (템플) 피트 바이퍼
Wagler's (temple) pit viper

해설 바탕색은 초록색이고, 파란색이나 보라색 테두리로 둘러싸인 밝은 가로줄무늬가 특징이다. 머리 양쪽으로 두 줄의 가로줄무늬가 있다.

특성 이 뱀은 사찰에 독사를 풀어두는 특정 종교의 풍습으로 인해 템플 바이퍼라고도 불린다. 물리면 위험하다는 점에서는 다른 독사들과 같지만 다행히 사망사례는 드물다. 독니가 길고 혈액세포와 조직세포를 파괴하는 출혈독을 쓴다. 나무 위에 주로 서식하여 상체가 물릴 가능성이 높다.

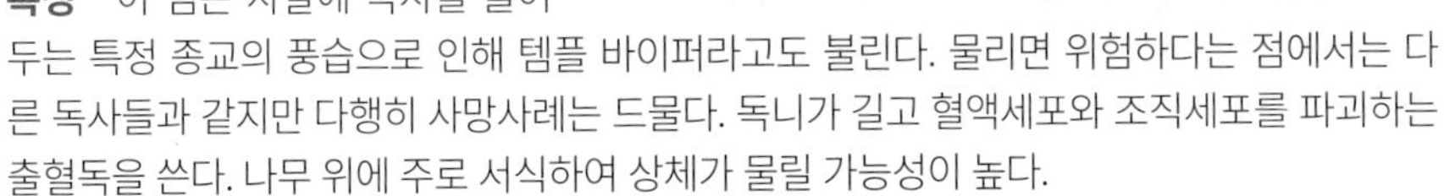

서식환경 주로 밀림에 서식하지만 인간의 거주지 주변에도 자주 출현한다.

길이 평균 60㎝, 최대 100㎝

분포 말레이반도 및 말레이제도, 인도네시아 보르네오, 필리핀, 류쿠 열도.

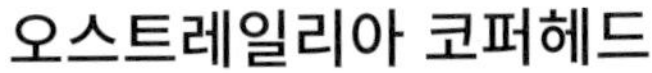

오스트레일리아 코퍼헤드
Australian copperhead

설명 몸은 주로 붉은 빛을 띤 갈색이나 암갈색이지만, 퀸즐랜드에 서식하는 종은 검은색이다.

특성 전반적으로 게으른 뱀이지만 밟으면 공격한다. 화를 낼 경우 고개를 활 모양으로 젖히며, 땅에서 머리를 수㎝가량 세운다. 독은 신경독이다.

서식환경 늪지대

몸길이 평균 1.2m, 최대 1.8m

분포 테즈매니아, 오스트레일리아 남부 퀸즐랜드, 캥거루섬.

데스 애더
Death Adder

해설 몸은 적색을 띤 노란색, 혹은 갈색이며, 뚜렷한 암갈색 가로무늬가 있다. 꼬리 끝은 검고 딱딱한 바늘 모양이다.

특성 극히 위험한 뱀이다. 자극을 받으면 온몸을 펼치고 접근한 대상을 즉시 공격한다. 야행성으로 낮에는 숨고 야간에 활동한다. 살모사를 닮았지만 코브라과로 구분되며, 강력한 신경독을 지니고 있어 물릴 경우 의료적인 처치를 하더라도 사망률이 50%에 달한다.

서식환경 일반적인 건조한 땅, 들판, 숲에 서식한다.

몸길이 평균 45㎝, 최대 90㎝

분포 오스트레일리아, 뉴기니아, 말라카스.

타이판
Taipan

해설 전신을 올리브색과 암갈색이 균일하게 덮고 있으며, 머리는 몸통보다 어두운 갈색이다.

특성 가장 치명적인 뱀 가운데 하나로 여겨지며, 극히 공격적인 성향이다. 자극을 받을 경우 머리를 들어 올려 앞뒤로 흔들며 위협하고, 목표가 물러나기 전에 민첩하게 기습공격을 하며, 몇 번 공격을 반복한다. 호흡곤란을 유발하는 강력한 신경독을 지니고 있으며, 적절한 의료조치를 받지 않을 경우 생존 가능성은 전혀 없다.

서식환경 사바나의 숲이나 평지, 종종 설치류를 찾아 민가에도 출몰한다.

길이 평균 1.8m, 최대 3.7m

분포 북오스트레일리아와 남뉴기니아.

타이거스네이크
Tiger snake

해설 배 쪽은 올리브색이나 어두운 갈색이고, 배와 가로줄무늬는 황색이다. 태즈매니아나 빅토리아 섬에 서식하는 아종은 균일한 흑색이다.

특성 이 뱀은 오스트레일리아에서 가장 위험한 뱀이다. 어디에나 서식하므로 많은 사람들이 공격을 당한다. 매우 강력한 신경독을 지니고 있다. 자극을 받을 경우 즉시 공격적 반응을 보이며, 모든 침입자에 대해 공격한다.

서식환경 수로변으로부터 초원지대나 인가까지 다양한 장소에 출몰한다.

길이 평균 1.2m 최대 1.8m

분포 오스트레일리아, 태즈매니아, 뉴기니아.

줄무늬바다뱀
Banded sea snake

해설 바다뱀은 부드러운 비늘이 특징이고, 푸른색 바탕에 검은 가로 줄무늬가 있다. 주걱 형태의 꼬리는 헤엄을 칠 때 추진력을 제공한다.

특성 야간에 가장 활발하게 활동하며, 헤엄을 쳐서 해변에 접근한다. 매우 강력한 신경독을 지니고 있지만 공격적이지는 않다. 피해자는 대부분 어망에 꼬인 뱀을 떼어내려던 어부들이다.

서식환경 대서양을 제외한 모든 대양에 서식한다

몸길이 평균 75㎝, 최대 1.2m

분포 오스트레일리아의 태평양 연안과 동남아시아, 인도양 연안

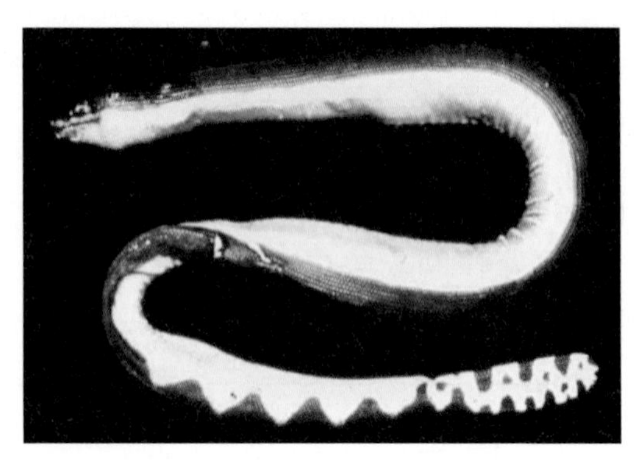

노란배 바다뱀
Yellow-bellied sea snake

해설 등은 검은색이나 어두운 갈색, 배는 밝은 노란색이 특징적인 뱀이다.

특성 크게는 코브라과에 속하는 독사다. 이 뱀은 외양성으로, 물가에 다가가는 경우는 있어도 뭍에 상륙하지는 않는다. 주걱형 꼬리로 헤엄친다. 바다뱀은 스스로 접근하지는 않지만 접근하면 위험하다. 이 뱀의 신경독은 소량이라도 치명적이다.

몸길이 평균 0.7m, 최대 1.1m

분포 하와이를 포함한 태평양의 많은 섬들, 코스타리카, 파나마.

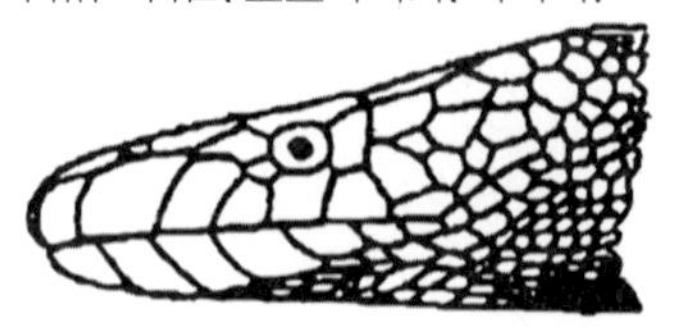

미국 독도마뱀

Gila monster

해설 온몸을 덮은 비즈구슬을 닮은 비늘과 큰 머리, 무거운 꼬리가 특징이다. 비대한 체형은 먹이가 적은 불모계절에 대비해 지방을 저축한 결과물이다. 검은 바탕색에 노랑, 분홍빛 레니스 무늬가 있다.

특성 공격적인 도마뱀은 아니지만, 자극을 가할 경우 몸을 지키기 위해 공격한다. 지나치게 가까워지면 입을 벌려 침입자에게 향하고, 공격 시 입으로 물고늘어진다. 독과 독니는 아랫턱에 있다.

서식환경 작은 설치류와 새들을 찾기 위해 밤이나 이른 아침에 건조한 지역에서 발견된다. 낮의 더위동안은 바위 밑에 있다.

길이 평균 30cm, 최대 50cm

분포 애리조나, 뉴멕시코, 유타, 네바다, 멕시코 북부, 캘리포니아 남동부 극히 일부.

멕시코 독도마뱀

Mexican beaded lizard

해설 근연종인 미국 독도마뱀보다 색이 칙칙하고, 검은색에 옅은 노란색 점이 있거나 완전히 흑색이다.

특성 사지가 매우 강인하여 바위를 기어오르거나 구멍을 판다. 성미가 급하고, 접근하면 방해자를 향해 입을 벌리고 위협한다. 출혈독을 지니고 있어 극히 위험하다.

서식환경 건조지, 또는 사막 지대에 서식한다. 종종 바위산이나 바위투성이 비탈에서 발견되고, 야간과 새벽에 주로 활동한다.

길이 평균 60cm, 최대 90cm

분포 멕시코를 포함한 중앙아메리카.

부록 F 위험한 어류와 연체동물

생선과 연체동물은 귀중한 영양 공급원이므로, 어떤 것이 위험한지 미리 알아두는 편이 현명하다. 어느 것이 위험한지, 어느 부분이 위험한지, 사전에 주의해야 할 부분은 무엇인지, 만약 위험한 어류에게 상처를 입으면 어떻게 대처해야 하는지 파악해야 한다. 어류와 연체동물의 위험은 물리거나, 바늘이나 촉수로 독이 주입되거나, 유독물질을 포함하고 있어 섭취 시 상해를 입는 세 가지 경우로 나뉠 수 있다.

공격당할 경우

인간을 공격하는 어류라고 하면 가장 먼저 상어가 떠오른다. 그러나 바라쿠다, 곰치, 피라 등도 인간을 공격한다.

상어

인간을 덮치는 상황이라면 상어는 가장 위험한 어류다.

상어는 물어뜯는 공격으로 인간의 신체능력을 단숨에 박탈하거나 죽일 수 있는 확실한 능력을 지니고 있다. 그러나 수많은 상어들 가운데 위험한 종은 상대적으로 적고, 상어가 인간을 공격하는 사고의 대부분은 백상아리, 뱀상어, 귀상어, 청새리상어 4종으로 한정된다. 그밖에 흉상어, 모래뱀상어, 청상어의 공격사례가 있다. 해당 상어들에 대해서는 그림 F-1을 참조한다.

상어는 어떤 상황에서도 피해야 한다. 상어의 공격으로부터 몸을 지키려면 이후 설명하는 순서에 따른다. 상어는 크기가 다양하지만 상어의 크기와 위험성은 관계가 없다. 비교적 작은 상어도 위험하며, 특히 무리지어 이동하고 있는 경우에는 더욱 그렇다. 만약 상어에게 물렸을 때 가장 먼저 취해야 할 행동은 신속한 지혈이다. 물속의 피가 상어를 유인하기 때문이다. 가급적 신속하게 부유물 위로 올라가거나 물가에 상륙해야 한다. 수중에 있을 경우 (다른 동료가 있다면) 물린 사람 주변에 둥글게 둘러서고 지혈대로 지혈한다.

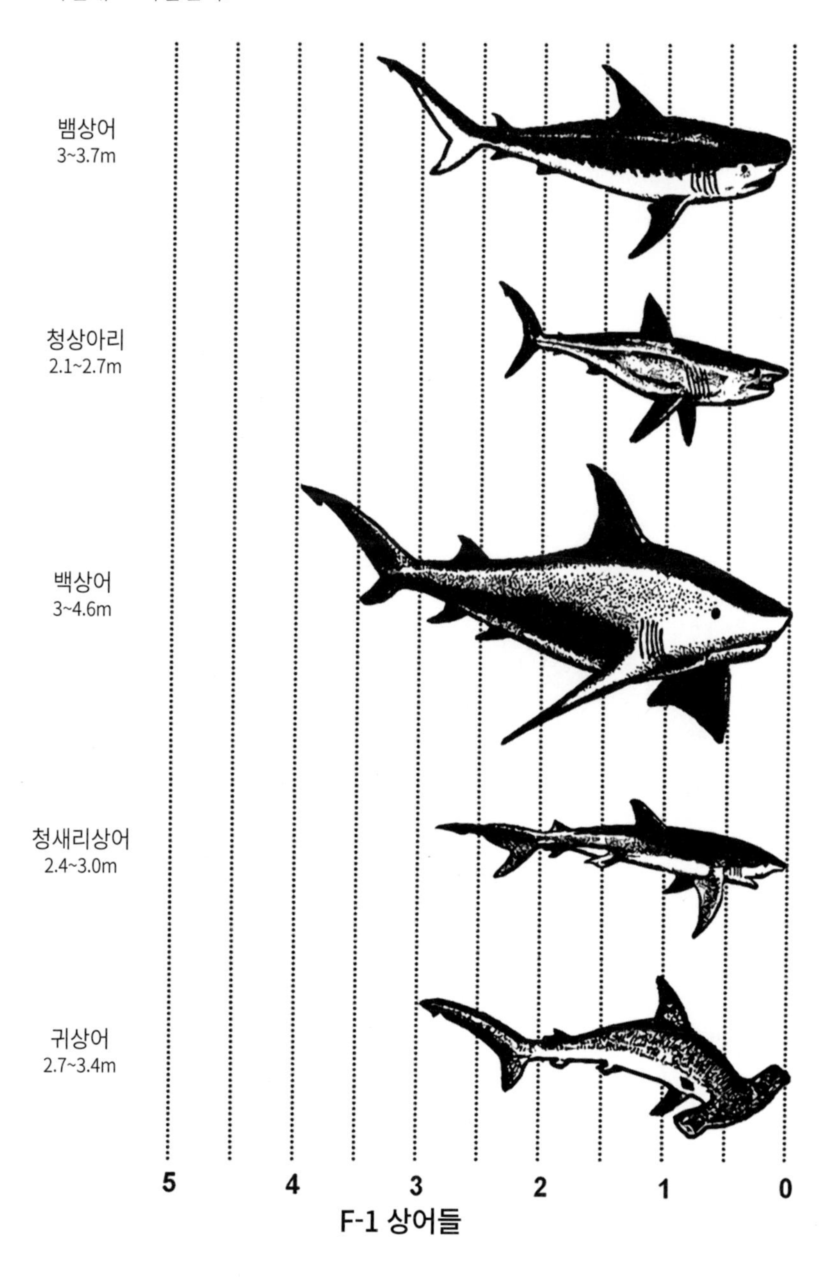

F-1 상어들

기타 위험 어류

바다에 서식하는 사람을 공격하는 어류로는 바라쿠다, 그루퍼, 곰치 등이 있다. (그림 F-2) 일반적으로 바라쿠다는 해양성 어류로, 그 큰 크기때문에 매우 위험하다. 사람의 살점을 크게 물어뜯을 수 있다. 바라쿠다와 곰치, 장어 등은 사람을 공격하고 물어뜯는다고 알려져 있다. 환초나 얕은 물에서는 이 두 어종을 주의해야 한다. 곰치는 특히 매우 공격적이다.

담수지역에서는 거의 유일하게 피라니아가 위험하다. 피라니아는 남아메리카의 열대 지역에서만 서식하고, 몸길이는 5~7.5㎝ 으로 작지만 매우 큰 이빨을 지녔으며 거대한 무리를 지어 헤엄친다. 체중 135kg의 돼지를 수 분 만에 해체했다는 기록도 있다.

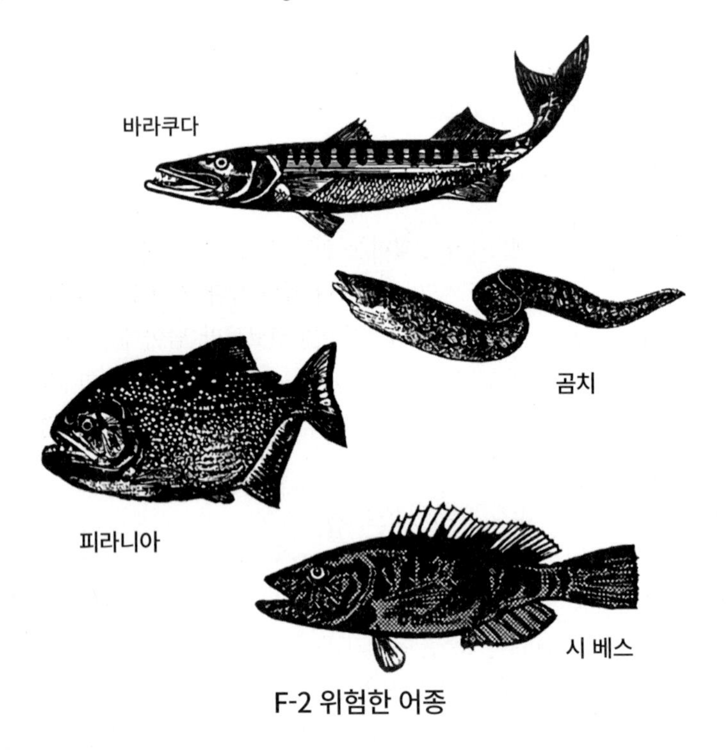

F-2 위험한 어종

독성 어류와 무척추동물

어류와 무척추동물 가운데 독을 지닌 종이 몇 가지 있다. 이들은 모두 바다에만 서식한다. 이 생물들은 물어뜯거나 촉수, 또는 지느러미의 가시로 독액을 주입하는데, 이 독들은 심한 통증을 유발하며 치사력이 있다. 해당 어류나 무척추동물에게 부상을 입을 경우 지상에서 뱀에게 물렸을 때와 같은 방식으로 처치한다.

가오리
Stingrays

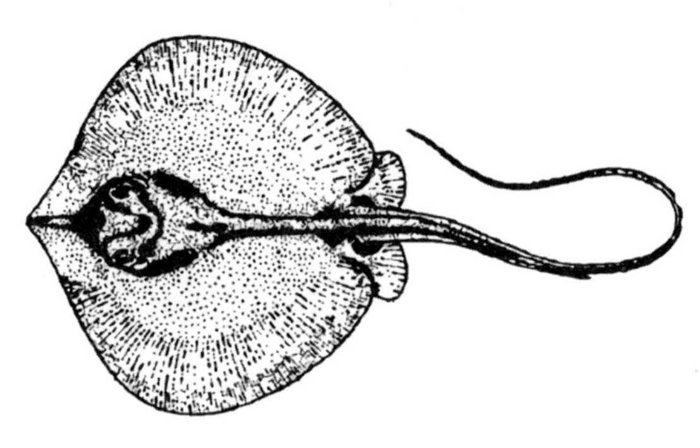

가오리는 얕은 바다, 특히 열대 및 온대 바다에 있다. 모든 종이 비슷한 형태를 하고 있으며, 헤엄치지 않을 때는 시인하기 어려운 색이다. 꼬리에 있는 독침이 심각한 통증이나 사망의 원인이 될 수 있다.

래빗피쉬
Rabbitfish

심해에 서식하는 은상어과의 일종. 코가 토끼코를 닮아 래빗피쉬라 불린다. 길이가 1m에 달하며채찍처럼 길게 늘어진 꼬리가 특징적이며, 지느러미에 돋은 가시에 쏘이면 심각한 통증이 발생한다.

쏨벵이 혹은 점쏠베감펭(쏨벵이목)
Scorpion fish or zebra fish

독쏨벵이 혹은 점쏠베감팽은 주로 태평양과 인도양의 환초에 서식한다. 길이는 30㎝에서 90㎝으로 다양하고, 몸은 붉은 빛을 띄며, 길고 흔들거리는 지느러미와 가시가 있다. 쏘이면 매우 아프다.

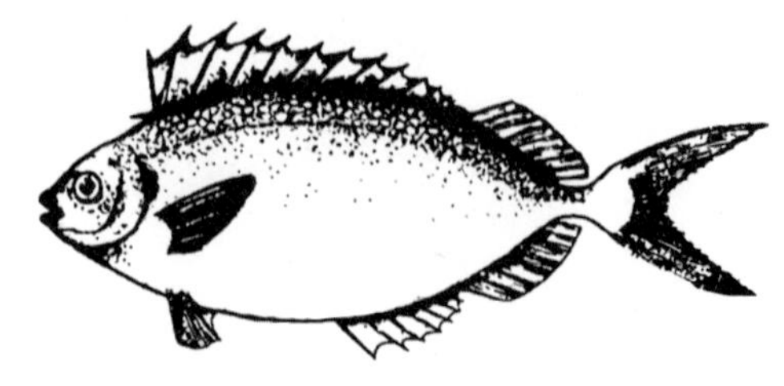

독가시치
Siganus fish

독가시치는 몸길이가 10~15㎝ 으로 작고, 크기를 제외하면 가다랑어와 비슷하다. 등지느러미와 배지느러미에 독가시가 있으며, 쏘이면 아프다.

쑤기미
Stonefish

쑤기미는 태평양과 인도양의 열대 해역에 서식한다. 평균 몸길이는 30㎝가량이고, 칙칙한 색과 땅딸막한 몸으로 잘 위장되어 발견하기 어렵다. 밟으면 등지느러미의 가시에 있는 독으로 극심한 통증을 겪거나 사망한다.

양쥐돔
Tang or surgeonfish

텅, 또는 서전피쉬라 불리는 양쥐돔은 평균길이 20~25㎝가량의 넓적한 몸과 작은 입, 밝은색이 특징이다. 모든 열대해역에 서식하는 이 어류의 지느러미에 있는 가시는 강한 통증을 유발할 수 있다.

두꺼비고기
Toadfish

이 어류는 남아메리카 및 중앙아메리카 앞바다의 열대해역에 서식한다. 길이 17.5~25cm에 칙칙한 채색, 큰 입으로 식별된다. 모래 속에 묻혀 지내므로 무심코 밟게 되기 쉽다. 등지느러미에 극히 날카로운 맹독을 포함한 가시가 있다.

위버
Weever

위버, 혹은 위버피시는 열대의 어류로, 길이는 30cm가량이며, 몸이 마른 어류다. 모든 관련종이 독가시를 가지고 있어, 만지면 통증을 동반하는 상처를 입는다.

푸른고리문어
Blue-ringed octopus

푸른고리문어는 오스트레일리아 동부 연안, 그레이트 배리어 리프에 있다. 회백색 몸에 비단벌레색과 같은 푸른 점 문양이 있다. 잡거나 밟지 않는 한은 공격하지 않지만, 공격할 경우 치명적인 독을 사용한다.

작은부레관 해파리

Portuguese man-of-war

작은부레관해파리는 해파리와 비슷하지만 실제로는 해양생물의 집합체다. 주로 열대 바다에 서식하며 멕시코 만류를 타고 멀리 유럽까지도 진출하며, 오스트레일리아에서도 발견되곤 한다. 갓 부분은 15cm도 채 되지 않지만 촉수의 길이는 12m에 달한다. 이 촉수에 쏘이면 매우 극심한 통증에 노출되지만, 사망사례는 극히 희소하다.

청자고둥

Cone shells

사면체 형태의 이 조개류는 표면이 매끈하고 화려한 얼룩무늬가 있으며, 껍질에 길고 좁은 구멍이 뚫려 있다. 열대지방의 물결이 잔잔한 만내 바위 아래 산호 환초, 혹은 암초 지역에 서식한다. 모든 청자고둥은 주사바늘에 가까운 작은 치설을 가지고 있다. 치설의 독침으로 독액이 주입 되면 순식간에 격심한 통증과 오한, 시각장애가 일어나고 몇 시간 내에 사망할 수도 있다. 어떤 상황에서도 절대 만져서는 안 된다.

송곳고둥

Terebra shells

송곳고둥과의 조개는 열대와 온대 양쪽에 모두 서식한다. 청자고둥과 비슷하지만 더 가늘고 더 길며, 치설과 독침을 사용하지만 청자고둥만큼 맹독성은 아니다.

독을 포함한 어류

먹어서는 안 될 독성 어류와 안전한 생선을 구분하는 간단한 방법은 없다. 해당 어류들은 모두 체내에 여러 종류의 유해물질이나 독극물을 지니고 있어, 먹으면 위험하다. 독성 어류에는 다음과 같은 공통점이 있다.

- 독성어류의 대부분은 산호초나 암초 주변 지역에 서식한다
- 독성어류는 상당수가 상자형, 혹은 원형이며, 골질의 비늘로 덮힌 딱딱한 껍질 같은 피부가 있다. 또 작고 앵무새를 닮은 입, 작은 아가미, 작거나 존재하지 않는 배지느러미 등도 공통사항이다.

그밖에도 바라쿠다나 도미의 일부도 열대 산호초 먹이사슬을 통해 축적되는 유해플랑크톤이나 독을 체내에 축적하는 경우가 있다. 현지 해양생물에 대해 뚜렷한 지식이 없는 경우는 이하의 사전주의사항을 숙지하고 지킨다.

- 모래와 잘게 깨진 산호로 가득한, 얕은 환초에서 잡힌 어류는 최대한 주의한다. 산호를 먹는 종이 많고, 그 가운데 몇 종류는 독성어류다.
- 섬의 바람그늘 방향에서 잡힌 어류는 먹어서는 안 된다. 이런 장소에는 대게 산호가 수심이 얕은 곳에 작은 군체로 자리 잡고 있으며, 이런 해역에서는 여러 종의 어류가 서식하지만 그 가운데 일부는 독성이 있다.
- 어떤 곳에서도 물이 부자연스럽게 변색되어 있을 경우 어류를 잡아먹어서는 안 된다. 바닷물의 변색은 일대의 플랑크톤이 다양한 독성을 지니고 있음을 보여주며, 플랑크톤을 먹이로 삼은 어류들도 그 영향을 받는다.
- 어류를 잡을 경우 조류나 파도에 주의한다. 살아있는 산호초는 수심이 깊어질수록 급격히 줄어들며, 이것이 얕은 물과 깊은 수역을 나누는 선이며, 의심해야 할 어류와 안심해도 되는 어류를 나누는 선이기도 하다. 통상 깊은 수심의 생선은 독이 없다. 물론 깊은 수심에 서식하는 독성 어류들도 있으므로, 의심스러운 어류는 모두 버린다.

부록 G 밧줄과 매듭

용어

은신처, 함정과 덫, 무기와 장비, 그밖에 다른 기구들을 설치하려면 밧줄과 매듭법에 대한 기본 지식 및 그에 대한 용어들을 알아둘 필요가 있다.

- **귀(Bight)**
  밧줄을 겹치지 않고 구부려 놓은 간단한 형태를 뜻한다.
- **매듭 다듬기(Dressing the knot)**
  매듭을 적절하게 조정하고 풀거나 서로 묶기 위해, 모든 매듭법을 배우기에 앞서 먼저 배워야 하는 사항이다. 다듬기를 등한시할 경우 매듭의 강도가 50%정도 약해지는 결과를 초래할 수 있다. 이 용어는 매듭의 모든 매음새를 단단히 조여 서로 감기도록 하여 매듭들을 한데 묶는데도 사용된다. 느슨하게 감긴 매듭은 쉽게 형태가 무너지면서 매음새가 헐거워지고 모양이 변형되며 풀매듭이 되거나 심할 경우 매듭이 풀린다.
- **조여매기(Fraps)**
  기둥이나 막대를 지지하기 위해 밧줄을 감은 부분에 다시 밧줄을 직각으로 감아 얽은 부분을 단단하게 조이는 방법.
- **얽기(Lashings)**
  모서리 부분을 단단하게 고정시키거나 삼각대 모양을 만들기 위해 두 개 혹은 세 개의 기둥이나 막대를 함께 밧줄로 감고 조이는 방법. 얽기는 감은 매듭(=까베스통 매듭=클로브 히치 매듭)으로 시작하고 끝맺는다.
- **결방향(Lay)**
  밧줄의 결방향은 밧줄의 가닥이 꼬인 방향과 같은 뜻이다.

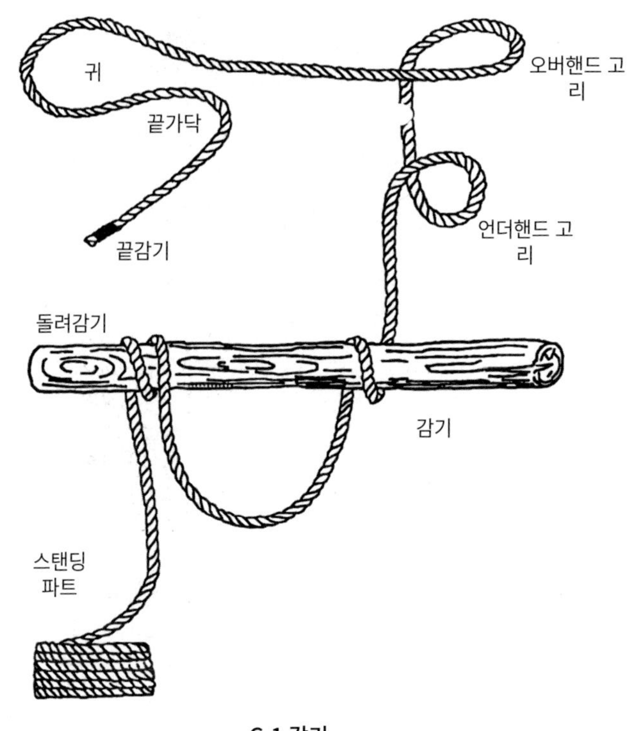

G-1 감기

- **고리(Loop)**
  고리나 원을 만들기 위해 끝가닥을 본가닥의 위나 아래로 교차하여 만든다.
- **돼지꼬리(Pig tail)**
  매듭을 짓고 남은 끝가닥을 말한다. 이 부분은 밧줄을 절약하고 혼선을 방지하기 위해 10cm로 해야 한다.
- **끝가닥(Running end)**
  밧줄에서 자유롭게 움직이는 부분. 이 부분이 밧줄에서 매듭을 맬 때 실제로 사용하는 부분이다.
- **본가닥(Standing end)**
  밧줄의 고정된 부분 또는 끝가닥을 제외한 부분.
- **둘러감기(Turn)**
  끝가닥을 가지고 본가닥의 반대 방향으로 기둥, 레일, 또는 원형의 물체 등을 둥글게 감싸는 것. 두 번 둘러감기(=round turn)는 동그라미를 그리듯 물체를 완전히 감싼 뒤에 본가닥과 같은 방향으로 끝가닥을 뺀다.

- **끝감기(Whipping)**
  밧줄 끝부분의 가닥이 풀리거나 매듭이 풀어지는 것을 예방하기 위한 방법. 끝부분을 가느다란 노끈, 테이프 또는 다른 것들로 감는 등의 방법이 있다. 밧줄을 둘로 잘라내기 전에 잘려질 양쪽 단면에 모두 실시해야 한다.
- **감기(Wraps)**
  두 개의 기둥이나 막대 주위로 단순하게 밧줄을 감거나(네모 얽기=square lashing) 세 개의 기둥이나 막대 주위를 감는 방법(세 발 묶음=tripod lashing) 등. 묶음법은 감은 매듭(클로브 히치 매듭)으로 시작하고 끝맺으며 조여매기(Fraps)를 통해 단단하게 고정한다. 이들을 조합해 구성한다. (그림 G-1)

기본 매듭

생존을 위해 반드시 알아야 할 기본 매듭과 그것을 매는 방법은 다음과 같다.

- **한매듭(Half-hitch)**
  이것은 모든 매듭들 중에서 가장 단순하며 군대에서 사용하는 모든 매듭법들의 안전 매듭 또는 마무리 매듭으로 사용된다. 이 매듭법은 무거운 물체나 힘이 없이는 풀리는 경향이 있기 때문에, 옭매듭으로 대체된다.
- **옭매듭 또는 오버 핸드 매듭(Overhand)**
  이 방법은 대부분의 사람들이 매일 신발끈을 매기 시작할 때 사용하는 단순한 매듭법이다. 이 방법은 또한 일시적으로 밧줄의 끝부분에 끝감기를 할 때에도 사용될 수 있다. 다른 매듭들을 위한 마무리 매듭 가운데 한 번은 이 옭매듭으로 대체해야 한다. 옭매듬 하나로는 매듭을 하지 않았을 때보다 밧줄의 강도가 55% 감소한다.

G-2 오버핸드 매듭

- **사각 매듭 또는 침매듭(Square)**
  (그림 G-3)일반 목적의 용도에 적합한 간단한 매듭법이다. 이 매듭법은 기본적으로 왼쪽에서 오른쪽, 오른쪽에서 왼쪽으로 서로 방향이 반대인 두 개의 옭매듭으로 이루어져 있다. 같은 굵기를 가진 두 개의 밧줄(구두끈처럼) 끝을 묶는 데 사용되며 양 끝은 옭매듭으로 마무리한다. 사각 매듭은 두 개의 고리를 만들면 단단하게 매었다 쉽게 풀어낼 수 있기 때문에, 제대로 매듭이 지어졌는지 확인하기가 쉽다.

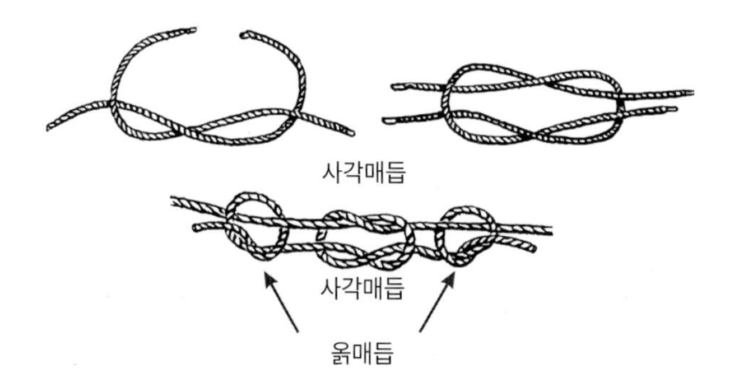

G-3 사각매듭과 옭매듭

- **두 번 둘러감은 두 매듭**

(Round turn and two half-hitches)

(그림 G-4) 다리를 밧줄 하나로 연결하거나 튼튼한 매듭이 필요할 때, 그리고 무거운 하중으로 매듭을 고정시키고 풀리지 않게 하기 위한 매듭법이다. 이 방법은 기둥이나 나무에 닻을 연결할 때 가장 많이 사용된다.

G-4 두 번 둘러감는 매듭

- **감은 매듭과 끝부분 묶음**

(Clove hitch and end-of-the-line clove hitch)

(그림 G-5와 G-6) 이 방법은 나무나 파이프에 밧줄을 동여매거나 팽팽하게 당길 때 사용한다. 감은 매듭은 간단하고 튼튼한 매듭법이지만 매듭에 힘을 주어 고정시키지 않으면 느슨해져 풀어진다. 이 점은 물체 주위와 감은 매듭의 중심부 아래에 각각 고리를 추가하면 해결할 수 있다.

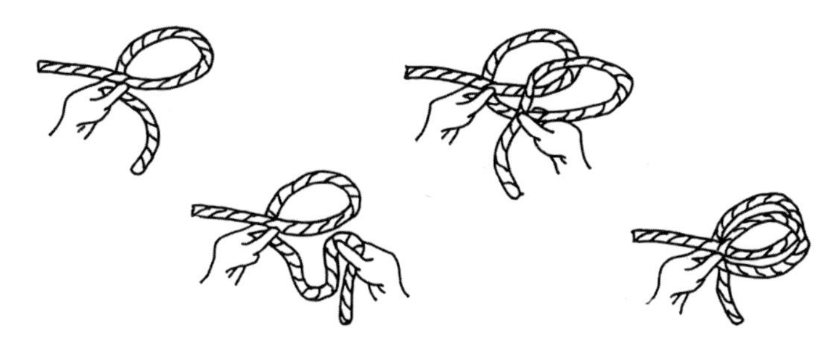

G-5. 감은 매듭

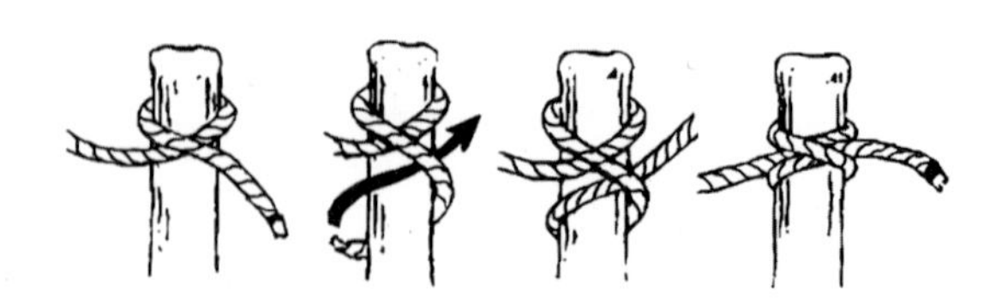

G-6 감은 매듭을 사용하는 묶기

- **줄임 매듭(Sheep shank)**

(그림 G-7) 밧줄에서 일정한 길이를 줄이는 매듭법으로, 밧줄의 약한 부분에서 하중을 덜어내야 하는 경우에도 사용이 가능하다. 이 방법은 주로 밧줄의 양 끝부분을 꽉 묶을 필요가 없는 일시적인 매듭이 필요할 때에 사용하는 방법이다.

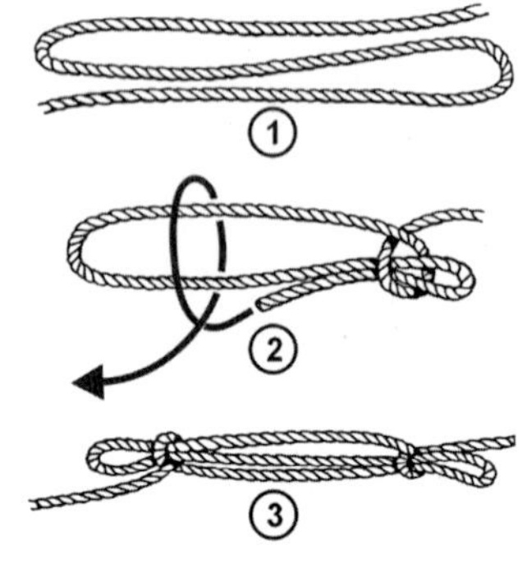

G-7 줄임 매듭

- **두 번 감은 접매듭(Double sheet bend)**

(그림 G-8) 이 매듭법은 두께가 같거나 다른 두 밧줄을 하나로 묶을 때, 혹은 밧줄이 젖었을 때에 적재된 짐이 미끄러지지 않게 하거나 무거운 짐을 단단히 끌어당길 때 사용된다. 이 매듭법은 여러 밧줄을 하나의 밧줄에 연결할 때에도 사용할 수 있다. 여러 밧줄 쪽에서 줄코를 만들어 매듭을 지으면 된다.

G-8 두 번 감은 접친 매듭

- **프루지크(Prusik)**

(그림 G-9에서 G-11) 이 매듭법은 길이가 더 긴 밧줄에 짧은 밧줄을 묶는 방식으로, 힘을 가하지 않으면 짧은 밧줄이 등반 로프 위에서 미끄러지고 짧은 밧줄 위에 힘이 가해지면 멈추는 구조다. 이 방법은 밧줄의 끝이나 밧줄의 줄코 부분과 엮을 수 있다. 밧줄 끝과 엮인 경우, 매듭은 고리 매듭법으로 마무리해야 한다. 다른

밧줄 위에서도 매듭이 미끄러지지 않는 특징 덕분에 밧줄 등반 시 발고리, 닻줄을 만들거나 나뭇가지나 스키 폴로 견인 부목을 만들 때 적합하다.

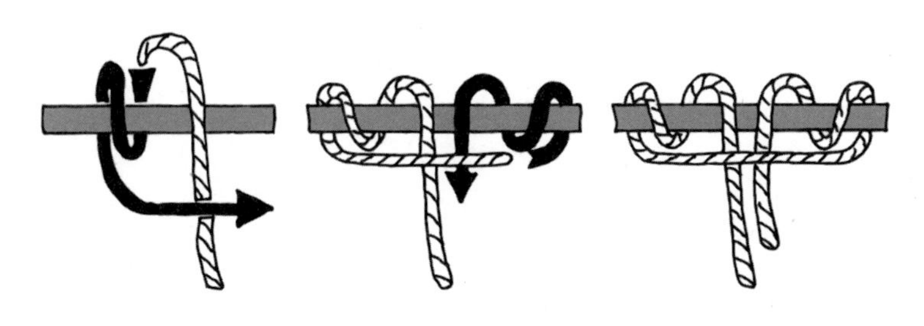

G-9 프루지크 매듭

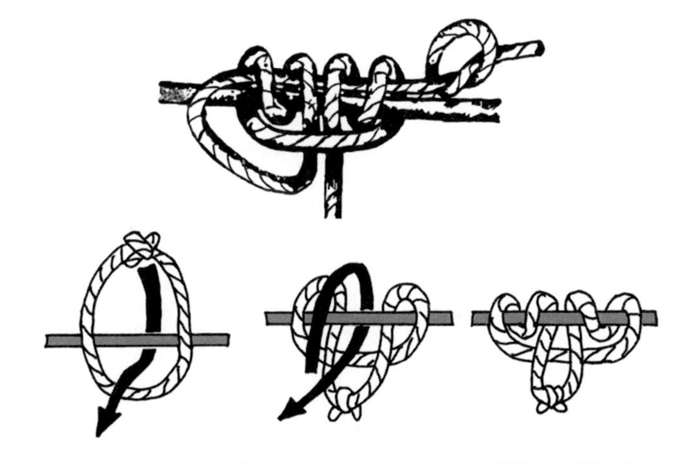

G-10 프루지크 매듭으로 줄 끝과 줄 가운데를 연결하기

G-11 프루지크 매듭으로 만드는 안전한 고리 매듭

- **고리 매듭과 옭매듭을 사용한 고리 매듭**

(그림 G-12) 신체를 감싸는 고리 매듭은 오랜 시간 동안 구급활동에서 사용되어 온 기본적인 매듭법이다. 이 방법은 하중을 받아도 신체를 조이거나 미끄러뜨리지

않는 고리로 신체를 감쌀 수 있다. 이 매듭법은 대부분의 상황에서 8자 매듭으로 대체되었다, 8자 매듭법은 밧줄을 거의 손상시키지 않기 때문이다.

G-12 오버핸드 매듭을 사용하는 고리 매듭

밧줄 귀로 만든 8자매듭. 고리 매듭과 비슷하게 쓰인다.

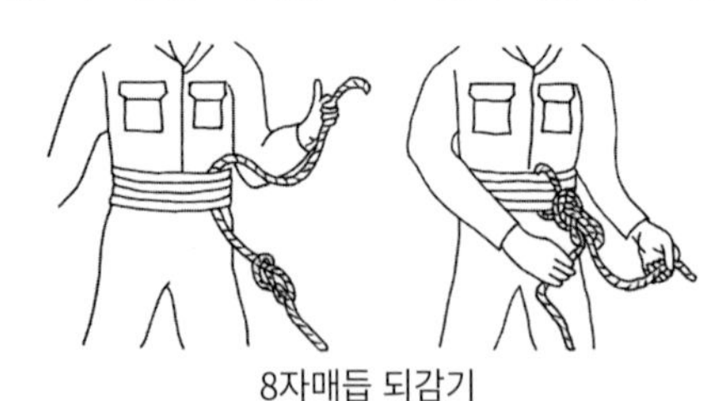

8자매듭 되감기

G-13 8자매듭과 되감기 8자매듭

- **8자 매듭과 되감기 8자 매듭**

  (그림 G-13) 이 매듭법은 구급활동에서 주로 사용된다. 고리 매듭법보다 더 튼튼하며 묶는 방법과 안전여부 확인이 쉽다는 장점이 있다. 다만 밧줄이 젖었을 경우 단단히 묶은 후 풀기 어려운 점은 단점이다. 8자 매듭은 고정된 밧줄 뒤에 닻을 묶는 방법으로도 사용될 수 있다. 또 옭매듭보다 큰 매듭이 필요한 경우 또 다른 밧줄로 고를 만들거나 동여맬 때 밧줄 끝이 미끄러지는 상황을 예방할 때도 사용된다.

- **다양한 구조용 얽기**

  다양한 구조물들을 제작하는 과정에서 복수의 물체를 동시에 고정해 구조물을 구성하는 과정에서 얽기를 필요로 하는 경우가 많다. 이하 G-14~16, G9와 G10 등은 얽기를 활용하는 전형적인 사례들이다.

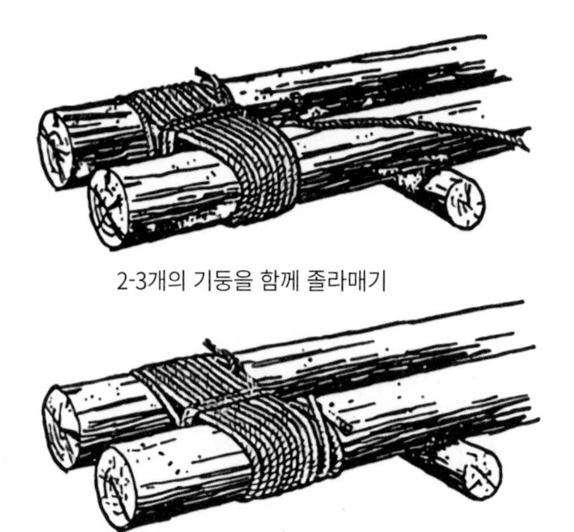

2-3개의 기둥을 함께 졸라매기

끝부분은 감은 매듭으로 마무리

G-14. 끝부분 얽기

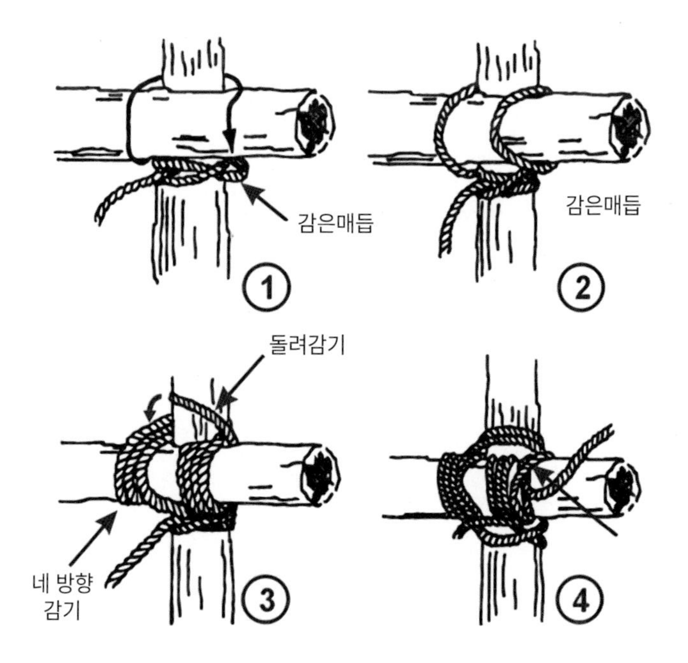

G-15 네방향 얽기

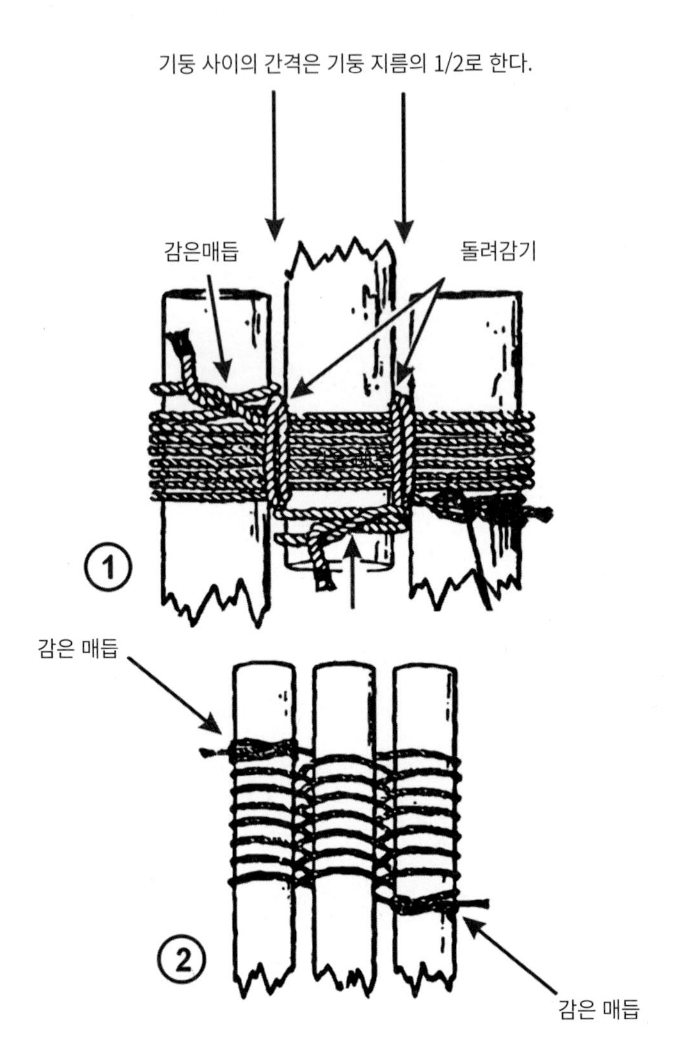

G-16. 세 발 얽기

부록 H 기상 예측

약 200년 전, 한 영국인이 지상에서 보이는 형태로 구름의 모습을 구분했다. 그는 구름의 형태를 크게 세 종류로 나누고 라틴어 구분명을 부여했다. 이후 새로운 구분명도 등장했지만, 당시의 명칭도 여전히 분류기준으로 사용되고 있다. 다양한 구름의 형태를 바탕으로 기상변화의 징후를 파악한다면 자신의 몸을 지키는데 적절한 조치를 취할 수 있을 것이다.

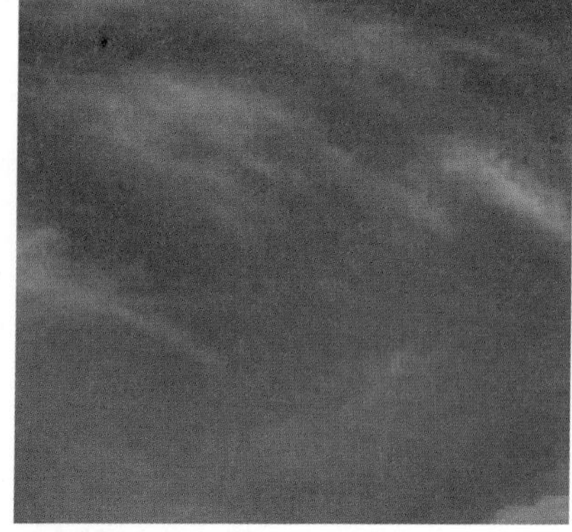

권운

Cirrus clouds

권운은 얇은 줄무늬 형태, 혹은 곱슬머리처럼 보이는 매우 고도가 높은 구름이다. 항상 지상에서 6,000m 고도에 있으며, 일반적으로 평온하거나 쾌청한 날씨의 징후로 구분된다. 그러나 한대기후 지역에서 북풍이 강해지며 권운이 늘어날 경우 블리자드의 징후로 볼 수 있다.

적운

Cumulus clouds

적운은 솜털처럼 하얗게 쌓인 구름이다. 권운보다 훨씬 낮은 고도에 있는 이 구름은 좋은 날씨의 징후인 경우가 많다. 맑은 날 정오 무렵에 나타나기 쉽다. 그러나 시간이 지날수록 구름이 더 크고 더 높은 구름으로 변모하는 경우가 많으며, 이 경우 쌓이면서 산과 같은 형태가 되기도 한다. 이 경우 폭풍을 부르는 구름으로 변모한다.

층운

Stratus clouds

층운은 매우 낮은 고도에 위치하며, 일부, 혹은 전체가 회색이다. 일반적으로 이 구름이 비구름이 되면 시야를 균일한 회색층으로 가득 메운다. 보통 비구름이 된다.

난층운
Nimbus clouds

난층운은 하늘 전체를 균일한 회색으로 뒤덮은 구름이다.

적란운
Cumulonimbus clouds

적란운은 적운이 쌓이며 형성된 구름으로, 높고 가파른 산 형태의 구름이다. 이 구름이 자신의 방향으로 이동하면 곧 뇌우가 닥친다고 생각하면 된다.

권층운
Cirrostratus clouds

권층운은 층운이 높은 곳까지 균일한 층을 형성한 구름으로, 권운보다는 보다 어두운 색이다. 이 구름은 양호한 기상상태를 의미한다.

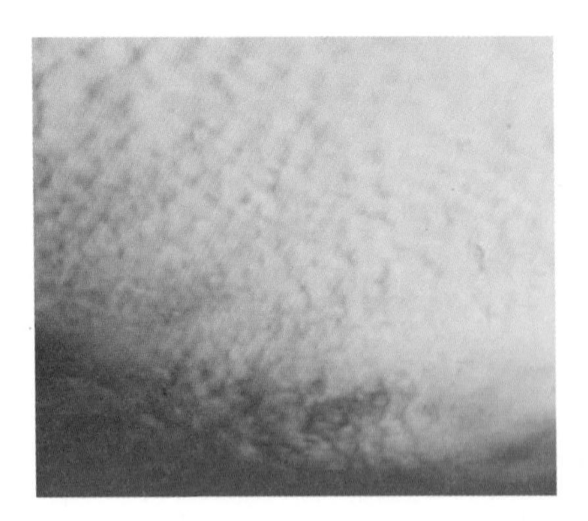

권적운
Cirrocumulus clouds

높은 고도에 있는 작고 흰 둥근 구름들이다. 이 구름은 양호한 기상상태를 의미한다.

비운
Scuds

흩어지고 안개처럼 바람에 날리는 구름. 악천후의 징후다.

참고자료

AFM 64-4. Survival Training. July 1985.
AFM 64-5. Aircrew Survival. September 1985.
A foot in the Desert. Environmental Information Division, Air Training Command, Air University Library, Maxwell AFB, AL. October 1980.
Angier, Bradford. Feasting Free on Wild Edibles. Harrisburg, PA: Stackpole Co., 1972.
Angier, Bradford. Field Guide to Edible Wild Plants. Harrisburg, PA: Stackpole Co., 1974.
Angier, Bradford. How to Stay Alive in the Woods. Harrisburg, PA: Stackpole Co., 1983.
AR 70-38. Research, Development, Test, and Evaluation of Materiel for Extreme Climatic Conditions. 1 August 1979. Change 1, 15 September 1979.
Arctic Survival Principles, Procedures, and Techniques. 3636th Combat Crew Training Wing (ATC), Fairchild AFB, WA. September 1978.
Arnold, Harry L. Poisonous Plants of Hawaii. Rutland, VT: Tuttle & Co., 1968.
Auerbach, Paul S., Howard J. Donner, and Eric A. Weiss, Field Guide to Wilderness Medicine, St. Louis: Mosby, 1999.
Basic Survival Medicine. Environmental Information Division, Air Training Command, Air University Library, Maxwell AFB, AL. January 1981.
Bowden, Mark. Black Hawk Down: A Story of Modern War. New York: Atlantic Monthly Press, 1999.
Buchman, Dian. Herbal Medicine: The Natural Way to Get Well & Stay Well. New York: David McKay Co., 1979.
Cloudsley-Thompson, John. Spiders, Scorpions, Centipedes, and Mites. Oxford, England: Pergamon Press, 1958.
Coffee, Hugh L. Ditch Medicine: Advanced Field Procedures for Emergencies. Boulder, CO: Paladin, 1993.
Cold Sea Survival. DTIC Technical Report AD 716389, AMRL-TR-70-72, Aerospace Medical Research Laboratory, Wright Patterson AFB, OH. October 1970.
"Cold Water Survival, Hypothermia and Cold Water Immersion, Cold Weather Survival," SERE Newsletter, Vol. 1, No. 7, FASOTRAGRUPAC, January 1983.
Craighead, Frank C., Jr., and John J. Craighead. How to Survive on Land and Sea. Annapolis, MD: Naval Institute Press, 1984.
Davies, Barry. The SAS Escape, Evasion, and Survival Manual. Osceola, WI: Motorbooks International, 1996.
"Deep Water Survival," SERE Newsletter, Vol. 1, No. 8, FASOTRAGRUPAC, January 1983.
Dickson, Murray. Where There Is No Dentist. Berkeley: The Hesperian Foundation, 1983.
Ditmars, Raymond L. Snakes of the World. New York: Macmillan Co., 1960.
Embertson, Jane. Pods: Wildflowers and Weeds in Their Final Beauty. New York: Charles Scribners Sons, 1979.
The Encyclopedia of Organic Gardening. Emmaus, PA: Rodale Press, 1978.
Fetrow, Charles W., and Juan R. Avila. Professional's Handbook of Complementary & Alternative

Medicines. Springhouse, PA: Springhouse, 1999.
FM 1-400. Aviator's Handbook. 31 May 1983.
FM 5-125. Rigging Techniques, Procedures, and Applications. 3 October 1995.
FM 21-11. First Aid for Soldiers. 27 October 1988. Change 2, 4 December 1991.
FM 21-76-1. Multiservice Procedures for Survival, Evasion, and Recovery. 29 June 1999.
FM 31-70. Basic Cold Weather Manual. 12 April 1968. Change 1, 17 December 1968
FM 31-71. Northern Operations. 21 June 1971.
FM 90-3. Desert Operations. 24 August 1993.
FM 90-5. Jungle Operations. 16 August 1982.
FM 90-6. Mountain Operations. 30 June 1980.
Forgey, William. Wilderness Medicine, 4th Ed. Merrillville, IN: ICS Books, 1994.
Foster, Steven, and James Duke. A Field Guide to Medicinal Plants, Eastern and Central North America. The Peterson Field Guide Series. Boston: Houghton Mifflin, 1990.
Gibbons, Euell. Stalking the Wild Asparagus. New York: David McKay Co., 1970.
Grimm, William C. The Illustrated Book of Trees. Harrisburg, PA: Stackpole Co., 1983.
Grimm, William C. Recognizing Flowering Plants. Harrisburg, PA: Stackpole Co., 1968.
Grimm, William C. Recognizing Native Shrubs. Harrisburg, PA: Stackpole Co., 1966.
GTA 21-7-1. Study Card Set, Survival Plants, Southeast Asia. 3 January 1967.
Hall, Alan. The Wild Food Trail Guide. New York: Holt, Rinehart, and Winston, 1973.
Man and Materiel in the Cold Regions (Part I). U.S. Army Cold Regions Test Center, Fort Greely, AK.
McNab, Andy. Bravo Two Zero. New York: Island Books, 1993.
Medsger, Oliver P. Edible Wild Plants. New York: Macmillan Co., 1972.
Merlin, Mark D. Hawaiian Forest Plants. Honolulu: Orientala Publishing Co., 1978.
Minton, Sherman A., and Madge R. Minton. Venomous Reptiles. New York: Charles Scribners Sons, 1980.
Moore, Michael. Medicinal Plants of the Mountain West. Museum of New Mexico Press, 1979.
The Navy SEAL Nutrition Guide. Department of Military and Emergency Medicine, USUHS. December 1994.
Following are the national stock numbers for decks of recognition cards, which were prepared by the Naval Training Equipment Center, Orlando, FL.
NSN 20-6910-00-004-9435. Device 9H18 Study Card Set, Northeast
Africa/Mideast (Deck 1, Recognition Wildlife; Deck 2, Recognition Plantlife).
NSN 20-6910-00-820-6702. Device 9H5, Survival Plants, Pacific.
NSN 6910-00-106-4337/1. Device 9H15/1, Aviation Survival Equipment.
NSN 6919-00-106-4338/2. Device 9H15/2, Aviation Land Survival Techniques.
NSN 6910-00-106-4352/3. Device 9H15/3, Aviation Sea Survival Techniques.
NSN 6910-00-820-6702 Device 9H9A Study Cards, Survival Plant Recognition.
Parrish, Henry M. Poisonous Snakebite in the United States. New York: Vantage Press, 1980.
PDR for Herbal Medicines, 2nd Edition: Montvale, NJ: Medical Economics Company, 2000.
The Physiology of Cold Weather Survival. DTIC Technical Report AD 784268, Advisory Group for Aerospace Research and Development Report No. 620,
Aerospace Medical Research Laboratory, Wright Patterson AFB, OH. April 1973.
Russell, Findlay E. Snake Venom Poisoning. Philadelphia: J.P. Lippincott Company, 1983.
Ryan, Chris. The One That Got Away. Washington: Brassey's, 1998
SERE Guide, Soviet Far East, Fleet Intelligence Center-Pacific, Box 500, FPO San Francisco, CA 96610. March 1977.
Sharks. Information Bulletin No. 1, 3636th Combat Crew Training Wing, ATC, Fairchild AFB, WA.

Squier, Thomas L. Living Off The Land. Rutland, VT: Academy Press, 1989.
Summer Mountain Leaders Student Handout, Mountain Warfare Training Center, Bridgeport, CA.
TC 21-3. Soldier's Handbook for Individual Operations and Survival in Cold Weather Areas. 17 March 1986.
TC 90-6-1. Military Mountaineering. 26 April 1989.
Tomikel, John. Edible Wild Plants of Pennsylvania and New York. Pittsburgh, PA: Allegheny Press, 1973.
Toxic Fish and Mollusks. Information Bulletin No. 12, Environmental Information Division, Air Training Command, Air University Library, Maxwell AFB, AL. April 1975.
Werner, David. Where There Is No Doctor: A Village Health Care Handbook, Rev. Ed. Berkeley: The Hesperian Foundation, 1992.
Wild Edible and Poisonous Plants of Alaska. Cooperative Extension Service, University of Alaska and U.S.D.A. Cooperating, Publication No. 28, 1981.
Wilkerson, James A. Medicine for Mountaineering & Other Wilderness Activities, 4th Ed. Seattle: The Mountaineers, 1992.
Wiseman, John. The SAS Survival Handbook. London: Collins Harvill, 1986